卓越工程师教育培养机械类创新系列规划教材

机械制造装备设计

主　编　芮延年　卫瑞元

副主编　齐文春　纪小刚　吴　健　周淑霞

编　委　郭开波　杨建锋　曹　毅　满增光

主　审　陈再良　王传洋

科学出版社

北　京

内 容 简 介

本书是“卓越工程师教育培养机械类创新系列规划教材”之一，是根据“机械设计制造及其自动化”专业教学指导委员会讨论通过的指导性教学计划以及相应的“十二五”教材编写计划组织编写而成。

本书将机床设计、夹具设计、刀具设计、工业机器人设计、检测系统设计、物流系统设计和智能制造系统与装备等内容合为一门专业课程，构成了一个新的课程体系。

本书着重介绍机械制造装备设计的基本原理和方法，并反映国内外的先进技术和发展趋势。本书内容与生产实践紧密相连，取材精练，深入浅出，并通过设计范例进一步说明机械制造装备设计的方法和步骤，方便读者学习和应用。

本书是机械工程学科的专业课程用书，本书既适用于高等工科院校“机械设计制造及其自动化”专业以及相关专业教学，也可供从事机械制造装备设计及研究的工程技术人员和研究生参考。

图书在版编目(CIP)数据

机械制造装备设计/芮延年，卫瑞元主编. —北京：科学出版社，2017.6
卓越工程师教育培养机械类创新系列规划教材
ISBN 978-7-03-052964-0

Ⅰ. ①机… Ⅱ. ①芮…②卫… Ⅲ. ①机械制造—工艺装备—设计—高等学校—教材 Ⅳ. ①TH16

中国版本图书馆 CIP 数据核字（2017）第 116429 号

责任编辑：邓　静　张丽花 / 责任校对：郭瑞芝
责任印制：张　伟 / 封面设计：迷底书装

科学出版社 出版
北京东黄城根北街 16 号
邮政编码：100717
http://www.sciencep.com

北京盛通商印快线网络科技有限公司 印刷

科学出版社发行　各地新华书店经销

*

2017 年 6 月第 一 版　开本：787×1092　1/16
2022 年 1 月第三次印刷　印张：20
字数：490 000

定 价：59.80 元

（如有印装质量问题，我社负责调换）

《卓越工程师教育培养机械类创新系列规划教材》

总　序

“卓越工程师教育培养计划”是贯彻落实《国家中长期教育改革和发展规划纲要（2010—2020年）》和《国家中长期人才发展规划纲要（2010—2020年）》的重大改革项目，也是促进我国由工程教育大国迈向工程教育强国的重大举措。旨在培养造就一大批创新能力强、适应经济社会发展需要的高质量各类型工程技术人才，为国家走新型工业化发展道路、建设创新型国家和人才强国战略服务，对促进高等教育面向社会需求培养人才，全面提高工程教育、人才培养质量具有十分重要的示范和引导作用。

科学出版社以教育部“卓越工程师教育培养计划”为准则，以面向工业、面向世界、面向未来，培养造就具有工程创新能力强、适应经济社会发展需要的卓越工程技术人才为培养目标，组织有关专家、学者、教授编写了本套《卓越工程师教育培养机械类创新系列规划教材》。

本系列教材力求体现的最大特点是，在每本教材的编写过程中，根据授课内容，引入许多相关工程实践案例，这些工程实践案例具有知识性、典型性、启发性、真实性等特点，它可以弥补传统教材森严乏味的局限性，充分调动学生学习的积极性和创造性，引导学生拓宽视野、重视工程实践、培养解决实际问题的能力。通过编者精心收集组织的实际工程案例让学生明白为什么学习、学成能做什么，从而激发学生学习的内在动力和热情，使学生感到学有所用。

本系列教材除了主教材之外，还配套有多媒体课件，以后还将逐步完善建设配套的学习指导书、教师参考书，最终形成立体化教学资源网，方便教师教学，同时有助于学生更好的学习。

我们相信《卓越工程师教育培养机械类创新系列规划教材》的出版，将对我国普通高等教育的发展起到创新探索的推动作用，对机械工程人才的培养以及机械工业的发展产生积极有效的促进作用。

中国科学院院士、东北大学教授 闻邦椿

2014年5月10日

前　言

本书是“卓越工程师教育培养机械类创新系列规划教材”之一。本书在满足教育部教学指导委员会制定的教学基本要求的基础上，参考教育部制定的《“卓越工程师教育培养计划”通用标准(征求意见稿)》和机械工程学会制定的《卓越工程师教育培养计划机械行业专业标准》编写完成。针对课程特点，本书的编写思路从工科学生的人才培养目标和学生特点出发，秉承“学以致用”的原则，以“激发学生兴趣”为着眼点。

内容安排上每章既有导读，又有工程案例，理论结合实际，突出学生工程应用能力的训练和培养，便于组织教学和实践，也便于开设“机械制造装备设计”课程的院校灵活选用。本书在教学使用过程中，并非全部内容都要讲解，可根据专业、课时的多少进行删减，有些内容和工程案例可在学生试验、课程设计和毕业设计时作为参考。

本书是为机械制造装备设计相关专业的本、专科学生提供最新技术的教材，也是为培养高素质的机械制造装备设计和应用人才提供的最新培训教材，还是为从事机械制造装备设计及应用的工程技术人员提供最新的参考图书。

随着社会进步和科学技术的发展，机械制造业的生产模式发生着巨大的变革，从单机生产模式向智能制造系统生产模式发展。与生产模式的变革相适应，机械制造装备包括加工装备、物流装备、测控装备及控制系统等也发生了很大变化。装备功能部件（如高速电主轴、伺服电机、直线电机、高精度滚珠丝杠、静压导轨、高性能传感器等)，工业机器人，CAD、CAE、CAM 计算机辅助设计和辅助制造软件，材料技术，电子技术，计算机网络技术以及智能制造等技术的发展，为现代机械制造装备设计提供了新的支撑条件。

本书将机床设计、夹具设计、刀具设计、工业机器人设计、检测系统设计、物流系统设计和智能制造系统与装备等内容合为一门专业课程，构成一个新的课程体系。书中着重介绍机械制造装备设计的基本原理和方法，并反映国内外的先进技术和发展趋势。本书内容与生产实践紧密相连，并通过设计范例进一步说明机械制造装备设计方法和步骤，方便读者学习和使用。

全书共 9 章，包括绪论、金属切削机床设计、机床典型部件设计、金属切削机床夹具设计、金属切削刀具设计、机械加工检测装置、机械制造物流系统设计、智能制造系统与装备、机械制造装备设计范例。

本书由苏州大学芮延年、卫瑞元担任主编，负责编写第 1、8、9 章；苏州科技大学齐文春、江南大学纪小刚、常熟理工学院吴健、山东交通学院周淑霞担任副主编，负责编写第 2、3、4 章；苏州大学郭开波、苏州科技大学杨建锋、江南大学曹毅、常熟理工学院满增光参编，负责编写第 5、6、7 章。全书由苏州大学陈再良教授、王传洋教授主审。

在本书编写过程中，参考了其他同行作者的一些资料和研究成果，在此一并致谢。

限于作者的水平，书中不足之处在所难免，恳请读者批评指正。

作　者

2017 年 1 月

目　　录

第1章 绪　论

1.1 概　述

制造业是国民经济的支柱产业，是制造生产资料和生活资料的主要部门，是一个国家经济发展、社会进步和人民生活水平提高的基本保证，无论在工业经济时代还是在信息技术时代，制造业都是国民经济的基础。而机械制造业是制造业的核心，其机械制造装备又是机械制造业的基础，直接为机械制造业提供生产用装备；同时间接为非机械制造业提供生产用机械设备，因此机械制造装备是机械制造业乃至整个制造业发展的基础，机械制造装备的发展水平是一个国家工业水平的重要标志。

随着社会需求的变化和科学技术的发展，机械制造业的生产模式发生着巨大的变革。与生产模式的变革相适应，机械制造装备的组成也发生了很大变化，目前，正在从传统的单机生产模式(单台机床及工装)向先进生产模式(数控机床及自动化)方向发展；但是，无论是单机生产模式还是先进生产模式都涉及机械制造装备问题；本书重点介绍机械制造装备设计，常见机械制造装备如图 1-1 所示。

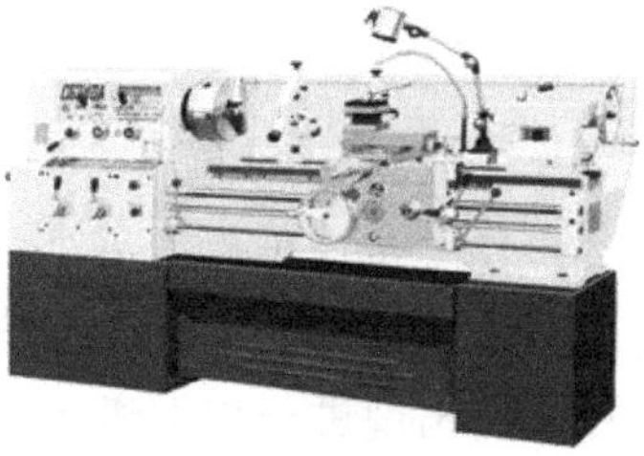

(a) 车床

(b) 镗床

(c) 加工中心

(d) 冲床

(e) 锻压机

(f) 焊接机器人工作站

图 1-1　常见机械制造装备

本章知识要点

(1)了解机械制造生产模式的演变过程，机械制造作用、地位和发展趋势，机械制造装备设计所涉及的内容，机械制造装备的发展方向。

(2)掌握机械制造装备的设计基本方法和设计水平的评价方法。

兴趣实践

(1)到学校机械实习工厂或附近的机械制造企业去参观访问。

(2)用学到的基本评价方法，对你熟悉的机电类产品(如洗衣机)进行设计水平评价。

探索思考

机械制造装备的设计基本方法很多，如创新设计、变形设计和模块化等，它们各自特点是什么？各适用于什么场合？

预习准备

(1)翻阅制造业发展史，简要阅读了解机械制造生产模式的演变过程。

(2)重点阅读机械制造装备，如车床、铣床、镗床等机床，它们各自特点和作用。

1.1.1 机械制造生产模式的演变

纵观近 300 年来世界机械制造生产模式的发展史，机械制造业经历了单件生产、少品种小批量、少品种大批量、多品种小批量生产模式的过渡，并随着科学技术的进步正向大规模定制生产模式(多品种大批量生产模式)方向发展。计算机等先进技术的出现进一步促进了先进制造生产模式的发展。

1. 手工与单件生产

17 世纪～1830 年，在专业化协作分工、蒸汽动力机的基础上出现了制造企业的雏形工厂式的制造厂，人类社会的生产率开始出现大幅度的飞跃。到大约 1900 年，制造业成为一个重要的产业，其主要生产模式是“少品种单件小批量生产”。机械制造业推行的是“刚性”生产模式，基本上是“一个工人、一把刀具、一台机床”进行的个人单机生产模式，导致劳动生产率低下，产品质量不稳定。如汽车行业，当时处于世界领先地位的轿车公司 P&L 每年只制造几百辆汽车，而且所造的汽车没有两辆是完全相同的，原因在于 P&L 所有的承包商都不采用标准的计量器具，装配时，依靠装配工的熟练程度来修整零件，使之配合良好。到 1905 年，欧洲已有几百家这类公司采用单件生产方式少量地制作汽车，这些独立承担大部分生产任务的小工厂没有能力开发新技术，以至于当时新产品开发的速度较为缓慢。

2. 少品种小批量(成组技术)

20 世纪 50 年代末 60 年代初成组技术传入东欧和西欧各国。成组技术是一门生产技术科学，在机械零件加工方面的应用，是将多种零件按其工艺的相似性分类，以形成零件族，把同一零件族中生产量小的零件汇集成生产量大的组，从而使小批量生产能获得接近大批量生产的经济效益。把成组技术原理应用于生产组织和计划管理，制定成组生产作业计划，组织成组生产，可节省设备投资，从而达到高效与经济的目的。成组技术是解决当前手工作坊式落后生产模式的基本途径，适应多品种小批量生产和研制的需要。60 年代以后，日本、美国也积极采用成组技术，并取得了显著的经济效果。自 70 年代以后，美国和其他先进工业国家已认识到，要想进一步发挥数控机床的优越性，必须与成组技术相结合，并用成组技术指导它的应用。目前，现代成组生产单元已广泛应用到数控机床和加工中心。

3. 少品种大批量(刚性生产线)

20 世纪 20 年代，Whitney 提出了互换性和大批量生产，Oliver Eons 把传送带引入制造系统，在 Taylor 的科学管理的支撑下，与当时的电气化、标准化与系列化相结合，Henry Ford 开创了机械自动流水线生产，出现了少品种大批量生产的模式，又称为底特律式自动化，成为各国纷纷仿效的制造生产模式，制造业开始了第一次生产模式的转换。这种新的大量生产方式给制造业带来一场重大变革，它推动了工业化的进程和经济高速发展，为社会提供了大量的经济产品，促进了市场经济的发展。其主要特征是少品种大批量生产、塔形多层次的垂直领导和严格的产品节拍控制，称这种少品种大批量生产模式为刚性生产线。刚性生产线大大提高了生产效率，从而降低了产品成本，但这是以损失产品的多样性为代价的。到 90 年代，少品种大批量生产方式达到了顶峰。

4. 柔性自动化生产阶段(多品种少批量)

从 20 世纪 50 年代开始，随着生产环境的变化，人们逐渐认识到刚性自动化的不足。大批量生产少数产品品种的局限性越来越大，包括对市场和用户需求的应变能力较低以及劳动分工过细等。1952 年美国麻省理工学院(Massachusetts Institute of Technology，MIT)试制成功第一台数控铣床，揭开了柔性自动化生产的序幕。1968 年英国莫林公司和美国辛辛那提公司建造了第一条由计算机集中控制的自动化制造系统，定名为柔性制造系统。70 年代出现了各种微型机数控系统、柔性制造单元、柔性生产线和自动化工厂等。

柔性制造系统主要特征如下。

(1) 工序集中，无固定节拍，物料非顺序输送将高效率和高柔性融为一体。

(2) 生产成本低，具有较强的灵活性和适应性。

5. 多品种大批量(大规模定制生产)

大规模定制(Mass Customization，MC)是一种在系统整体优化的思想指导下，集企业、顾客、供应商和环境于一体，充分利用企业已有的各种资源，根据顾客的个性化需求，以大量生产的低成本、高质量和高效率提供定制产品和服务的生产模式。

大规模定制的基本思想是：将定制产品的生产问题，通过产品结构和制造过程的重组全部或部分转化为批量生产。具有以下特征。

(1) 以客户需求为导向。

(2) 以现代信息技术和先进生产制造技术为支撑。

(3) 以客户细分的产品结构模块化、零部件和生产工艺通用化及标准化为平台段。

6. 并行工程

并行工程(Concurrent Engineering，CE)，也称并行设计(Concurrent Design)或同期工程

(Simultaneous Engineering)，其概念是由美国国防部防御分析研究所于 1988 年 12 月首先提出的。并行工程是一种系统的集成方法，采用并行方法处理产品设计及相关过程，包括制造和支持过程。这种方法力求使产品开发人员从一开始就能考虑到产品从概念设计到产品报废的整个产品生产周期中的所有因素，包括产品质量、成本、作业调度及用户需求。它通过组成多学科产品开发队伍，改进产品开发过程，利用各种先进的计算机辅助工具和产品数据管理(Product Data Management，PDM)等技术手段，使产品开发的早期阶段能及早考虑下游的各种因素，达到缩短产品开发周期、提高产品质量、降低产品成本的目的。它要求各有关部门人员在产品开发的早期阶段就要介入，而且参与每一个有关环节，强调各个部门的“协同工作”，即产品设计师、工艺师、财务分析人员、生产计划人员以及采购供应、市场营销人员在开始时就集合在一起，把设计思想“传递下去”，变成各部门之间的“共同任务”，充分利用集体智慧，获取有效的知识和经验，使产品设计能更好地满足用户要求，大大减少设计中的返工现象，从而缩短产品开发周期，降低成本。

7. 敏捷制造

1988 年美国通用汽车公司和里海大学共同提出敏捷制造(Agile Manufacturing,AM)战略，于 1990 年向社会半公开；1990 年日、美、加、澳等国及西欧各国联合进行 10 年期的智能制造系统(Intelligent Manufacturing System，IMS)的研究与开发；1992 年德、美两国提出精益生产。1994 年德国提出改变工业组织结构的分形公司(Fractal Company)。从 1991 年开始，以美国为首的各发达国家对敏捷制造进行了大量广泛的研究。

1992 年，由美国国会和工业界在里海大学建立了美国敏捷制造企业协会(Agile Manufacturing Enterprise Forum, AMEF)。从 1994 年开始，由 AMEF 牵头，有近百家公司和大学研究机构就敏捷制造的 6 个领域(集成产品与过程开发/并行过程、人的问题、虚拟企业、信息与控制、过程与设备、法律障碍)进行了研究与实践。其主要特性如下。

(1)并行特性。把时间上有先后顺序的活动转变为同时考虑和尽可能同时进行处理的活动。

(2)整体特性。将制造系统看成一个有机整体，设计、制造、管理等过程不再是一个个相互孤立的单元而是将其纳入一个系统考虑。

(3)协同特性。特别强调人们的群体协调作用，包括与产品全生命周期(设计、工艺、制造、质量、销售、服务等)的有关部门人员组成的小组协同工作。

8. 精益生产

精益生产(Lean Production，LP)这一概念，是由美国麻省理工学院倡导的国际机动车研究小组，用了 5 年时间全面总结日本丰田汽车公司等 90 余家汽车企业生产方式后提出来的。精益生产是相对大批量生产而言的，其注重时间效率，其焦点是识别整个价值流，使价值增值流动并应用顾客拉动系统，使价值增值行为在最短的时间内流动，找出创造价值的源泉，消除浪费，在稳定的需求环境下以最低的成本及时交付高质量的产品。

精益生产以准时制(Just in Time，JIT)为核心，寻求精益的方式进行产品开发、生产和销售。精益生产方式起源于日本丰田汽车公司，早期精益生产具有如下几个特征。

(1)消除浪费。其核心思想是降低成本来增加企业获利的空间。

(2)看板管理。为实现准时制生产和降低库存，大野耐一提出看板管理的生产方式，将所需要的零件，在需要的时候，按需要的数量不多不少地供给各工序，也就是所谓的三及时。

(3)快速变换程序。所谓快速变换程序是通过快速变换机种或快速换模技术，快速变换程来提高快速反应能力及流程效率，减少有效作业时间的浪费。

进入21世纪以来，数字化设计与制造的应用也日趋广泛。数字化制造是指在虚拟现实、计算机网络、快速原型、数据库和多媒体等支撑技术下，根据用户需求，迅速收集资源信息，对产品信息、工艺信息和资源信息进行分析、规划和重组，实现产品设计和功能仿真，进而快速生产出满足用户性能要求产品的整个制造过程。快速响应市场已成为制造业今后发展的主要方向。

现代设计方法、先进制造技术、计算机和网络信息化技术的发展，使得先进制造生产模式不断涌现。技术的革新促进了智能制造系统的出现，人-机系统趋向于智能化。

制造生产模式的改变推动了生产力的发展，而计算机等技术的革新则促进了制造生产模式的先进化，这反映出科学技术是改变生产力的第一要素。

1.1.2 机械制造的作用、地位和发展趋势

机械制造业是国民经济的基础产业，它的发展不仅直接影响国民经济各部门的发展，也影响国计民生和国防力量的加强，因此各国都把机械制造业的发展放在首要位置。随着机械产品国际市场竞争的日益加剧，各大公司都把高新技术注入机械产品的开发中，作为竞争取胜的重要手段。

大量研究表明，在国民经济生产力构成中，制造技术的作用占60%以上。美国认为社会财富的来源中机械制造业占68%；当今制造科学、信息科学、材料科学、生物科学等四大支柱科学相互依存，但后三种科学必须依靠制造科学才能形成产业和创造社会物质财富。而制造科学的发展也必须依靠信息科学、材料科学和生物科学的发展，机械制造业是任何其他高新技术实现工业价值的最佳集合点。例如，快速原型成形机(3D打印)、虚拟轴机床、智能结构与机器人等，已经远超出了纯机械的范畴，而是集机械、电子、控制、计算机、材料、信息等众多技术于一体的现代机电一体化设备，充分体现了综合科学和个性化发展的内涵。

从美国来看，自第二次世界大战以来，美国对机械制造业的发展十分重视。从20世纪50年代以来，在美国大学中设置工业工程专业，培养机械制造系统人才，着眼于世界市场竞争，企图霸占国际制造业市场。50年代初，当第一台数控机床在美国麻省理工学院诞生以后，美国在机械制造业中采取的主导政策是走数控和计算机群控技术模式，实现机械制造业中占主导地位的中小批量生产自动化的道路，以提高生产效率。但是由于忽略了市场的多变性和人因的作用，在与德、日的竞争中未能占上风，而使得美国的机械制造业每况愈下，一度认为机械制造业已成“夕阳工业”。经济的衰退，使美国决策者不得不重新调整自己的产业政策，先后制定并实施了一系列振兴制造业的计划，并特别将1994年确定为美国的制造技术年，制造技术是当年美国财政重点扶持的唯一领域。从概念上实现了从柔性制造到敏捷制造的转化，把宏观的国际市场需求与具体的公司生产密切结合，充分发挥人的因素，形成对市场的快速反应，并提出了敏捷制造的新概念。措施和理念的改变，使得先进制造技术在美国得到了长足的发展，促进了美国经济的全面复苏，重新占领了许多原先失去的市场。

“工业4.0”项目由德国联邦教研部与联邦经济技术部联手资助，在德国国家工程院、弗劳恩霍夫协会、西门子公司等德国学术界和产业界的建议和推动下形成，并已上升为国家级战略。“工业4.0”项目在2013年4月的汉诺威工业博览会上正式推出，其目的是提高德国工业的竞争力，在新一轮工业革命中占领先机。德国所谓的工业四代(工业4.0)是指以智能制造为主导的第四次工业革命，或革命性的生产方法。该战略旨在通过充分利用信息通信技术和网络空间虚拟系统-信息物理系统(Cyber-Physical System)相结合的手段，将制造业向智能化转型。

“工业 4.0”项目主要分为以下三大主题。

一是智能工厂，重点研究智能化生产系统及过程，以及网络化分布式生产设施的实现。

二是智能生产，主要涉及整个企业的生产物流管理、人机互动以及 3D 技术在工业生产过程中的应用等。该计划将特别注重吸引中小企业参与，力求使中小企业成为新一代智能化生产技术的使用者和受益者，同时也成为先进工业生产技术的创造者和供应者。

三是智能物流，主要通过互联网、物联网、物流网，整合物流资源，充分发挥现有物流资源供应方的效率，而需求方，则能够快速获得服务匹配，得到物流支持。

为了国家发展的需要，2015 年 5 月 8 日中华人民共和国国务院(简称国务院)印发了《中国制造 2025》的通知，《中国制造 2025》提出，坚持“创新驱动、质量为先、绿色发展、结构优化、人才为本”的基本方针，坚持“市场主导、政府引导，立足当前、着眼长远，整体推进、重点突破，自主发展、开放合作”的基本原则，通过“三步走”实现制造强国的战略目标：第一步，到 2025 年迈入制造强国行列；第二步，到 2035 年我国制造业整体达到世界制造强国阵营中等水平；第三步，到新中国成立一百年时，我国制造业大国地位更加巩固，综合实力进入世界制造强国前列。

机械制造业是我国第一大工业部门，素有“工业心脏”之称。进入 21 世纪以来，我国机械制造业得到了快速发展。据统计资料表明，2000 年我国机械工业总产值仅为 1.44 万亿元，至 2005 年达 4.18 万亿元，2010 年达 14.38 万亿元，2015 年机械工业总产值为 28.50 万亿元，为 2000 年的 20.35 倍，年均复合增长率达到 25%。现在，我国机械工业的销售额超过了德国、日本和美国，跃居世界第一，成为全球第一的机械制造大国。

自“十一五”以来，我国围绕能源、材料、交通运输、农业及国防等领域发展的需要，开发出了一批具有自主知识产权的机械产品，如 100 万 kW 级超临界和超超临界火力发电机组；1000kV 特高压交流输变电设备和+800kV 直流输电成套设备；30 万吨/年合成氨设备；12000m 石油钻机；五轴联动龙门加工机床、五轴联动叶片加工中心；1080t 履带起重机。机械装备的国内市场自给率已经超过了 85%，重大技术装备自主化取得了较大突破。

随着重大技术不断取得突破，我国机械工业代表性产品的国际地位明显提升，高端产品所占比例逐渐提高。例如，机床产值自 2009 年以来一直位居世界首位，达 153 亿美元；机床行业产品结构不断优化，金属切削机床数控化率已经提高到 50%以上；自 2006 年以来，我国发电设备产量连续超过 1 亿 kW，占世界总产量的 50%左右，遥遥领先于世界其他国家，其中超临界、超超临界火力发电机组所占比例超过 40%；汽车工业实现了跨越式发展，从 2000 年的 207 万辆到 2009 年首次突破千万辆大关，跃居世界首位，2015 年，我国汽车产销量均超过 2450 万辆，创全球历史新高，连续 7 年蝉联全球第一。

自从步入 21 世纪以来，全球制造业的发展速度越来越快，制造业正朝着制造全球化、制造敏捷化、制造网络化、制造虚拟化、制造智能化和制造绿色化等方向发展。

1. 制造全球化

近年来由于 Internet/Intranet 技术和交通手段的飞速发展，制造全球化的研究和应用得以迅速发展，其前沿内容主要有如下几方面。

(1) 市场的国际化，产品销售的全球网络化。

(2) 产品设计和开发的国际合作。

(3) 制造企业在世界范围内的重组与集成，如动态联盟。

(4) 制造资源的跨地区、跨国家的协调、共享和优化利用。

(5) 制造全球化的体系结构。

2. 制造敏捷化

制造敏捷化是面向制造环境和制造过程的一种制造模式，其研究内容主要有以下方面。

(1) 柔性，包括机器、流程、人、组织的运行柔性和扩展柔性等。

(2) 重组，通过重组、重构的方式来增强对市场、新产品开发的快速响应能力。

(3) 快速化的集成设计和制造技术，如快速原型制造（Rapid Prototyping/Parts Manufacturing，RPM）、集成设计法。

3. 制造网络化

基于网络的制造，主要研究内容包括以下几个方面。

(1) 企业内部的网络化，以实现制造过程的集成。

(2) 企业与制造环境的网络化，实现制造环境与企业中工程设计、管理信息等系统的集成。

(3) 企业与企业间的网络化，实现企业间的资源共享、组合与优化利用。

4. 制造虚拟化

虚拟制造又称拟实制造，实际上就是实现产品制造的数字化。它是以制造技术和计算机仿真技术为基础，集现代制造工艺、计算机图形学、并行工程、人工智能、人工现实技术和多媒体技术等多种高新技术于一体，由多学科知识形成的一种综合系统技术。它通过建立系统模型将现实制造环境和制造过程映射到计算机及其相关技术所支撑的虚拟环境中，在虚拟环境下模拟现实制造环境和制造过程，并对产品制造及制造系统的行为进行预测和评价。

5. 制造智能化

所谓智能制造系统是一种由智能机器、人类专家共同组成的人机一体化智能系统，它在制造过程中能进行智能活动，如分析、推理、判断、构思和决策等。智能制造技术旨在使人与智能机器合作共事，从而扩大、延伸和部分地取代人类专家在制造过程中的脑力劳动，以实现制造过程的优化。

6. 制造绿色化

绿色制造是环境影响和资源效率的现代制造模式，其目的是使产品在从设计、制造、包装、运输、使用到报废处理的全生命周期中，对环境的影响最小，资源利用率最高。

制造业一方面创造人类财富，但同时又是环境污染的主要源头。制造业导致环境污染的根本原因是资源消耗和废弃物的产生。制造业的发展必须考虑到自然生态环境的长期承载能力，使环境和资源既能满足当代经济发展的需要，又能满足人类长远生存发展的需求，即制造业的发展必须以实现人与自然的和谐发展为基本前提，实现制造业的可持续发展。

绿色制造涉及的方面非常广泛，包括产品的全生命周期和多生命周期，主要有绿色设计、绿色材料、绿色工艺、绿色包装和绿色处理。绿色制造是未来制造业企业通向 21 世纪国际市场的通行证，是目前和将来制造业应该予以充分考虑和重视的一个重大问题。

1.1.3 机械制造装备的作用、地位和发展趋势

机械制造生产能力和制造水平，主要取决于机械制造装备的先进程度。机械制造装备的核心为金属加工机床。一个国家的机床工业水平在很大程度上代表着这个国家的工业生产能力和技术水平。

机械制造装备由四大部分组成，如下所述。

(1) 加工设备。加工设备主要是指金属加工机床，其加工方法为锻压、铸造、切割、连接

及其他方法等。因此，金属加工机床可分为锻造机床、铸造机床、切割机床、连接机床等。切割机床包括分割机床、切削机床、去除机床等。切削机床就是习惯上所称的金属切削机床，它是由专业机床厂生产的。

另外，还有专用非标准机械加工设备，它们是为某一个特定工件，完成某一个工序自行设计制造的专用机床，简称为专机。

特种加工机床也属于加工设备范畴，在此不进行讨论，将在有关课程中加以讨论。

(2) 工艺装备。工艺装备通常是指机械制造过程中所用到的刀具、模具、夹具、量具、工具等的总称(简称为工装)。机械制造本身离不开工艺装备的应用。工艺装备的水平直接反映了一个工厂技术能力的强弱。

(3) 工件输送装备。工件输送装备主要是指坯料、半成品或成品在车间内工作地点间的转移输送装置，以及机床的上、下料装置。

(4) 辅助装备。辅助装备包括清洗剂、排屑装置和计量装置等。

随着制造业生产模式的演变，对机械制造装备提出了不同的要求，现代化机械制造装备的发展呈如下趋势。

1. 向高性能化方向发展

高性能化一般包含高速化、高精度、高效率和高可靠性。新一代计算机数控(Computer Numerical Control，CNC)系统就是以满足此“四高”而诞生的。它采用 64 位或者 128 位 CPU 结构，以多总线连接，高速数据传递。在分辨精度高(0.1μm)的情况下，系统仍是有高速度(100m/min)，可控及联动坐标达 16 轴，并且有丰富的图形功能和自动程序设计功能。如瑞士米克朗五轴联动铣削加工中心、日本马扎克七轴联动车铣加工中心等机床，都具备高性能化特点。

在高性能数控系统中，除了具有直线、圆弧、螺旋线插补等一般功能外，还配置有特殊函数插补运算，如样条函数插补等。微位置段命令用样条函数来逼近，保证了位置、速度、加速度都具有良好的性能，并设置专门函数发生器、坐标运算器进行并行插补运算。

在数字伺服控制中使用超高速数字信号处理器(Digital Signal Processor，DSP)，并应用了现代控制理论的各种算法，如鲁棒控制、前馈控制和特定方式下的加、减速控制等控制策略以及非线性补偿技术，可在系统中进行在线控制和非线性补偿等。在给定精度要求下，可使响应速度大幅度提高。前馈控制可使位置跟踪误差消除，同时使系统位置控制达到高速响应，加、减控制能在高速下准确定位。如德马吉森精机公司生产的 DMU210P 主卧转换加工中心，最高转速 8000r/min，重复定位精度≤1μm。

其他方面如法国 IBAG 公司磁悬浮轴承的高速主轴最高转速可达 15×10^4r/min；加工中心换刀速度达 1.5s。切削速度方面，目前硬质合金刀具和超硬材料涂层刀具车削和铣削低碳钢的速度达 500m/min 以上，而陶瓷刀具可达 800～1000m/min，比高速钢刀具 30～40m/min 的速度提高数十倍。系统可靠性方面，采用了冗余、故障诊断，自动检错、纠错，系统自动恢复，软、硬件可靠性等技术予以保证，使得这种机床具有高性能，即高速、高效、高精度和高可靠性。它代表了机床高性能的发展方向。

2. 智能化趋势

人工智能在机床中的研究日益得到重视，数控机床的智能化就是其重要应用。数控机床的智能化通过各类传感器对切削加工前后和加工过程中的各种参数进行监测，并通过计算机系统作出判断，自动对异常现象进行调整与补偿，以保证加工过程的顺利进行，并保证加工出合格产品。目前，国外数控加工中心大多具有以下智能化功能：对刀具长度、直径补偿和刀具破损监测，切削过程的监测，工件自动检测与补偿。随着制造业自动化程度的提高，信息量与柔性也同样提高，出现以智能制造系统控制器来模拟人类专家的智能制造活动；对制造中的问题进行分析、判断、推理、构思和决策，其目的在于取代或延伸制造过程中人的部分脑力劳动，并对人类专家的制造智能进行收集、存储、完善、共享、继承和发展。

(1) 诊断过程的智能化。诊断功能的强弱是评价一个系统性能的重要智能指标之一。人工智能引入了智能的故障诊断系统，采用了各种推理机制，能准确判断故障所在，并具有自动检错、纠错与系统恢复功能，从而大大提高了系统的可靠度。

(2) 人机接口的智能化。智能化的人机接口，可以大大简化操作过程，这里包含多媒体技术在人机接口智能化中的有效应用。

(3) 自动编程的智能化。操作者只需输入加工工件素材的形状和需加工形状的数据，加工程序就可全部自动生成。这里包含素材形状和加工形状的图形显示，自动工序的确定，使用刀具、切削条件的自动确定，刀具使用顺序的变更，任意路径的编辑，加工过程干涉校验等。

(4) 加工过程的智能化。通过智能工艺数据库的建立，系统根据加工条件的变更，自动设定加工参数，同时，将机床制造时的各种误差预先存入系统中，利用反馈补偿技术对静态误差进行补偿，还能对加工过程中的各种动态数据进行采集，并通过专家系统分析进行实时补偿或在线控制。此外，现代 CNC 系统大都具有学习与示教功能。

3. 向轻量化及微型化方向发展

随着微纳制造技术和表面组装技术的发展，一些产品正朝着小型化、轻量化、多功能、高可靠方向发展，其中微纳制造是基础。

微纳制造技术就是结合机械微细加工技术和微电子加工技术，将机构及其驱动器、传感器、控制器及电源集成在一个很小的多晶硅上，因而获得了完备的微型机电一体化系统（Micro Electro Mechanical System，MEMS），整个尺寸缩小到几百微米至几纳米范围内，具体表现在以下几个方面。

(1) 微加工由于 MEMS 的多样性促使其加工技术由单一的硅微加工技术向金属、玻璃、陶瓷、聚合物、化合物半导体等非硅加工技术发展。微加工的主要研究内容包括：基于多场原理的 MEMS 微加工理论，MEMS 集成技术，MEMS 硅微加工和非硅材料微加工等新方法。

(2) 纳米加工。纳米加工是指加工出纳米尺度、具有特定功能的结构、装置和系统的制造过程。主要研究内容包括：特征尺寸为 1～100nm 的加工技术，包括“自上而下”和“自下而上”的加工方法。“自上而下”是降低物质结构维度，即采用物理和化学方法对宏观物质进行超细化；“自下而上”是利用自组装将原子或分子组装成为系统。

(3) 微/纳操作、装配与封装。微/纳操作、装配与封装是指通过施加外部能场实现对微/纳米尺度结构与器件的推/拉、拾取/释放、定位、定向等操纵、装配与封装等作业。主要研究内容包括：微/纳结构作用机理，微/纳系统高密度集成与三维封装，高速、高精度、并行装配和基于尺度效应的装配，以及无机/有机多层界面互连机理与跨尺度封装等新原理与新方法。

(4) 微/纳制造装备新原理。微/纳制造装备是制造微/纳结构与系统的重要手段，实现对微/纳结构与器件的加工、操作、装配与封装以及测试等。主要研究内容包括：用于微/纳加工、微/纳操作、微/纳封装与装配、微/纳测试等微/纳制造过程的装备新原理。

综上所述可以看出：微/纳制造涉及领域广、多学科交叉融合，是 21 世纪战略必争的前沿高科技，对国民经济、社会发展与国家安全具有重要的意义。生物分子电动机、纳米电动机、纳米机器人、基于机电耦合的分子光电器件、纳米电路、纳米传感器等不断地出现，展示了诱人前景。这些技术和产品正在向工业、农业、航天、军事、生物医学及家庭服务等各个领域应用转化，它的发展将会对工业、农业、医疗卫生和国家安全等发生深刻的技术革命。

4. 实施绿色制造与可持续发展战略

绿色制造是综合考虑环境影响和资源效益的现代制造模式，是人类可持续发展战略在制造业中的体现，是落实科学发展观、建设中国制造“生态文明”的要求。实现绿色制造可从绿色制造过程设计、绿色生产与工艺、绿色切削加工、绿色供应链研究、产品噪声控制、绿色材料选择设计、绿色包装和使用、绿色回收和处理等方面着手，主要研究内容有废旧机械装备再制造综合评价与再设计技术、废旧机械零部件绿色修复处理与再制造技术、废旧机械装备再制造信息化提升技术、机械装备再制造与提升的成套技术及标准规范，以及废旧机械装备产业化实施模式等。以绿色科技为导向，以高效节能降耗减排为目标，实施绿色技术改造。绿色制造的研究及推广应用，将会进一步推动“中国绿色制造”的发展，降低资源消耗，减少环境污染，应对绿色贸易壁垒，提升中国机械制造装备市场竞争力。

5. 向自主创新和高新技术方向发展

“十一五”“十二五”建设期间，我国企业自主创新能力不断提高，拥有自主知识产权的产品不断涌现，一批具有国际先进水平的产品不断被研制出来，与国际先进水平的差距逐步缩小。例如，北京第一机床厂研制的数控桥式龙门车铣复合加工机床，是同类型世界最大的机床之一，龙门宽度 10.5m，可加工高 8m 的工件，转台承重 300t，实现五轴加工，可广泛用于能源、航空航天装备制造等重点行业，能对大型核电站核岛关键部件进行加工。该机床的主要性能指标达到国际先进水平，成为体现我国超重型数控机床制造技术水平的标志性产品。

武汉重型机床集团有限公司研制的 DL250 型 5m 数控超重型卧式镗车床，是迄今为止世界上最大规格的超重型数控卧式车床。该机床两顶尖间最大工件重量可达 500t，为世界之最；其直径 1000mm 的超重型高精度静压主轴轴承的径向跳动已达 0.006mm，居世界领先水平。在实现大承重的同时，该机床将车、铣、磨、大直径深孔镗、小直径深孔钻、镗、珩磨等多功能复合于一体，很好地解决了超临界核电半速转子、超重型轧辊、超大型水轮机主轴及巨型船舶新型舵轴等超大型复杂零件的加工问题，同时，在一台机床上就可完成超重型轴类、套类复杂零件的全部加工工序，实现了此类零件高效、高精度加工。

重庆机床（集团）有限责任公司生产的 YS3116CNC7 七轴四联动数控高速干切自动滚齿机和 YKS3132 六轴四联动数控滚齿机，以其先进的技术水平和柔性化加工特点，提升了制齿行业技术创新能力，为加速我国汽车、摩托车行业设备升级换代作出了贡献。尤其是七轴四联动数控高速干切自动滚齿机，其体现了以人为本的设计理念。该产品是针对汽车、摩托车行业大批量、高精度的齿轮加工要求而设计开发的，拥有全部知识产权，可实现七轴数字控制及四轴联动自动干式切削，不需要切削油，实现了绿色环保加工，加工效率是湿式切削的 2～3 倍。

内蒙古北方重工业集团有限公司研制的世界上最大的金属挤压机——3.6 万吨黑色金属垂直挤压机，使我国成为能够制造世界上最大的黑色金属挤压机设备和生产高端大口径厚壁无缝钢管的国家，打破了长期以来国外对我国超大吨位的黑色金属挤压机装备及大口径厚壁无缝钢管挤压工艺的技术封锁和市场垄断。

高新技术中的直接驱动技术正在日趋完善，与传统的“旋转伺服电动机+滚珠丝杠”等机床驱动方式相比，其最高速度可提高数十倍，加速度可提高几倍。直接驱动技术的应用推动了当前数控机床向高速、高效、高精度、智能性、环保化的方向发展。高速切削加工进给系统要实现快速的伺服控制和误差补偿，必须具备很高的定位精度和重复定位精度，直接驱动技术适用于高速、超高速加工，以及生产批量大、要求定位运动多、速度和方向频繁变化的场合。直线电动机除了应用于高速加工中心外，还适用于磨床、锯床、激光切割机、等离子切割机、线切割机等机床设备上，力矩电动机直接驱动的应用也相当普遍，如旋转和分度工作台、万能回转铣头、摆动和旋转轴、旋转刀架、动态刀库、主轴等，其最典型的应用当属五轴铣床。

综上所述，现代装备制造业今后的发展将是以创新、提升、优化为主要模式，未来的中国制造业已不能仅仅满足于“制造”，而是要进一步发展成为“智造”，即用知识、用头脑去创新、去创造，这样才能缩短差距，实现赶超，由制造大国变为制造强国。

小思考 1-1

车床、刨床、铣床等是常见的机械加工装备；冲床、压力机、轧钢机是不是机械加工装备？人造板生产线、造纸机是不是机械加工装备？若不是，又属于哪一类装备？

1.2　机械制造装备的分类

机械制造过程是对原材料进行热加工、冷加工，对零部件进行装配，对产品进行调试和检测、包装和发运的全过程。在此过程中使用的装备类型较多，大致可以分为加工装备、工艺装备、仓储输送装备和辅助装备四类，其中又可分为标准通用设备和非标准专用设备等。

1.2.1　加工装备

加工装备是机械制造装备的主体和核心，是采用机械制造方法制造机器零件或毛坯的机器设备，又称为机床或工作母机。机床的类型很多，除了金属切削机床外，还有特种加工机床、锻压机床、快速成形机床等。

1. 金属切削机床

金属切削机床是利用刀具或磨具对金属工件进行加工，以获得几何形状、加工精度和表面粗糙度均符合要求的零件的机床。

金属切削机床种类繁多，按使用范围可分为通用机床、专用机床和专门化机床。

(1) 通用机床，又称为万能机床。这类机床可加工多种工件，完成多种工序，具有使用范围广、通用程度高的特点，主要用于单件小批量生产。按切削方式，通用机床可分为车床、钻床、镗床、磨床、齿轮加工机床、螺纹加工机床、刨插床、拉床、锯床和其他机床。其中，其他加工机床有仪表机床、管子加工机床等。

(2) 专用机床。这类机床是用于加工特定工件的特定工序的机床，是为特殊工艺要求专门设计、制造的加工设备，其结构简单，生产率很高，适用于大批量生产。组合机床是其中的一大分支。

(3) 专门化机床。这类机床用于加工形状相似而尺寸不同的工件，生产率高，适用于成批生产，如凸轮轴车床、精密丝杠车床等。此外，机床按其通用特性可分为手动、半自动、自动，普通、精密、高精度，仿形、数控、自动换刀，轻型、大型、重型及万能机床等。

2. 特种加工机床

随着军工、国防、航空、航天、电子等尖端技术的发展，新材料、难加工材料的不断涌现，对零件的加工精度和表面质量的要求也越来越高，常规的加工方法难以甚至无法达到这些加工要求，特种加工技术便迅速发展起来。特种加工机床按其加工原理可分为电加工、超声波加工、激光加工、电子束加工、离子束加工、水射流加工等加工机床。

(1) 电加工机床。电加工机床是利用电能对工件进行加工的机床，主要有电火花成形加工机床、电火花线切割机床和电解加工机床。

① 电火花成形加工机床是利用工具电极与工件之间产生脉冲放电的方法蚀除多余金属，使零件达到加工要求的机床。改变工具电极的形状和工具电极与工件之间的相对运动方式，可对复杂型面、导电的难加工材料，如淬火钢、耐热合金、硬质合金、金属陶瓷等进行加工。

② 电火花线切割机床是利用一根移动的金属丝（钼丝）作为电极，与被加工零件之间产生脉冲放电，加上液体介质，通过脉冲放电对被加工零件进行腐蚀，从而进行切割加工的机床。

③ 电解加工机床是利用金属在直流电流作用下在电解液中产生阳极溶解的原理对工件进行加工的机床。电解加工又称电化学加工。加工时，工件接电源正极，工具接负极，两极之间的电压一般为 5～25V。工具和工件相对缓慢进给，两极之间保持较小的间隙（0.05～1mm），让具有一定压力（0.5～2MPa）的电解液（NaCl 或 NaNO）溶液连续地从间隙中流过，将工件被电解的产物带走，从而使工具的形状映射到工件上，得到所需的加工形状。

(2) 超声波加工机床。利用超声波能量对材料进行机械加工的设备称为超声波加工机床。加工时，工具做超声振动，并以一定的静压力压在工件上，工件与工具间引入磨料悬浮液，在振动工具的作用下，磨粒对工件材料进行冲击挤压；加上空化爆炸作用将材料切除。超声波加工适用于特硬材料，如石英、陶瓷、水晶、玻璃等材料的孔加工，以及套料、切割、雕刻、研磨和超声电加工等复合加工。

(3) 激光加工机床。采用激光能量进行加工的设备统称为激光加工机床。激光是一种高强度、方向性好、单色性好的相干光。利用激光的极高能量密度产生的上万摄氏度高温聚焦在工件上，工件被照射的部分在瞬间急剧熔化和蒸发，并产生强烈的冲击波，使熔化的物质爆炸式地喷射出来，从而改变工件的形状。激光加工可以用于所有金属和非金属材料，如金刚石拉丝模、钟表的宝石轴承、陶瓷、玻璃等非金属材料，以及硬质合金、不锈钢等金属材料，常用于加工微小孔（ϕ0.01mm 或更小）和材料切割（切缝宽度一般为 0.1～0.5mm）。

(4) 电子束加工机床。电子束加工是指在真空条件下，由阴极发射出的电子流被高电位的阳极吸引，向阳极方向运动，途中经过聚焦、加速和偏转，最后以高速和细电子束形式轰击工件的一定部位，该电子束能量密度和速度都极高且直径仅为几微米，在极短的时间内将冲击动能转化为热能，使被加工部位温度在几分之一微秒内迅速升高到几千摄氏度，被冲击的局部材料瞬时熔化或汽化，从而完成对工件的加工。电子束加工机床加工范围广，可对任何金属导体、半导体和非导体材料进行加工，常用于微细孔打孔、切割、焊接和熔炼等。也可利用电子束对某些高分子材料的化学作用，进行光刻加工。

(5) 离子束加工机床。离子束加工是指在电场作用下，将正离子从离子源出口孔引出，在真空条件下，将其聚焦、偏转和加速，并以大量细离子束状态轰击被加工部位，由微观的机械撞击能量引起工件材料的变形与分离，从而实现工件的加工。离子束加工主要对工件进行穿孔、切割、铣削、成像、抛光、蚀刻、清洗、溅射、注入和蒸镀等加工，离子束加工机床就是利用离子束进行加工的装备。

(6) 水射流加工机床。水射流加工机床是利用具有很高速度的细水柱或掺有磨料的细水柱冲击工件被加工部位，使被加工部位上的材料剥离，从而实现加工，常用于切割难加工材料，如硬质合金、陶瓷、高速钢、模具钢、淬火钢、耐热合金、复合材料等。高压水射流切割设备主要包括增压器、蓄能器、喷嘴、控制系统及辅助系统等。

3. 锻压机床

锻压机床是利用金属塑性变形进行加工的一种无屑加工设备，主要包括锻造机、冲压机、挤压机和轧制机四大类。

(1) 锻造机是使坯料在工具的冲击力或静压力作用下成形，并使其性能和金相组织符合一定要求的加工设备。按照成形的方法分类，锻造可分为自由锻造、胎模锻造、模型锻造和特种锻造；按照锻造温度的不同分类，锻造又可分为热锻、温锻和冷锻。

(2) 冲压机是借助模具对板料施加外力，迫使材料按模具形状、尺寸进行剪裁或变形的加工设备。按加工时温度的不同，冲压可分为冷冲压和热冲压。冲压工艺具有省工、省料和生产率高的特点。

(3) 挤压机是借助于凸模将凹模内的金属或塑料挤压成形的加工设备。根据挤压时温度不同，挤压成形可分为冷挤压、温挤压和热挤压。挤压成形有利于低塑性材料成形，与模锻相比，不仅生产率高、节省材料，而且可获得较高的加工精度。

(4) 轧制机是使金属材料在旋转轧辊的作用下变形的加工设备。根据轧制温度不同，轧制可分为热轧和冷轧；根据轧制方式不同，轧制又可分为纵轧、横轧和斜轧。

1.2.2　工艺装备

工艺装备是产品制造过程中所用各种工具的总称，包括刀具、夹具、模具、量具和辅助装备等，它们是贯彻工艺规程、保证产品质量和提高生产率等的重要技术手段。

1. 刀具

切削加工时，能从工件上切除多余材料或切断材料的带刃工具称为刀具。工件的成形是通过刀具与工件之间的相对运动实现的，因此高效的机床必须同先进的刀具相配合才能充分发挥作用。刀具类型很多，每一种机床，都有其代表性的一类刀具，如车刀、钻头、镗刀、砂轮、铣刀、刨刀、拉刀、螺纹加工刀具、齿轮加工刀具等。

刀具种类虽然繁多，但大体上可分为标准刀具和非标准刀具两大类。标准刀具是按国家或部门规定的有关标准或规范制造的刀具，由专业化的工具厂集中大批量生产，占所用刀具的绝大部分。非标准刀具是根据工件及具体加工的特殊要求设计制造的，也可将标准刀具加以改制而实现。

2. 夹具

夹具是机床上用以定位和夹紧工件及引导刀具的装置，以保证加工时的定位精度、被加工面之间的相对位置精度，有利于工艺规程的贯彻和提高生产率。

夹具一般由定位机构、夹紧机构、刀具导向装置、工件推入和取出导向装置及夹具体等构成。按夹具安装所用机床，夹具可分为车床夹具、铣床夹具、刨床夹具、钻床夹具、镗床夹具、磨床夹具等；按夹具专用化程度，夹具又可分为专用夹具、成组夹具和组合夹具等。

(1) 专用夹具是为特定工件设计和制造的，产品或工艺改变，通常夹具需要重新设计制造。

(2) 成组夹具是采用成组技术，把工件按形状、尺寸和工艺相似性进行分组，再按每组工件设计组内通用的夹具。成组夹具的特点是具有通用的夹具体，只需对夹具的部分元件稍作调整或更换，即可用于组内各个零件的加工。

(3)组合夹具是利用一套标准元件和通用部件(如对定装置、动力装置)按加工要求组装而成的夹具。标准元件有不同形状和尺寸，配合部位具有良好的互换性。产品改变，可以将组合夹具拆散，按新的加工要求重新组装。组合夹具常用于新产品试制和单件小批量生产，可缩短生产准备时间，减少专用夹具的品种和缩短试制过程。

3. 模具

模具是将材料填充在其型腔中，以限定生产对象的形状和尺寸，从而获得所需制件的工具。按填充方法和填充材料不同，模具可分为粉末冶金模具、塑料模具、压铸模具、冲压模具、锻压模具等。数控技术和特种加工技术的发展，不仅促进了模具制造技术的发展，还促进了少切削、无切削技术在生产制造中的广泛应用。

4. 量具

量具是以直接或间接方法测出被测对象量值的工具、仪器及仪表等，也称为量仪。量具可分为通用量具、专用量具和组合测量仪等。通用量具是标准化、系列化和商品化的量具，如千分尺、千分表、量块，以及光学、气动和电动量具等。专用量具是为测量特定零件的特定尺寸而专门设计的，如量规、样板等，某些专用量具通常会在一定范围内具有通用性。组合测量仪可同时对多个尺寸测量，有时还能进行计算、比较和显示，一般属于专用量具，或在一定范围内通用。数控机床的应用大大简化了生产加工中的测量工作，减少了专用量具的设计、制造与使用；测试技术与计算机技术的发展，使得许多传统量具向数字化和智能化方向发展。

1.2.3 仓储输送装备

仓储输送装备包括各级仓储、物料传送、机床上下料、刀具输送等设备。机器人既可以属于仓储输送装备，用于物料传送和机床上下料，也可以作为加工装备，如焊接机器人和涂装机器人等。

1. 仓储装备

仓储装备用于存储原材料、外购器材、半成品、成品、工具、模具等。现代化的仓储系统应有较高的机械化程度，采用计算机进行库存管理，配合生产管理信息系统，控制合理的库存量，其中立体仓库是关键设备。

立体仓库是一种很有发展前途的仓储装备，它具有很多优点，包括占地面积小而库存量大、便于实现全盘机械化和自动化、便于进行计算机库存管理等。

2. 物料传送装置

物料传送在这里主要指坯料、半成品或成品在车间内各工作站或单元间的传送，以满足流水生产线或自动生产线的要求。物料传送装置主要包括传送装置和自动运载小车。

(1)传送装置的类型很多，如由辊轴构成流动滑道，靠重力或人工实现物料输送，由刚性推杆推动工件同步运动的步进式输送带；在两个工位间输送工件的输送机械手；带动工件或随行夹具进行非同步输送的链式输送机等。

(2)自动运载小车主要用于工作中心间工件的传送。与上述传送装置相比，其具有较大的柔性，可通过计算机控制方便地改变工作中心间工件传送的路线，故较多地用于柔性制造系统中。自动运载小车按其运行的原理分有轨和无轨两大类，其中无轨运载小车的走向一般靠浅埋在地面下的制导电缆控制，在小车紧贴地面的底部装有接收天线，接收制导电缆的感应信息，不断判别和校正走向。

3. 机床上下料装置

专为机床将坯料送到加工位置的机构称为上料装置；加工完毕后将制品从机床上取走的机构称为下料装置。在大批量自动化生产中，为减轻工人体力劳动，缩短上下料时间，常采用机床上下料装置。

4. 刀具输送设备

在柔性制造系统中，必须有完备的刀具准备与输送系统，完成包括刀具准备、测量、输送及重磨刀具回收等工作。刀具常通过传输链、机械手等输送，也可采用自动运输小车对备用刀具等进行输送。

1.2.4　辅助装备

辅助装备包括清洗机、排屑装置以及测量、包装设备等。

清洗机是用来对工件表面的尘屑油污等进行清洗的机械设备，它能保证产品的装配质量和使用寿命，应该给予足够重视。一般采用浸洗、喷洗、气相清洗和超声波清洗等方法，在自动装配中分步自动完成。

排屑装置用于自动机床、自动加工单元或自动生产线上，包括切屑清除装置和输送装置。清除装置常采用离心力、压缩空气、切削液冲刷、电磁或真空清除等方法；输送装置有带式、螺旋式和刮板式等多种类型，保证将切屑输送至机外或线外的集屑器中，并能与加工过程协调控制。

1.3　机械制造装备的设计类型和方法

1.3.1　设计类型

机械制造装备产品的设计工作可分为创新设计、变型设计和模块化设计三大类型，依据不同的设计类型可采用不同的设计方法。

1. 创新设计

在当前市场竞争十分激烈的情况下，企业要求得生存，必须根据市场需求，快速地开发出创新产品去占领市场。开发出具有竞争力的创新产品，是通过改善产品的功能、技术性能和质量，降低生产成本和能源消耗，以及采用先进的生产工艺等方式来缩短与国内外同类先进产品之间的差距，来提高产品的竞争能力。

创新设计通常应从市场调研和预测开始，明确产品的创新设计任务，经过产品规划、方案设计、技术设计和施工设计四个阶段；还应通过产品试制和产品试验来验证新产品的技术可行性；通过小批量试生产来验证新产品的制造工艺和工艺装备的可行性。

2. 变型设计

单一产品往往满足不了市场多样化和瞬息万变的需求。若每种产品都采用创新设计方法，则需要较长的开发周期和较大的开发工作量。为了快速满足市场需求的变化，常常采用适应型和变参数型设计方法。这两种设计方法都是在原有产品基础上，在保持其基本工作原理和总结构不变的情况下，通过改进或改变设计来满足市场需求。适应型设计是通过改变或更换部分部件或结构，变参数型设计是通过改变部分尺寸与性能参数，形成所谓的变型产品。适应型设计和变参数型设计统称为变型设计。

3. 模块化设计

模块化设计是按合同要求，选择适当的功能模块，直接拼装成所谓的组合产品。进行组合产品的设计，是在对一定范围内不同性能、不同规格的产品进行功能分析的基础上，划分并设计出一系列功能模块，通过这些模块的组合，构成不同类型或相同类型不同性能的产品，满足市场的多方面需求。

据不完全统计，机械制造装备产品中有很多设计属于变型产品和组合产品，创新产品只占一小部分。尽管如此，创新设计的重要意义仍不容低估。这是因为创新设计方法是企业在市场竞争中取胜的必要条件；变型设计和模块化设计是在基型和模块系统的基础上进行的。

1.3.2 一般产品开发设计方法及步骤

虽然产品开发设计从设计角度可分为创新设计、变型设计和模块化设计三大类型，但是无论哪种类型设计都应以创新思想为主导，开展方案设计工作。本节主要介绍一般产品开发设计方法。

如前面所述，产品创新开发设计通常分为产品规划、方案设计、技术设计和施工设计四个阶段。

1. 产品规划阶段

产品规划主要涉及需求分析、市场调研和预测、技术调查、可行性分析和开发决策等内容。

1) 需求分析

该阶段主要是通过对市场需求、技术和产品发展动态、企业生产能力及经济效益等的调查研究，搞清楚用户“需要什么”，即“需求分析”。

需求分析具体内容如下：

(1) 新产品开发面向的社会消费群体，明确他们对产品功能、技术性能、质量、数量、价格等方面的要求；

(2) 现有类似产品的功能、技术性能、价格、市场占有情况和发展趋势；

(3) 竞争对手在技术、经济方面的优势和劣势及发展趋势；

(4) 主要原材料、配件、半成品等的供应情况、价格及变化趋势等。

2) 市场调研和预测

根据用户需求，收集市场信息，预测产品发展动态和水平，提出新产品市场预测报告。

3) 技术调查

分析国内外同类产品的结构特征、性能指标、质量水平与发展趋势，对新产品的设想(包括使用条件、环境条件、性能指标、可靠性、外观、安装布局及应执行的标准或法规等)，对新采用的原理、结构、材料、技术及工艺进行分析，确定攻关内容等，提出技术调查报告。

4) 可行性分析

对新产品设计和生产的可行性进行分析，并提出可行性分析报告，包括产品的总体方案、主要技术参数、技术水平、经济寿命周期、企业生产能力、生产成本与利润预测等。

5）开发决策

经过可行性分析后，应提出待定设计产品的开发项目建议书与评审报告，供领导决策，批准立项。

2. 方案设计阶段

方案设计实质上是根据设计任务书的要求，进行产品功能原理的设计。本阶段完成的质量不仅将严重影响产品的结构、性能、工艺和成本，还关系到产品的技术水平及竞争能力。方案设计阶段大致包括对设计任务的抽象、建立功能结构、寻求原理解与求解方法、形成初步设计方案和对初步设计方案的评价与筛选等步骤。

1）设计任务的抽象

设计师应对设计任务进行抽象，抓住主要要求，兼顾次要要求，避免由于知识和经验的局限性以及思想上的种种框框而误导设计方案的制定。对设计任务进行抽象是对设计任务的再认识，从众多应满足的要求中，通过功能关系和与任务相关主要约束条件的分析，对“设计要求表”一步一步进行抽象，找出具有本质性的、主要的要求，即本质功能，以便找到能实现这些本质功能的解，再进一步找出其最优解。

2）建立功能结构

功能用于抽象地描述机械产品输入量和输出量之间的因果关系，对具体产品来说，功能是指产品的效能、用途和作用。人们购置的是产品功能，人们使用的也是产品功能。例如，运输工具的功能是运物载客；电动机的功能是把电能转换为机械能；减速器的功能是传递转矩、变换转速；机床的功能是把坯料变成零件等。功能还可表述为：功能=条件×属性。其含义是在不同的条件下利用不同的属性，同一物体可实现不同的功能。

> **小提示 1-1**
>
> 了解掌握产品开发设计一般过程十分重要。其中，开发设计的四个阶段：开发设计阶段、方案设计阶段、技术设计阶段和施工设计阶段，要牢记。

在采用功能分析法进行方案设计时，可按下列步骤进行工作：

（1）将设计任务抽象化，确定总功能，抓住本质，扩展思路，寻找解决问题的多种方法；

（2）将总功能逐步分解为比较简单的分功能，再分解成功能元，形成功能树；

（3）寻求分功能（功能元）的解；

（4）原理解组合，形成多种原理设计方案；

（5）方案评价与决策。

图1-2表达了功能分析法确定方案的工作步骤。

必须指出，原理方案设计过程是一个动态优化过程，需要不断地补充新信息，因此原理方案设计过程是一个反复修改的过程，必要时原理方案设计阶段也可以安排模型和样机试验。原理方案设计具体步骤如下。

① 确定总功能。

a. 设计问题抽象化。从抽象到具体、从定性到定量是产品设计的战略思想方法。所谓抽象化，就是将设计要求抽象化，而不是像常规设计那样，一接到任务就开始具体设计。

抽象化的目的是确定产品总功能。例如，采煤机可抽象为物料分离和移位的设备；载重汽车可抽象为长距离运输物料的工具；洗碗机可抽象为除去餐具上污垢的装置；设计和改进一个迷宫式密封，可将其抽象为不与轴接触元件的密封结构。

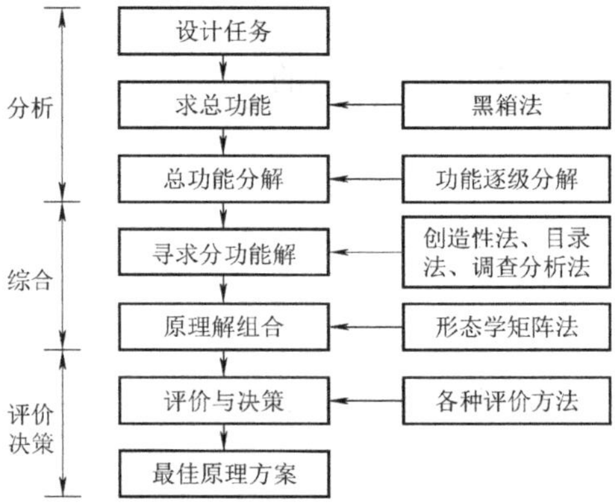

图 1-2　原理方案设计步骤

在设计任务书中，列出了许多要求和愿望，在抽象过程中，要抓住本质，突出重点，淘汰次要条件，将定量参数改为定性描述，对主要部分充分地扩展，只描述任务，不涉及具体解决办法。但是在具体设计时要根据设计任务具体情况对上述步骤作适当删减。例如，丝杠冷轧机的功能树如图 1-3 所示。

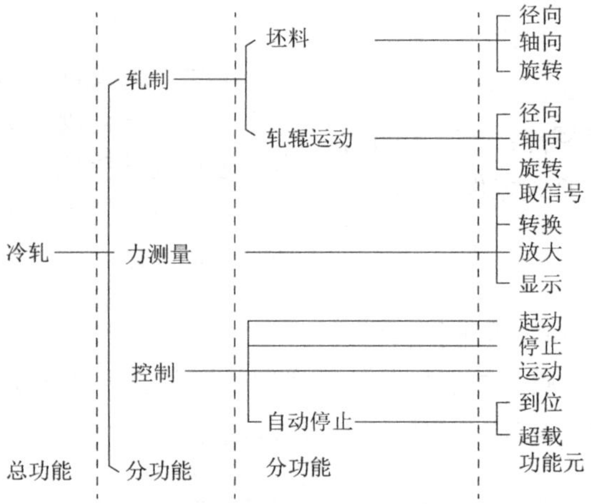

图 1-3　丝杠冷轧机的功能树

案例 1-1

问题： 用于金属切削加工的铣床，如何对其进行抽象处理？

分析回答： 根据抽象原理，可以将铣床工作抽象为用铣削法去除多余金属的设备。

b. 总功能分解。系统的总功能可以分解为分功能（如称一级分功能、二级分功能、……），分功能可再分解为功能元（最小单位）。所以，功能是有层次的，是能逐层分解的，如图 1-4 所示。

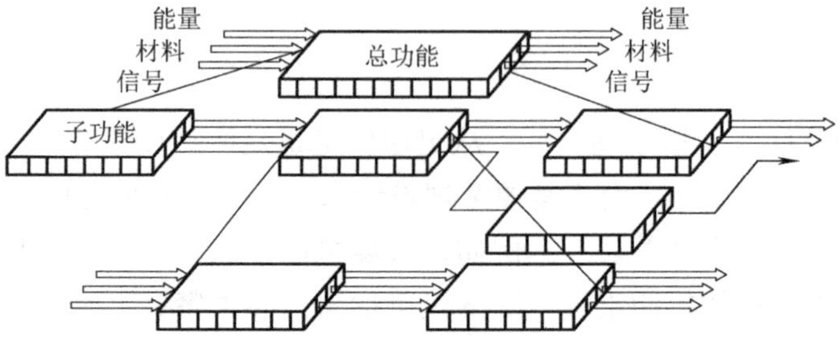

图 1-4　功能分解图

② 功能元。

功能元是功能基本单位。在机械制造装备设计中常用的基本功能元有物理功能元、数学功能元和逻辑功能元。

a. 物理功能元，其反映系统中能量、物料、信号变化的物理基本动作，常用的有：转变—复原；放大—缩小；连接—分离；传导—绝缘；存储—提取。

“变换—复原”功能元，主要包括各种类型能量之间的转变、运动形式的转变、材料性质的转变、物态的转变及信号种类的转变等。

“放大—缩小”功能元，是指各种能量、信号向量(力、速度等)或物理量的放大及缩小，以及物料性质的缩放(如压敏材料的电阻随外压力的变化而变化)。

“连接—分离”功能元，包括能量、物料、信号同质或不同质数量上的结合。除物料之间的合并、分离外，流体与能量结合成压力流体(泵)的功能也属此范围。

“传导—绝缘”功能元，反映能量、物料、信号的位置变化。传导包括单向传导、变向传导，绝缘包括离合器、开关、阀门等。

“存储—提取”功能元，体现一定时间范围内保存的功能，如飞轮、弹簧、电池、电容器、磁盘等分别反映了能量、声音、信号的储存。

b. 数学功能元，其反映数学的原理，如加和减、乘和除、乘方和开方、积分和微分。数学功能元主要用于机械式的加减法机构和乘除法机构，如差动轮系、计算机、求积仪等。

c. 逻辑功能元，包括“与”“或”“非”三元的逻辑动作，主要用于控制功能。

③ 功能结构。

类似电气系统线路图，分功能的关系可以用图来描述，功能结构图是结合初步工作原理或简单构形设想而建立的。常用功能结构有 3 种，如图 1-5～图 1-7 所示。

a. 串联结构：又称顺序结构，它反映了分功能之间的因果关系或时间、空间顺序关系，其基本形式如图 1-5(a)所示。例如，台虎钳的施力与夹紧两个分功能就是串联关系，如图 1-5(b)所示。

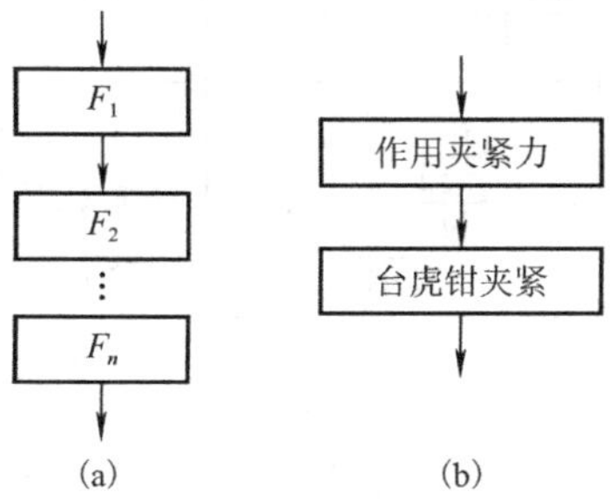

图 1-5　串联结构

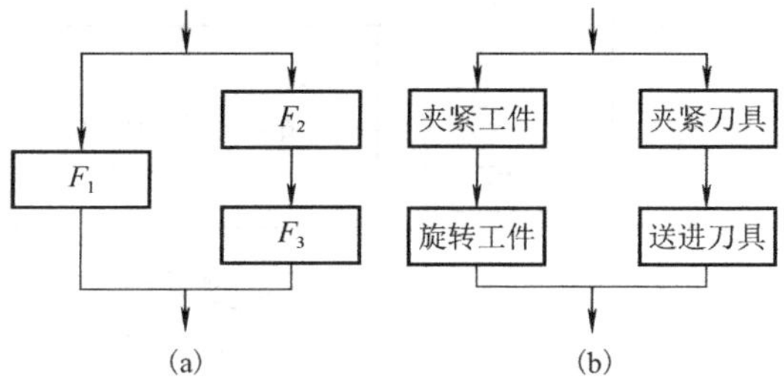

图 1-6　并联结构

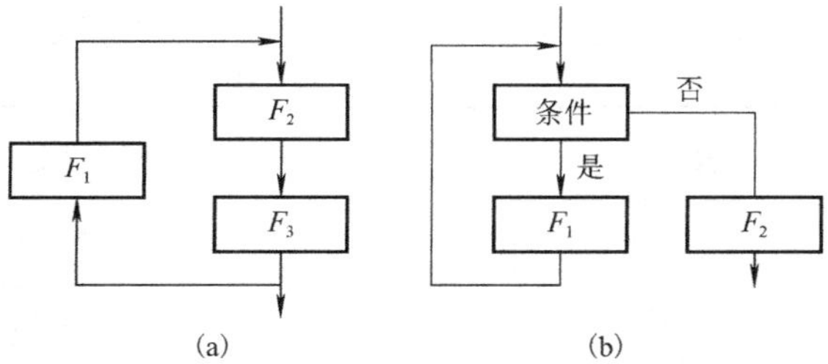

图 1-7　环形结构

b. 并联结构：又称选择结构，几个分功能共同完成一个目的或同时完成某些分功能，分功能之间属于并联关系，其一般形式如图 1-6(a)所示。例如，车床需要工件与刀具共同运动来完成对零件的切削加工的任务，如图 1-6(b)所示。

c. 环形结构：又称循环结构，输出反馈为输入的结构，图 1-7(a)所示为循环结构。按逻辑条件分析，满足一定条件而循环进行的结构，如图 1-7(b)所示。

④ 功能元(分功能)求解。

功能元(分功能)求解是原理方案设计中的关键步骤，功能元求解就是将所需执行动作，用合适的执行机构形式来实现。功能元载体的求解可根据解法目录找到，再通过运动链抽象、变异得到更佳的机构解。

a. 寻找实现分功能的技术效应和功能载体。物理学、化学、生物学等中的一些原理，都是一种抽象的普遍现象和规律，将它们的原理通过一定的结构形式在工程上加以应用，就形成了所谓的技术效应。例如，力平衡是物理学原理，而根据力平衡原理导出的杠杆系、滑轮组等就属于技术物理效应，实现技术物理效应的具体构件，如杠杆、滑轮、支承等，即功能载体。如果对每个分功能都找出其相应的技术物理效应和确定出功能载体，就可以组成具体的设计方案。部分实现分功能的技术物理效应和功能载体如表 1-1 所示。

表 1-1 部分实现分功能的技术物理效应和功能载体

功能 \ 原理解		机械				液气	电光磁
		凸轮传动	连杆传动	齿轮传动	带传动		
转变			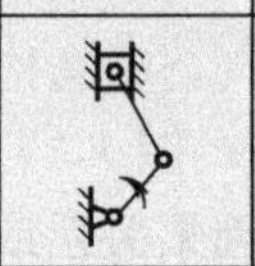	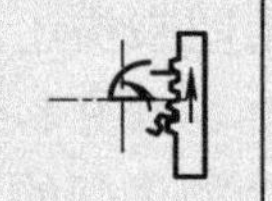	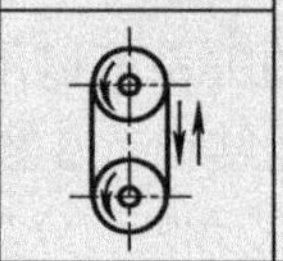	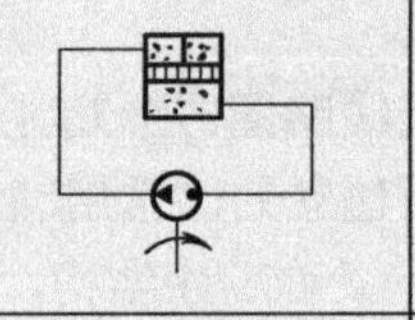	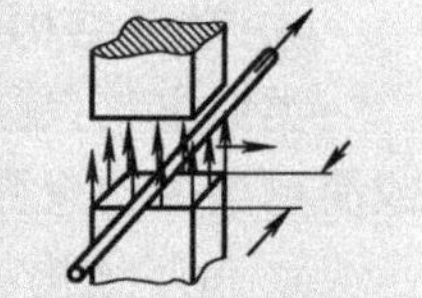
缩小(放大)		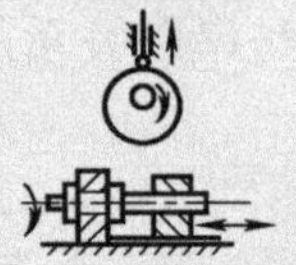		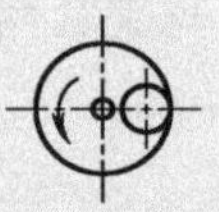	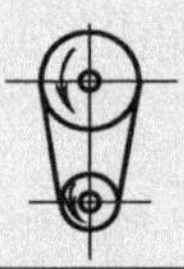	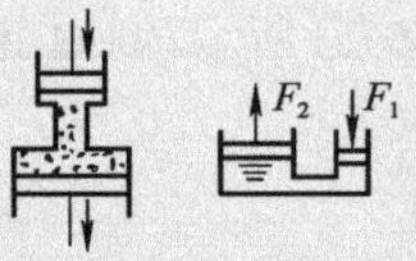	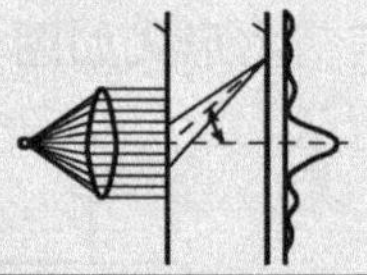
变向			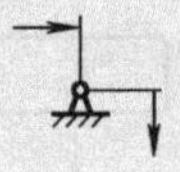	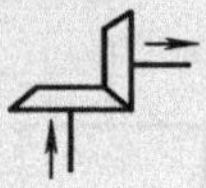	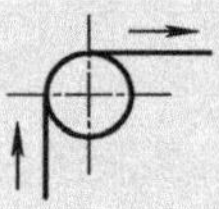	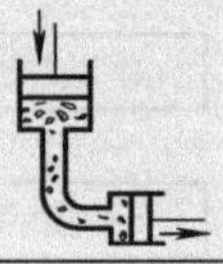	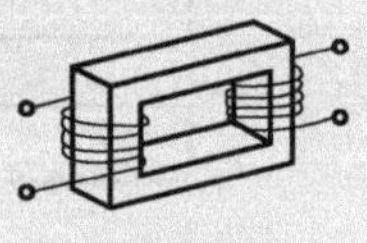
分离		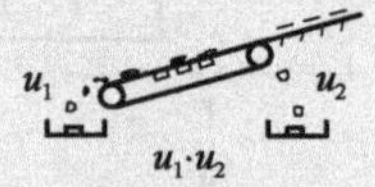 摩擦分离				 浮力	 磁性 非磁性 磁分离
力产生	静力	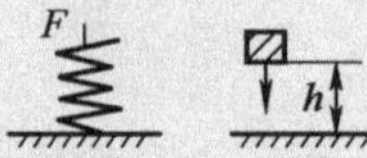 弹性能 位能				 液压能	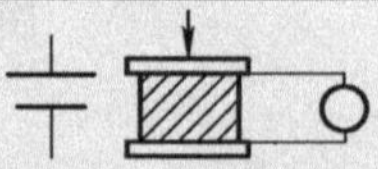 静电 压电效应
	动力	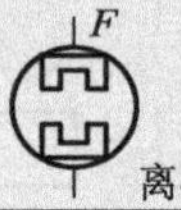 离心力				 液体压力效应	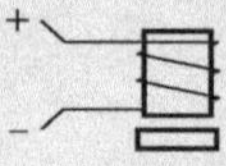 电流磁效应
	摩擦力	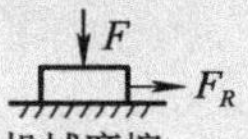 机械摩擦				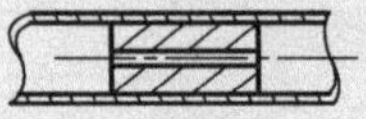 毛细管	 电阻

b. 功能载体的组合。若已找出了实现各分功能的技术物理效应和功能载体，再能把这些功能载体根据功能结构进行合理组合，就可得到实现总功能的总体方案。在进行方案构思时，利用形态学方法建立形态学矩阵，对开拓思路、探求科学合理的创新方案是很有效的。

在形态学矩阵中将系统的各个分功能作为目标标记，分功能的各种解法列为目标特征。如表 1-2 所示，第 1 列 F_1、F_2、…、F_m 代表有 m 个分功能；对应于每个分功能的行代表该分功能解法，如 J_{11}、J_{12}、…、J_{1n_1} 代表分功能 F_1 有 n_1 个解，J_{21}、J_{22}、…、J_{2n_2} 代表分功能 F_2 有 n_2 个解，以此类推。从每个分功能解法中取出一个解，并按功能结构图中的次序进行组合，即可获得一个全部分功能的原理组合，如 $J_{11}—J_{23}—\cdots—J_{m2}$，$J_{13}—J_{22}—\cdots—J_{m1}$ 等，都是可能的原理组合。理论上按形态学矩阵可以获得的原理组合总数 N 为

$$N = n_1 n_2 n_3 \cdots n_m \tag{1-1}$$

表 1-2　形态学矩阵组合原理

分功能		分功能解法								
		1	2	3	…	n_1	…	n_2	…	n_m
1	F_1	J_{11}	J_{12}	J_{13}	…	J_{1mn1}				
2	F_2	J_{21}	J_{22}	J_{23}	…	…	…	J_{2n2}		
⋮	⋮	⋮	⋮	⋮	⋮	⋮	⋮	⋮	⋮	
m	F_m	J_{m1}	J_{m2}	J_{m3}	…	…	…	…	…	J_{mnmn}

表 1-3 为挖掘机的形态学矩阵，理论上按式(1-1)可以获得 $6\times5\times4\times4\times3=1440$ 个原理组合。其中，A1—B4—C3—D2—E1 为履带式挖掘机，A5—B5—C2—D4—E2 为液压轮胎式挖掘机。

表 1-3　挖掘机的形态学矩阵

分功能		分功能解法					
		1	2	3	4	5	6
A	动力源	电动机	汽油机	柴油机	蒸汽透平机	液动机	气动电动机
B	位移传动	齿轮传动	蜗杆传动	带传动	链传动	液力耦合器	
C	位移	轨道及车轮	轮胎	履带	气垫		
D	取物传动	拉杆	绳索传动	气缸传动	液压缸传动		
E	取物	挖斗	抓斗	钳式斗			

⑤ 原理解组合形成多种原理设计方案。

在运用形态矩阵对于功能复杂系统进行求解时，如果采用一个形态矩阵系统过于庞大，这时可先将各分功能形态学矩阵建立起来，即局部方案先设计出来，然后综合为整体方案。

通过形态学矩阵虽然可以得到许多方案，但不是所有的方案都具有实际意义，也不是所有的结构元件都能互相匹配和适应。所以在组合时从一开始就应舍弃掉一些明显不合理或意义不大的方案，把精力集中在那些合理的、可行的组合上。然后从物理原理上的相容性、技术经济效益、功率、速度、尺寸等功能参数方面对这些方案进行复核、检验、评审，从中选出几个好的候选方案。

通常已经确定了功能载体的组合关系，仍会停留在功能性关系中，这是因为结构元件在空间的相互位置是可以进行不同处理的，即用同一分功能载体也可以构成不同的结构布局，

从而可得到不同的总体设计方案。

图 1-8 所示为功能元件结构数目变化而导出的四种内燃机设计方案，图 1-8(a)、(b)、(c)、(d)依次为单缸、双缸、三缸、七缸内燃机。

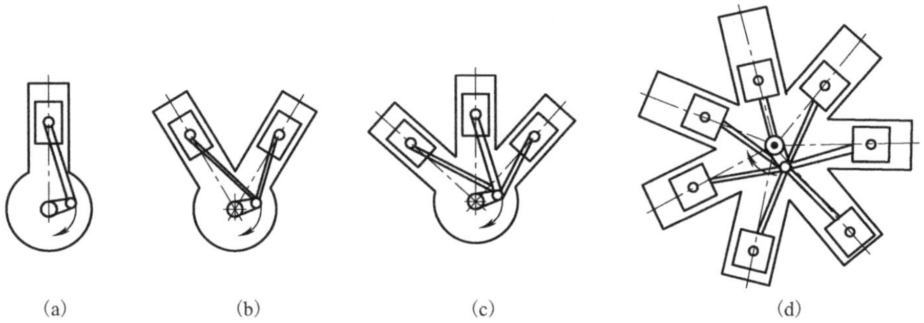

图 1-8　内燃机功能元件结构数目变化布局

图 1-9 所示为在无心磨床上实现从储存仓到工件放取器的运送工件功能。通过运动类型变化导出了三种不同的设计方案，其中图 1-9(a)所示的运送功能件机械手采用接送，图 1-9(b)所示的运送功能件顶块采用移动，图 1-9(c)所示的运送功能件带槽转盘采用转动，图 1-9(d)所示的利用四杆机构的连杆作刚体导引即采用平面运动方式。

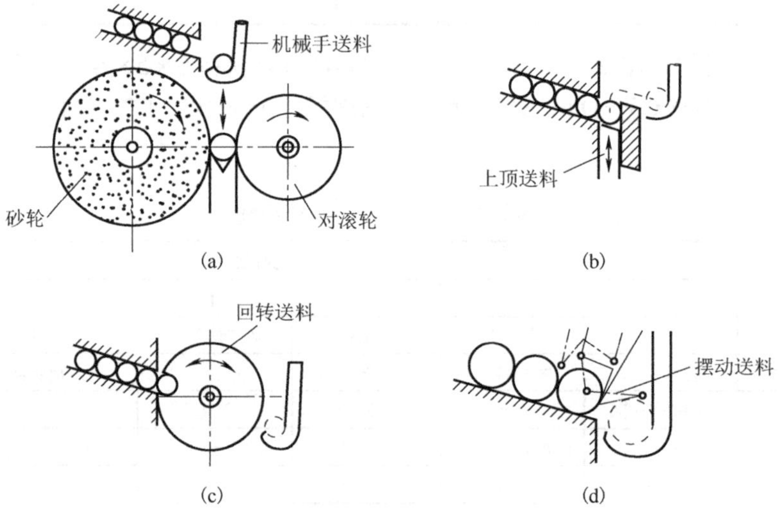

图 1-9　无心磨床自动送料运动方式布局

3. 技术设计阶段

技术设计是完成设计、计算，分析组成部分的结构、参数，并绘制产品总装配图及其主要零部件图的工作。在技术设计过程中，应逐渐形成下列技术文件和有关图纸。

(1)设计任务书和技术任务书。

(2)机构运动简图和系统简图。

(3)总装配图及关键部件装配图。

(4)电气、光学、气动、液压控制原理图。

(5)总体设计报告书及技术说明书。

技术设计主要涉及总体布置设计、主要技术参数的确定以及结构设计等内容。

1) 总体布置设计

总体布置必须从全局观点为立足点，不仅要考虑机械制造装备系统的内部因素，还应考虑人机关系、环境条件等外部因素。按照简单、合理、经济的原则，妥善地确定系统中各零部件、元器件之间的相对位置和运动关系。总体布置时一般总是先布置执行系统，然后布置传动系统、操纵系统、控制系统及支承形式等。通常都是从粗到细、由简到繁，需反复多次修改后确定。总体布置设计的基本要求如下。

案例 1-2

有些轴类机械零件加工涉及车削、磨削以及键槽加工问题，往往采用不同的机床分工序对其进行加工。企业希望通过在普通车床增加部件来解决加工问题。

问题：(1) 采用什么方法能解决在车床上对轴类零件进行磨削以及键槽加工？

(2) 如何能快速安装和拆卸磨削以及键槽加工装置？

(1) 保证工艺过程的连续和流畅。机械制造装备的布置十分重要。总体布置就是探求它们之间最合理的相互位置和相关尺寸。例如，一台柴油机连杆自动化加工生产线要经过多道工序才能加工好连杆，其工作部件位置的配置将直接影响操作流畅性和生产效率。对那些工作条件恶劣及复杂的机械，还应考虑零、部件的可靠性以及过载特性等。但是，无论在何种情况下，都应保证前、后作业工序的连续和流畅，能量流、物料流、信息流的流动途径合理，不产生阻塞和干涉。

(2) 降低质心高度、减小偏置，提高工作稳定性。机械系统应能平衡稳定的工作。如果设备的质心过高或偏置过大，则可能因干扰力矩的增大而造成倾倒或加剧振动。所以在总体布置设计时，在条件允许的情况下，应采用对称布置，以减少偏置、降低质心高度、提高工作稳定性。

(3) 保证机械系统的精度指标。对一些精密设备而言，系统精度指标通常是由零部件精度决定的，精度又分为几何精度、尺寸精度、位置精度、静态精度与动态精度等。

机械的刚度不足及抗振性能不好，也会使机械系统不能正常工作或使其精度降低。为此，在总体布置时，应重视提高其刚度及抗振能力。例如，为提高机床的刚度，采用框架式(龙门刨床)结构的布置方案；为提高汽车车架的扭转刚度，采取在车架上加装横梁的措施等。

(4) 充分考虑产品标准化、系列化、通用化和今后发展的要求。应当指出，产品内部大量地采用标准化零件后，不会限制设计者的创造力，相反可减少设计工作量，使设计者腾出时间集中精力从事改进和设计新产品的工作。

设计产品时不仅要考虑标准化问题，还应考虑系列化、通用化设计问题，以及今后产品改进设计、更新换代，组成生产线可能性问题等。

(5) 结构紧凑，层次分明。紧凑的结构不仅可节省空间，还会带来良好的造型条件。例如，把电动机、传动部件、操作控制部件等安装在支承件的内部。为减小占地面积，可以用立式布置代替卧式布置等。

(6) 操作、调整、维修简便。为改善劳动条件，应力求操作方便、舒适。在总体布置时应使操作位置、修理位置合理，尽量减少信息源的数目，使操作、检测、调整、维修方便和省力。操纵部件要适应人的生理要求，显示装置应根据人的视觉特征来布置。

(7) 造型美观，装饰宜人。产品投入市场后给人们的第一个直感印象是其外观、造型和色彩。它是产品的功能、结构、工艺、材料和外观形象的综合表现，是科学和艺术的结合。产品的外形应具备结构新颖、配置匀称、变化有致而不呆板、布局协调、色彩和谐。这些都有利于操作者心情舒畅、减少烦躁情绪及产生不必要的误动作，对提高生产效率及操作可靠性非常有利。

2) 主要技术参数的确定

总体参数能够反映出该机械制造装备的概貌和特点，是总体设计和零、部件设计时的依据。总体技术参数主要是指作业对象的使用范围、生产能力、结构尺寸、重量参数、功率参数、总体结构参数等。不同的机械制造装备其技术参数是不相同的。对于机床主要是规格参数、运动参数、动力参数和结构参数；对于仪器主要是测量范围、示值范围、放大倍数、焦距、灵敏度等。总体参数的初步确定，可采用理论计算法、经验公式法、相似类比法和优化设计法等。

3) 结构设计

结构设计阶段的主要任务是在总体设计的基础上，对原理方案进行结构化，绘制产品总装图、部件装配图；提出初步的零件表面加工和装配说明书；对结构设计进行技术经济评价。

由于在技术设计阶段掌握了更多的信息，所以比方案设计阶段要求得更具体、更定量。通常应根据“设计要求表”中提出的要求，分析要求满足和超过的程度，并对其作出精确的技术经济评价，找出设计的薄弱环节，进一步改进设计。技术经济评价通常从以下几方面进行：实现的功能，作用原理的科学性，结构合理性，参数计算准确性，安全性，人机工程要求，制造、检验、装配、运输、使用和维护的性能，资源回用，成本和产品研制周期等。

进行结构设计时必须遵守国家、部门和企业颁布的有关标准规范，充分考虑如人机工程、外观造型、结构可靠性和耐用性、加工和装配工艺性、资源回用、环保，以及材料、配件和外协件的供应，企业设备、资金和技术资源的利用，产品系列化、零部件通用化和标准化，结构相似性和继承性等方面的要求，通常要经过设计、审核、修改、再审核、再修改多次反复，才可批准投产。

在结构设计阶段经常采用如有限元分析、优化设计、可靠性设计、计算机辅助设计等现代设计方法，来解决设计中出现的问题。

4. 施工设计阶段

施工设计阶段主要进行零件工作图设计，完善部件装配图和总装配图，进行商品化设计，编制各类技术文档等。

在施工设计阶段，将广泛运用工程图学、机械制造工艺学等理论和方法来解决设计中出现的问题。

1) 零件图设计

零件图中包含了为制造零件所需的全部信息。这些信息包括几何形状、全部尺寸、加工面的尺寸公差、几何公差和表面粗糙度要求、材料和热处理要求、其他特殊技术要求等。组成产品的零件有标准件、外购件和基本件。标准件和外购件不必提供零件图，基本件无论是自制或外协，均需提供零件图。零件图的图号应与装配图中的零件件号对应。

2) 完善装配图

在绘制零件图时，要更加具体地从结构强度、工艺性和标准化等方面进行零件的结构设计，不可避免地要对技术设计阶段提供的装配图做些修改。所以零件图设计完毕后，应完善

> **案例 1-3**
>
> **问题：**从创新角度出发，采用功能组合法来解决在同一台车床上对轴类零件进行车削、磨削以及键槽加工要求问题。
>
> **解决方案：**具体做法是设计一个专用动力头(动力头上安装磨轮装置和铣削装置)，需要时将其安放在车床刀架上。即当需要磨削时使用磨轮装置；需要铣削时使用铣削装置。

装配图的设计。装配图中的每一个零件应按企业规定的格式标注件号。零件件号是零件唯一的标识符，不可乱编，以免造成生产混乱。件号中通常包含产品型号和部件号信息，有的还包含材料、毛坯类型等其他信息，以便备料和毛坯的生产与管理。

3) 商品化设计

商品化设计的目的是进一步提高产品的市场竞争力。商品化设计的内容一般包括：进行价值分析和价值设计，在保证产品功能和性能的基础上，降低成本；利用工业美学原理设计精美的造型和悦目的色彩，改善产品的外观功能；精化包装设计等。

4) 编制技术文档

应重视技术文档的编制工作，将其看作设计工作的继续和总结。编制技术文档的目的是为产品制造、安装调试提供所需要的信息，为产品的质量检验、安装运输、使用等进行相应的规定。为此，技术文档应包括产品设计计算书、产品使用说明书、产品质量检查标准和规则、产品明细表等。产品明细表包括基本件明细表、标准件明细表和外购件明细表等。

对于不同的设计类型，设计步骤大致相同。以上介绍的是机械制造装备设计的典型步骤，比较适用于创新设计类型。对于变型设计和组合设计有些步骤可以简化甚至省略。

1.4 机械制造装备设计的评价

1.4.1 评定指标

机械制造装备(简称装备)的优劣，在很大程度上取决于设计。因此，装备设计中，必须充分注意装备的评价指标以及用户的具体要求。用户对装备的要求是造型美观、性能优良、价格便宜；而制造者的要求则是结构简单、工艺性能好、成本低。

装备的评定指标，又称技术经济指标，至今未做统一规定，而且不同装备的要求也不尽相同，下面以机床为例，介绍机床的一般主要评定指标。

1. 工艺范围

工艺范围是指机床适应不同生产要求的能力，一般包括机床上完成的工序种类、工件的类型、材料、尺寸范围以及毛坯种类等。

机床工艺范围要根据市场需求及用户要求合理确定。不仅要考虑单个机床的工艺范围，还要考虑生产系统整体，合理配置不同装备以及确定各自工艺范围，以便追求系统优化效果。

数控机床是一种能进行自动化加工的通用机床，由于数字控制的优越性，常常使其工艺范围比普通机床更宽，更适用于机械制造业多品种小批量的要求。

2. 精度和精度保持性

机床本身的误差和非机床(如工件、刀具、加工方法测量及操作等)引起的误差都影响工件的加工精度和表面粗糙度。机床精度能够反映机床本身误差的大小，它主要包括装备的几何精度、传动精度、运动精度、定位精度和工作精度等。

(1) 几何精度：最终影响机床工作精度的那些零部件的精度，包括尺寸、形状、相互位置精度等，如平面度、垂直度、直线对直线或平面对平面以及直线与平面间的平行度、垂直度等，是在机床静止或低速运动条件下进行测量，可反映机床相关零部件的加工与装配质量。

(2) 传动精度：机床内联系传动链两末端件之间相对运动的准确性，反映传动系统设计的合理性以及有关零件的加工和装配质量，尤其是末端件(如母蜗轮或母丝杠)的加工。

(3)运动精度：机床主要零部件在工作状态速度下无负载运转时的精度，包括回转精度(如主轴轴心漂移)和直线运动的不均匀性(如移动部件产生进给速度周期性波动)等，这对加工精度要求较高的机床尤为重要。运动精度取决于机床传动链的设计、元件加工与装配质量、运动速度及其他特性的影响。

(4)定位精度：机床有关部件在直线坐标和回转坐标中定位的准确性。即实际位置与要求位置之间误差的大小，主要反映机床测量系统、进给系统和伺服系统的特性。

(5)工作精度：机床对规定试件或工件进行加工的精度，不仅能综合反映出上述各项精度，还能反映出机床的刚度、抗振性及热稳定性等特性。

机床的精度可分为普通级、精密级和高精度级三种精度等级。三种精度等级的机床均有相应的精度标准，其允许误差若以普通精度级为 1，则其公差大致比例为 1∶0.4∶0.25。国家有关机床精度标准对不同类型和等级机床的检验项目及允许误差都有比较明确的规定，在机床设计与制造中必须贯彻执行，并注意留出一定的精度储备量。

机床精度保持性是指机床在工作中能长期保持其原始精度的能力，一般由机床某些关键零件，如主轴、导轨、丝杠等的首次大修期所决定，对于中型机床首次大修期应保证在 8～10 年以上。为了提高机床的精度保持性，要特别注意关键零件的选材和热处理，尽量提高其耐磨性，同时还要采用合理的润滑和防护措施。

3. 机床生产率

机床生产率通常是指单位时间内机床所能加工的工件数量，即

$$Q=\frac{1}{t}=\frac{1}{t_1+t_2+\dfrac{t_3}{n}} \tag{1-2}$$

式中，Q 为机床生产率；t 为单个工件的平均加工时间；t_1 为单个工件的切削加工时间；t_2 为单个工件加工过程中的辅助时间；t_3 为加工一批工件的准备与结束工作的平均时间；n 为一批工件的数量。

由式(1-2)可见，要提高机床的生产率可以采用先进刀具提高切削速度，采用大切深、大进给、多刀多刃切削、多工件及多工位加工等缩短切削时间。采用空行程机动快移，快速装卸刀具、工件，自动测量和数字显示等，缩短辅助时间。

机床自动化加工可以减少人对加工的干预，减少失误，保证加工质量；减轻劳动强度，改善劳动环境；减少辅助时间，有利于提高劳动生产率。机床的自动化可分为大批量自动化生产和单件小批量自动化生产两种方式。大批量自动化生产，通常采用自动化单机(如自动机床、组合机床或经过改造的通用机床等)和由它们组成的自动生产线。对于单件小批量自动化生产，则必须采用数控机床等柔性自动化设备，在数控机床及加工中心的基础上，配上计算机控制的物料输送和装卸装备，可构成柔性制造单元和柔性制造系统。

4. 机床性能

机床在加工过程中产生的各种静态力、动态力以及温度变化，会引起机床变形、振动、噪声等，给加工精度和生产率带来不利影响。机床性能就是指机床对上述现象的抵抗能力。由于影响因素很多，在机床性能方面，还难于像精度检验那样，制定出确切的检测方法。

1)传动效率

传动效率是衡量机床能否有效利用电动机输出功率的能力，即

$$\eta=\frac{N}{N_E}\times 100\% \tag{1-3}$$

式中，η 为机床传动效率；N 为机床输出功率；N_E 为电动机输出功率。

机床的功率损失主要转化成摩擦热，会造成传动件的磨损和引起机床热变形，因此，传动效率是间接反映机床设计与制造质量的重要指标之一。对于普通机床，主轴最高转速时的空载功率不应超过主电动机功率的 1/3。机床的传动效率与机床传动链长短及传动件速度有关，也受轴承预紧、传动件平衡和润滑状态等因素的影响。

2) 刚度

刚度又称静刚度，是机床整机或零部件在静载荷作用下抵抗弹性变形的能力。如果机床刚度不足、在切削力等载荷作用下，会使有关零部件产生较大变形，恶化这些零部件的工作条件、特别会引起刀具和工件间产生较大位移，影响加工精度。

机床是由众多零件组合而成的，为了提高机床刚度，要分析对刀具与工件间弹性位移影响较大的约束部件，如主轴组件、刀体、支撑导轨等。同时要注意机床结构刚度的均衡与协调，防止出现薄弱环节。

3) 抗振能力

机床的抗振能力是指抵抗产生受迫振动和切削自激振动(切削颤振)的能力，习惯上称前者为抗振性，称后者为切削稳定性。机床的受迫振动是由内部或外部振源引起的；自激振动是指切削与摩擦自激振动，如果振源频率接近机床整机或某个重要零部件的固有频率，会产生“共振”。

机床零部件的振动会恶化其工作条件，加剧磨损、引起噪声；刀架与工件间的振动会间接影响加工质量、降低刀具耐用度，是限制机床生产率发挥的重要因素。

为了提高机床的抗振性能，应采取下列必要措施。

(1) 提高机床主要零部件及整机的刚度、提高其固有频率，使其远离机床内部或外部振源的频率。

(2) 改善机床的阻尼性能，特别注意机床零件结合面之间的接触刚度和阻尼，对滚动轴承、滑动轴承及滚动导轨进行适当预紧等。

(3) 改善旋转零部件的动平衡状况，减少不平衡激振力，这一点对高速机床尤为重要。

4) 噪声

机床在工作中的振动还会产生噪声，这不仅是一种环境污染，而且能反映机床设计与制造的质量。随着现代机床切削速度的提高、功率的增大、自动化功能的增多，噪声污染问题也越来越严重，降低噪声是机床设计者的重要任务之一。根据有关规定，普通机床和精密机床不超过 85dB(A)，高精度机床不超过 75dB(A)，对于要求严格的机床，前者应压缩到 78dB(A)，后者应降低到 70dB(A)。

5) 热变形

机床工作中由于受到内部热源和外部热源的影响，使机床各部分温度发生变化，引起热变形。机床热变形会破坏机床的原始精度，引起加工误差，还会破坏轴承、导轨等的调整间隙，加快运动件的磨损，甚至会影响正常运转。据统计，热变形引起的加工误差可达总误差70%以上，特别是对于精密机床、大型机床以及自动化机床，热变形的影响是不容忽视的。

机床的内部热源有：电动机发热，液压系统发热，轴承、齿轮等摩擦传动发热以及切削热等；机床的外部热源主要是机床的环境温度变化和周围的辐射热源。机床开始工作时各部分温度较低，因此温升速度较快，随着温度升高，散热作用加强，温升速度减缓，如果热源在单位时间内发热量恒定，则经过一段时间，机床各部分的温升和热变形会处于热平衡状态。

机床设计中要求采取各种措施减少内部热源的发热量，改善散热条件，均衡热源温升和热变形；还可采用热变形补偿措施，减少热变形对加工精度的影响等。

5. 机床宜人性

机床宜人性是指为操作者提供舒适、安全、方便、省力等劳动条件的程度。机床设计要布局合理、操作方便、造型美观、色彩悦目，符合人机工程学原理和工程美学原理，使操作者有舒适感、轻松感，以便减少疲劳，避免事故，提高劳动生产率。机床的操作不仅要安全可靠、方便省力，还要有误动作防止、过载保护、极限位置保护、有关动作的联锁、切屑防护等安全措施，切实保护操作者和设备的安全。应该指出，在当前激烈的市场竞争中，机床的宜人性具有先声夺人的效果，在产品设计中应该给予高度重视。

6. 机床产品的成本

机床产品的成本是指寿命周期成本，包括制造成本和使用成本，是评价机床产品的重要指标。一般来说，机床成本的60%左右在设计阶段就已经确定，为了尽可能地降低机床成本，机床设计工作应在满足用户需求的前提下，努力做到结构简单，工艺性好，方便制造维护；机床产品结构要模块化，品种要系列化，尽量提高零部件的通用化和标准化水平。

1.4.2 价值分析

1. 价值的概念

产品设计就是为用户提供一个技术上完善，经济上合理，并符合美学要求的一种解决方案。设计方案或产品的优劣是用其价值的大小来衡量的。产品所具有的价值(V)等于它的必要功能(F)与寿命周期成本(C)的比值，即

$$V=\frac{F}{C} \tag{1-4}$$

价值分析的核心是功能分析，产品功能(包括使用功能和美学功能)是指它的性能、质量、效用及满足用户的需要程度。机床产品的功能即主要包括工艺范围、精度、生产率、性能、宜人性以及质量等。在产品设计中，耗费最低的寿命周期成本是经济方面的目标，可靠地实现必要功能是技术方面的目标。提高产品的价值，就需要依靠集体智慧和有组织的活动，通过对产品进行功能分析，用更低的成本来实现用户要求的功能。

2. 提高产品价值的途径

由式(1-3)可知，提高产品价值的主要途径如下。

(1) F 提高，C 降低。

(2) F 提高，C 不变。

(3) F 大为提高，C 小有增加。

(4) F 不变，C 降低。

在机床产品的全部设计过程中都可采用价值分析的方法。在初步设计阶段，能把技术上的优劣给出定量的概念，可从许多可行方案中选择最佳方案；在技术设计阶段，又能用以对产品结构进行评价，使方案具有最佳功能和最低成本；在工作图设计阶段，还可用来对零件进行优化设计等。

在产品设计文件中应有技术经济分析报告，这是运用价值分析方法来论证机床产品及其组成部分在技术经济上合理性文件。包括：研究确定对产品性能、质量及成本费用有重大影响的主要零、部件；同类型产品相应零、部件的技术经济分析比较；论证达到技术上先进、

经济上合理的结构方案；预计达到的经济指标等。

1.4.3 设计评价

评价方法很多，如多属性评价法、多元统计评价法、不确定性评价法等，它们各有各的特点和适用范围。在经典的评估中，各个数据和信息都假定为绝对精确，目标和约束也都假定被严格地定义并有良好的数学表示。因此，在理论上存在着一个分明的解空间，能寻找其中的最优解。但是，对于机械制造装备一类具有随机性、模糊性特点的产品，如结构的合理性、操作的简洁性、安全可靠性、造型美观程度等很难制定出精确的量化指标和参数。因此在评估决策中，需要建立一种不同于经典评估的模型，以便更好刻画人类对客观事物认识中出现的思维、判断、推理的非量化和不精确性现象，即不确定性评价方法。

不确定性评价方法也很多，如模糊综合评价法、灰色评价法、粗糙集评价法、云评价法和突变级数评价法等。本节主要介绍模糊综合评价法。

模糊综合评判就是以模糊数学为基础，应用模糊关系原理，对受到多种因素制约的事物或对象，将一些边界不清、不易定量的因素定量化，按多项模糊的准则参数对备选方案进行综合评判，再根据综合评判结果对各备选方案进行比较排序，选出最好方案的一种方法。

1. 基本方法

1）模糊综合评价步骤

应用一级模糊综合评价模型进行评判时，首先按单个因素进行评判，然后按所有因素进行综合评判，一般可归纳为以下几个步骤。

(1) 确立因素集。因素就是对象的各种属性或性能。在不同场合，也称为参数指标或质量指标，它们综合反映出对象的质量，人们就是根据这些因素给对象评价。因素集就是由各因素组成的经典集合，可表示为

$$U=\{u_1,u_2,\cdots,u_n\} \tag{1-5}$$

(2) 确立权重集。一般来说，各个因素在评判中具有的重要程度不同，因而必须对各个元素 $u_i(i=1,2,\cdots,n)$ 按其重要程度给出不同的权重 $a_i(i=1,2,\cdots,n)$。由各权重数组成的因素权重集 A 是因素集 U 上的模糊子集，可用模糊向量表示为

$$\boldsymbol{A}=(a_1,a_2,\cdots,a_n) \tag{1-6}$$

式中，元素 $a_i(i=1,2,\cdots,n)$ 是因素 u_i 对 $\boldsymbol{A}$ 的隶属度，即反映了各个因素在综合评判中所具有的重要程度，通常应满足归一化和非负性条件：

$$\sum_{i=1}^{m}a_i=1,\quad a_i\geqslant 0 \tag{1-7}$$

(3) 确立评判集(备择集、评价集)。评判集是由对评判对象可能作出的评判结果所组成的经典集合，可表示为

$$V=\{v_1,v_2,\cdots,v_m\} \tag{1-8}$$

式中，元素 $v_j(j=1,2,\cdots,m)$ 是若干可能作出的评判结果。模糊综合评判的目的就在于通过对评判对象综合考虑所有影响因素，能从评判集 V 中获得一个最佳的评判结果。

(4) 从单因素模糊评判建立因素评判矩阵。首先从单因素集 U 中的单个因素出发进行评判，确定评判对象对备择集中各元素的隶属程度。设评判对象按因素集中第 i 个元素 u_i 进行评判时，如果对备择集中第 j 个元素 v_j 隶属的程度为 r_{ij}，则其评判结果可用模糊集合表示为

$$R_i=\frac{r_{ij}}{v_1}+\frac{r_{i2}}{v_2}+\cdots+\frac{r_{im}}{v_m}=\sum_{j=1}^{m}\frac{r_{ij}}{v_j} \tag{1-9}$$

式中，R_i 为单因素模糊评判集，可简单地表示为

$$R_i=(r_{i1},r_{i2},\cdots,r_{im})$$

它是备择集 V 上的一个模糊子集，因为$1\leqslant i\leqslant n$，将上述 n 个 R_i 竖排得到模糊矩阵为

$$\boldsymbol{R}=\begin{bmatrix} r_{11} & r_{12} & \cdots & r_{1m} \\ r_{21} & r_{22} & \cdots & r_{2m} \\ \vdots & \vdots & & \vdots \\ r_{n1} & r_{n2} & \cdots & r_{nm} \end{bmatrix} \tag{1-10}$$

式中，$\boldsymbol{R}$ 为单因素评判矩阵。

于是，(U,V,R) 构成了一个综合评判模型或称综合评判空间。

(5) 模糊综合评判。因素权重集 A 和评判矩阵 $\boldsymbol{R}$ 确定后，按照模糊矩阵的乘法运算，得到模糊综合评判集 B，即

$$B=A\circ\boldsymbol{R} \tag{1-11}$$

其中

$$b_j=\mathop{\vee}_{i=1}^{n}(a_i\wedge r_{ij}),\quad j=1,2,\cdots,m$$

式中，b_j 称为模糊综合评判指标，简称评判指标。它的含义是：在综合考虑所有影响因素的情况下，评判对象对评判集 V 中第 j 个元素的隶属度。显然，模糊综合评判集 B 是评判集 V 上的模糊子集。

(6) 评判结果。求出评判指标 $b_j(j=1,2,\cdots,m)$ 后，一般可采用如下的最大隶属度法：把与最大的评判指标 $\max b_j$ 相对应的评判集元素 v_j 取为评判结果，即

$$v=\left\{v_j\middle|v_j\to\max b_j\right\} \tag{1-12}$$

从上述模糊综合评判的四个步骤可以看出，建立单因素评判矩阵 $\boldsymbol{R}$ 和确定权重分配 A 是两项关键性的工作，没有统一格式可以遵循，一般可采用统计试验或专家评分的方法求出。

2) 模糊综合评判中的模糊合成算子

综合评判模型中，“$\circ$”为模糊合成算子。进行模糊变换时要选择适宜的模糊合成算子。

(1) $M(\wedge,\vee)$ 算子：$S_k=\mathop{V}_{j=1}^{m}\left(\mu_j\wedge r_{jk}\right)=\max\limits_{1\leqslant j\leqslant m}\left|\min\left(\mu_j,r_{jk}\right)\right|\ (k=1,2,\cdots,n)$，符号“$\wedge$”为取小，“$\vee$”为取大。

(2) $M(\cdot,V)$ 算子，$S_k=\mathop{V}_{j=1}^{m}\left(\mu_j\cdot r_{jk}\right)=\max\limits_{1\leqslant j\leqslant m}\left|\left(\mu_j\cdot r_{jk}\right)\right|\ (k=1,2,\cdots,n)$。

(3) $M(\wedge,\oplus)$ 算子“$\oplus$”是有界和运算，即在有界限制下的普通加法运算。对 t 个实数 $x_1,x_2,\cdots,x_t$，有 $x_1\oplus x_2\oplus\cdots\oplus x_t=\min\left\{1,\sum\limits_{i=1}^{t}x_i\right\}$，利用 $M(\wedge,\oplus)$ 算子，有 $S_k=\min\left\{1,\sum\limits_{j=1}^{m}\min\left(\mu_j,r_{jk}\right)\right\}$ $(k=1,2,\cdots,n)$。

(4) $M(\cdot,\oplus)$ 算子，$S_k=\min\left(1,\sum\limits_{j=1}^{m}\mu_j r_{jk}\right)(k=1,2,\cdots,n)$。

以上四个算子在综合评估中的特点如表 1-4 所示。

表 1-4 算子的特点

特点	算子			
	$M(\wedge,\vee)$	$M(\cdot,V)$	$M(\wedge,\oplus)$	$M(\cdot,\oplus)$
体现权数作用	不明显	明显	不明显	明显
综合程度	弱	弱	强	强
利用 R 的信息	不充分	不充分	比较充分	充分
类型	主因素突出型	主因素突出型	加权平均型	加权平均型

表 1-4 中，$M(\wedge,\vee)$ 和 $M(\cdot,V)$ 在运算中能突出对综合评判起作用的主要因素，在确定 W 时，不一定要求其分量之和为 1，即不一定是权向量，故为主因素突出型。

$M(\wedge,\oplus)$ 和 $M(\cdot,\oplus)$ 在运算时兼顾了各因素的作用，W 为名副其实的权向量，应满足各分量之和为 1，故为加权平均型。

3) 做出综合结论的方法

最后通过对模糊评判向量 S 的分析做出综合结论。一般可以采用以下三种方法。

(1) 最大隶属度原则。模糊评判集 $S=(S_1,S_2,\cdots,S_n)$ 中 S_i 为等级 v_i 对模糊评判集 S 的隶属度，按最大隶属度原则做出评估结论，即

$$M=\max(S_1,S_2,\cdots,S_n)$$

M 所对应的元素为评估结果。该方法虽然简单易行，但只考虑隶属度最大的点，其他点没有考虑，损失的信息较多。

(2) 加权平均原则。其思想是：将等级看作一种相对位置，使其连续化。为了能定量处理，不妨用 $1,2,\cdots,n$ 依次表示各等级，并称其为各等级的秩。然后用 S 中对应分量将各等级的秩加权求和，得到被评事物的相对位置，这就是加权平均原则，可表示为

$$u^*=\frac{\sum_{i=1}^{n}\mu(v_i)\cdot s_i^k}{\sum_{i=1}^{n}s_i^k} \tag{1-13}$$

式中，k 为待定系数（$k=1$ 或 $k=2$），目的是控制较大的 s_i 所起的作用。可以证明，当 $k\to\infty$ 时，加权平均原则就是最大隶属度原则。

(3) 模糊向量单值化。如果给等级赋予分值，然后用 S 中对应的隶属度将分值加权求平均就可以得到一个点值，便于比较排序。

设给 n 个等级依次赋予分值 $c_1,c_2,\cdots,c_n$，一般情况下（等级由高到低或由好到差），$c_1>c_2>\cdots>c_n$，且间距相等，则模糊向量可单值化为

$$c=\frac{\sum_{i=1}^{n}c_i\cdot s_i^k}{\sum_{i=1}^{n}s_i^k} \tag{1-14}$$

式中，k 的含义与作用同式 (1-13) 中的 k 相同。多个被评事物可以依据式 (1-14) 由大到小排出次序。

> **小总结 1-1**
>
> 模糊评价有以下 6 个步骤：
>
> (1) 建立因素集；
> (2) 确立权重集；
> (3) 确立评价集；
> (4) 建立因素评价矩阵；
> (5) 进行模糊综合评价；
> (6) 得出评判结果。

以上三种方法可以依据评估目的来选用，如果需要序化，可选用后两种方法，如果只需给出某事物一个总体评估结论，则用第一种方法。

2. 评价举例

例 1-1 设计人员设计了一个发动机箱体加工专用机床的技术方案，现要求采用模糊综合评价法对其性能(总体结构布局、加工能力、操作方便性、安全可靠性)进行综合评价。

解：(1)建立因素集。由题意可知，评价要考虑总体结构布局、加工能力、操作方便性、安全可靠性等影响因素。因此，评价因素集为

$$U=\{u_1,u_2,u_3,u_4\}$$
$$=\{\text{总体结构布局,加工能力,操作方便性，安全可靠性}\}$$

(2)确立权重集。在总体结构布局、加工能力、操作方便性，安全可靠性四个因素中比较它们的权重，故权重集取为

$$A=(0.15,0.35,0.2,0.3)$$

(3)确立评价集。评价定位：好，较好，一般，差四个层次。

$$V=\{v_1,v_2,v_3,v_4\}=\{0.8,0.7,0.5,0.3\}$$

(4)建立因素评价矩阵。

$$\boldsymbol{R}=\begin{bmatrix} v_1 & v_2 & v_3 & v_4 \\ 0.8 & 0.7 & 0.5 & 0.1 \\ 0.6 & 0.3 & 0.25 & 0.05 \\ 0.5 & 0.45 & 0.3 & 0 \\ 0.6 & 0.35 & 0.15 & 0 \end{bmatrix}\begin{matrix} \\ u_1\text{总体结构设计} \\ u_2\text{机械加工性能} \\ u_3\text{操作方便性} \\ u_4\text{安全可靠性} \end{matrix}$$

(5)模糊综合评价。

按照$M(\wedge,\vee)$算子的算法，有

$$\boldsymbol{B}=\boldsymbol{A}\circ\boldsymbol{R}=(0.15,0.35,0.25,0.25)\circ\begin{bmatrix} 0.8 & 0.7 & 0.5 & 0.1 \\ 0.6 & 0.3 & 0.25 & 0.05 \\ 0.5 & 0.45 & 0.3 & 0 \\ 0.6 & 0.35 & 0.15 & 0 \end{bmatrix}=(0.35,0.3,0.25,0.1)$$

(6)评判结果。从综合评价结果可以看出：35%的人认为该发动机箱体加工专用机床设计方案好；30%的人认为设计方案较好；25%的人认为设计方案一般；10%的人认为设计方案差。

习题与思考

1-1 你能写出 10 种以上的常见机械制造装备吗？并说出它们的各自用途。

1-2 目前先进制造主要有哪些模式，各有什么特点？

1-3 “工业 4.0”项目主要分为哪三大主题？《中国制造 2025》基本想法是什么？

1-4 现代化机械制造装备的发展呈哪些发展趋势？

1-5 机械制造装备是如何分类的？哪些属于特种机床？哪些属于工艺装备？哪些属于仓储输送设备？

1-6 机械制造装备的设计有哪几种类型和设计方法？它们各有什么特点？

1-7 一般产品开发设计有哪几个步骤？

1-8 试用学过的一级模型进行综合评判方法对某鼓风机用 V 带传动设计方案进行评价。原动机为滑环式异步电动机，电动机功率 10kW，转速 n_1=1450r/min，鼓风机转速 n_2=630r/min，每天工作 16h，带轮中心距范围 a=530～800mm。要求维修较方便，制造费用较低，寿命较长。

第 2 章　金属切削机床设计

2.1　概　　述

金属切削机床(Metal Cutting Machine Tools)是用切削的方法将金属毛坯加工成机器零件的机器，国外称为“工具机”(Machine Tools)，我国又称为“工作母机”，习惯上简称为机床。

在现代机械制造工业中，加工机器零件的方法有多种，如铸造、锻造、冲压、焊接、切削加工和各种特种加工等，但切削加工是将金属毛坯加工成具有较高精度的形状、尺寸和较高表面质量零件的主要加工方法，在加工精密零件时，目前主要还是依靠切削加工来达到所需的加工精度和表面质量。因此，金属切削机床是加工机器零件的主要设备，它所担负的工作量，占机器总制造工作量的 40%～60%，机床的技术水平直接影响机械制造工业产品的最终质量和劳动生产率。

机械制造工业肩负着为国民经济各部门提供现代化技术装备的任务，即为工业、农业、交通运输业和高技术产业等部门提供各种机器、仪器和工具。现代国防装备，如舰艇、飞机、火箭、卫星、飞船装置等必须通过机械制造才能满足高技术要求。

机械制造工业是国民经济各部门和军工生产赖以发展的基础，而机床工业则是机械制造工业的基础。机床工业为军、民装备制造业提供制造技术与装备，是与国计民生、国防建设紧密关联的基础工业和战略性产业。一个国家机床工业的技术水平，在很大程度上标志着这个国家的工业生产能力和科学技术水平。

我国机床工业经过多年的发展，目前已经形成了完整的机床工业体系。进入 21 世纪以来，在国家实施振兴装备制造业的战略政策支持的推动和市场需求的拉动下，特别是汽车工业的快速发展，制造装备产品需求旺盛，使我国机床工业迎来前所未有的黄金机遇。自 2004 年开始，我国跃居机床工业大国，连续 9 年成为世界第一机床消费大国和第一机床进口大国，成为全球瞩目的机床大市场，与此同时国产机床所占比重也逐年提升。我国是机床制造大国，但不是强国。虽然机床制造取得了很大的成绩，但与国家经济发展需要和世界先进水平相比还存在着一定的差距，必须迎头赶上。

本章知识要点

(1) 了解机床产品分类、设计基本要求、设计方法等内容。

(2) 掌握机床总体、主要参数、主传动系统、进给传动系统等设计方法。

兴趣实践

(1)到学校机械实习厂或实验室去了解常见金属切削机床的构造。

(2)用学到的有关机床知识，对普通车床、铣床等机床进行改进设计，如用电主轴替代传统齿轮传动主轴，或者用伺服驱动技术替代机械驱动技术。

探索思考

如何理解主变速传动系统设计：传动副前多后少原则、变速组的传动线(级比指数)遵循“前密后疏”、确定最小传动比遵循“前缓后急”的三个一般原则。

预习准备

(1)翻阅国内外金属切削机床发展史，了解当前国内外机床发展水平。

(2)阅读了解金属切削机床，如车床、铣床、镗床等机床的主传动和进给传动结构，以及它们各自的特点和作用。

2.1.1 机床产品的分类

机床品种规格繁多，按加工方法和所用刀具主要有以下分类。

1. 车床

车床是机械制造中使用最广的一类机床，如图 2-1 所示。车床主要用于加工各种回转表面(内外圆柱面、圆锥面及成形回转表面)和回转体的端面，有些还可加工螺纹面，主运动通常是由工件的旋转运动实现的，进给运动则由刀具的直线移动来完成。

普通车床可进行各种车削加工，如车削零件的内外圆柱面、端面和圆锥面。带有马鞍的车床可用来车削大直径或畸形零件。根据用户要求，利用公制丝杠机床或英制丝杠机床，可完成车削公、英制、模数、径节和周节螺纹，完成钻孔、铰孔和拉油槽等工作。

2. 钻床

钻床是孔加工机床，是用钻头在工件上加工孔的机床，如图 2-2 所示。钻床通常用于加工尺寸较小、精度要求不太高的孔，可完成钻孔、扩孔、铰孔及攻螺纹等工作。钻孔时，工件固定不动，刀具做旋转主运动，同时沿轴向做进给运动。

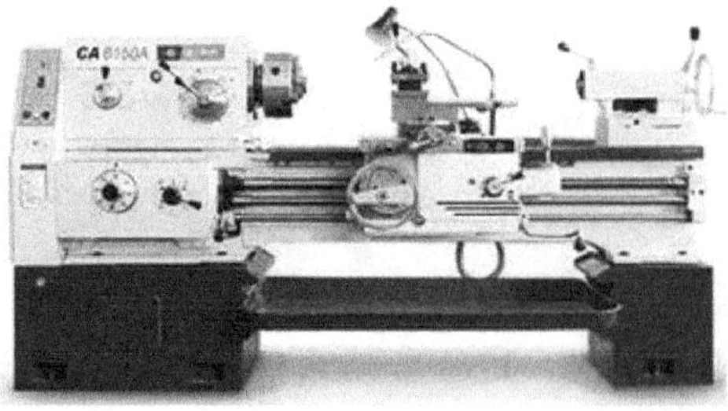

图 2-1　车床

图 2-2　钻床

3. 铣床

铣床是用铣刀进行切削加工的机床，可加工平面、沟槽、多齿零件上的齿槽、螺旋形表面及各种曲面，用途广泛。铣床适合于使用各种棒形铣刀、圆形铣刀、角度铣刀，铣平面、斜面、沟槽等。铣床具有足够的刚性和功率，能进行高速切削和承受重负荷的切削工作。铣削是多刃连续切削，生产率较高。铣床如图 2-3 所示。

4. 镗床

镗床是主要用镗刀在工件上加工孔的机床，工艺范围较广，通常用于加工尺寸较大、精度要求较高的孔，特别是分布在不同表面上、孔距和位置精度要求较高的孔。除镗孔外，还可进行铣削、钻孔、扩孔、铰孔等工作。一般镗刀的旋转为主运动，镗刀或工件的移动为进给运动。镗床如图 2-4 所示。

图 2-3　铣床

图 2-4　镗床

5. 刨床

刨床是用刨刀对工件的平面、沟槽或成形表面进行刨削的机床，如图 2-5 所示。刨床是使刀具和工件之间产生相对的直线往复运动来达到刨削工件表面的目的。往复运动是刨床上的主运动。机床除了有主运动以外，还有辅助运动，也称进刀运动，刨床的进刀运动是工作台(或刨刀)的间歇移动。

6. 插床

插床实际上是一种立式刨床，如图 2-6 所示。它在结构原理上与刨床同属一类。插刀随滑枕在垂直方向上的直线往复运动是主运动，工件沿纵向横向及圆周三个方向分别所做的间歇运动是进给运动。插床的生产率和精度都较低，多用于单件或小批量生产中加工内孔键槽或花键孔等，在批量生产中常被铣床或拉床代替。但在加工不通孔或有障碍台肩的内孔键槽时，就只能利用插床了。

图 2-5　刨床

图 2-6　插床

7. 磨床

磨床是用磨具和磨料(如砂轮、砂带、油石、研磨剂等)对工件的表面进行磨削加工的一种机床，广泛用于零件的精加工，尤其是淬硬零件、高硬度特殊材料及非金属材料的加工，如图 2-7 所示。它可以加工各种表面，如平面、内外圆柱面、圆锥面和螺旋面等。通过磨削加工，工件的形状及表面的精度、粗糙度达到预期的要求；同时，它还可以进行切断加工。

8. 齿轮加工机床

齿轮加工机床品种规格繁多，有加工几毫米直径齿轮的小型机床，也有加工十几米直径齿轮的大型机床，还有大量生产用的高效机床和加工精密齿轮的高精度机床。如滚齿机、插齿机、铣齿机、剃齿机、磨齿机、珩齿机、挤齿机等，其基本原理是用展成法对齿轮进行加工。滚齿机如图 2-8 所示。

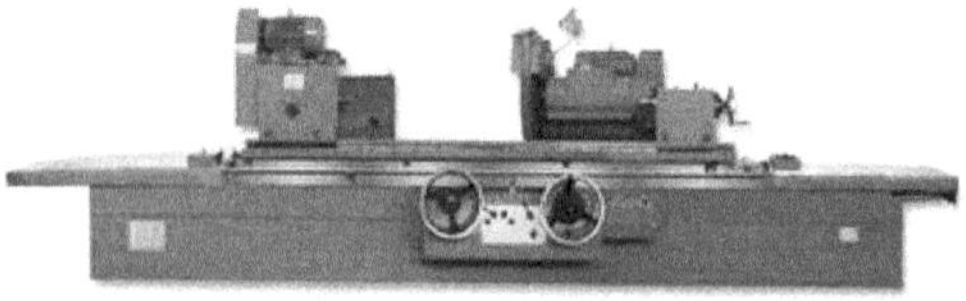

图 2-7　磨床

图 2-8　滚齿机

随着工业化的发展，机床品种越来越多，技术也越来越复杂，同时，机床技术水平的高低、质量的好坏，对机械产品的生产率和经济效益都有影响。因此，机床的优良性能和正确细心操作十分重要。

2.1.2　机床产品设计要求

机械产品的性能，80%取决于设计阶段，因此，必须高度重视设计方法和手段的应用。

对于机床产品的设计，需要满足以下几个要求。

1. 性能设计要求

1) 工艺范围

机床工艺范围指机床满足不同生产要求的能力。大致包括下列内容。

(1) 在机床上可完成的工序种类。

(2) 加工零件的类型、材料和尺寸范围。

(3) 毛坯的种类等。

(4) 生产纲领：根据生产纲领确定工艺范围。生产纲领一般分为以下两种形式。

① 大批量生产：为提高生产率，按工序分散原则，设计成专门化机床或专用机床，工艺范围窄，生产率高，结构简单，成本低。

② 单件小批生产：为使在一台机床上完成多种工序的加工，适用不同部门的需要，设计成通用机床，有较宽的变速范围、尺寸参数和较多的机床附件，以扩大机床使用范围。

2) 生产率和自动化程度

生产率是指单位时间内机床所能加工的零件数量，它影响到生产效率和生产成本，在满足加工精度和机床使用要求的情况下，生产率应尽可能地提高。

根据自动控制系统的规模和控制手段的复杂程度区分自动化的等级。在生产过程自动化中通常将自动化程度分为三级。

(1) 初级自动化主要是工作循环的自动化，即采用自动机床和半自动机床以实现生产过程的自动化，又称为单机自动化。在初级自动化中，工艺过程的自动化仅仅包括各个加工工序，而装配、检验和成品包装均以手工进行，或采用机械化工具进行。

(2) 二级自动化指机床系统的自动化，即建立自动生产线。在二级自动化中，将各种加工、检验、装配、包装等工序，按照工艺顺序进行配置，用输送和控制设备进行连接，自动地完成除调整以外的综合工序。这种自动机床系统称为自动生产线，简称自动线。

(3) 三级自动化指生产过程的综合自动化，采用电子计算机、自动控制、系统工程等技术建立的自动化、自动化车间和自动化工厂属这一级自动化，要求在生产过程的全部环节中能解决工件的储存、自动线之间的输送、废物的排除、质量控制和调度检查的综合自动化问题。

3) 加工精度和表面粗糙度

(1) 几何精度：机床在不运动或运动速度低时，部件间相互位置精度和主要零部件的形位精度。几何精度由机床的制造精度和装配精度决定。

(2) 运动精度：机床在以工作速度空转时，主要零部件的几何精度和位置精度。

(3) 传动精度：机床传动链两端执行件间的运动协调性和均匀性。传动精度由传动系统设计的合理性和转动的制造精度及装配精度所决定。

(4) 定位精度：机床主要部件在运动终点所达到的实际位置的精度。

4) 可靠性

机床在规定的使用时间内，其功能的稳定程度和性质，即要求机床不轻易发生或尽可能减少发生故障。

5) 机床的机械效率和寿命

机床的机械效率指消耗于切削的有效功率与电动机输出功率之比。机床的寿命指机床保持它具有加工精度的使用期限，包括使用寿命、设计寿命、自然寿命。

6) 噪声

生理学上，人们把不需要的声音统称为噪声，即不同频率和不同强度的声音，无规律组合在一起。普通机床在 85dB 以下，精密机床在 75dB 以下。

2. 经济效益

在保证实现机床性能要求的同时，还必须使机床具有很高的经济效益。不仅要考虑机床设计和生产的经济效益，更重要的是从用户出发，提高机床使用经济效益。

3. 人机关系

机床设计除了应满足其功能要求外，还应满足人机关系，如操作方便、省力、容易掌握、不易出现操作上的失误和故障等。另外，机床的外形设计必须合乎时代要求，即美观大方、色彩怡人，使操作者有舒适宜人的感觉。

2.1.3　机床产品设计的方法

机床设计经历了由静态分析到动态分析、由定性分析到定量分析、由线性分析到非线性分析、由安全设计到优化设计、由手动设计到自动化发展的过程。机床产品设计除了可以参考机械制造装备设计的相关设计方法外，通常还采用如下设计方法。

1. 理论分析计算和试验研究相结合的设计方法

理论分析计算和试验研究相结合的设计方法是机床设计的主要方法。这种方法首先是根据理论计算和局部试验确定结构尺寸，制造样机；对样机进行整机或局部薄弱环节的各种试验；最后补充修改定性。

2. **分析计算法**

1)集中参数法

用集中参数法计算机床动态特性时，把机床构件看成由若干有质量的质点和无质量的弹簧组成的振动系统。

2)有限元法

有限元法是把结构假想为分割成有限个单元，而把一个连续体作为离散单元的集合体来看。目前，在机床设计阶段采用有限元进行仿真分析已经越来越广泛。

3)优化设计

优化设计是在一定条件下，合理选择有关参数，以获得一个技术经济指标最佳设计方案。

4)可靠性设计

可靠性设计是以可靠性作为评定设计质量的一项指标而进行的设计，它是使设计产品在使用中不产生故障的设计方法和技术。

2.1.4 机床设计步骤

不同的机床类型设计步骤也不同，但归纳起来大体上可分为以下四个阶段。

1. **总体方案设计**

在满足设计任务书中的具体要求的前提下，由设计人员构思出若干种方案并进行分析比较，从中优选出一种功能满足要求、工作性能可靠、结构设计可行、成本低廉的方案。总体方案设计所包含的内容包括工艺分析、主要技术参数、机床总体布局、传动系统、电气系统、液压系统、主要部件的结构草图、试验结果及技术经济分析报告等。具体包括以下内容。

(1)运动功能设计：包括确定机床所需运动的个数、形式(直线运动、回转运动)、功能(主运动、进给运动、其他运动)及排列顺序，最后画出机床的运动原理图，并进行运动功能设计。

(2)基本参数设计：包括尺寸参数、运动参数和动力参数设计。

(3)传动系统设计：包括传动方式、传动原理图及传动系统图设计。

(4)总体结构布局设计：包括总体布局结构形式及总体结构方案图设计。

(5)控制系统设计：包括控制方式及控制原理、控制系统图设计。

在总体方案设计阶段，对其各种方案进行综合评价，从中选择较好的方案。对所选择的方案进行进一步的修改或优化，确定最终方案。上述设计内容通常是交叉进行的。

选择方案时要注意尽可能采用先进的工艺结构，尽量采用先进技术，设计方案必须以主产实践和科学试验为依据，凡是未经实践考验的方案，必须经过试验证明可靠后才能用于设计。

2. **详细设计**

详细设计包括技术设计和施工设计。

1)技术设计

设计机床的传动系统，确定各主要结构的原理方案，设计部件装配图，对主要零件进行分析计算或优化，设计液压原理图和相应的液压部件装配图，设计电气控制系统原理图和相应的电气安装接线图，设计和完善机床总装配图和总联系尺寸图。

2)施工设计

设计机床的全部自制零件图，编制标准件、通用件和自制件明细表，编写设计说明书、使用说明书，制定机床的检验方法和标准等技术文档。

3. 机床整机综合评价

对所设计的机床进行整机性能分析和综合评价。可对所设计的机床进行计算机建模，得到所谓的数字化样机，又称虚拟样机(Virtual Prototyping)，则可采用虚拟样机技术对所设计的机床进行运动学仿真和性能仿真，在实际样机没有试造出来之前对其进行综合评价，可以大大减少新产品研制的风险，缩短研制周期，提高研制质量。

上述步骤可反复进行，直到设计结果满意。在设计过程中，设计与评价反复进行，可以提高一次设计成功率。

4. 试制鉴定

工作图完成后进行试制，然后对样机进行试验鉴定，设计人员应参加制造、装配、试车鉴定全过程，从中了解设计中存在的问题，及时总结经验教训和修改设计，以便对机床进行必要的改进和提高，为以后设计积累经验和资料。

2.2 金属切削机床总体设计

2.2.1 机床系列型谱的制定

为满足国民经济不同部门对机床的要求，机床分成若干种类型，如通常所说的车、铣、刨、钻、磨、镗等 11 大类通用机床。每一类机床又分为大小不同的几种规格。国家根据机床的生产和使用情况，在调查研究的基础上，规定了每一种通用机床的主参数系列。它是一个等比级数的数列。例如，中型卧式车床的主参数是可安装工件的最大回转直径，主参数系列中有 250mm、320mm、400mm、500mm、630mm、800mm、1000mm 七种规格，是公比为 1.25 的等比数列。国家标准 GB/T 15375—2008《金属切削机床　型号编制方法》规定，我国金属切削机床型号由汉语拼音字母和阿拉伯数字按一定规律组合而成，具体如下所示。

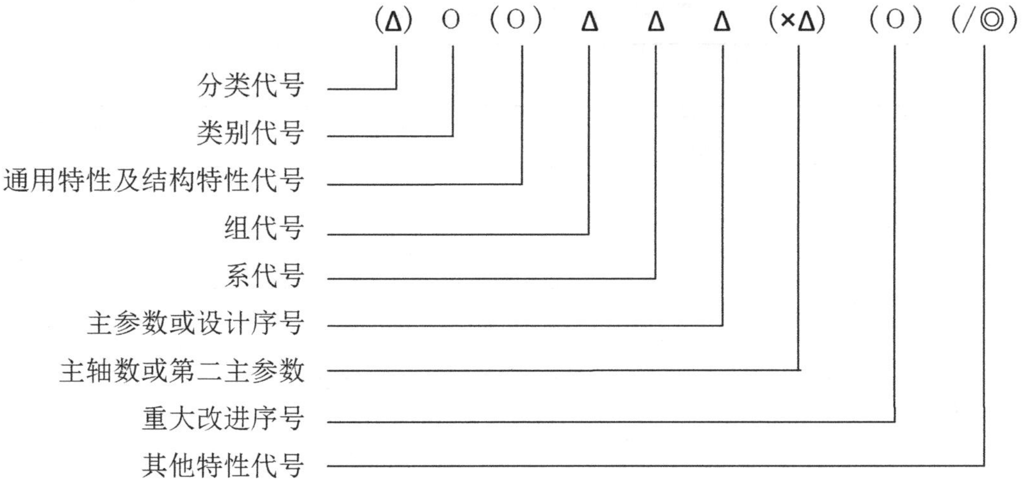

其中：①有“(　)”的代号或数字，当无内容时则不表示，当有内容时则不带括号；②有“○”的，为大写汉语拼音字母；③有“Δ”的，为阿拉伯数字。④有“◎”的，既可以是数字也可以是字母。

1. 机床的类别代号

我国的机床分为 12 大类，若有分类，则在其类别代号前加数字表示，如 2M、C，机床的类代号和分类代号见表 2-1。

表 2-1 机床类代号和分类代号

类别	车床	钻床	镗床	磨床			齿轮加工机床	螺纹加工机床	铣床	刨插床	拉床	锯床	其他机床
代号	C	Z	T	M	2M	3M	Y	S	X	B	L	G	Q
读音	车	钻	镗	磨	二磨	三磨	牙	丝	铣	刨	拉	割	其他

2. 机床的通用特性代号

当某类型机床除有普通式外，还具有表 2-2 所列的通用特性时，则在类代号之后用大写的汉语拼音予以表示。

表 2-2 机床通用特性代号

通用特性	高精度	精密	自动	半自动	数控	加工中心（自动换刀）	仿形	轻型	加重型	简式或经济型	柔性加工单元	数显	高速
代号	G	M	Z	B	K	H	F	Q	C	J	R	X	S
读音	高	密	自	半	控	换	仿	轻	重	简	柔	显	速

3. 结构特性代号

结构特性代号是为了区别主参数相同而结构不同的机床，在型号中用汉语拼音字母区分。例如，CA6140 型普通车床型号中的“A”可以理解为：CA6140 型普通车床在结构上区别于 C6140 型普通车床。

4. 机床的组别、系别代号

同类机床因用途、性能、结构相近或有派生而分为若干组，如表 2-3 所示。

表 2-3 金属切削机床类、组划分表

类别＼组别		0	1	2	3	4	5	6	7	8	9
车床 C		仪表车床	单轴自动车床	多轴自动半自动车床	回轮转塔车床	曲轴及凸轮轴车床	立式车床	落地及卧式车床	仿形及多刀车床	轮轴辊锭及铲齿车床	其他车床
钻床 Z			坐标镗钻床	深孔钻床	摇臂钻床	台式钻床	立式钻床	卧式钻床	铣钻床	中心孔钻床	其他钻床
镗床 T				深孔镗床		坐标镗床	立式镗床	卧式铣镗床	精镗床	汽车拖拉机修理用镗床	其他镗床
磨床	M	仪表磨床	外圆磨床	内圆磨床	砂轮机床	坐标磨床	导轨磨床	刀具刃磨床	平面及端面磨床	曲轴、凸轮轴、花键轴及轧辊磨床	工具磨床
	2M		超精机床	内圆珩磨机床	外圆及其他珩磨机床	抛光机床	砂带抛光及磨削机床	刀具刃磨及研磨基础	可转为刀片磨削机床	研磨机床	其他磨床
	3M		球轴承套圈沟磨床	滚子轴承套圈滚道磨床	轴承套圈超精机床		叶片磨削机床	滚子加工机床	钢球加工机床	气门、活塞及活塞环磨削机床	汽车拖拉机修磨机床
齿轮加工机床 Y		仪表齿轮加工机		锥齿轮加工机床	滚齿轮及铣齿机床	剃齿及珩齿机床	插齿机床	花键轴铣床	齿轮磨齿机床	其他齿轮加工机床	齿轮倒角及检查机床

续表

类别 组别	0	1	2	3	4	5	6	7	8	9
螺纹加工机床 S				套螺纹机床	攻螺纹机床		螺纹铣床	螺纹磨床	螺纹车床	
铣床 X	仪表铣床	悬臂及滑枕铣床	龙门铣床	平面铣床	仿形铣床	立式升降台铣床	卧式升降台铣床	床身铣床	工具铣床	其他铣床
刨插床 B		悬臂刨床	龙门刨床			插床	牛头刨床		边缘及磨具刨床	其他刨床
拉床 L			侧拉床	卧式外拉床	连续拉床	立式内拉床	卧式内拉床	立式外拉床	键槽、轴瓦及螺纹拉床	其他拉床
锯床 G			砂轮片锯床		卧式带锯床	立式带锯床	圆锯床	弓锯床	锉锯床	
其他机床 Q	其他仪表机床	管子加工机床	木螺钉加工机床		刻线机床	切断机床	多功能机床			

5. 机床的主参数、设计顺序号和第二主参数

机床主参数代表机床规格的大小。在机床型号中，用数字给出主参数的折算数值(1/10 或 1/100)，它位于机床的组别、系别代号之后。

设计顺序号指当无法用一个主参数表示时，则在型号中用设计顺序号表示。第二主参数在主参数后面，一般是主轴数、最大跨距、最大工作长度、工作台工作面长度等，它也用折算值表示。

6. 机床的重大改进序号

当机床性能和结构布局有重大改进和提高时，在原机床型号尾部，按其设计改进的次序，分别加重大改进顺序号 A、B、C、……。

7. 其他特性代号

其他特性代号用汉语拼音字母或阿拉伯数字或两者的组合来表示，主要用以反映各类基础的特性，如对于数控机床，可反映不同的数控系统；对于一般机床，可反映同一型号机床的变型等。

2.2.2　机床运动原理方案设计与分析

机床的运动是由机床上所要加工的工件表面形状及其形成方法所决定的。认识和分析机床，首先根据在该机床上所要求加工的表面形状、使用的刀具类型和加工方法来分析机床的运动，即分析机床必须具备哪些运动以及这些运动的性质。然后在这个基础上，进一步了解机床传动部分的组成，以及为实现机床所需运动的机构及结构，并掌握机床运动的调整。这个认识和分析机床的方法，其简要顺序为“表面—运动—传动—机构(结构)—调整”。

在切削加工时，刀具和工件按一定的规律运动，通过切削刀具的刀刃对工件毛坯的切削作用，把毛坯上多余的金属切掉，从而得到要求的表面形状。图 2-9 所示为机器零件常见的各种表面。这些表面多半都采用那些可以在机床上制造时既经济而又能获得所需精度的表面。

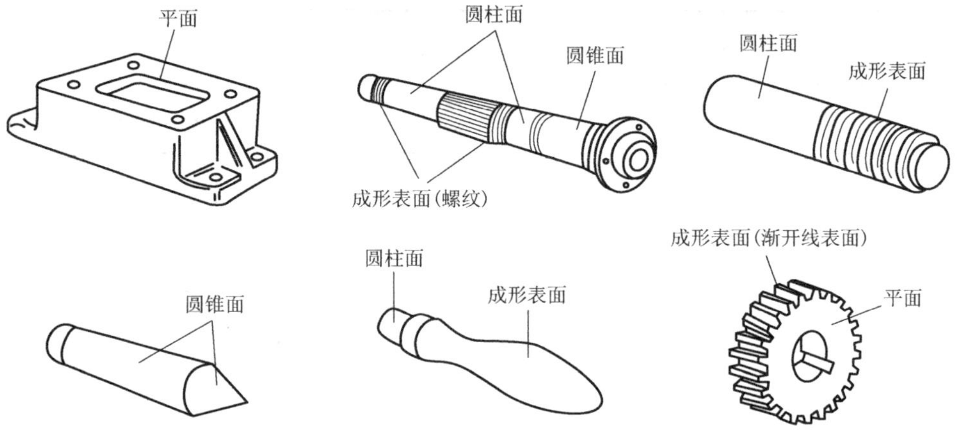

图 2-9　机器零件常见的各种表面

2.2.3　表面形成的方法

各类机床为进行切削加工，必须保证刀具和工件之间必要的相对运动。这些运动如果是用来形成被加工工件表面的，称为机床的成形运动。

小思考 2-1

零件表面成形通常有轨迹法、成形法、相切法和范成法等四种方法，它们各有什么特点？除了书上的例子，你还能举出其他例子，来说明四种方法的应用吗？

1. 零件表面的成形

从几何学观点来看，零件上每个表面都可以看成一条线(母线)沿着另一条线(导线)运动的轨迹。母线和导线统称为形成表面的发生线。在切削加工的过程中，这两条发生线是通过刀具的切削刃与毛坯的相对运动而体现的。通过它把零件的表面切削成要求的形状。通常可以归纳为以下四种方法。

(1)轨迹法(图 2-10(a))。刀刃为切削点 1，刀具按着一定的规律做轨迹运动 3，而形成所需要的发生线 2，所以采用轨迹法来形成发生线需要 1 个独立的成形运动。

(2)成形法(图 2-10(b))。刀刃为一条切削线 1，它的形状和长短与需要成形的发生线 2 一致，因此，用成形法来形成发生线，不需要成形运动。

(3)相切法(图 2-10(c))。刀刃为切削点，由于采用的加工方法的需要，该点是旋转刀具刀刃上的点 1。切削时，刀具的旋转中心按一定规律做轨迹运动 3，切削点运动轨迹的相切线就形成了发生线 2。所以，用相切法形成发生线需要两个独立的成形运动(其中包括刀具的旋转运动)。

(4)范成法(图 2-10(d))。刀具的刀刃形状为一条切削线 1，但它与需要成形的发生线 2 不相吻合。发生线 2 是切削线 1 的包络线。因此，要得到发生线 2(图为渐开线)就需要图中的刀具移动运动 A_{11} 和工件旋转运动 B_{12}， A_{11} 和 B_{12} 可看成齿轮毛坯在齿条刀具上滚动分解得到的。因此，用范成法形成发生线时需要一个独立的成形远动。这个运动称为范成运动 3(即图中的 $A_{11}+B_{12}$)。

2. 零件表面成形所需的成形运动

由上所述，形成表面所需要的成形运动，就是形成其母线及导线所需要的成形运动的总和。切削加工时，机床必须具备所需的成形运动。

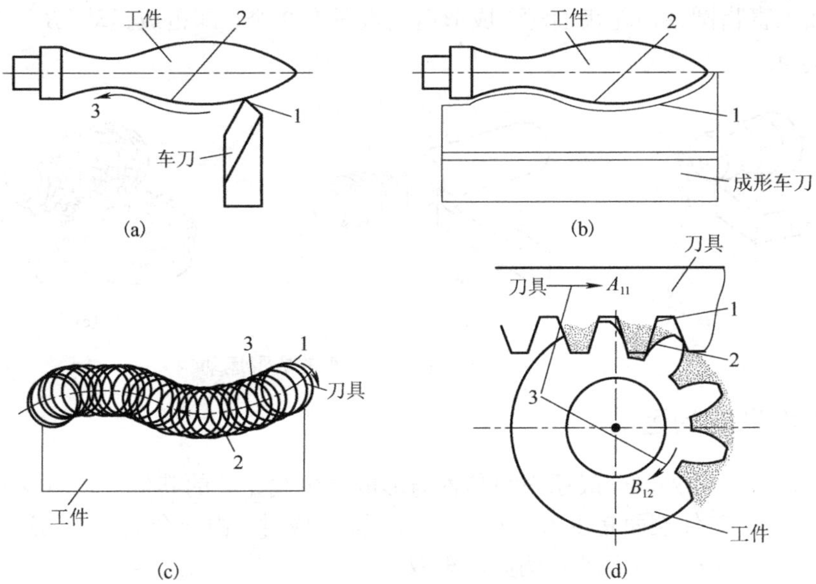

图 2-10　零件表面的成形方法

成形运动有以下三种形式。

1) 用成形车刀车削成形回转表面 (图 2-11(a))

母线——曲线。由成形法形成，不需要成形运动。

导线——圆。由轨迹法形成，需要 1 个成形运动 B_1。

因此形成表面的成形运动总数为 1 个 (B_1)。

2) 用螺纹车刀车削螺纹 (图 2-11(b))

母线——螺纹轴向剖面轮廓形状。车刀的刀刃形状与它的形状一致，即由成形法形成，因而不需要成形运动。

导线——螺旋线。由轨迹法形成，需要 1 个成形运动，即由螺纹车刀绕着不动的工件做空间螺旋轨迹运动，但是在结构上要实现这个运动是困难的，所以把它分解为工件旋转 B_{11} 和刀具直线移动 A_{12}。

符号说明：用符号 A 表示直线运动，用符号 B 表示旋转运动。角标数字若为两位数，第一位数字表示不同成形运动的序号，数字相同则表示同属同一个成形运动，具有相同的传动联系；第二位数字表示同一个成形运动分解为不同的部分序号，1 表示该传动联系的主动端执行件，2(或 3) 表示该传动联系的被动端执行件。为了得到一定螺距的螺旋线，要求工件旋转 B_{11} 和刀具直线移动 A_{12} 之间必须保持严格的传动比关系。

3) 用齿轮滚刀滚切直齿圆柱齿轮齿面 (图 2-11(c))

母线——渐开线。由范成法形成，需要 1 个复合的成形运动。这个运动可分解为滚刀旋转 B_{11} 和工件旋转 B_{12}。B_{11} 和 B_{12} 之间必须保持严格的相对运动关系。

导线——直线。由相切法形成，即滚刀旋转 B 和滚刀沿工件轴向移动 A_2。

形成表面所需的成形运动数应是形成它的两根发生线所需的成形运动数之和，但是必须要注意到那些既在形成母线中起作用，又在形成导线中起作用的运动实际上是同一个运动。本例中的滚刀旋转 B_{11}，它是范成运动的一部分，但是，只要滚刀旋转它就能满足由相切法形成导线对运动的要求，即在形成导线中的滚刀旋转 B 与 B_{11} 是同一个运动，即 B_{11} 就是 B。因此，用滚刀加工直齿圆柱齿轮齿面时，成形运动数只有 2 个，即范成运动（$B_{11}+B_{12}$）和滚刀沿工件轴向移动 A_2。

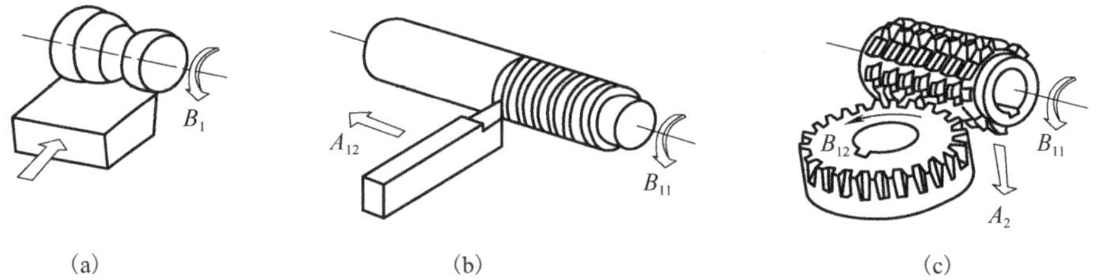

图 2-11 零件表面成形所需的成形运动

2.2.4 非表面形成的运动

机床上除成形运动外，一般还必须具备与形成发生线无关的其他非表面成形运动。

(1)分度运动。工件表面是由若干相同局部表面组成时，由一个局部表面过渡到另一个局部表面所做的运动称为分度运动。例如，车双头螺纹时，在车完一条螺纹后，工件相对于刀具要回转 180°，再车第二条螺纹。这个工件相对于刀具的旋转，就是分度运动。

(2)切入运动。保证被加工表面获得所需尺寸的运动，如普通车床有横向进给(*X* 轴)和纵向进给(*Y* 轴)；数控机床的进给运动有直线轴运动(*X* 轴、*Y* 轴、*Z* 轴等直线轴)等。

(3)各种空行程运动。指进给前后的快速运动和各种调位运动。例如，在装卸工件时，为避免碰伤操作者，刀具与工件应相对退离。在进给开始之前快速引进，使刀具与工件接近。进给结束后应快退。例如，车床的刀架或铣床的工作台，在进给前后都有快进或快退运动。调位运动是在调整机床的过程中，把机床的有关部件移到要求的位置。例如，摇臂钻床，为使钻头对准被加工孔的中心，可转动摇臂和使主轴箱在摇臂上移动。又如，龙门机床，为适应工件的不同高度，可使横梁升降。这些都是调位运动。

(4)操纵及控制运动。接通或断开某个传动链的运动、操纵变速机构或换向机构的运动，称为控制运动。

(5)校正运动。在精密机床上为了消除传动误差的运动，通常通过减少传动链中传动元件的数量、提高传动元件的精度、提高传动元件的安装精度以及装配时采用误差补偿办法等来校正运动。

2.3 机床主要参数的设计

机床的主要技术参数用来表示机床本身的工作能力。例如，对于加工类的专机，它主要表示被加工工件的直径和长度，以及所需电动机的容量等。主要技术参数包括尺寸参数、运动参数和动力参数。

2.3.1 尺寸参数

机床主参数是代表机床规格大小及反映机床最大工作能力的一种参数，为了更完整地表示出机床的工作能力和工作范围，有些机床还规定有第二主参数，参见国家标准 GB/T 15375—2008《金属切削机床 型号编制方法》。

通用机床的主参数和主参数系列国家已制定标准，设计时可根据市场的需求在主参数系列标准中选用相近的数值。专用机床的主参数是以加工零件或被加工面的尺寸参数来表示的，一般也参照类似的通用机床主参数系列选取。

机床的尺寸参数是指机床的主要结构尺寸参数，通常包括以下方面。

(1) 与被加工零件有关的尺寸，如卧式车床最大加工工件长度、摇臂钻床的立柱外径与主轴之间的最大跨距等。

(2) 标准化工具或夹具的安装面尺寸，如卧式车床主轴锥孔及主轴前端尺寸。

2.3.2 运动参数

运动参数指机床的主运动和辅助运动的执行件的运动速度、位移、轨迹等，如主轴、工作台、刀架等执行件的运动速度。

1. 主运动参数

对于主运动是回转运动的机床，它的主运动参数是主轴转速。对于切削加工的机床而言主运动参数要根据切削速度来决定：

$$n=\frac{1000v}{\pi d} \tag{2-1}$$

式中，n 为转速 (r/min)；v 为切削速度 (m/min)；d 为加工工件的直径 (mm)。

对于主运动是直线运动的机床，主运动参数是刀具的每分钟往复次数 (次/min)。

对于不同的机床，主运动参数有着不同的要求。例如，一些机床 (包括组合机床) 是为某一特定工序而设计的，每根主轴一般只有一个根据最有利的切削速度而定的转速，故没有变速要求；又有些机床，其加工范围大些，工艺方法也多些，如在机床上要求钻孔、攻螺纹等，则要求主轴有多种转速；确定主轴的转速范围及最低、最高的转速，或根据工艺要求确定主轴转速和级数等。

最低转速和最高转速的确定：应根据工艺要求，再与同类型机床相比较，同时考虑技术发展，然后经分析研究后确定最低转速 $n_{\min}$ 和最高转速 $n_{\max}$ 的值。$n_{\max}$ 和 $n_{\min}$ 的比值称为机床的转速范围 R_n，即

$$R_n=\frac{n_{\max}}{n_{\min}} \tag{2-2}$$

确定切削速度时，应考虑到多种工艺的需要。切削速度与刀具材料、工件材料、进给量和背吃刀量都有关。其中主要的是与刀具材料和工件材料有关。切削速度可通过切削试验、查切削用量手册或进行生产调查后得到。

在确定了 $n_{\max}$ 和 $n_{\min}$ 后，如果采用分级变速，则必须将转速分级。

若机床主轴变速共有 Z 级，其中 $n_1=\min$，$n_z=\max$，则各级转速分别为

$$n_1,n_2,n_3,\cdots,n_j,n_{j+1},\cdots,n_z$$

当主轴转速数列按等比级数排列时，相邻转速的比值称为公比 φ，其关系为

$$n_{j+1}=n_j\varphi \tag{2-3}$$

若数列中只有一个公比值，各级转速应为

$$\begin{cases} n_1=\min \\ n_2=n_1\varphi \\ n_3=n_2\varphi=n_1\varphi^2 \\ \quad\vdots \\ n_z=n_{z-1}\varphi=n_1\varphi^{z-1}=n_{\max} \end{cases} \tag{2-4}$$

转速范围为

$$R_n = \frac{n_{\max}}{n_{\min}} = \frac{n_1\varphi^{z-1}}{n_1} = \varphi^{z-1} \tag{2-5}$$

两边取对数可得

$$Z = 1 + \frac{\lg R_n}{\lg\varphi} \tag{2-6}$$

当主轴转速数列采用等比级数排列时，在设计时选择齿轮的传动比、齿数就较为简单方便。因此，在主运动系统中主轴转速采用等比级数排列，而其他数列排列(如对数级数、等差级数等)在实际应用中则很少采用。

当主轴转速按级数排列时，由于各级转速难以恰好与最佳转速相配，必然会造成转速的损失，影响生产率等。当主轴转速根据工艺要求选定时，这时转速数列呈无规律变化的排列，即无公比存在，转速无损失为最佳值。等比级数同样适用于直线往复主运动的双行程数列中。

2. 辅助运动参数

辅助运动的运动参数(如直线运动的移动速度、回转运动的转速等)，其数列也同样存在着等比级数排列、等差级数排列、无规律变化的排列三种。加工螺纹时，进给量就按等差级数排列。一般情况下，不用按等比级数排列。

2.3.3 动力参数及一般计算方法

机器的种类繁多，实际工作情况又很复杂，参数包括机床驱动的各种电动机的功率或转矩。因为机床各传动件的结构参数(轴或齿轮、蜗轮的模数，传动带的类型及根数等)都是根据动力参数设计计算的。如果取得过大，电动机经常处于低负荷情况，功率因数小，造成电力浪费，同时使传动件尺寸设计得过大，浪费材料，且机床笨重；如果动力参数取得过小，机床达不到使用性能要求。因此，目前难以用一种精确的方法计算出机器的电动机功率，计算结果只能作为参考。确定的方法应利用理论计算与调查研究和科学试验相结合。

动力参数的一般计算方法如下。

1. 电动机功率的确定

主运动电动机的功率 $P_{主}$ 为

$$P_{主} = P_{切} + P_{空} + P_{辅} \tag{2-7}$$

式中，$P_{切}$ 为消耗于切削的功率，又称有效功率(kW)；$P_{空}$ 为空载功率(kW)；$P_{辅}$ 为随载荷增加的机械摩擦损耗功率(kW)。

1) $P_{切}$的计算

计算公式为

$$P_{切} = \frac{F_z v}{60000} \tag{2-8}$$

式中，F_z 为切削力(N)，一般选择机床加工工艺范围内的重负荷时的切削力；v 为切削速度(m/min)，即与所选择的切削力对应的切削速度，可根据刀具材料、工件材料和所选用的切削用量等条件，由切削用量手册查得。

专用机床，工况单一，通用机床工况复杂、切削用量等变化范围大，计算时可根据重切削工况或参考机床验收时负荷试验规定的切削用量来确定计算工况。

2) $P_{空}$的计算

机床主运动空转时由于传动件摩擦、搅油、空气阻力等电动机要消耗一部分功率，其值随传动件转速增大而增加，与传动件预紧程度及装配质量有关。中型机床空转功率损失可由下列试验公式估算为

$$P_{空}=\frac{Kd_{平均}}{9550}\left(\sum n_i+Cn_{主}\right) \tag{2-9}$$

$$C=C_1\frac{d_{主}}{d_{平均}}$$

式中，$d_{平均}$为主运动系统中除主轴外所有传动轴轴颈的平均直径(mm)，通常可按预计的主电动机功率计算，即 $1.5<P_{主}\leqslant 2.5$kW，$d_{平均}$=30mm；$2.5<P_{主}\leqslant 7.5$kW，$d_{平均}$=35mm；$7.5<P_{主}\leqslant 14$kW，$d_{平均}$=40mm；$n_{主}$为主轴转速(r/min)；$\sum n_i$为当主轴转速$n_{主}$时，传动系内除主轴外各传动轴的转速之和(r/min)；K为润滑油黏度影响系数，$K=30\sim50$，黏度大时取大值；$d_{主}$为主轴前后轴颈的平均值(mm)；C_1为主轴轴承系数。两支承主轴$C_1=2.5$，三支承主轴$C_1=3$。

3) $P_{辅}$的计算

机床切削时，随着切削力的增大，主传动系内各传动副的摩擦损耗功率也将增加，设$\eta_{机}=\eta_1\eta_2\cdots$，其中$\eta_1,\eta_2,\cdots$为主传动系统中各传动副的机械效率(详见《机械设计手册》)。$P_{辅}$可由式(2-10)计算为

$$P_{辅}=\frac{P_{切}}{\eta_{机}}=P_{切} \tag{2-10}$$

代入式(2-7)，主运动电动机的功率为

$$P_{主}=\frac{P_{切}}{\eta_{机}}=P_{空} \tag{2-11}$$

当机床结构尚未确定时，应用式(2-11)计算有一定困难，可用式(2-12)估算主电动机功率：

$$P_{主}=\frac{P_{切}}{P_{床}} \tag{2-12}$$

式中，$P_{床}$为机床总机械效率。主运动为回转运动时，通常$P_{床}$=0.7～0.85；主运动为直线运动时，$P_{床}$=0.6～0.7。

故按式(2-11)、式(2-12)计算的$P_{主}$是指电动机在允许的范围内超载时的功率。对于有些间断地工作的机床，允许电动机在短时间内较大地超载工作，电动机的额定功率可按式(2-13)进行修正：

$$P_{额定}=\frac{P_{主}}{K} \tag{2-13}$$

式中，$P_{额定}$为选用电动机的额定功率(kW)；$P_{主}$为计算出的电动机功率(kW)；K为电动机的超载系数，对连续工作的机床，$K=1$；对间断工作的机床，$K=1.1\sim1.25$，间断时间长，取较大值。

2. 进给驱动电动机功率或转矩的确定

机床进给运动驱动源可分成如下几种情况。

(1)进给运动与主运动合用一个电动机，如普通卧式车床、钻床等。进给运动消耗的功率远小于主传动功率。统计结果，卧式车床的进给功率$P_{进}=(0.03\sim0.04)P_{主}$，钻床的进给功率$P_{进}=(0.04\sim0.05)P_{主}$，铣床的进给功率$P_{进}=(0.15\sim0.20)P_{主}$。

(2) 进给运动系统中工作进给与快速进给合用一个电动机。由于快速进给所需功率远大于工作进给的功率，且两者不同时工作，所以不必单独考虑工作进给所需功率。

(3) 进给运动采用单独电动机驱动。需要确定进给运动所需功率(或转矩)。对于普通交流电动机，进给电动机功率 $P_{进}$ 为

$$P_{进}=\frac{Qv_{进}}{60000\eta_{进}}\ (\mathrm{kW}) \tag{2-14}$$

式中，Q 为进给牵引力(N)；$v_{进}$ 为进给速度(m/min)；$\eta_{进}$ 为进给传动系的机械效率。

> **案例 2-1**
>
> **问题：** 机床运动参数和动力参数主要包括哪些？它们是怎样来确定的？
>
> **分析回答：** (1) 运动参数主要包括主运动参数和辅助运动参数。主运动参数是根据切削速度来决定的。辅助运动参数可以根据需要，按等比级数、等差级数、无规律变化等方法排列。
>
> (2) 动力参数：$P_{主}=P_{切}+P_{空}+P_{辅}$。

进给牵引力等于进给方向上切削分力和摩擦力之和，进给牵引力估算公式如表 2-4 所示。

表 2-4　进给牵引力估算公式

导轨形式 \ 进给形式	水平进给	垂直进给
三角形、矩形导轨组合	$KF_Z+\mu'(F_X+G)$	$K(F_Z+G)+\mu''F_X$
矩形导轨组合	$KF_Z+\mu'(F_X+F_Y+G)$	$K(F_Z+G)+\mu'(F_X+2F_Y)$
燕尾形导轨	$KF_Z+\mu'(F_X+2F_Y+G)$	$K(F_Z+G)+\mu'(F_X+2F_Y)$
钻床主轴		$F_X\approx F+G+\mu\frac{2M}{d}$

注：① G 为移动件的重力(N)；

② F_Z、F_X、F_Y 为局部坐标系内，切削力在进给方向、垂直于导轨面方向、导轨的侧方向的分力(N)；

③ F_X 为钻削进给抗力(N)；

④ μ' 为当量摩擦因数。在正常润滑条件下，铸铁对铸铁的三角形导轨的 $\mu'=0.17\sim0.18$，矩形导轨的 $\mu'=0.12\sim0.13$，燕尾形导轨的 $\mu'=0.2$；铸铁对塑料的 $\mu'=0.03\sim0.05$；滚动导轨的 $\mu'=0.01$ 左右；

⑤ μ 为钻床主轴套筒的摩擦因数；

⑥ K 为考虑颠覆力矩影响的系数。三角形和矩形导轨的 $K=0.1\sim1.15$；燕尾形导轨的 $K=1.4$；

⑦ d 为主轴直径(mm)；

⑧ M 为主轴的转矩(N·mm)

对于数控机床的进给运动，伺服电动机按扭矩选择，有

$$T_{进电}=\frac{9550P_{进}}{n_{进电}} \tag{2-15}$$

式中，$T_{进电}$ 为进给电动机的额定转矩(N·m)；$n_{进电}$ 为进给电动机的额定转速(r/min)。

数控机床一般采用滚动导轨或树脂导轨。

3. 快速运动电动机功率的确定

快速运动电动机起动时消耗的功率最大，要同时克服移动件的惯性力和摩擦力，可按式(2-16)计算为

$$P_{快}=P_{惯}+P_{摩} \tag{2-16}$$

式中，$P_{快}$ 为快速电动机的功率(kW)；$P_{惯}$ 为克服惯性力所需的功率(kW)；$P_{摩}$ 为克服摩擦力所需的功率(kW)。

$$P_{惯}=\frac{M_{惯}n}{9550\eta} \tag{2-17}$$

式中，$M_{惯}$为克服惯性力所需电动机轴上的转矩(N·m)；n为电动机的转速(r/min)；η为传动件的机械效率。

$$M_{惯}=J\frac{\omega}{t} \tag{2-18}$$

式中，J为转化到电动机轴上的当量转动惯量(kg·m^2)；ω为电动机转子的角速度(rad/s)；t为电动机的起动时间(s)，对于中型机床，$t=0.5\text{s}$，对于大型机床，$t=1.0\text{s}$。

各运动部件折算到电动机轴上的转动惯量为

$$J=\sum_k J_k\left(\frac{\omega_k}{\omega}\right)^2+\sum_i m_i\left(\frac{v_i}{\omega}\right)^2 \tag{2-19}$$

$$J_k=\frac{1}{2}m_k R_k^2=\frac{\pi\rho_k l_k D_k^4}{32} \tag{2-20}$$

式中，ω_k为第k个旋转件的角转速(rad/s)；m_i为第j个直线移动件的质量(kg)；v_i为第i个直线移动件的速度(m/s)；J_k为第k个旋转件的转动惯量(kg·m^2)；m_k为第k个旋转件的质量(kg)；D_k为第k个旋转件的半径和直径(m)；ρ_k为第k个旋转件的材料密度(kg/m^2)；l_k为第k个旋转件的长度(m)。

绕其轴线旋转的圆柱体的转动惯量J_k可以用式(2-20)计算，其他情况的旋转物体的转动惯量可由计算机辅助设计(Computer Aided Design，CAD)软件根据图形获得。克服摩擦力所需的功率计算可参考进给运动。

应该指出的是：交流异步电动机的起动转矩为满载时额定转矩的 1.6～1.8 倍；工作时又允许短时间超载，最大转矩可达额定转矩的 1.8～2.2 倍。快速传动仅在起动过程中需要同时克服惯性力和摩擦力，需要的$P_{惯}$较大，当运动部件达到正常速度时即消失，只需克服摩擦力，需要的$P_{惯}$大幅度减少。考虑到快速行程的起动时间又很短，因此可以用由式(2-15)计算出来的$P_{快}$和电动机转速$n_{电}$。求出的转矩作为电动机的起动转矩来选择电动机，这样选出来的电动机的额定功率可小于式(2-15)计算的结果。

一般普通机床的快速电动机功率和快速运动速度可参考表 2-5 选择。数控机床的快速运动速度为 10～40m/min。

表 2-5　机床空行程速度和功率

机床类型	主参数/mm	移动部件	速度/(m/min)	功率/kW
卧式车床	最大回转直径			
	400	溜板箱	3～5	0.25～0.5
	630～800	溜板箱	4	1.1
	1000	溜板箱	3～4	1.5
	2000	溜板箱	3	4
单柱立式车床	最大车削直径			
	1250～1600	横梁	0.44	2.2
双柱立式车床	最大车削直径			
	2000～3150	横梁	0.35	7.5
	5000～10000	横梁	0.3～0.37	17
摇臂钻床	最大钻孔直径			
	40～50	摇臂	0.9～1.4	1.1～1.2
	75～100	摇臂	0.6	3
	125	摇臂	1.0	7.5

续表

机床类型	主参数/mm	移动部件	速度/(m/min)	功率/kW
卧式铣镗床	主轴直径			
	63～75	主轴箱、工作台	2.8～3.2	1.5～2.2
	85～110	主轴箱、工作台	2.5	2.2～2.8
	125	主轴箱、工作台	2	4
升降台铣床	工作台工作面宽度			
	250	工作台、升降台	2.5～2.9	0.6～1.7
	320	工作台、升降台	2～3	1.5～2.2
	400	工作台、升降台	2.3～2.8	2.2～3
龙门铣床	工作台工作面宽度	横梁	0.65	5.5
	800～1000	工作台	2.0～3.2	4
龙门刨床	最大刨削宽度			
	1000～1250	横梁	0.57	3.0
	1250～1600	横梁	0.57～0.9	3.0～5.5
	2000～2500	横梁	0.42～0.6	7.5～10

2.4 主传动系统设计

机床主传动系统因机床的类型、性能、规格尺寸等因素的不同，应满足的要求也不一样。设计机床主传动系统时最基本的原则是以最经济、合理的方式满足既定的要求。在设计主传动系统时应结合具体机床进行具体分析，一般应满足以下要求：

(1)满足机床使用性能。

(2)满足机床传递动力。

(3)满足机床工作性能。

(4)满足产品设计经济性能。

(5)调整维修方便，结构简单、合理，便于加工和装配。

2.4.1 主传动系统分类和传动方式

1. 主传动系统分类

机床主传动系统按照变速方式的不同分为有级变速和无级变速两类。

1)有级变速

有级(或分级)变速是指在若干固定速度(或转速)级内不连续地变速。这是普通机床应用最广泛的一种变速方式。其传递功率大，变速范围大，传动比准确，工作可靠；但速度不能连续变化，有速度损失，传动不够平稳。通常由下述机构实现变速。

(1)滑移齿轮变速机构。该机构应用最普遍，其优点是：变速范围大，实现的转速级数多。变速较方便，可传递较大功率；非工作齿轮不啮合，空载功率损失较小。其缺点是：变速箱结构较复杂；滑移齿轮多采用直齿圆柱齿轮，承载能力不如斜齿圆柱齿轮；传动不够平稳；不能在运转中变速。滑移齿轮多采用双联和三联齿轮，结构简单，轴向尺寸小。个别也采用四联滑移齿轮，但轴向尺寸大，也可将四联齿轮分为两组双联齿轮，但需要连锁。

(2)交换齿轮变速机构。交换齿轮(又称为配换齿轮、挂轮)变速的优点是：结构简单，不需要操纵机构；轴向尺寸小，变速箱结构紧凑；主动齿轮与从动齿轮可以对调使用，齿轮数量少。其缺点是：更换齿轮费时费力；装于悬臂轴端，刚性差。该机构适用于不需要经常变速或者换挂轮时间对生产率影响不大，但要求结构简单紧凑的机床，如成批大量生产的某些自动或半自动机床、专门化机床等。

(3) 多速电动机。多速交流异步电动机本身能够变速，多为双速或三速。其优点是：在运动中变速，使用方便；简化变速箱的机械结构。其缺点是：多速电动机在高、低速时输出功率不同，若按低速小功率选定的电动机，在使用高速时大功率不能完全发挥能力；多速电动机体积较大，价格较高。多速电动机适用于自动或半自动机床、普通机床。

(4) 离合器变速机构。机床主轴上有斜齿轮（$\beta > 15°$）、人字齿轮，对于重型机床的传动齿轮，不能采用滑移齿轮变速，可采用齿轮式或牙签式离合器变速。其特点是：结构简单、外形尺寸小、传动比准确、工作中不打滑、能传递较大转矩；但不能在运转中变速。

2) 无级变速

无级变速是指在一定速度(或转速)范围内能连续、任意地变速。这种主传动系统的特点是：可选用最合理的切削速度，没有速度损失，生产率高；可在运转中变速，减少辅助时间；操纵方便；传动平稳等，因此在机床上的应用有所增加。无级变速装置有以下几种。

(1) 机械无级变速器。靠摩擦传递转矩，通过摩擦传动副工作半径的变化实现无级变速。但机构较复杂，维修较困难，效率低；摩擦传动的压紧力较大，影响工作可靠性及寿命；变速范围较窄(变速比不超过 10)，需要与有级变速箱串联使用。这种多用于中小型机床。

(2) 液压无级变速器。通过改变单位时间内输入液压马达或液压缸的液体量来实现无级变速。其特点是变速范围较大、传动平稳、运动换向时冲击小、变速方便等。

(3) 电气无级变速。采用直流和交流调速电动机来实现，主要用于数控机床、精密和大型机床。由于可以大大简化机械结构，便于实现自动变速、连续变速和负载下变速，电气无级变速的应用越来越广泛。目前，数控机床上大都采用电气无级变速。

2. 传动方式

有变速要求的主传动有集中传动方式和分离传动方式两种布局方式，应根据机床的用途、类型和规格等加以合理选择。

(1) 集中传动方式布局。把主轴组件和主传动的全部变速机构集中于同一个箱体内，称为集中传动方式布局，一般称该部件为主轴箱。目前，多数机床采用这种布局方式，如图 2-12 所示的铣床主变速箱传动系统图。其优点是：结构紧凑，便于实现集中操纵；箱体数少，在机床上安装、调整方便。缺点是：传动件的振动和发热会直接影响主轴的工作精度，降低加工质量。这种布局方式适用于普通精度的中型和大型机床。

(2) 分离传动方式布局。把主轴组件和主传动的大部分变速机构分离装于两个箱体内，然后通过带传动将运动传到主轴箱的传动方式，称为分离传动方式布局，如图 2-13 所示。将这两个部件分别称为主轴箱和变速箱，某些高速或精密机床采用这种传动方式。其优点是：变速箱的振动和热量不易传给主轴箱，减小主轴的振动和热变形，有利于提高机床工作精度。

在分离传动方式的主轴箱中，常采用背轮机构(图 2-13 中的齿轮 27/63、17/58)，其传动的作用是：当主轴高速运转时，运动由带传动经齿形离合器直接传动，主轴传动链短，使主轴在高速运转时比较平稳，空载损失小；当主轴低速运转时，运动由带传动经背轮机构的两对减速齿轮(27/63、17/58)传给主轴，以达到扩大变速范围的目的。分离传动方式的缺点是：箱体多，加工装配工作量大，成本较高，更换传动带不方便等。

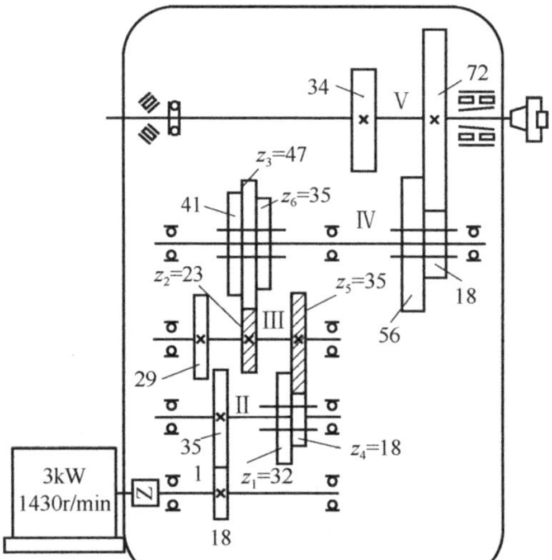

图 2-12　铣床主变速箱传动系统图

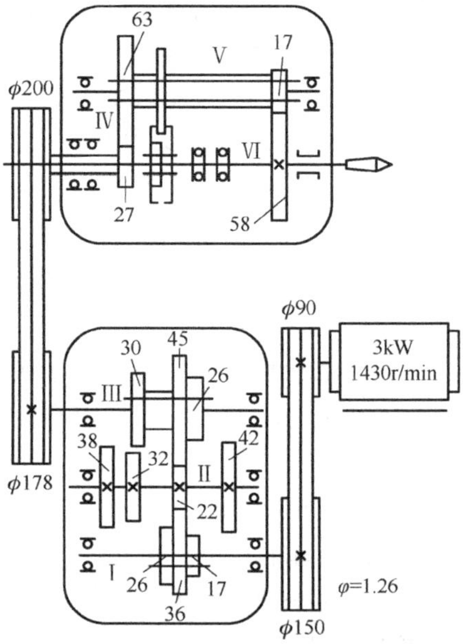

图 2-13　分离传动主变速传动系统图

2.4.2　分级变速主传动系统设计

机床主运动传动设计的任务是按照已确定的运动参数、动力参数和传动方案，设计出经济合理、性能先进的传动系统。其主要设计内容为：拟订结构式、转速图，确定各传动副的传动比；确定带轮直径、齿轮齿数；布置、排列齿轮，绘制主运动传动系统图。

1. 转速图

转速图是分析和设计机床变速系统的重要工具。在转速图中可以表示出传动轴的数目，传动轴之间的传动关系，主轴的各级转速及其传动路线，各传动轴的转速分级和转速，各传动副的传动比等。转速图由“一点三线”组成，即转速点、转速线、传动线及传动轴线。

图 2-14 所示为 XA6132 铣床的主传动系统图，它不能直观地表明主轴每一种转速是通过哪几对齿轮传动而得到的，以及各对齿轮的传动比之间的内在联系、各传动轴的转速等。所以，要用一种转速图(或结构网)来分析研究传动系统。此方法既简便，又直观，例如，图 2-14 所示的主轴各级转速为多少，无法从图中找出，而必须经过运算后才能求得，而从转速图(图 2-15)中就可清楚地看出主轴转速应通过哪条传动路线而得到。

图 2-15 所示为 XA6132 铣床的主传动转速图，主轴转速为 30～1500r/min，公比 $\varphi = 1.26$，转速级数 $Z = 18$，电动机转速 $n_0 = 1450\text{r/min}$。传动系统内共有 5 根轴，其中电动机轴与变速箱 I 轴相重合，通常电动机轴是以最左面一条竖直线表示，现用 I 轴表示。V 轴为主轴。

从转速图上可以看出以下几点。

(1)距离相等的一级竖直线代表传动系统的各轴，从左到右依次标注 I、II、III、IV、V，与传动系统图上各传动轴相对应，竖直线间的距离不代表各轴间的中心距。

(2)距离相等的一组水平线与竖直线(即传动轴)相交，得相应的圆圈(或黑点)，代表各轴所具有的转速，在 V 轴(主轴)上具有 18 种转速：30r/min、37.5r/min、…、1500r/min。

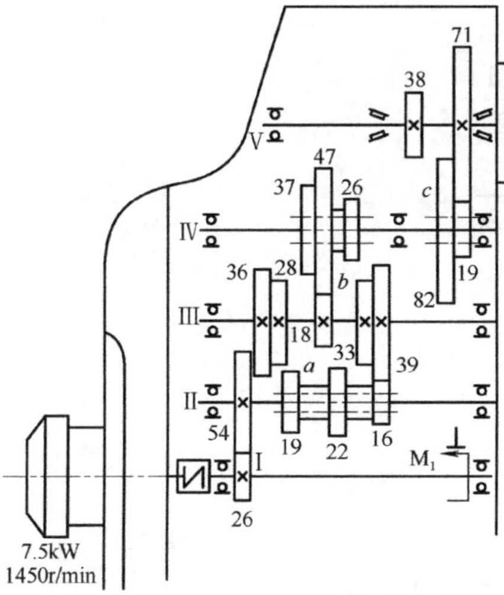

图 2-14　XA6132 铣床的主传动系统图

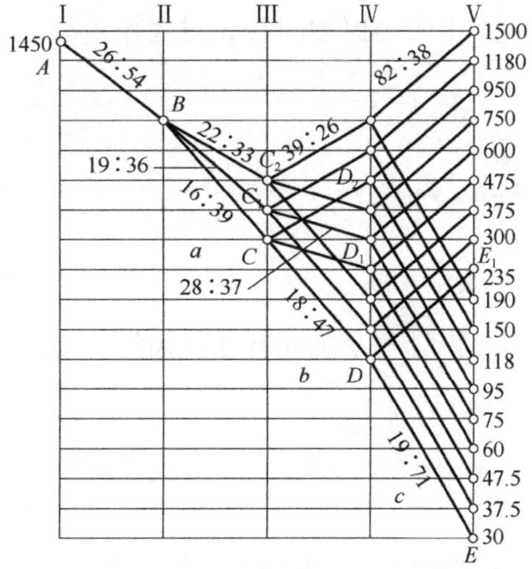

图 2-15　XA6132 铣床的主传动转速图

当转速数列按等比级数排列时，两相邻转速之间具有下列关系。

$$\frac{n_2}{n_1}=\varphi,\quad \frac{n_3}{n_2}=\varphi,\quad \cdots,\quad \frac{n_Z}{n_{Z-1}}=\varphi$$

两边取对数，得出

$$\lg n_2-\lg n_1=\lg\varphi$$
$$\lg n_3-\lg n_2=\lg\varphi$$
$$\vdots$$
$$\lg n_Z-\lg n_{Z-1}=\lg\varphi=\text{常数}$$

因此，若将转速图上的竖直线坐标取为对数坐标，则代表各级转速的水平线的间距相等，并且等于一个 $\lg\varphi$ ，即任意相邻的两转速相距为一格，为了便于使用，习惯上在转速图上直接写出转速的数值，还应指出，相邻两转速如 n_2 和 n_1 相差一格，即 $n_2/n_1=\varphi$ ，表示它们之间相差一个 φ 倍。

(3) 相邻两轴之间对应转速的连线称为射线。射线表示一对传动副(如齿轮副等)的传动比。射线向右下方表示为降速($u<1$)；射线向右上方表示为升速($u>1$)；射线为水平则表示 $u=1$ 。射线倾斜程度表示传动比的大小。

从图 2-15 所示的转速图中可得出以下结论。

① Ⅰ轴与Ⅱ轴间有 1 对齿轮传动，为降速定比传动，射线向右下方倾斜 3 格，即

$$u=\frac{26}{54}\approx\frac{1}{\varphi^3}=\frac{1}{2}$$

② Ⅱ轴与Ⅲ轴间有 3 对齿轮传动，在转速图上是用 3 条向右下方倾斜的射线来表示的，其传动比为

$$u_{a1}=\frac{16}{39}\approx\frac{1}{\varphi^4}=\frac{1}{2.5}$$

$$u_{a2}=\frac{19}{36}\approx\frac{1}{\varphi^3}=\frac{1}{2}$$

$$u_{a3}=\frac{22}{33}\approx\frac{1}{\varphi^2}=\frac{1}{1.5}$$

③ III轴与IV轴间有 3 对齿轮传动，同理可得

$$u_{b1}=\frac{18}{47}\approx\frac{1}{\varphi^4}=\frac{1}{2.5}$$

$$u_{b2}=\frac{28}{37}\approx\frac{1}{\varphi}=\frac{1}{1.26}$$

$$u_{b3}=\frac{39}{26}\approx\varphi^2=1.5$$

④ IV轴与V轴间有 2 对齿轮传动，同理可得

$$u_{c1}=\frac{19}{71}\approx\frac{1}{4}=\frac{1}{\varphi^6}$$

$$u_{c2}=\frac{82}{38}\approx 2=\varphi^3$$

在转速图上，IV轴上的每一级转速都有 2 条传动线与V轴相连，分别为向右上方升三格和向右下方降 6 格，故V轴的转速共有 $3\times3\times2=18$ 级。

综上所述，转速图可以很清楚地表示：主轴的各级转速的传动路线，得到这些转速所需要的变速组数目及每个变速组中的传动副数目；各个传动比的数值，传动轴的数目，传动顺序及各轴的转速级数与大小。

> **小提示 2-1**
>
> (1)转速图由“一点三线”组成，即转速点、转速线、传动线及传动轴线组成。
>
> (2)从转速图可以看出：各个传动比的数值，传动轴的数目，传动顺序及各轴的转速级数与大小。

2. 结构式

设计有级变速主传动系统时，为了便于分析和比较不同的传动设计方案，常使用结构式形式。

例如，在式 $18=3_1\times3_3\times2_9$ 中，18 表示主轴的转速级数为 18 级，3、3、2 分别表示按传动顺序排列各变速组的传动副数，即该变速传动系统由 a 、b 、c 三个变速组组成，其中，a 变速组的传动副数为 3，b 变速组的传动副数为 3，c 变速组的传动副数为 2。结构式中的下标 1、3、9 分别表示出各变速组的级比指数。

变速组的级比是指在同一个变速组内，相邻两个传动副传动比的比值，用 φ^{X_i} 表示。级比 φ^{X_i} 中的指数 X_i 值称为级比指数，它相当于由上述相邻两条传动线与从动轴交点之间相距的格数。

设计时要使主轴转速为连续的等比数列，必须有一个变速组的级比指数为 1，此变速组称为基本组。基本组的级比指数用 X_0 表示，即 $X_0=1$，本例中变速组 a（3_1）为基本组。由于后面的变速组起变速扩大作用，所以统称为扩大组。第一扩大组的级比指数 X_1 一般等于基本组的传动副数 P_0，即 $X_1=P_0$。本例中基本组的传动副数 $P_0=3$，变速组 b 为第一扩大组，其级比指数为 $X_1=P_0=3$。经扩大后，IV轴得到 $3\times3=9$ 级转速。

第二扩大组的作用是将第一扩大组扩大的变速范围第二次扩大，其级比指数 X_2 等于基本组的传动副数和第一扩大组传动副数的乘积，即 $X_2=P_0P_1$。本例中的变速组 c 为第二扩大组，级比指数 $X_2=P_0P_1=3\times3=9$，经扩大后使V轴得到 $3\times3\times2=18$ 级转速。若有更多的变速组，则可根据上述方法类推。

综上所述，可以看出结构式简单、直观，能清楚地显示出变速传动系中主轴转速级数 Z 、各变速组的传动顺序、传动副数 P_i 和各变速组的级比指数 X_1，其一般表达式为

$$Z=(P_a)_{X_a}(P_b)_{X_b}(P_c)_{X_c}\cdots(P_i)_{X_i}$$

3. 主变速传动系统设计的一般原则

1) 传动副前多后少原则

主变速传动系统从电动机到主轴，通常为降速传动，接近电动机的传动件转速较高，传递的转矩较小，尺寸小一些；反之，靠近主轴的传动件转速较低，传递的转矩较大，尺寸就较大。因此在拟订主变速传动系统时，应尽可能将传动副较多的变速组安排在前面，传动副较少的变速组放在后面，即 $P_0 > P_1 > P_2 > \cdots > P_j$，使主变速传动系统中更多的传动件在高速范围内工作，尺寸小一些，以便节省变速箱的造价，减小变速箱的外形尺寸。按此原则，在 $18 = 3\times3\times2$ 、$18 = 3\times2\times3$ 、$18 = 2\times3\times3$ 三种不同传动方案中，第一种方案最好。

2) 变速组的传动线(级比指数)遵循“前密后疏”原则

该原则也称为传动顺序与扩大顺序相一致原则。当变速传动系统中各变速组顺序确定之后，会有多种不同的扩大顺序方案。例如，$18 = 3\times3\times2$ 方案，有下列六种扩大顺序方案：

$$18 = 3_1\times3_3\times2_9,\quad 18 = 3_1\times3_6\times2_3,\quad 18 = 3_3\times3_1\times2_9$$

$$18 = 3_6\times3_1\times2_3,\quad 18 = 3_2\times3_6\times2_1,\quad 18 = 3_6\times3_2\times2_1$$

从上述六种方案中，比较 $18 = 3_1\times3_3\times2_9$ (图 2-16(a)) 和 $18 = 3_3\times3_1\times2_1$ (图 2-16(b)) 两种扩大顺序方案。

在图 2-16(a) 所示的方案中，变速组的扩大顺序与传动顺序一致，即基本组在最前面，依次为第一扩大组、第二扩大组(即最后扩大组)，各变速组变速范围逐渐扩大。图 2-16(b) 所示方案则不同，第一扩大组在最前面，然后依次为基本组、第二扩大组。

将图 2-16(a)、(b) 所示两种方案相比较，图 2-16(b) 所示方案因第一扩大组在最前面，III 轴的转速范围比图 2-16(a) 所示方案大。假如两种方案的III轴最高转速 $n_{\mathrm{III\,max}}$ (750r/min) 一样，图 2-16(b) 所示方案中III轴的最低转速较低 ($n_{\mathrm{III\,min}}$ =190r/min)，在传递相等功率的情况下，受的扭矩较大，传动件的尺寸也就比图 2-16(a) 所示方案大。将图 2-16(a) 所示方案与其他多种扩大顺序方案相比，可以得出同样的结论。

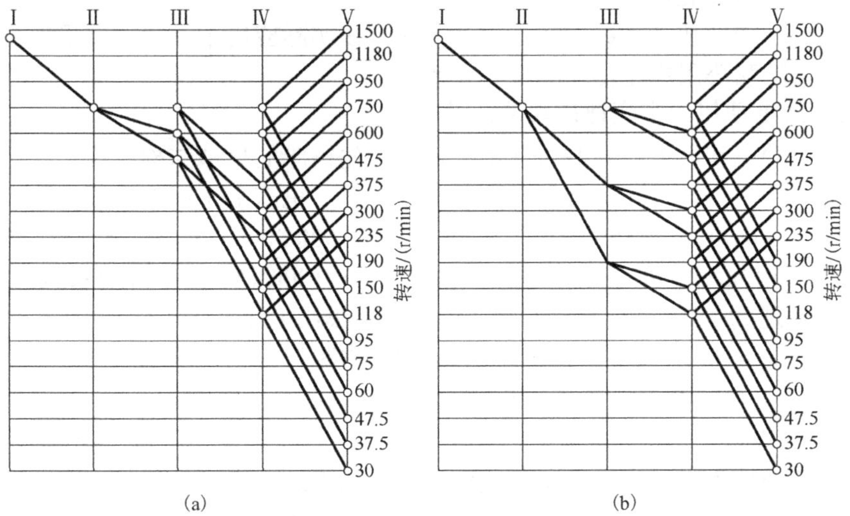

图 2-16　两种 18 级转速方案的比较图

因此，在设计主变速传动系统时，尽可能做到变速组的传动顺序与扩大顺序相一致。由转速图可发现，当变速组的扩大顺序与传动顺序相一致时，前面变速组的传动线分布紧密，而后面变速组传动线分布较疏松，所以称为“前密后疏”原则。

3）确定最小传动比遵循“前缓后急”原则

如前所述，从电动机到主轴之间的总趋势是降速传动，在分配各变速组传动比时，为了使中间传动轴具有较高的转速，以减小传动件的尺寸，前面的变速组降速要慢些，后面的变速组降速要快些，即

$$i_{a\min} \geqslant i_{b\min} \geqslant i_{c\min} \geqslant \cdots \geqslant \frac{1}{4}$$

同时可导出：

$$R_n = n_{\max} / n_{\min} = \varphi^{Z-1}$$

此为降速“前缓后急”原则。但是，中间轴的转速不应过高，以免产生振动、发热和噪声。通常，中间轴的最高转速不超过电动机的转速。

小总结 2-1

主变速传动系设计的一般原则如下：

(1) 前多后少原则。

(2) 前密后疏原则。

(3) 前缓后急原则。

转速图中传动比的分配：依据上述主变速传动系统设计原则设计出的转速图，可有多种方案，根据实际需要进行传动比的分配后，就可以确定出所需要的一种转速图。

例如，设计一个18级转速的铣床主传动系统，公比$\varphi = 1.26$，主轴最高转速为$n_{\max} = 1500\text{r/min}$，电动机转速为1450r/min，电动机与主轴箱之间采用齿轮传动，试设计其转速图。

其结构式为$18 = 3_1 \times 3_3 \times 2_9$，由$R_n = n_{\max} / n_{\min} = \varphi^{Z-1}$计算得，最低转速$n_{\min} = 30\text{r/min}$。

其降速比可按下式分配：

$$i_{总降} = \frac{n_{\min}}{n_{电}} = \frac{30}{1450} \approx \frac{1}{1.26^{17}} = \frac{1}{1.26^3} \times \frac{1}{1.26^4} \times \frac{1}{1.26^5} \times \frac{1}{1.26^6}$$

取电动机轴到Ⅱ轴的一对齿轮降速比为$1/1.26^3$，一级齿轮降速比为$1/1.26^4$，二级齿轮降速比为$1/1.26^5$，三级齿轮降速比为$1/1.26^6$。

前面论述了主变速传动系统的常规设计方法。在实际应用中，还常常采用多速电动机传动、交换齿轮传动和公用齿轮传动等特殊设计。

4. 具有多速电动机的主变速传动系统设计

多速异步电动机和其他方式联合使用，可以简化机床的机械结构，使用方便，并可在运转中变速，适用于半自动机床、自动机床及普通机床。机床上常用双速或三速电动机，其同步转速为(750/1500) r/min、(1500/3000) r/min、(750/1500/3000) r/min，电动机的变速为2～4，级比为2，也有采用同步转速为(1000/1500) r/min、(750/1000/1500) r/min的双速和三速电动机。双速电动机的变速为1.5，三速电动机的变速为2，级比为1.33～1.50的多速电动机总是在变速传动系的最前面，作为电变速组。当电动机变速为2时，变速传动系的公比φ应是2的整数次方根。例如，公比$\varphi = 1.26$，是2的3次方根，基本组的传动副数应为3，把多速电动机当作第一扩大组；又如，$\varphi = 1.41$，是2的2次方根，基本组的传动副数应为2，多速电动机同样当作第一扩大组。不过采用多速电动机的缺点之一就是当电动机在高速时，没有完全发挥其能力。

5. 具有交换齿轮的变速传动系统

对于成批生产用的机床，如自动或半自动机床、专用机床、齿轮加工机床等，加工中一般不需要变速或仅在较小范围内变速；但换一批工件加工，有可能需要变换成别的转速或在一定的转速范围内进行加工。为简化结构，常采用交换齿轮变速方式或将交换齿轮与其他变

速方式(如滑移齿轮、多速电动机等)组合应用。交换齿轮用于每批工件加工前的变速调整，其他变速方式则用于加工中变速。为了减少交换齿轮的数量，相啮合的两齿轮可互换位置安装，即互为主、从动齿轮。交换齿轮变速可以用少量齿轮得到多级转速，不需要操纵机构，变速箱结构大大简化。缺点是：更换交换齿轮较费时费力；如果装在变速箱外，润滑密封较困难，若装在变速箱内，则更麻烦。

1)采用公比齿轮的变速传动系

在变速传动系中，既是前一变速组的从动齿轮，又是后一变速组的主动齿轮，这种齿轮称为公用齿轮。采用公用齿轮可以减少齿轮的数目，简化结构，缩短轴向尺寸。按相邻变速组内公用齿轮的数目，常用的有单公用和双公用齿轮。

采用公用齿轮时，两个变速组的模数必须相同。因为公用齿轮轮齿受的弯曲应力属于对称循环，弯曲疲劳许用力比非公用齿轮要低，因此应尽可能选择变速组内较大的齿轮作为公用齿轮。在图 2-12 所示的铣床主变速箱传动系统图中采用了双公用齿轮传动，图中第III轴上的齿轮 $Z_{\mathrm{III}}=23$ 和 $Z_{\mathrm{III}}=35$ 为公用齿轮。

2)扩大传动系统变速范围的方法

主变速传动系统最后一个扩大组的变速范围为 $R_j=\varphi^{P_0P_1P_2\cdots P_{j-1}(P_j-1)}$，设主变速传动总变速级数为 Z，$Z=P_0P_1P_2\cdots P_{j-1}P_j$，通常最后扩大组的变速级数 $P_j=2$，则最后扩大组的变速范围为 $R_f=\varphi^{z/2}$，由于极限传动比限制，$R_f\leqslant 8=1.26^{\circ}$，即当 $\varphi=1.41$ 时，主变速传动系统的总变速级数≤12；最大可能达到的变速范围 $R_n=1.41^{11}\approx 45$；当 $\varphi=1.26$ 时，总变速级数≤18，最大可能达到的变速范围 $R_n=1.26^{17}\approx 50$。

上述的变速范围常不能满足通用机床的要求，一些通用性较高的车床和镗床以及复合加工机床的变速范围一般为 140～200，甚至超过 200，具体可用下述方法来扩大变速范围。

(1)增加变速组，在原有变速传动系统内再增加一个变速组，是扩大变速范围最简便的方法。

(2)采用背轮机构，背轮机构又称回曲机构。

(3)采用双公比传动，主轴的转速数列有两个公比，转速范围中经常使用的中段采用小公比，不经常使用的高、低段采用大公比。

(4)分支传动，在串联形式变速传动系统的基础上，增加并联分支以扩大变速范围。

3)齿轮齿数的确定

(1)确定齿轮齿数的方法。当各变速组的传动比确定之后可确定齿轮齿数带轮直径。确定齿轮齿数时选取合理的齿数和 S_z 很关键。齿轮的中心距取决于传递的转矩。一般来说，主变速传动系是降速传动系越后面的变速组，传递的转矩越大，中心距也越大。齿数和不应过大，一般推荐 $S_z\leqslant 100\sim120$，齿数和不应过小，但需从下列条件中选取较大值。

① 最小齿轮的齿数要尽可能小。要注意使最小齿轮不产生根切现象，以及主传动具有较好的运动平稳性。机床变速箱中对于标准直齿圆柱齿轮一般取最小齿数。主轴上小齿轮 $Z_{\min}=20$，高速齿轮取 $Z_{\min}=25$。

② 受齿轮结构限制的 $Z_{\min}\geqslant 18\sim20$ 最小齿数的各齿轮，尤其是最小齿轮，应能可靠地安装在轴上或进行套装。齿轮的齿槽到孔壁或键槽的壁厚 $a\geqslant 2\mathrm{mm}$ 为模数，以保证有足够的强度，避免出现变形、断裂。$Z_{\min}\geqslant 6.5+D/m$，其中，$D$ 为齿轮花键孔的大径；m 为齿轮模数。

③ 两轴间最小中心距应取得适当。若齿数和 S_z 过小，将导致两轴的轴承及其他结构之间的距离过近或相碰。

传动比要求：确定齿轮齿数时，应符合转速图上传动比的要求。机床的主传动属于外联系传动链，实际传动比(齿轮齿数之比)与理论传动比(转速图上要求的传动比)之间允许有误差，但需限制在一定范围内，一般不应超过$10(\varphi-1)\%$。

(2)查表法确定变速组齿轮齿数。齿轮副传动比是标准公比的整数次方，变速组内的齿轮模数相等。按照表 2-6 查出齿轮齿数。第一变速组Ⅰ～Ⅱ轴间有三个传动副，其传动比分别是$u_{a1}=1$、$u_{a2}=1/1.41$、$u_{a3}=1/2$，后两个传动比小于 1，取其倒数即按 1.41 和 2 查表，在合适的齿数和S_z范围内查出存在上述三个传动比的S_z分别有

$u_{a1}=1$，$S_z=\cdots$ 60 62 64 66 68 70 72 74 …

$u_{a2}=1/1.41$，$S_z=\cdots$ 60 63 65 67 68 70 72 73 75 …

$u_{a3}=1/2$，$S_z=\cdots$ 60 63 66 69 72 75 …

三对传动副的齿数和S_z应该是相同的，符合条件的有$S_z=60$或 72。如选取$S_z=70$，从表 2-6 中可以查出三个传动副的主动齿轮齿数分别为 36、30、24，则能算出三个传动副的齿轮齿数分别为$u_{a1}=36/36$、$u_{a2}=30/42$、$u_{a3}=24/48$。同理第二变速组Ⅱ～Ⅲ轴间有两个传动副，传动比$u_{b1}=1.41^0=1$、$u_{b2}=1.41^{-3}=1/2.8$。通过计算和查表筛选，最后得出两个传动副的齿数分别是$u_{b1}=42/42$、$u_{b2}=22/62$。第三变速组Ⅲ～Ⅳ轴间$u_{c1}=\varphi^{-4}=1.14^{-4}\approx 0.25$、$u_{c2}=\varphi^2=1.14^2\approx 2$。通过计算和查表筛选，最后得出两个传动副的齿轮齿数分别为$u_{c1}=18/72$、$u_{c2}=60/30$。

表 2-6 常用传动比适用齿数表

u \ S_z	40	50	56	60	62	64	66	68	70	72	74	75	76
1.00	20	25	28	30	31	32	33	34	35	36	37		38
1.06			27	29	30	31	32	33	34	35	36		37
1.12	19				29	30	31	32	33	34	35		36
1.25		22	25				29	30	31	32	33	33	
1.41				25				28	29	30		31	
1.50	16	20		24				27	28	29		30	
1.68	15		21		23	24			26	27		28	
1.78		18	20			23			25	26		27	
1.88	14			21		22	23			25		26	
2.00				20			22			24		25	

6. 计算转速

设计机床主传动系统时，为了使传动件工作可靠、结构紧凑，必须对传动件进行动力设计，主轴和其他传动件(如传动轴、齿轮及离合器等)的结构尺寸主要由它所传递的转矩大小决定，而这都与传递的功率和转速有关。

对于专用机床，在特定的工艺条件下各传动件所传递的功率和转速是固定不变的，可计算出传递的转矩大小，从而进行强度设计。对于工艺范围较广的通用机床和某些专门化机床，由于使用条件复杂、转速范围较大，传动件所传递的功率和转速是经常变化的。将传动件的传递转矩和功率确定偏小或过大，都是不经济、不合理的。因此，确定这类机床传动件传递的转矩大小，必须根据机床实际使用情况的调查分析，确定一个经济合理的计算转速，将其作为强度计算和校核的依据。

综上所述，将主轴传递全部功率的最低转速定义为主轴的计算转速。各传动件的计算转速根据主轴计算转速确定。

对于做旋转运动的传动件，其额定转矩为

$$M_n = 9550\frac{P}{n_j} = \frac{P_E\eta}{n_j} \tag{2-21}$$

式中，M_n 为传动件额定转矩，即实际需要传递的最大转矩(N·m)；n_j 为传动件的计算转速(r/min)；P 为传动件所传递的功率(kW)；P_E 为主电动机的额定功率(kW)；η 为从主电动机到该传动件之间的传动效率。

由式(2-21)可知，当传动件的传递功率一定时，若转速取得偏低，则传递的转矩就偏大，使传动件尺寸增大。因此，应根据机床的实际工作情况，经济合理地确定计算转速，并计算传动件的尺寸，这是机床设计工作的重要问题。

图 2-17(a)所示为机床主轴的功率、转矩特性及转速图，图中主轴从 n_j 到 n_{max} 之间的每级转速应传递全部功率，即功率恒定，而其输出转矩随转速升高而降低，称为恒功率变速范围；从 n_j 到 n_{min} 之间的每级转速都能传递计算转速时的转矩，输出的功率则随转速下降而线性下降，称为恒转矩变速范围。传动系统转速图如图 2-17(b)所示。

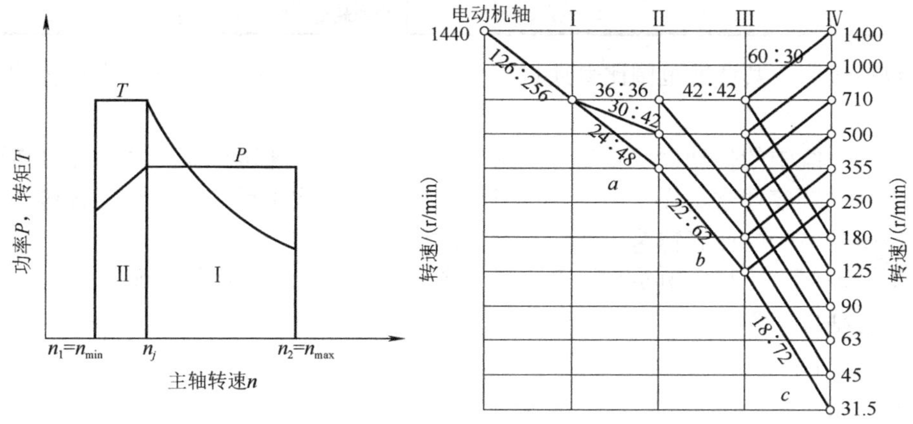

(a)功率、转矩特性　　(b)转速图

图 2-17　主轴的功率、转矩特性及转速

不同类型机床主轴计算转速的选取是不同的。对于大型机床，由于其应用范围很广、调速范围很宽，计算转速可取得高些。对于精密机床、滚齿机，由于其应用范围较窄、调速范围小，计算转速可取得低一些。各类机床主轴计算转速的统计公式见表 2-7。

表 2-7　各类机床主轴计算转速的统计公式

机床类型		计算转速 n_j	
		等公比传动	混合公比或无级调速
中型通用机床和使用较广的半自动机床	车床、升降台铣床、转塔车床、液压仿形半自动车床、多刀半自动车床、单轴自动车床、多轴自动车床、立式多轴半自动车床 卧式镗铣床(φ63～φ90mm)	$n_j = n_{min}\varphi^{\left(\frac{Z}{3}-1\right)}$ n_j 为主轴第一个(低的)三分之一转速范围内的最高一级转速	$n_j = n_{min}\left(\frac{n_{max}}{n_{min}}\right)^{0.3}$
	立式钻床、摇臂钻床、滚齿机	$n_j = n_{min}\varphi^{\left(\frac{Z}{4}-1\right)}$ n_j 为主轴第一个(低的)四分之一转速范围内的最高一级转速	$n_j = n_{min}\left(\frac{n_{max}}{n_{min}}\right)^{0.25}$

续表

机床类型		计算转速 n_j	
		等公比传动	混合公比或无级调速
大型机床	卧式车床（ϕ1250～ϕ4000mm） 单轴立式车床（ϕ1400～ϕ3200mm） 单轴可移动式立式车床（ϕ1400～ϕ1600mm） 双轴立式车床（ϕ3000～ϕ12000mm） 卧式镗铣床（ϕ110～ϕ160mm） 落地式镗铣床（ϕ125～ϕ160mm）	$n_j = n_{\min}\varphi^{\left(\frac{Z}{3}\right)}$ n_j 为主轴第二个三分之一转速范围内的最低一级转速	$n_j = n_{\min}\left(\frac{n_{\max}}{n_{\min}}\right)^{0.35}$
高精度和精密机床	落地式镗铣床（ϕ160～ϕ260mm） 主轴箱可移动的落地式镗铣床（ϕ125～ϕ300mm）	$n_j = n_{\min}\varphi^{\left(\frac{Z}{2.5}\right)}$	$n_j = n_{\min}\left(\frac{n_{\max}}{n_{\min}}\right)^{0.4}$
	坐标镗床 高精度车床	$n_j = n_{\min}\varphi^{\left(\frac{Z}{4}-1\right)}$ n_j 为主轴第一个（低的）四分之一转速范围内的最高一级转速	$n_j = n_{\min}\left(\frac{n_{\max}}{n_{\min}}\right)^{0.25}$

对于数控机床，其调速范围比普通机床宽，计算转速可以比由表 2-7 中推荐的公式计算出的值高些。

变速传动系统中的传动件包括轴和齿轮，它们的计算转速可根据主轴的计算转速和转速图确定。确定的顺序通常是先定出主轴的计算转速，再顺次由后往前，定出各传动轴的计算转速，然后确定齿轮的计算转速。

例 2-1 试确定图 2-17 所示机床的主轴、各传动轴和齿轮的计算转速。已知 $\varphi = 1.41$。

解：1）主轴的计算转速

计算方法有以下两种。

（1）据公式计算（表 2-7）为

$$n_j = n_{\min}\varphi^{\left(\frac{Z}{3}-1\right)} = 31.5\times1.41^{\left(\frac{12}{3}-1\right)}\text{r/min} = 90\text{r/min}$$

（2）根据转速图确定。由图 2-17（b）可知，主轴的计算转速为低速第一个三分之一变速范围的最高一级转速，即 $n_j = 90\text{r/min}$。

2）各传动轴的计算转速

主轴的计算转速是轴III经 18/72 的传动副获得的，此时轴III相应转速为 355r/min，但变速组 c 有两个传动副，当轴III转速为最低转速 125r/min 时，通过 60/30 的传动副可使主轴获得 250r/min，250r/min>90r/min，应能传递全部功率，所以轴III的计算转速为 125r/min；轴III的计算转速是通过轴II的最低转速 355r/min 获得的，所以轴II的计算转速为 355r/min；同样，轴I的计算转速为 710r/min。

3）各齿轮的计算转速

各齿轮的计算转速要在所安装轴上确定。

（1）齿轮 Z_{60} 的计算转速。Z_{60} 装在轴III上，转速为 125～710r/min，共六级；经 Z_{60}/Z_{30} 传动，主轴IV所得到的六级转速 250～1400r/min 都能传递全部功率，故 Z_{60} 的六级转速都能传递全部功率，其中最低转速 125r/min 即 Z_{60} 的计算转速。

（2）齿轮 Z_{30} 的计算转速。Z_{30} 装在轴IV上，转速为 250～1400r/min，共六级，它们都能传递全部功率，其中最低转速 250r/min 即 Z_{30} 的计算转速。

(3) 齿轮 Z_{60} 的计算转速。Z_{60} 装在轴Ⅲ上，转速为 125～710r/min，共六级，其中只有在 355～710r/min 的三级转速下工作时，经 Z_{19}/Z_{72} 传动，主轴所得到的 90～180r/min 共三级转速才能传递全部功率；而 Z_{19} 转速为 125～250r/min 共三级时，经 Z_{19}/Z_{72} 传动，主轴所得到的 31.5～63r/min 共三级转速都低于主轴的计算转速（$n_j = 90\text{r/min}$），故不能传递全部功率。

因此，Z_{18} 只有在 355～710r/min 的三级转速下工作才能传递全部功率，最低转速 355r/min 即 Z_{18} 的计算转速。

(4) 齿轮 Z_{72} 的计算转速。Z_{72} 装在轴Ⅳ上，转速为 31.5～180r/min，共六级，其中只有在 90～180r/min 的三级转速下工作才能传递全部功率，因此最低转速 90r/min 即 Z_{72} 的计算转速。

应该指出，确定齿轮的计算转速，必须注意到它所在的传动轴。齿轮计算转速与所在轴的计算转速的数值可能不一样，要根据转速图的具体情况确定。

2.4.3 无级变速主传动系统的设计

采用无级变速传动，不仅可以获得最有利的切削速度，而且能在运转中变速，便于实现变速自动化，这对提高机床生产率和零件质量都具有重要意义。因此，无级变速传动的应用日益广泛，它是数控机床的主要变速形式。

选择无级变速传动方案时，必须注意无级变速机构的功率特性、转矩特性要同传动的工作要求相适应。例如，机床的主运动要求恒功率传动，而机床进给运动要求恒转矩传动。因此，对于主传动，应选择恒功率无级变速机构。

1. 无级变速装置的分类

机床主传动中常采用的无级变速装置有三大类：变速电动机（图 2-18）、机械无级变速装置（图 2-19）和液压无级变速装置（图 2-20）。

图 2-18 变速电动机

图 2-19 机械无级变速装置

图 2-20 液压无级变速装置

(1) 变速电动机。机床上常用的变速电动机有直流调速电动机和交流变频电动机，在额定转速以上为恒功率变速，通常变速范围仅为 2～3，较小；额定转速以下为恒转矩变速，变速范围很大，可达 30 甚至更大。上述功率和转矩特性一般不能满足机床的使用要求。为了扩大恒功率变速范围，可在变速电动机和主轴之间串联一个分级变速箱，这种方法广泛用于数控机床、大型机床中。

(2) 机械无级变速装置。机械无级变速装置是利用摩擦力来传递转矩，通过连续改变摩擦传动副工作半径来实现无级变速的，它的变速范围小，多数是恒转矩传动。机械无级变速器应用于要求功率和变速范围较小的中小型车床、铣床等机床的主传动中，并且更多地用于进给变速传动中。

(3) 液压无级变速装置。液压无级变速装置通过改变单位时间内输入执行件中的流量来实现无级变速，变速范围较大，变速方便，传动平稳，运动换向时冲击小，易于实现直线运动和自动化，常用在主运动为直线运动的机床中，如刨床、拉床、磨床等。

2. 无级变速主传动系统设计原则

(1) 尽量选择功率和转矩特性符合传动系统要求的无级变速装置。若为执行件做直线主运动的主传动系统，则对变速装置的要求是恒转矩传动，龙门刨床的工作台就应该选择恒转矩传动为主的无级变速装置，如直流电动机；若主传动系统要求恒功率传动，如车床或铣床的主轴，就应选择恒功率无级变速装置，如机械无级变速装置、变速电动机串联机械分级变速箱等。

(2) 无级变速装置单独使用时，其调速范围较小，满足不了要求，尤其是恒功率调速范围往往远小于机床实际需要的恒功率变速范围。为此，常把无级变速装置与机械分级变速箱串联在一起使用，以扩大恒功率变速范围和整个变速范围。

如果机床主轴要求的变速范围为 R_n，选取的无级变速装置的变速范围为 R_d，串联的机械分级变速箱的变速范围 R_f 应为

$$R_f = \frac{R_n}{R_d} = \varphi_f^{Z-1} \tag{2-22}$$

式中，Z 为机械分级变速箱的变速级数；φ_f 为机械分级变速箱的公比。

通常，无级变速装置作为传动系统中的基本组，而分级变速作为扩大组，其公比 φ_f 理论上应等于无级变速装置的变速范围 R_d。实际上，由于机械无级变速装置属于摩擦传动，有相对滑动现象，可能得不到理论上的转速。为了得到连续的无级变速，设计时应该使分级变速箱的公比 φ_f 略小于无级变速装置的变速范围，即取 $\varphi_f = (0.90\sim0.97)\ R_d$，使转速之间有一小段重叠，保证转速连续。将 φ_f 值代入式(2-22)，可算出机械分级变速箱的变速级数 Z。

2.5 进给传动系统设计

2.5.1 进给传动系统的特点、转速和组成

进给传动系统是用来实现机床的进给运动和相关辅助运动的。机床进给传动特别要求具有良好的快速响应性，在低速进给或微量进给时不产生爬行现象，运动平稳，灵敏度高；进给传动系统的传动精度和定位精度要求高。与主传动不同，进给传动不是恒功率传动，而是恒转矩传动。

1. 进给传动系统的特点

(1) 进给运动的速度比较低，进给力也比较小，所需功率也小。

(2) 进给运动数目较多，如卧式镗床，进给运动有 4～6 个。

(3) 进给运动为恒转矩传动，进给传动系统的负荷与主传动不一样。

2. 进给传动系统的计算转速

进给传动系统的计算转速可按下列三种情况来确定。

(1) 具有快速运动的进给系统：传动件的计算转速是取最大快速运动时的转速。

(2) 大型机床：对于移动部件质量大、摩擦力比切削力大的大型机床和高精度精密机床的进给传动系统，传动件的计算转速是取最大进给速度时的转速。

(3) 中型机床：对于切削力远大于移动部件摩擦力的中型机床，进给运动系统传动件的计算转速取最大切削抗力下工作时所有的最大进给速度，一般为机床最大进给速度的 1/2 或 1/3。

3. 进给传动系统的组成

进给传动系统包括运动源、变速系统、换向机构、运动分配机构、安全机构、直线运动机构和手动操作机构等。

进给运动与主运动共用运动源时，进给运动一般以主轴为始端，进给量单位表示为mm/r，如车床、钻床、镗床。进给运动有单独的运动源时，进给运动则以电动机为始端，进给量单位表示为mm/min，如铣床。

进给运动中的变速系统用以改变进给量的大小，当有几条进给传动链带动几个执行件时，为使变速系统为各传动链所共用，变速系统应设置在运动分配机构之前，以简化机构。

通用机床的工艺范围广，要求进给量范围大，有级变速的级数要多。一般采用等比数列，也有采用等差数列的。变速系统传递功率小，采用机械无级变速的可能性大。进给运动可以采用机械、液压与电气等方式。目前在机床上应用较多的机械传动方式是采用滑移齿轮，变速方便，可传递较大的转矩和采用较大的进给量范围，但结构复杂。交换齿轮传动结构简单，适用于成批大量生产。棘轮机构用于刨床、磨床等需要间歇进给运动和切入运动。在专用机床中还采用凸轮机构来实现进给和快速运动或采用液压传动实现无级变速。

2.5.2　机械进给传动系统的设计特点

1. 进给系统设计中必须要注意的基本要求

(1) 保证实现规定的进给量。

(2) 能传递要求的扭矩。

(3) 有足够的静刚度和动刚度。

(4) 保证要求的进给传动精度。

(5) 低速、微量进给系统要保证运动的平稳性和灵敏度。

(6) 结构紧凑，便于操纵，容易维护，加工及装配工艺性好。

2. 进给运动传动变速机构的类型

进给运动的传动方式有机械、液压与电气等方式。

1) 机械传动机构

机械传动机构包括直线运动机构和变速机构。变速机构可分为滑移齿轮、交换齿轮和棘轮机构等。

滑移齿轮和交换齿轮的变速机构与主传动的相似，可传递较大的扭矩和实现较大的进给范围，变速方便，传动效率也较高，广泛地运用于机床之中。

棘轮机构用于间歇性的进给运动之中。由于棘轮上的齿是在圆周上等分的，进给量的大小由每次转过的齿数决定，所以这种变速机构的变速数列是按等差级数排列的。棘轮机构的棘爪可以在较短的时间内使棘轮得到周期性的回转，因而这种机构适用于往复运动中超越行程或空程时进行间歇进给运动的传动系统。

此外，由于进给传动传递功率不大，速度较低，因此还可采用拉键机构、背轮机构、机械无级变速器等。在自动或半自动机床以及专用机床上，还应用凸轮机构来实现执行件的工作进给和快速运动。

2) 液压传动装置

由于液压传动工作平稳，在工作过程中能无级变速，因此便于实现自动化，能很方便地实现频繁往复运动。在相同功率情况下，液压传动装置的体积小、重量轻、结构紧凑、惯性小、动作灵敏，因此在进给运动中得到了广泛的应用。

3) 步进传动装置

在数控机床上，数控装置的进给信号一般经伺服系统和传动件驱动机床工作台或刀架等执行件实现进给运动和快速运动等。伺服系统的驱动可采用功率步进电机、电液步进电机等。

3. 进给运动传动系统的设计原则

进给运动传动系统由动力源、变速机构、换向机构、运动分配机构、过载保险机构、运动转换机构、执行件等部分组成。

进给传动可与主传动共用一台电动机或采用单独电动机作为动力源。当进给量以主轴回转若干毫米表示时，进给传动一般应与主传动共用一台电动机。对于内联系传动，组成复合运动各个运动的传动也应共用一台电动机。当进给量与主轴转速无关时，一般采用取整电动机驱动，有利于简化机床结构，便于实现机床自动化。如果机床的进给采用液压驱动，则由单独动力源驱动。

对于等差数列进给传动，设计时以满足工艺需求为目的。

随机数列进给传动，如齿轮加工机床的分齿运动链等，采用交换齿轮机构。

等比数列进给传动的设计原则为根据运动的特点与基本要求，结合主传动系统设计的方法，按转速图的拟订进行。

2.5.3 电气伺服进给系统

1. 电气伺服进给系统的分类

电气伺服系统是数控装置和机床之间的联系环节，是以机械位置或角度作为控制对象的自动控制系统，其作用是接收来自数控装置发出的进给信号，经变换和放大驱动工作台按规定的速度和距离移动。电气伺服进给系统按有无检测和反馈装置分为开环、闭环和半闭环系统。

2. 电气伺服进给系统驱动部件

电气伺服进给系统由伺服驱动部件和机械传动部件组成。伺服驱动部件有步进电动机、直流伺服电动机、交流伺服电动机等，机械传动部件有齿轮、滚珠丝杠螺母等。其功能是控制机床各坐标轴的进给运动。

1) 对进给驱动部件的基本要求

调速范围要宽，以满足使用不同类型刀具对不同零件加工的需要。低速运行平稳，无爬行；快速响应性好，无滞后。电动机具有较小的转动惯量；抗负载振动能力强，切削中受负载冲击时，系统的速度仍基本不变。在低速下有足够的负载能力；可承受频繁起动、制动和反转；振动和噪声小，可靠性高，寿命长；调整、维修方便。

2) 进给驱动部件的类型

进给驱动部件种类很多，用于机床上的驱动电动机如图 2-21～图 2-24 所示。

图 2-21　步进电动机

图 2-22　直流电动机

图 2-23　交流调速电动机

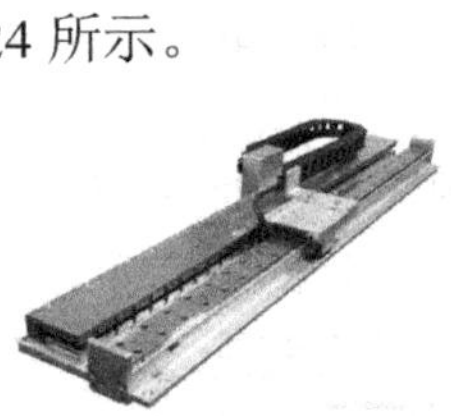

图 2-24　直线电动机

3. 电气伺服进给传动系统中的机械传动部件

1) 机械传动部件应满足的要求

机械传动部件要采用低摩擦传动。例如，导轨可以采用静压导轨、滚动导轨；丝杠传动可采用滚珠丝杠螺母传动。伺服系统和机械传动系统匹配要合适。选择最佳降速比来降低惯量，最好采用直接传动方式。采用预紧办法来提高整个系统的刚度。采用消除传动间隙的方法，减小反向死区误差，提高运动平稳性和定位精度。总之，为保证伺服系统的工作稳定性和定位精度，要求机械传动部件无间隙、低摩擦、低惯量、高刚度、高谐振和适宜阻尼比。

2) 机械传动部件设计

机械传动部件主要为齿轮或同步齿形带和丝杠螺母传动副。电气伺服进给系统中，运动部件的移动靠脉冲信号来控制，要求运动部件动作灵敏、低惯量、定位精度好、适宜的阻尼比及传动机构不能有反向间隙。

最佳降速比确定：传动副的最佳降速比应按最大加速能力和最小惯量的要求确定降速比为

$$u = \frac{\alpha L}{360^\circ Q}$$

式中，α 为步进电动机的步距角；L 为滚珠丝杠的导程；Q 为脉冲当量。

对于闭环系统，主要由驱动电动机的最高转速或转矩与机床要求的最大进给速度或负载转矩决定，降速比为

$$u = \frac{n_{d\max} L}{u_{\max}}$$

式中，$n_{d\max}$ 为驱动电动机的最大转速；L 为滚珠丝杠导程；$u_{\max}$ 为工作台最大移动距离。

> **小总结 2-2**
>
> 提高滚珠丝杠传动精度的主要方法有以下几种：
>
> (1) 消除传动齿轮间隙。
>
> (2) 提高滚珠丝杠支承刚度。
>
> (3) 对滚珠丝杠进行预紧等。

(1) 齿轮传动间隙的消除。传动副为齿轮传动时，要消除其传动间隙。齿轮传动间隙的消除有刚性调整法，但是调整后的齿侧间隙不能自动进行补偿，如偏心轴套调整法等。特点是结构简单、传动刚度较高，但要求严格控制齿轮的齿厚及齿距公差，否则将影响运动的灵活。

柔性调整法指调整后的齿侧间隙可以自动进行补偿，结构比较复杂，传动刚度低些，会影响传动的平稳性，主要有双片直齿轮调整法等。

(2) 滚珠丝杠及其支承。滚珠丝杠是将旋转运动转换成执行件的直线运动的运动转换机构。滚珠丝杠的摩擦系数小，传动效率高。常采用角接触球轴承或双向推力圆柱滚子轴承与滚针轴承的组合方式。滚珠丝杠的支承方式有三种：一端固定，另一端自由方式，常用于短丝杠和竖直丝杠；一端固定，另一端简支承方式，常用于较长的卧式安装丝杠方式；两端固定，用于长丝杠或高速转速，要求高拉压刚度的场合。

(3) 丝杠副系统的刚度计算。丝杠副系统刚度与丝杠刚度、丝杠副螺纹滚道与钢珠在轴向上的接触刚度、螺母座及轴承座刚度，以及支承轴承刚度等多种因素有关。但实际设计中，常采取提高轴承、轴承座、螺母座刚度等措施，因此，滚珠丝杠副刚度主要取决于丝杠刚度和滚珠与滚道接触刚度。参考 ISO 标准，滚珠丝杠副系统刚度计算公式可简明表示为

$$\frac{1}{R_t} = \frac{1}{R_s} + \frac{1}{R_u}$$

式中，R_t 为滚珠丝杠副系统刚度（N/μm）；R_s 为滚珠丝杠轴刚度（N/μm）。

$$R_s = \frac{\pi\left(d_0 - 1.2D_w\right)^2 E}{4L} \times 10^{-3}$$

其中，d_0、D_w 为查滚珠丝杠副样本；L 为支承距离(mm)，当丝杠安装方式为一端固定，另一端自由时，L 指螺母至固定端处的最大距离；当滚珠丝杠副安装方式为两端固定时，L 为

两端固定支承间距离；E 为弹性模量，$E=2.1\times10^5\,N/mm^2$；R_u 为滚珠丝杠副螺纹滚道与钢珠在轴向接触刚度（N/μm）。

(4)滚珠丝杠螺母副间隙消除和预紧。滚珠丝杠螺母副通常采用双螺母结构。调整两个螺母之间的轴向位置，使两螺母的滚珠在承受工作载荷前，分别与丝杠的两个不同的侧面接触，产生一定的预紧力，以达到提高轴向刚度的目的。

调整预紧有多种方式，如垫片调整式，通过改变垫片的厚薄来改变两个螺母之间的轴向距离，实现轴向间隙消除和预紧，还有齿差调整式等。

(5)滚珠丝杠的预拉伸。滚珠丝杠常采用预拉伸方式，提高其拉压刚度和补偿丝杠的热变形。

确定丝杠与拉伸力时应综合考虑以下因素。

① 使丝杠在最大轴向载荷作用下，在受力方向上仍能保持受拉状态，为此，预拉伸力应大于最大工作载荷的35%。

② 丝杠的预拉伸量应能补偿丝杠的热变形。丝杠在工作时要发热，引起丝杠的轴向热变形，使导程加大，影响定位精度。丝杠的热变形 ΔL_1 为

$$\Delta L_1=\alpha L\Delta t$$

式中，α 为丝杠的热膨胀系数，钢的 $\alpha=11\times10^{-6}/℃$；L 为丝杠长度(m)；A 为丝杠截面积(m^2)；E 为弹性模量(N/m^2)；F_0 为丝杠的预拉伸力(N)。

则丝杠的预拉伸力 F_0 (N)为

$$F_0=\frac{1}{4L}\pi d^2E\Delta L$$

习题与思考

2-1　机床产品是怎样分类的？常见的车床、铣床、镗床又有哪些形式？

2-2　机床设计应满足哪些基本要求？

2-3　机床系列型谱的含义是什么？

2-4　工件表面形成原理是什么？

2-5　机床的主要技术参数有哪些？

2-6　某摇臂钻床最大钻孔直径为40mm，最大、最小切削速度分别为50m/min、40m/min。若主轴转速数列为连续不重复的等比数列，φ=1.26，求机床主轴的 n_{max}、n_{min}、R_n。取 $R_d=0.2$，即 $d_{min}=0.2d_{max}$。

2-7　机床的主参数及尺寸参数根据什么确定？

2-8　用查表法写出下列机床主轴的各级转速。

(1) φ=1.26，$z=18$，$n_{min}=26.5$；

(2) φ=1.41，$z=12$，$n_{max}=1180$；

(3) φ=1.58，$z=12$，$n_{max}=3550$。

2-9　为什么在拟订转速图时，要遵循“前多后少”“前密后疏”“前缓后急”的原则？

2-10　某机床主轴转速按等比数列排列，公比 φ=1.58，主轴最高转速 n_{max}=1600r/min，主轴变速范围 R_n=10，电动机转速为1450r/min，试拟订合理的结构式、转速图，并确定各齿轮的齿数。

第 3 章　机床典型部件设计

3.1　概　　述

金属切削机床制造业包括车床行业、铣床行业、钻镗床行业、磨床行业、齿轮加工机床行业、重型机床行业等 11 个小行业。目前，我国数控金属切削机床已成功研究了包括大型五轴联动数控机床、数控重型立式车床、数控重型龙门铣床、各种数控复合加工机床、精密及超精密数控机床等，并形成一批中档数控机床产业化基地。

虽然，国内高档机床在产品结构、工艺性能、技术应用等方面与国外大同小异。但是，在技术创新、设计理念、制造工艺等方面与国外先进国家相比，还有一定差距，主要技术差距在机床速度、精度、复合柔性化和可靠性上，其中机床主要零部件技术是关键。

机床零部件很多，由于篇幅的限制，本节主要介绍图 3-1 所示的变速箱、主轴、轴承、滚珠丝杠副、支承件、导轨等典型零部件结构及设计方法。

(a) 变速箱

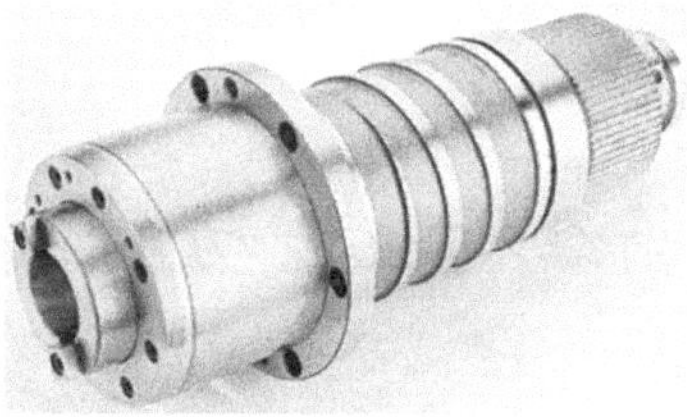

(b) 主轴

(c) 轴承

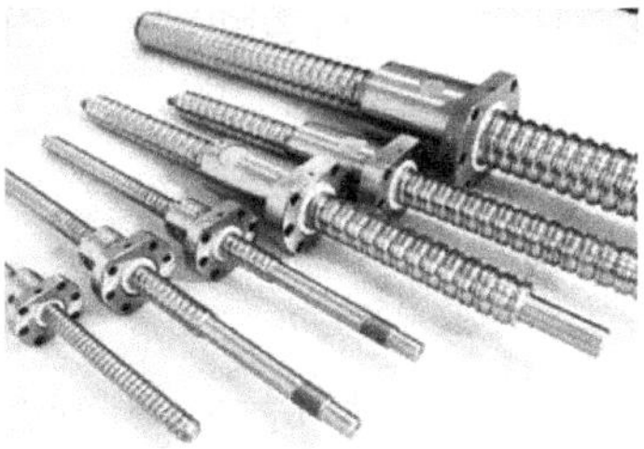

(d) 滚珠丝杠副

(e) 支承件(床身、尾座、拖板等)

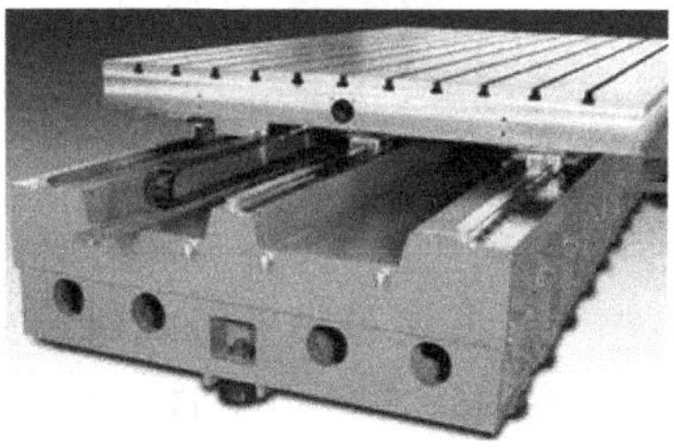

(f) 导轨

图 3-1　机床典型零部件

本章知识要点

(1)了解机床典型零部件，如变速箱、主轴、轴承、滚珠丝杠副、支承件、导轨等的工作原理和结构，以及设计基本要求。

(2)掌握机床典型零部件的设计计算方法，并能对其进行选型设计计算。

兴趣实践

(1)到学校机械实习厂或附近的机械制造企业去实地调查。

(2)用学到的相关知识，对机床典型零部件如机床主轴等进行设计计算。

探索思考

随着科学技术的进步和发展，现在越来越多的机械结构被数控等新技术替代，如用电主轴替代传统机械主轴、用伺服驱动替代传统机械传动。想一想，还有哪些机床典型零部件可能用新技术替代?

预习准备

(1)翻阅有关机床典型零部件的书籍，了解其原理及结构。

(2)重点阅读变速箱、主轴、轴承、滚珠丝杠副、支承件、导轨等工作原理和结构。

3.2 变速箱结构及传动轴和变速机构

3.2.1 变速箱结构及传动轴

变速箱的主要功能是：保证机床的运动，有较高的几何精度、传动精度和运动精度；有足够的强度、刚度；振动小，噪声低；操作应方便灵活。

变速箱内传动轴的布置应充分考虑安装、调整、维修、散热等因素，按空间三角形分布，根据运动的性能、标准零部件尺寸及机床的形式合理确定各传动轴位置。

1. 变速箱内各传动轴的空间布置

变速箱内各传动轴的空间布置，首先要满足机床总体布局对变速箱的形状和尺寸的限制，还要考虑各轴受力情况、装配调整和操作维修的方便。其中变速箱的形状和尺寸限制是影响传动轴空间布置最重要的因素。

例如，铣床的变速箱就是立式床身，高度方向和轴向尺寸较大，变速系各传动轴可布置在立式床身的铅直对称面上；摇臂钻床的变速箱在摇臂上移动，变速箱轴向尺寸要求较短，横截面尺寸可以稍大些，布置时往往为了缩短轴向尺寸而增加轴的数目，即加大箱体的横截面尺寸；卧式车床的主轴箱安装在床身的上面，横截面呈矩形，高度尺寸只能是中心高加主轴上大齿轮的半径；卧式车床的主轴箱的轴向尺寸取决于主轴长度，一般取较长的主轴长度。

对于珩磨机变速箱，则要求体积小、重量轻、刚度好。

图 3-2 所示为卧式车床主轴箱的横截面图，为把主轴和数量较多的传动轴布置在尺寸有限面内，又要便于装配、调整和维修，还要照顾到变速机构、润滑装置的设计等，主轴箱各轴布置顺序大致如下：首先确定主轴的位置，对车床来说，主轴位置主要根据车床的中心高确定；确定传动主轴的轴，以及与主轴有齿轮啮合关系轴的位置；确定电动机轴或运动输入轴(轴工)的位置；最后确定其他各传动轴的位置。各传动轴常按三角形布置，以缩小径向尺寸，如图 3-2 中的Ⅰ、Ⅱ、Ⅲ轴。为缩小径向尺寸，还可以使箱内某些传动轴的轴线重合，如图 3-3 中所示的Ⅲ、Ⅴ两轴。

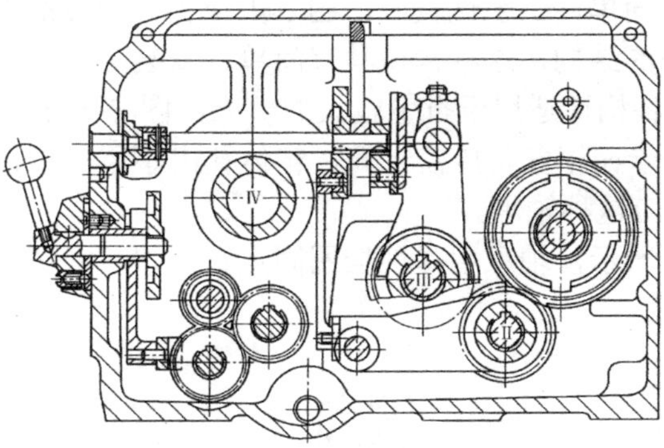

图 3-2　卧式车床主轴箱的横截面图

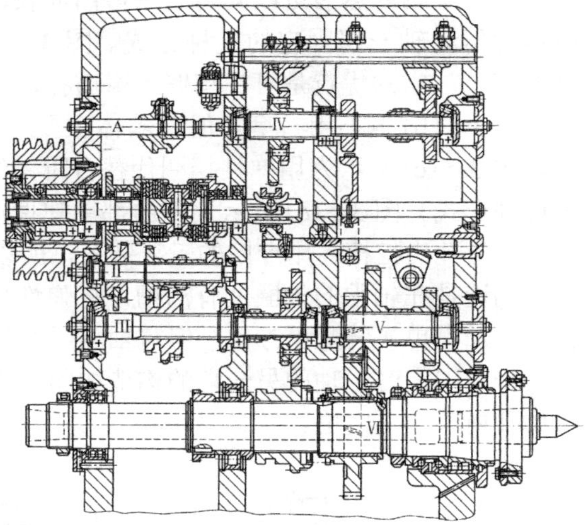

图 3-3　卧式车床主轴箱的展开图

图 3-4 所示为卧式铣床的主变速传动机构，利用铣床立式床身作为变速箱体。床身内部

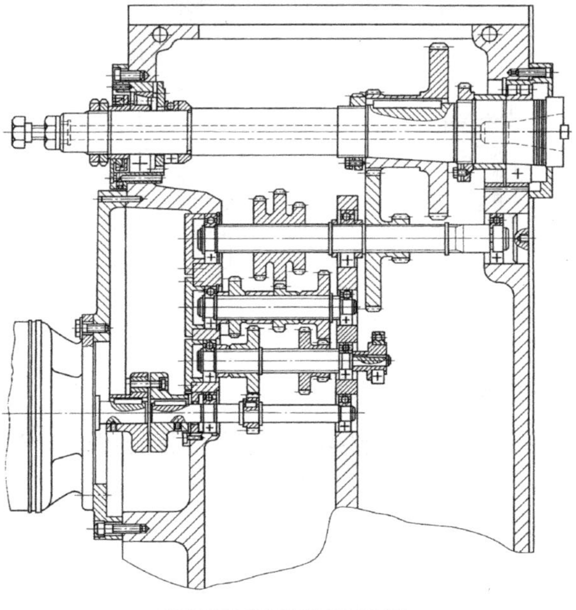

图 3-4　卧式铣床变速箱

小思考 3-1

传动轴通过轴承在箱体内轴向固定的方法有一端固定和两端固定两类，什么情况下需要一端固定？又在什么情况下需要两端固定？机床主轴一般采用什么样的固定形式？

空间较大，所以各传动轴可以排在一个铅直平面内，不必过多考虑空间布置的紧凑性，以方便制造、装配、调整、维修，便于布置变速操纵机构。床身较长，为减小传动轴轴承间的跨距，在中间加一个支承墙。

这类机床传动轴布置也是先要确定出主轴在立式床身中的位置，然后就可按传动顺序由上而下地依次确定出各传动轴的位置。

2. 变速箱内各传动轴的轴向固定

传动轴通过轴承在箱体内轴向固定的方法有一端固定和两端固定两类。采用单列深沟球轴承时，可以一端固定，也可以两端固定；采用圆锥滚子轴承时，则必须两端固定。一端固定的优点是轴受热后可以向另一端自由伸长，不会产生热应力，因此，宜用于长轴。图 3-5所示为传动轴一端固定的几种方式。图 3-5(a)所示为用衬套和端盖将轴承固定，并一起装到箱壁上，它的优点是可在箱壁上镗通孔，便于加工，但构造复杂，对衬套又要加工内外凸肩。图 3-5(b)虽不用衬套，但在箱体上要加工一个有台阶的孔，因而在成批生产中较少应用。图 3-5(c)所示为用弹性挡圈代替台阶，结构简单，工艺性较好，图 3-4 中各传动轴都采用这种形式。图 3-5(d)所示为两面都用弹性挡圈的结构，这种构造具有简单、安装方便等特点，但在孔内挖槽需用专门的工艺装备，所以这种构造适用于批量较大的机床。图 3-5(e)所示的构造是在轴承的外圈上有沟槽，将弹性挡圈卡在箱壁与压盖之间，箱体孔内不用挖槽，构造更加简单，装配更方便，但需轴承厂专门供应这种轴承。

一端固定时，轴的另一端的构造如图 3-5(f)所示，轴承用弹性挡圈固定在轴端，外环在箱体孔内轴向不定位。

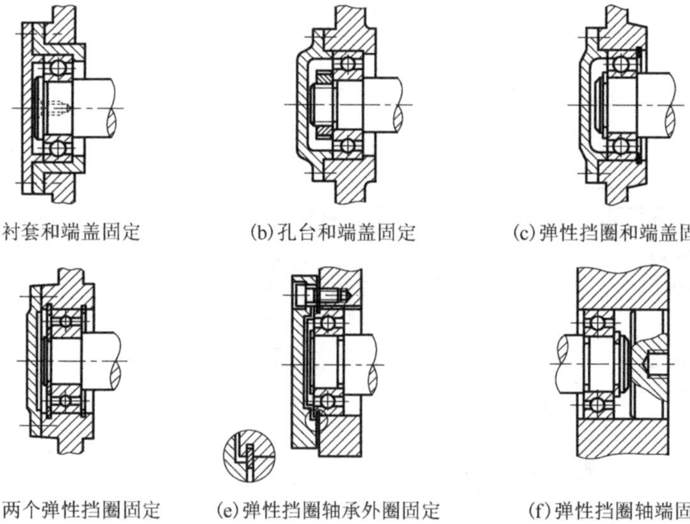

(a)衬套和端盖固定　(b)孔台和端盖固定　(c)弹性挡圈和端盖固定

(d)两个弹性挡圈固定　(e)弹性挡圈轴承外圈固定　(f)弹性挡圈轴端固定

图 3-5　传动轴一端固定的几种方式

图 3-6 所示为两端固定的例子。图 3-6(a)通过调整螺钉、压盖及锁紧螺母来调整圆锥滚子轴承的间隙，调整比较方便。图 3-6(b)、(c)通过改变垫圈的厚度来调整轴承的间隙，结构简单。

3. 各传动轴的估算和验算

机床各传动轴在工作时必须保证具有足够的抗弯刚度和抗扭刚度。轴在弯矩作用下，若产生过大的弯曲变形，则装在轴上的齿轮会因倾角过大而使齿面的压强分布不均，产生不均匀磨损和加大噪声；也会使滚动轴承内、外圈产生相对倾斜，影响轴承使用寿命。如果轴的抗扭刚度不够，则会引起传动轴的扭振。所以在设计开始时，要先按抗扭刚度估算传动轴的直径，待结构确定之后，定出轴的跨距，再按抗弯刚度进行验算。

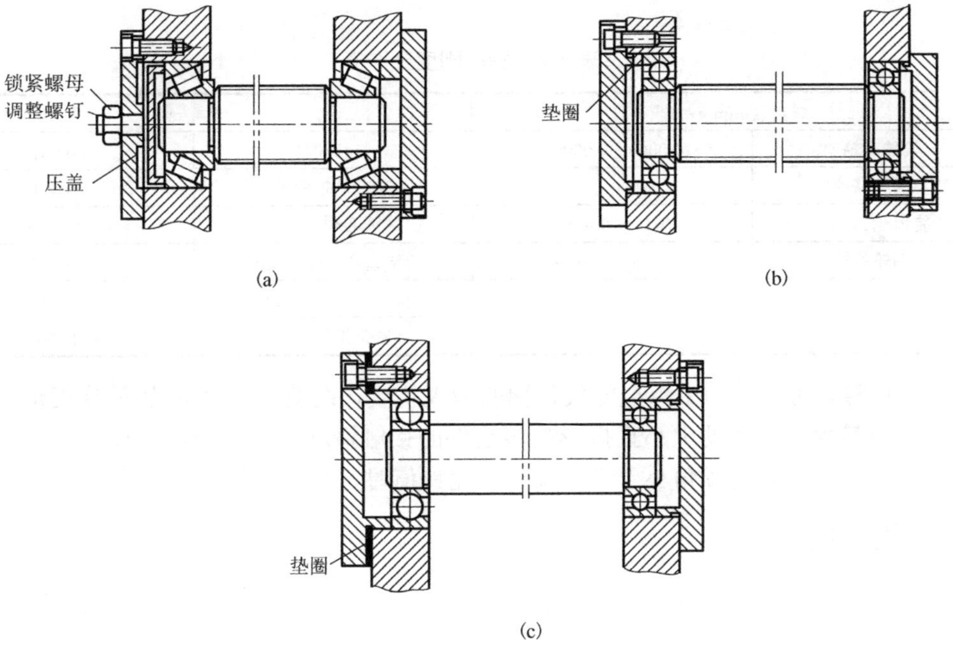

图 3-6　传动轴两端固定的几种方式

1) 按抗扭刚度估算轴的直径

按抗扭刚度估算轴的直径为

$$d \geqslant KA\sqrt[4]{\frac{P\eta}{n_j}} \tag{3-1}$$

式中，K 为键槽系数，按表 3-1 选取；A 为系数，按表 3-1 中的轴每米长允许的扭转角选取；P 为电动机额定功率(kW)；η 为从电动机到所计算轴的传动效率；n_j 为传动轴的计算转速(r/min)。

表 3-1　估算轴径时系数 A、K 值

$[\phi]$/(°/m)	0.25	0.5	1.0	1.5	2.0
A	130	110	92	83	77
K	无键	单键		双键	花键
	1.0	1.04～1.05		1.07～1.1	1.05～1.09

一般传动轴的每米长允许扭转角取 $[\phi]=(0.5\sim1.0)$°/m，要求高的轴取 $[\phi]=(0.25\sim0.5)$°/m，要求较低的轴取 $[\phi]=(1\sim2.0)$°/m。

2) 按弯曲刚度验算轴的直径

(1) 进行轴的受力分析，根据轴上滑移齿轮的不同位置，选出受力变形最严重的位置进行验算。若较难准确判断滑移齿轮处于哪个位置受力变形最严重，则需要多计算几种位置。

(2)若最严重情况，齿轮处于轴的中部时，应验算在齿轮处轴的挠度；当齿轮处于轴的两端附近时，应验算齿轮的倾角，此外还应验算轴承的倾角。

(3)按材料力学中的公式计算轴的挠度或倾角，检查是否超过允许值。允许值可从表 3-2 查出。

表 3-2　轴的刚度允许值

挠度/mm		倾角/rad	
一般传动轴	(0.0003～0.0005) L	装齿轮处	0.001
刚度要求较高的轴	0.0002L	装滑动轴承处	0.001
安装齿轮的轴	(0.01～0.03) m	装调心球轴承处	0.0025
安装蜗轮的轴	(0.02～0.05) m	装调心球轴承处	0.005
		装推力圆柱滚子轴承处	0.001
		装圆锥滚子轴承处	0.0006

为简化计算，可用轴的中点挠度代替轴的最大挠度，误差小于 3%；轴的挠度最大时，轴承处的倾角也最大。倾角的大小直接影响传动件的接触情况，所以也可只验算倾角。由于支承处的倾角最大，当它的倾角小于齿轮倾角的允许值时，齿轮的倾角不必计算。

3.2.2　变速机构

变速箱的变速，通常分为分级变速、无级变速两大类。本节主要介绍分级变速。常用的分级变速机构有以下几种。

1. 滑移齿轮变速机构

滑移齿轮变速机构是常见的一种变速机构。其优点为：变速范围大，变速级数也较多；变速方便又节省时间；在较大的变速范围内可传递较大的功率和扭矩；不工作的齿轮不啮合，因而空载功率损失较小等。其缺点为：变速箱构造较为复杂，不能在运转中变速；为了使滑移齿轮进入啮合，必须使用直齿圆柱齿轮传动，因而不能用斜齿圆柱齿轮传动。

滑移齿轮的结构及齿轮的布置直接影响变速箱的尺寸、变速操纵的方便性和结构实现的可能性等。为了节省材料、缩小外形尺寸，并使机器布局匀称，在考虑主轴适当支承距离和散热条件下，一般应尽可能减小减速器尺寸。但轴向尺寸和径向尺寸往往不能同时缩小。

1) 齿轮的布置

变速机构的零件较多，传动件的尺寸在很大程度上取决于它们所传递的扭矩。在功率一定的条件下，扭矩与转速成反比。因此，变速机构应安排在传动链的高速部位。但是，变速机构的转速也不是越高越好，转速越高，传动件的圆周速度也越高，则噪声也越大。

变速机构中的滑移齿轮一般适宜布置在主动轴上，并尽量将较小体积的齿轮做成滑移齿轮，使得滑移省力。

为避免同一滑移齿轮变速组内的两对齿轮同时啮合，两个固定齿轮的间距应大于滑移齿轮的宽度，如图 3-6 所示，一般留有间隙量为 Δ=1～2mm。

2) 滑移齿轮结构设计

(1)确定轮毂长度。为了保证滑移齿轮在滑动时有良好的导向性，齿轮块的内孔直径 d 与轴接触的轮毂长度 L 符合以下关系：

$$\frac{L}{d} \geqslant 2 \tag{3-2}$$

(2) 确定结构形式。滑移齿轮块有窄式、宽式、宽窄结合三种结构形式。为了缩短齿轮在轴向位置的排列尺寸，应采用窄式结构形式。

① 一个变速组中齿轮的轴向位置的排列。滑移齿轮轴向布置如图 3-7 所示。对于双联滑移齿轮，如图 3-8 所示，其轴向布置的结构形式有两种：窄式(即滑移齿轮轴向尺寸窄小)和宽式，从图中分析可知，窄式排列($L>4b$，其中 L 为齿轮变速组所占有的轴向长度，b 为一个齿轮的齿宽)的结构所占用轴向长度较小。

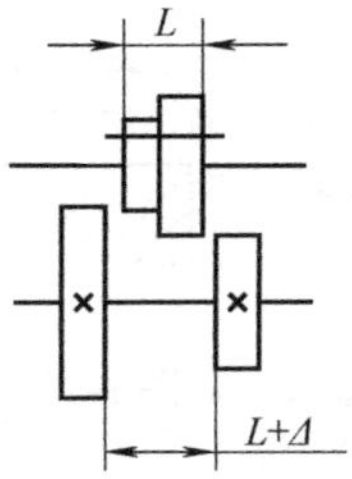

图 3-7　滑移齿轮轴向布置

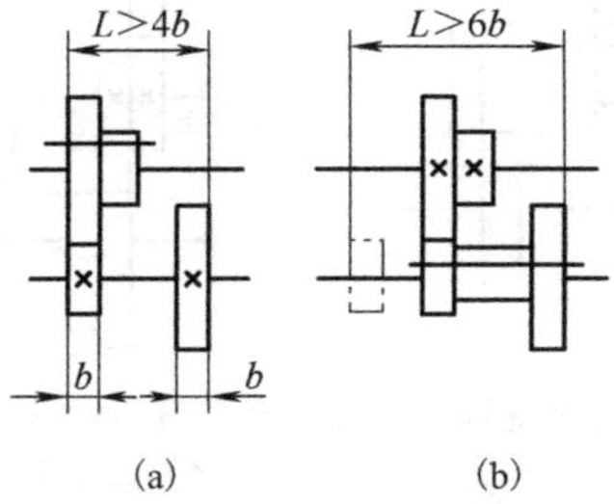

图 3-8　双联滑移齿轮轴向布置

对于三联滑移齿轮，如图 3-9 所示，其轴向布置的结构形式有三种：窄式、宽式和宽窄结合式。同样可以分析得出，采用窄式(图 3-9(a))的结构所占用轴向长度($L>7b$)最小，采用宽窄结合式(图 3-9(c))所占用的轴向长度($L>9b$)比宽式(图 3-9(b)中 $L>11b$)要小。但要注意，三联滑移齿轮中相连两齿轮的齿数差必须大于 4，否则会产生齿顶碰撞现象。

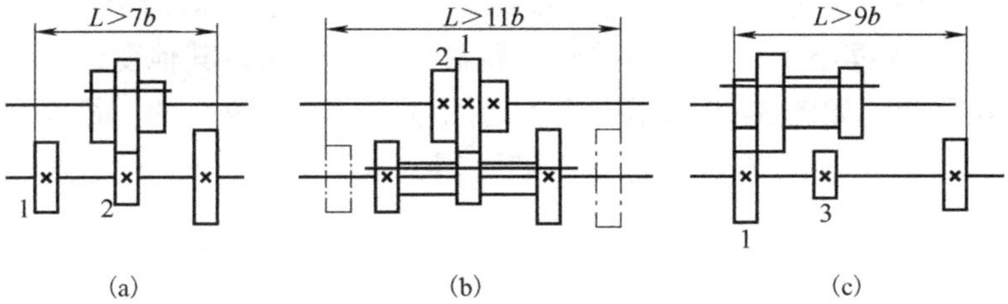

图 3-9　三联滑移齿轮轴向布置

② 相邻两个变速组中齿轮轴向位置的排列。其排列方式分为并行排列和交错排列两种类型。

图 3-10 所示为两个变速组的固定齿轮为并行排列方式，即在公共传动轴上，主动齿轮安装在一端，从动齿轮安装在另一端，其轴向总长度为两变速组的轴向长度之和。这种排列结构简单，应用范围广，但轴向长度较大。

图 3-11 所示为交错排列，即相邻两个变速组的公共传动轴上的主、从动齿轮交替安装，使两变速组的滑移行程部分重叠，从而减小了轴向长度。图 3-10 所示的并行排列($L>8b$)比图 3-11 所示的交错排列($L>6b$)的轴向尺寸要大 $2b$。

(3) 采用公用齿轮传动。相邻两个变速组的公共传动轴上，将某一从动齿轮和主动齿轮合二为一，形成既是第一变速组的从动齿轮，又是第二变速组的主动齿轮，图 3-12 所示为单公用齿轮的 4 级变速机构，总长度为 $L>5b$，比图 3-11 所示的交错排列($L>6b$)的轴向尺寸还要小 $1b$。

(4) 相啮合齿轮的宽度。考虑到操纵机构的定位、磨损等问题，一般使小齿轮宽度比相啮合的大齿轮宽度宽 1～2 mm。为了使滑移齿轮能顺利地进入啮合，在啮合端必须有倒角，如图 3-13 所示。

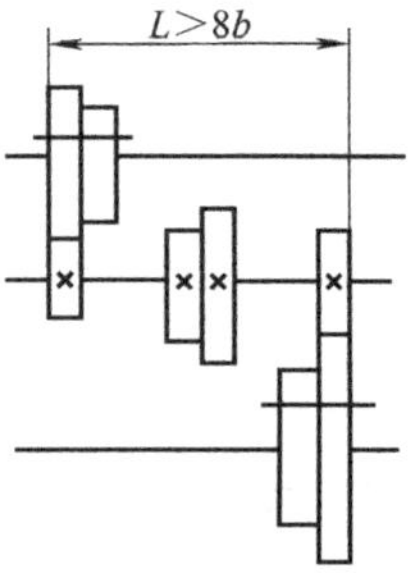

图 3-10　两个变速组的并行排列布置

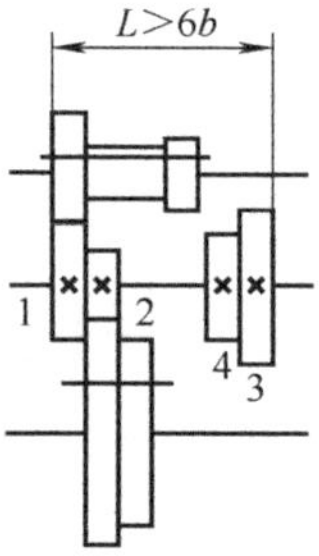

图 3-11　两个变速组的交错排列布置

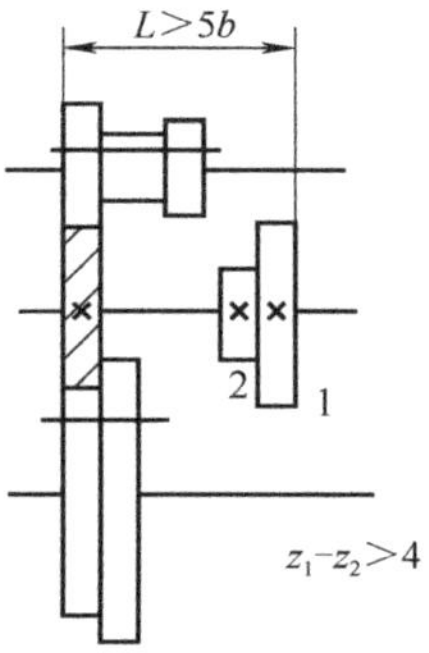

图 3-12　采用公用齿轮轴向排列布置

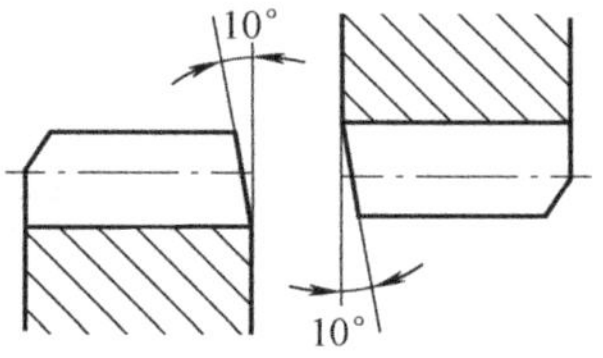

图 3-13　啮合齿轮的倒角

3）缩小径向尺寸

为了减小变速箱的尺寸，既要缩短轴向尺寸，又要缩小径向尺寸，这二者之间还是互相联系着的。应根据具体情况全面考虑，恰当地布置齿轮。

(1)合理地安排变速箱内各轴的位置。如图 3-14 所示，三轴水平排列(图 3-14(a))改为三角形排列(图 3-14(b))，使空间位置缩小了，但要注意零件间是否会发生干涉。

(2)缩小轴间距离。尽量选用较小的齿数和、并使齿轮的降速传动比大于 1/4，以避免采用过大的齿轮。这样既缩小了该变速组的轴间距离，又不致妨碍其他变速组轴间距离的减小。

(3)轴线相互重合。如图 3-15 所示，Ⅰ轴与Ⅲ轴的轴线是重合的，径向尺寸可大为缩小，又减少了箱体孔的排重，从而箱体的加工工艺可得到改善。

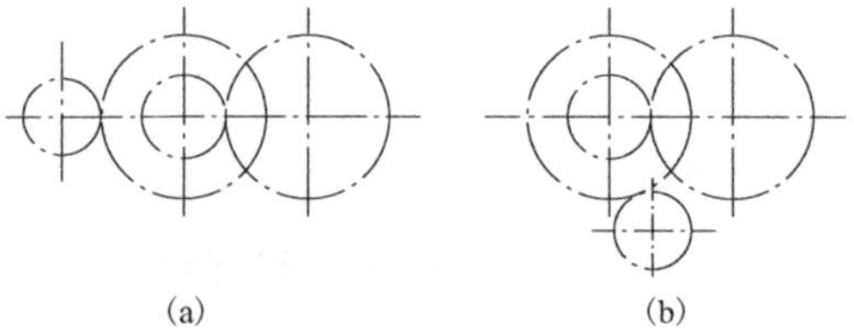

图 3-14　缩小径向尺寸的布置

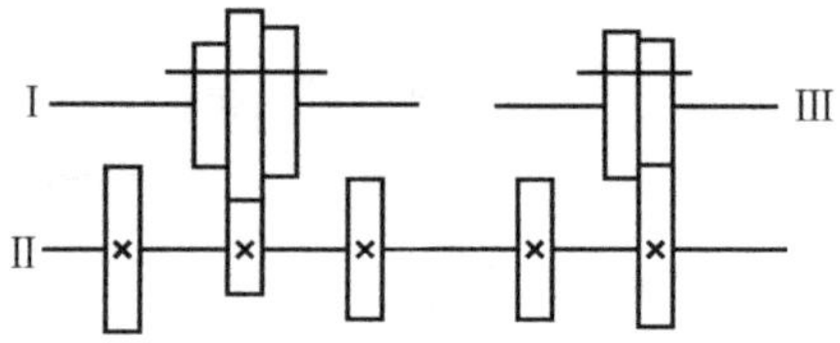

图 3-15　轴向重合的布置

2. 离合器变速机构

这种变速机构是采用离合器和齿轮相配合来实现的。常用的离合器有牙嵌离合器、齿轮离合器和摩擦离合器。

牙嵌或齿轮离合器变速机构的尺寸小，但可传递较大的扭矩，传动比准确。由于变速时齿轮不必移动，就可采用斜齿轮传动，使齿轮传动平稳。但这种变速方法不能在运转中变速，各对齿轮始终处于啮合状态，因而磨损较大，效率较低，例如，CA6140 卧式车床主传动系统的低速挡用的斜齿轮传动，就是采用了齿轮离合器。

摩擦离合器的操纵既可以是机械的，也可以是液压的、电磁的。使用摩擦离合器可以在运转中变速，而且动作迅速，以实现变速自动化的要求。可使用斜齿轮传动，使运转平稳。这种变速方法的缺点是经常有啮合的空转齿轮，空转损失较大，容易发热，磨损较快，需要经常调节，离合器径向尺寸和轴向尺寸较大。

图 3-16 所示为摩擦离合器变速机构。在设计时，安排离合器的位置应注意以下几个方面。

(1) 减小离合器尺寸。在没有其他特殊要求的情况下，应尽可能将离合器安排在转速较高的轴上，以减小传递扭矩，缩小离合器的尺寸。

(2) 避免出现超速现象。超速现象是指当一条传动路线工作时，在另一条不工作的传动路线上出现传动件高速空转的现象，这种现象在两对齿轮传动比相差悬殊时更为严重。

在图 3-16 中，若 Ⅰ 轴为主动轴，Ⅱ 轴为从动轴，各个齿轮的齿数为 $Z_A = 80$，$Z_B = 40$，$Z_C = 24$，当两个离合器都安排在主动轴上时(图 3-16 左上)，并在 M_1 接通、M_2 断开的情况下，Ⅰ 轴上齿数为 24 的齿轮就会出现超速现象。这时，空转转速为 Ⅰ 轴转速的 8 倍(即 $\frac{80}{40}\times\frac{96}{24}=8$)，由于 Ⅰ 轴与齿数为 24 的齿轮的转动方向相同，所以离合器 M_2 的内外摩擦片之间相对转速为 Ⅰ 轴转速的 7 倍，相对转速很高，不仅为离合器正常工作所不允许，而且会使空载功率显著增加，齿轮的噪声和磨损也加剧。若离合器安排在从动轴上(图 3-15 右上)，就可避免超速现象，有时为缩短轴向尺寸，把两离合器分别安排在两根轴上，也会出现两种可能情况：若使离合器外片与小齿轮一起转(图 3-16 右下)，同样也会出现超速现象，但若与大齿轮轴一起转(图 3-16 左下)，就不会产生超速现象。

(3) 要考虑到结构上的因素。例如，当从动轴是主轴时，一般不宜将电磁离合器直接装在主轴上。这是因为电磁离合器的剩磁和散热将直接影响主轴的旋转精度，又因剩磁会使主轴轴承磁化，磁性微粒会吸附在轴承中，加剧轴承磨损。

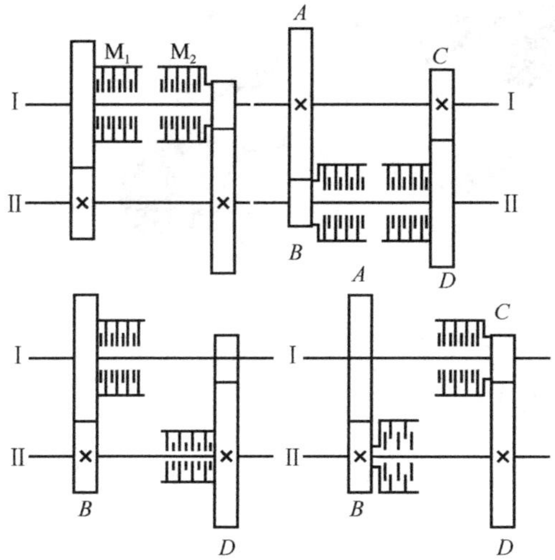

图 3-16　摩擦离合器变速机构

小思考 3-2

(1) 变速机构有哪几种形式？各有什么特点？

(2) 既然有了电动机变频调速，为什么还要机械调速？

3.3　主轴部件设计

主轴组件是机床的执行件，它由主轴、轴承、传动件和密封件等组成。它的功用是支承并带动工件刀具，完成表面成形运动，同时还起传递运动和转矩，承受切削力和驱动力的作用。主轴部件的性能直接影响零件的加工质量和生产率等，因此它是机床的关键部件之一。图 3-17 所示为普通主轴，图 3-18 所示为高速电主轴。

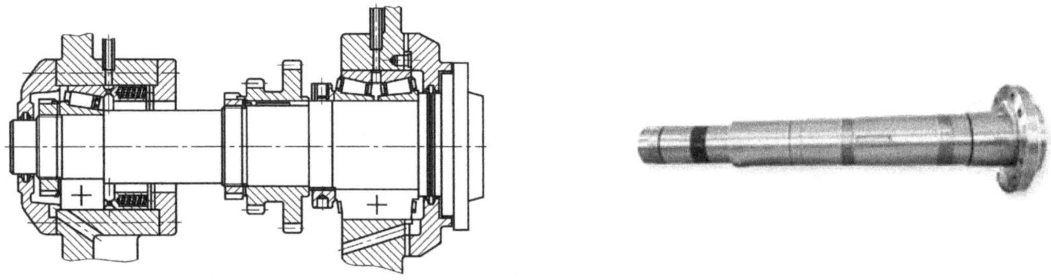

(a) (b)

图 3-17 主轴部件及主轴

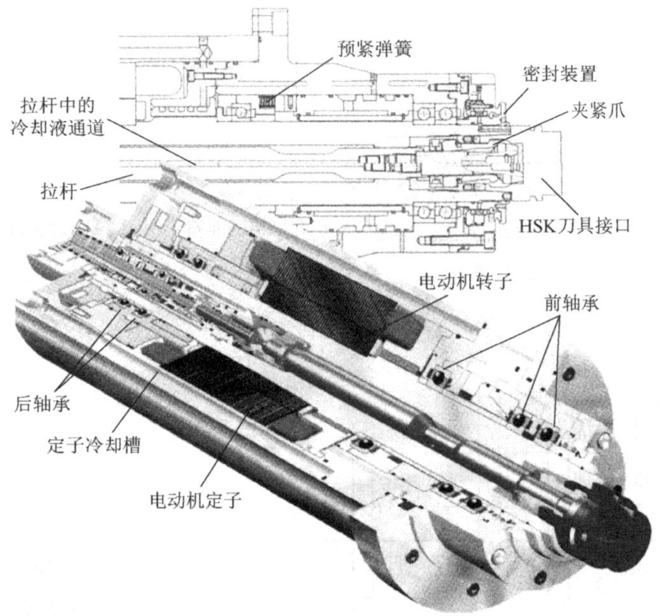

图 3-18 高速电主轴结构

3.3.1 主轴部件设计应满足的基本要求

机床主轴部件必须保证主轴在一定的载荷与转速下，能带动工件或刀具精确而可靠地绕其旋转中心线旋转，并能在其额定寿命期内稳定地保持这种性能。因此，主轴部件的工作性能直接影响加工质量和生产率。

主轴和一般传动轴一样都是传递运动、承受扭矩，此外还要保证传动件和支承的正常工作条件。工作时主轴除了直接承受切削力外，还要带动工件或刀具，实现表面成形运动。因此，对主轴部件提出如下几个方面的基本要求。

1. 旋转精度

主轴组件的旋转精度指主轴装配后，在无载荷、低速运动的条件下，主轴前端安装工件或刀具部位的径向和轴向跳动值。

当主轴以工作转速旋转时，由于润滑油膜的产生和不平衡力的扰动，其旋转精度有所变化。这个差异对精密和高精度机床是不能忽略的。

主轴组件的旋转精度主要取决于主轴、轴承等的制造精度和装配质量。工作转速下的旋转精度还与主轴转速、轴承的设计和性能及主轴部件的平衡等因素有关。

主轴旋转精度是主轴部件工作质量的最基本的指标，是机床几何精度的组成部分，故也是机床的一项主要精度指标，直接影响被加工零件的几何精度和表面粗糙度。例如，车床卡盘的定心轴颈与锥孔中心线的径向跳动会影响加工的圆度，而轴向窜动在螺纹加工时则会影响螺距的精度等。

2. 静刚度

静刚度或称刚度，反映了机床或部、组、零件抵抗静态外载荷的能力。主轴部件的弯曲刚度 K，通常以主轴前端产生一个单位的弹性变形时，在变形方向上所需施加的力的比值，如图 3-19 所示，可表示为主轴组件的刚度不足，直接影响机床的加工精度、传动质量及工作的平稳性。

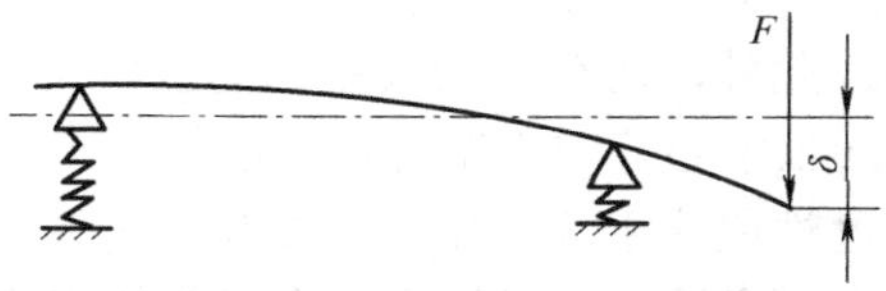

图 3-19　主轴组件的静刚度

> **小思考 3-3**
>
> 机床主轴主要参数有哪些？各对主轴有什么影响？

对于大多数机床，主轴的径向刚度是主要的。如果满足径向刚度，则轴向刚度和扭转刚度基本上都能得到满足。

影响主轴部件刚度的因素很多，如主轴的结构尺寸，滚动轴承的类型、配置及预紧，滑动轴承的形式和油膜刚度，传动件的布置方式，主轴组件的制造和装配质量等。

在额定载荷作用下，主轴部件抵抗变形的能力称为动态刚度。动态刚度低于静态刚度，二者是成正比的。对于高速、变载荷下的精密加工机床，动态刚度显得十分重要，它会直接影响加工精度和刀具的寿命，如高速剃齿机主动梁的刚度。

3. 抗振性

主轴部件的抗振性指其抵抗受迫振动和自激振动而保持平稳运转的能力。

主轴部件抵抗振动能力差，工作时容易发动振动，会影响工件的表面质量，限制机床的生产率；此外，还会降低刀具和主轴轴承的寿命，发出噪声，影响工作环境等。振动表现为强迫振动和自激振动两种形式。如果产生切削自激振动，将严重影响加工质量，甚至使切削无法进行下去。抵抗强迫振动则要提高动刚度。动刚度指激振力幅值与振动幅值之比。随着机床向高精度、高生产率方向发展，主轴对抗振性要求越来越高。

影响抗振性的主要因素是主轴组件的静刚度、质量分布及阻尼，主轴组件的低阶固有频率是其抗振性的主要评价指标。低阶固有频率应远高于激振频率，使其不容易发生共振。目前，抗振性的指标尚无统一标准，只有一些试验数据供设计时参考。

4. 温升和热变形

温升使润滑油的黏度下降，例如，用脂润滑，温度过高会使脂融化流失，这些都将影响轴承的工作。温升产生热变形，使主轴伸长，轴承间隙变化。主轴箱的热膨胀使主轴偏离正确位置。如果前后轴承温度不同，还将使主轴倾斜。

主轴部件工作时，由于摩擦和搅油等耗损而产生热量，会出现温升。温升使主轴部件的形状和位置畸形，称为热变形。

热变形使主轴的旋转轴线与机床其他部件间的相对位置发生变化，直接影响加工质量，对高精度机床的影响尤为严重；热变形造成主轴弯曲，会使传动齿轮和轴承的工作状况恶化；热变形还会改变已调好的轴承间隙，使主轴和轴承、轴承和支承座孔之间的配合发生变化，影响轴承的正常工作，加剧磨损，严重时甚至发生轴承抱轴现象。因此，各类机床对主轴轴承温升都有一定限制，主轴轴承在高速空运转至热稳定状态下允许的温升：高精度机床(8～10℃)，精密机床(15～20℃)，普通机床(30～40℃)。数控机床可归入精密机床类。

受热膨胀是材料的固有性质。高精度机床如坐标镗床、高精度镗铣加工中心等，要进一步提高加工精度，往往最后受到热变形的制约。

影响主轴部件温升和热变形的主要因素是轴承的类型、配置方式和预紧力的大小以及润滑方式和散热条件等。

5. 耐磨性

主轴部件必须有足够的耐磨性，以便长期地保持精度。易磨损的部位是轴承和安装夹具、刀具或工件的部位，如锥孔、定心轴颈等。此外，还有移动式主轴的工作表面，如镗床主轴的外圆、坐标镗床和某些主轴套筒移动式加工中心等的主轴套筒外圆等。

主轴若装有滚动轴承，则支承处的耐磨性取决于滚动轴承，如果用滑动轴承，则轴颈的耐磨性对精度保持性的影响很大。为了提高耐磨性，一般机床的上述部位应淬硬。

3.3.2 主轴的传动方式

1. 主传动分类

按照传动功能不同可将主传动进行如下分类。

(1)有变速功能的传动。为了简化结构、在传动设计时，将主轴当作传动变速组，常用变速副是滑移齿轮组。为了保证主轴传动精度及动平衡，可将固定齿轮装于主轴上或主轴上装换挡离合器，这类传动副多装于两支承之间。对于不频繁的变速，可用交换齿轮、塔轮结构等，此时变速传动副多装于主轴尾端。

(2)固定变速传动方式。固定变速传动方式是为了将主轴运动速度(或转矩)调整到适当范围。考虑到受力和安装、调整的方便，固定传动组可装在两支承之外，尽量靠近某一支承，以减少对主轴的弯矩作用或采用卸荷机构。常用的传动方式有齿轮传动、带传动、链传动等。

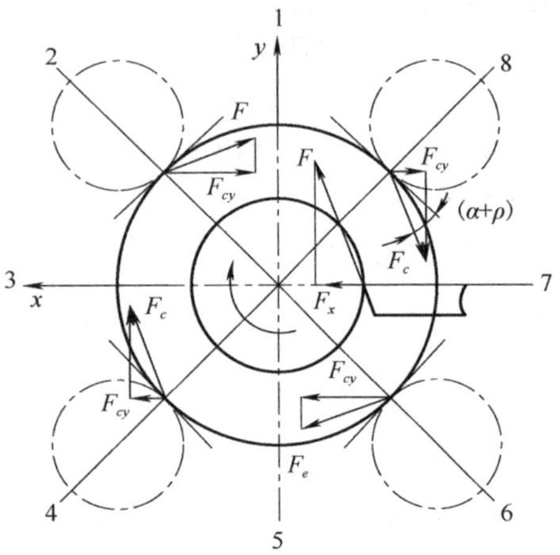

图 3-20 传动力 F_c 对主轴端部位移影响

(3)主轴功能部件。将原动机与主轴传动件合为一体，组成一个独立的功能部件。现在数控机床主轴多采用这种传动方式。磨床以及常需变速的机床主轴部件也都采用这种结构，(通常又称其为主轴单元)。它们的共同特点是主轴本身无变速功能，主轴转速的调节可采用机械变速器或电气、液压控制等方式，但可调范围很小。

2. 主轴传动件的布置

对于传动件直接装在主轴上的主轴部件，工作时主要承受传动力 F_c、切削力 F 和支承反力 F_e。传动力 F_c 的位置和方向对主轴端部的位移的影响很大，如图 3-20 所示。由传动力 F_c 所引起的主轴端部位移 y 为

$$y=\frac{F_c ab}{6EIL}(L^2-b^2) \tag{3-3}$$

式中，y 为主轴端部位移(mm)；F_c 为传动力(N)；E 为主轴材料的弹性模量(MPa)；I 为主轴截面的当量惯性矩(mm^4)。

显然，b 越接近于 L，则 y 越小；若 $b=L$，则 $y=0$。由此可见，传动力 F_c 的位置应靠近主轴支承，一般靠近前支承，这样既可以减少主轴端部的位移，主轴的扭转变形也可以减小。因此，合理安排传动件的轴向和径向位置，对于主轴受力及其工作特性都有很大的影响。

传动件合理布置的原则：传动力 F_c 引起的主轴弯曲变形小，最好能部分抵消切削力对轴承的负荷，使前轴承受力和变形最小，有利于保证加工精度且结构紧凑、装配、维修方便。

3.3.3　主轴部件结构设计

1. 轴系用滚动轴承的类型与选择

主轴的旋转精度在很大程度上由其轴承决定，轴承的变形量占主轴组件总变形量的30%～50%，其发热量占比重也较大，故主轴轴承应具有旋转精度高、刚度大、承载能力强、抗振性好、速度性能高、摩擦功耗小、噪声低和寿命长等特点。

主轴轴承可分为滚动轴承和滑动轴承两大类。在使用中，应根据主轴组件工作性能要求、制造条件和经济效果合理地选用。

1) 主轴常用滚动轴承的类型

常用的滚动轴承已经标准化、系列化，有向心轴承、向心推力轴承和推力轴承，共十多种类型，结构与分类如图 3-21 所示。

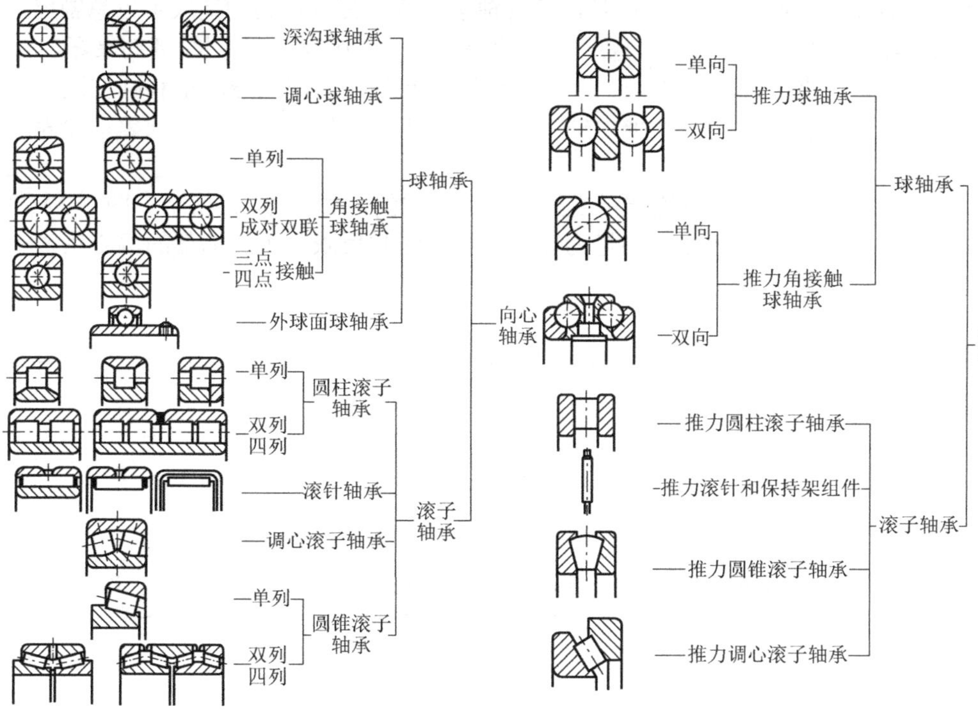

图 3-21　滚动轴承结构与分类

2) 滚动轴承的选用

滚动轴承的选用，主要看转速、载荷、结构尺寸要求等工作条件。一般来说，线接触轴承(滚柱、滚锥、滚针)承载能力大，同时摩擦大、相应极限转速较低。点接触球轴承则反之。推力球轴承对中性较差，极限转速较低。单个双列圆锥滚子轴承可同时承受径向载荷和单、双轴向载荷，且结构简单、尺寸小，但滚动体受力不在最优方向，使极限转速降低。轴系的径向载荷与轴向载荷分别由不同轴承承受，受力状态较好，但结构复杂，尺寸大。若径自尺寸受限制，在轴颈尺寸相同条件下，成组采用轻、特轻或超轻系列轴承，虽然滚动体尺寸小，但数量增加，刚度相差一般不超过 10%。若轴承外径受限制，成组采用轻、特轻轴承。用滚针轴承来减小径向尺寸只能在低速低精度条件下使用。

一般轴系要同时承受径向载荷与双轴向载荷，可按下列条件考虑选用滚动轴承。

(1) 中高速重载。双列圆柱滚子轴承配双向推力角接触球轴承。成对圆锥滚子轴承结构简单，但极限转速较低。空心圆锥滚子轴承的极限转速提高，但成本较高。

(2) 高速轻载。成组角接触球轴承，根据轴向载荷的大小分别选用 25° 或 15° 接触角。

(3) 轴向载荷为主。精度不高时选用推力轴承配深沟球轴承；精度较高时选用向心推力轴承。

3) 滚动轴承的精度与配合

(1) 精度。

各种机电装备滚动轴系的精度，一般根据该机械的功能要求和检验标准有所规定，如加工精密级轴系的端部，应根据径向跳动和轴向窜动来选择主轴轴承的精度。

滚动轴承按其基本尺寸精度和旋转精度的不同可分成 B、C、D、E、G 五级。其中 B 级最高，G 级为普通级，可不标明。机床主轴组件一般要求具有较高的精度，主要采用 B、C 和 D 三级。对一些精度特别高的主轴组件，且 B 级轴承还不能满足要求时，可自行精制或向轴承厂订购超 B 级(如 A 级)轴承，但是，随着轴承精度的提高，其制造成本也急剧增加，选用时应注意既能满足机床工作性能的要求，又要降低轴承的成本，做到经济效果好。

选择精度时，主要根据载荷方向。例如，仅受径向载荷的深沟球轴承和圆柱滚子轴承，主要根据内、外圈的径向运动，而推力轴承的精度等级，应按主轴组件轴向窜动允差，然后考虑其他因素的影响来选择。

主轴前后支承的精度对主轴旋转精度的影响是不同的，如图 3-22 所示。图 3-22(a)表示前轴承内圈有偏心量 δ_0、后轴承偏心量为零的情况，这时反映到主轴端部的偏心量为

$$\delta_1 = \frac{L+a}{L}\delta_0 \tag{3-4}$$

图 3-22(b)表示后轴承内圈有偏心量 δ_0、前轴承偏心量为零的情况，这时反映到主轴端部的偏心量为

$$\delta_2 = \frac{a}{L}\delta_0 \tag{3-5}$$

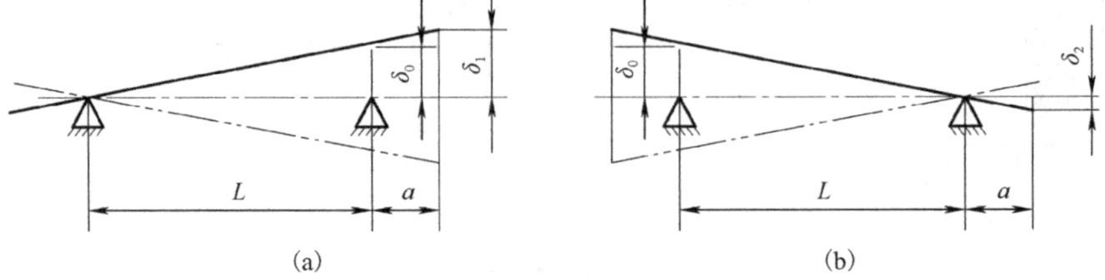

图 3-22 主轴前后支承的精度对主轴旋转精度的影响

由此可见，前轴承内圈的偏心量对主轴端部精度的影响较大，后轴承的影响较小。因此，前轴承的精度应当选得高些，通常要比后轴承的精度高一个级别。

(2) 配合。

滚动轴承内、外圈往往是薄壁件，受相配的轴颈、箱体孔的精度和配合性质的影响很大。要求配合性质和配合面的精度合适，不致影响轴承精度；反之则旋转精度下降，引起振动和噪声。配合性质和配合面的精度还影响轴承的承载能力、刚度和预紧状态。滚动轴承外圈与箱体孔的配合采用基轴制。内圈孔与轴颈的配合采用基孔制，但作为基准的轴承孔的公差带位于以公称直径为零线的下方。这样，在采用相同配合的情况下，轴承孔与轴颈的配合更紧些。滚动轴承的配合可参照表 3-3。

表 3-3　滚动轴承的配合

配合部位	配合		
主轴轴颈与轴承内圈	m5	K5	J5 或 js5
座孔与轴承外圈	K6	J6 或 js6	规定一定的过盈量

轴承配合性质的选择，要考虑下列工作条件。

① 负荷类型：承受始终在轴承套圈滚道的某一局部作用的局部负荷的套圈，配合应相对松些。承受依次在轴承套圈的整个滚道上作用的循环负荷的套圈，配合应相对紧些。负荷越大，配合的过盈量应大些。承受冲击、振动负荷，比承受平稳负荷的配合应更紧些。

② 转速：一般转速越高，发热越大，轴承与运动件的配合应紧些，与静止件的配合可松些。

③ 轴承的游隙和预紧：轴承具有基本游隙，配合的过盈量应适中。轴承预紧、配合的过盈量应减小。

> **小思考 3-4**
>
> (1) 机床常用轴承有哪些种类？各有什么特点？
>
> (2) 对于高精度重载荷的主轴一般轴承如何配置？

④ 结构刚度：若配合零件是空心轴或薄壁箱体，或配合零件材料是铝合金等弹性模量较小的材料，配合应选得紧些；对结构刚度要求较高的轴承，也应把配合选紧些。

4) 滚动轴承的寿命

选定滚动轴承型号之后，必要时还需要校核轴承的寿命，有关轴承寿命的计算可参阅《机械设计手册》。

5) 滚动轴承的刚度

(1) 刚度的定义与测量。

轴承刚度的定义为

$$k = \frac{\Delta F}{\Delta l} \tag{3-6}$$

式中，k 为轴承刚度；ΔF 为外载荷的改变量，载荷为力或力矩；Δl 为内、外圈间位移的改变量，位移为线位移或角位移。

通过对轴承变形与轴承载荷关系的分析，得知相接触物体间相对位移 Δl 与载荷增量 ΔF 呈非线性关系，即轴承刚度不是常数。轴承刚度分为径向刚度、轴向刚度和角刚度三类。

(2) 交叉柔度。

实测表明，轴承在径向力 F_r 作用下，同时产生径向相对位移 Δx_r、轴向相对位移 ΔZ_r 和相对角位移 $\Delta\alpha_r$，这种现象对角接触轴承尤为明显。

径向力 F_r 引起的相对角位移 $\Delta\alpha_r$、轴向相对位移 ΔZ_r 与 F_r 之比，称为径向交叉柔度 f_{ra} 和 f_{rz}。

目前，对轴承的交叉柔度还处于理论研究阶段，在实际应用中，常忽略交叉柔度对轴承的影响。

2. 主轴配置形式和工作性能

几种常见机床主轴配置形式和工作性能，如表 3-4 所示。

表 3-4 几种常见机床主轴配置形式和工作性能

序号	轴承配置形式	前支承		后支承		前支承承载能力		刚度		振摆		温升		极限转速	热变形前端位移
		径向	轴向	径向	轴向	径向	轴向	径向	轴向	径向	轴向	总的	前支承		
1	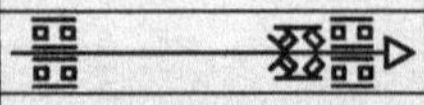	NN3000	230000	NN3000		1.0	1.0	1.0	1.0	1.0	1.0	1.0	1.0	1.0	1.0
2		NN3000	5100 (2 个)	NN3000		1.0	1.0	0.9	3.0	1.0	1.0	1.15	1.2	0.65	1.0
3		NN3000		30000 (2 个)			0.6		0.7		1.0	0.6	0.5	1.0	3.0
4		3000		3000		0.8	1.0	0.7	1.0	1.0	1.0	0.8	0.75	0.6	0.8
5		35000		3000		1.5	1.0	1.13	1.0	1.0	1.4	1.4	0.6	0.8	0.8
6		30000 (2 个)		30000 (2 个)		0.7	0.7	0.45	1.0	1.0	1.0	0.7	0.5	1.2	0.8
7		30000 (2 个)		30000 (2 个)		0.7	1.0	0.35	2.0	1.0	1.0	0.7	0.5	1.2	0.8
8		30000 (2 个)	5100	30000	8000	0.7	1.0	0.35	1.5	1.0	1.0	0.85	0.7	0.75	0.8
9	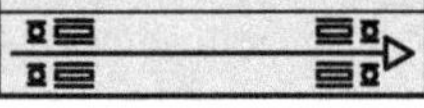	84000	5100	84000	8000	0.6	1.0	1.0	1.5	1.0	1.0	1.1	1.0	0.5	0.9

3. 主轴组件的典型结构

机床主轴组件有前、后 2 个支承和前、中、后 3 个支承两种。两支承主轴轴承的配置形式(包括主轴轴承的选型、组合以及布置)主要根据所设计主轴组件在转速、承载能力、刚度以及精度等方面的要求而确定。

1) 前端定位的主轴组件

图 3-23 所示为前端定位的主轴，热变形对主轴前端伸长影响小，但定位采用两个推力球轴承，靠近前支承对支承不利，成为热源元件。这种推力球轴承，由于钢球的离心力作用，不允许它在 $dn_{\max} > 1.75\times10^5 (\mathrm{mm \cdot r / min})$ 的情况下工作。超过此限时，轴向载荷小的可采用角接触球轴承；轴向载荷大的采用大接触角的双向推力角接触球轴承。图 3-23 所示为前支承的圆锥孔双列圆柱滚子轴承径向间隙的调整，可先松退螺母，除了调整预紧量外，还可用来拆卸内环，再拧紧螺母 2 通过长套推动轴承内环以消除径向间隙或预紧；动螺母 3 可使推力球轴承调隙或预紧，轴向刚度很高。径向和轴向的间隙可分别调整。

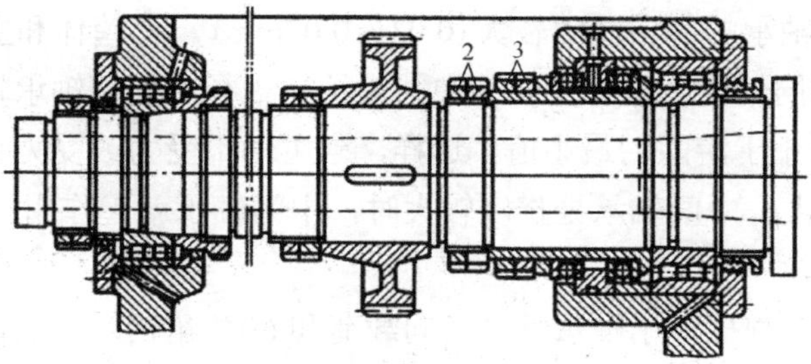

图 3-23　前端定位的主轴组件

2) 后端定位的主轴组件

图 3-24 所示为后端定位的主轴组件，其中前支承用两个圆锥滚子轴承，它是外环宽端相对配置的，以增强支承刚性，可以轴向移动。靠后端的圆锥滚子轴承及推力球轴承承受轴向力。如果把前支承换成双列圆锥滚子轴承，采用前定位，后支承换成单列（或双列）圆柱滚子轴承，则主轴部件的性能将大大改善，如图 3-25 所示。

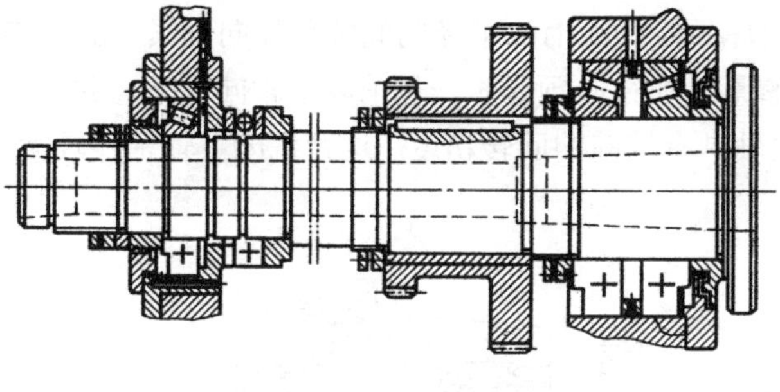

图 3-24　后端定位的主轴组件

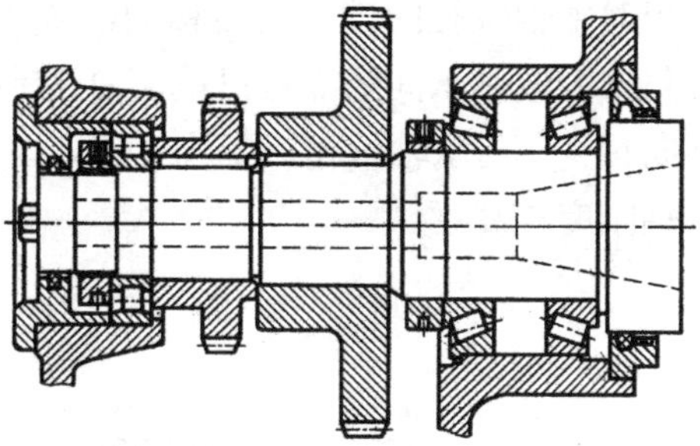

图 3-25　前端定位的主轴组件

3) 三支承主轴组件

机床主轴通常采用两支承，结构简单，制造、装配方便，易保证精度，可满足使用要求。但一些大型、重型机床多采用三支承结构，其刚度和抗振性较高。三支承中有两种情况：前、后支承为主，中间支承为辅；前、中支承为主，后支承为辅。三支承中，“主”支承为保证其刚度和旋转精度，应消除间隙或预紧，“辅”支承则应保留游隙以至选用较大游隙的轴承。决不能 3 个轴承都预紧，这样会发生运动干涉，会使空载功率大幅度上升和轴承温升过高。因为 3 个轴径和 3 个箱体孔不可能绝对同轴。

图 3-26 所示为 CA6140 型普通卧式车床主轴组件，前、后支承为主，中间支承为辅。前、

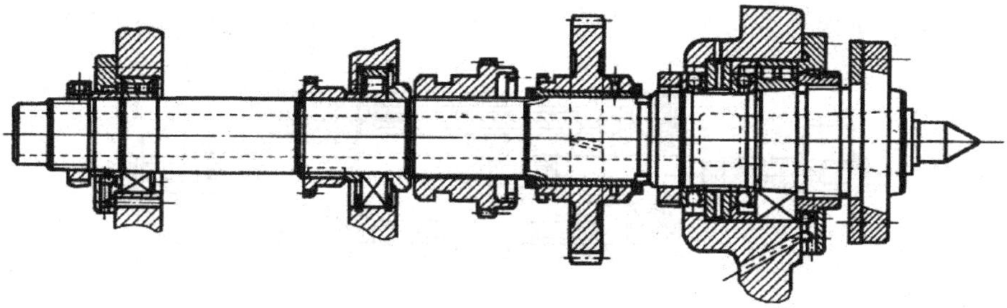

图 3-26　三支承主轴组件

后轴承应预紧，中间轴承的径向游隙较大(0.03～0.07mm)。在箱体和主轴的技术要求中，规定箱体 3 个轴承孔的同轴度公差和主轴装中间轴承的轴径对前后轴承轴径的跳动公差，皆为 0.01mm。即两者之和小于游隙的最小值。这样，当主轴不受力或受力较小时，中间轴承不起作用；当主轴受力较大，中间轴承处挠度较大时，中间轴承就起作用。

4) 高刚度主轴组件

前支承采用双列短圆柱滚子轴承承受径向载荷和 60° 角接触双列调心推力球轴承承受轴向载荷。后支承采用双列短圆柱滚子轴承。这种轴承配置的主轴部件，适用于中等转速和切削负载较大，要求刚度高的机床。

图 3-27 所示为一种数控车床的主轴组件。其最大加工直径 630mm，主电动机功率 37kW，采用调速电动机经四级齿轮变速传动的主运动，主轴转速 20～1500r / min。这种机床主轴前、后径向支承采用圆柱滚子轴承，轴向支承位于前轴承处，采用 60° 接触角推力球轴承，承受左、右两个方向的轴向力。三个轴承间隙都可调，并进行预紧。前轴承调整方法是：修磨前支承右端的垫片 3 的厚度，拧动支承左端带锁紧螺母的调整螺母 1，迫使圆柱滚子轴承的内环相对主轴轴径的锥面向右移动，从而使内环弹性胀大消除了径向间隙和径向预紧。60° 接触角推力球轴承间隙靠修磨隔套 2 控制调整量，在径向预紧时，也消除了轴向间隙，并达到轴向预紧。支承轴承精度都为 4 级，因而主轴具有较高的回转精度。这种机床主轴轴径较大，主轴刚度较高。

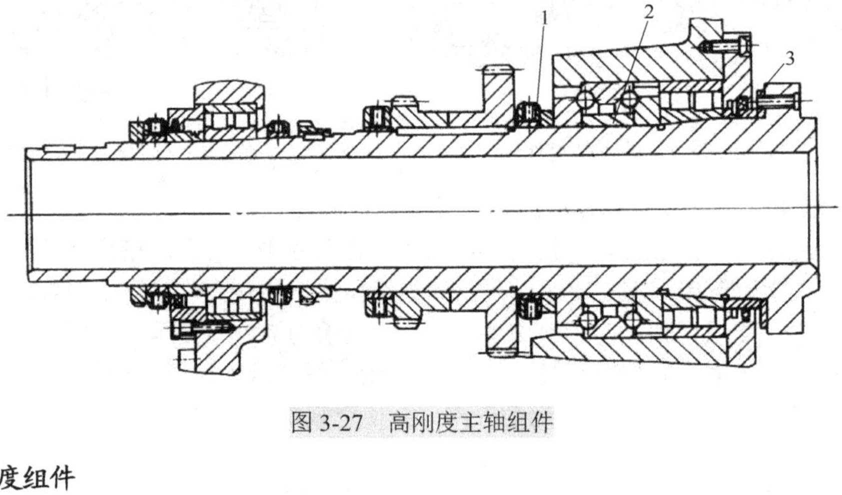

图 3-27　高刚度主轴组件

5) 高速度组件

主轴转速较高时，可采用向心推力球轴承。如果载荷不大，则每个支承可装一个轴承，大口朝外；如果载荷稍大，可装两个轴承，如图 3-28 所示的内圆磨头主轴组件。

图 3-28　内圆磨头主轴组件

4. 轴系用滑动轴承的类型与选择

滑动轴承在运转中阻尼性能好，故有良好的抗振性和运动平稳性。按照流体介质不同，主轴滑动轴承可分为液体滑动轴承和气体滑动轴承；液体滑动轴承根据油膜压力形成的方法不同，有动压轴承和静压轴承之分；动压轴承又可分为单油楔和多油楔等。

> **案例 3-1**
>
> **问题：** 某超精密高速车床，要求主轴转速 25000r/min，回转精度 0.0005mm，能进行超硬材料切削，试问主轴轴承采用哪种结构合适？
>
> **分析及对策：** 由于主轴转速和精度都要求较高，采用传统滚珠轴承不能满足要求。虽然，液压轴承、气压轴承和磁悬浮轴承可以满足超精密高速要求，但是，又考虑到超硬材料切削加工，综合考虑建议采用液体动压轴承结构。

1) 液体动压轴承

(1) 工作原理。

液体动压轴承的工作原理与斜楔的承载机理相同，动压轴承依靠主轴以一定转速旋转时带着润滑油从间隙大处向间隙小处流动，形成压力油楔而将主轴浮起，以承受载荷。轴承中只产生一个压力油膜的称为单油楔动压轴承，它在载荷、转速等工作条件变化时，油膜厚度和位置也随着变化，其旋转精度和运动平稳性相对较差。

主轴轴系中常用的是多油楔动压轴承。当主轴以一定的转速旋转时，在轴颈周围能形成几个压力油膜，把轴颈推向中央，因而主轴的向心性较好；当主轴受到外载荷时，轴颈稍偏，承载的压力油膜变薄而压力升高，相对方向的压力油膜变厚而压力降低，形成新的平衡。此时承载方向的油膜压力将比单油楔轴承的压力较高，油膜压力越高和油膜越薄，则其刚度越大，故多油楔轴承较能满足主轴组件的工作性能要求。

(2) 液体动压轴承的形式。

① 球头浮动式。图 3-29 所示为短三瓦滑动轴承，它由三块扇形轴瓦组成，这种滑动轴承借助三个支承可以精确调整轴承间隙，一般情况下轴瓦和轴颈之间的间隙可调整到 6～5μm，而主轴的轴心飘移量可控制在 1μm 左右，因而具有较高的旋转精度。三个压力油楔能自动地适应外加载荷，使主轴保持在接近于轴承中心位置。而且，这种轴承还具有径向和轴向的自动定位作用。此外，这种轴承由于全部浸在油池中，可保证获得充分的润滑。由于轴承背面的凹球位置是不对称的，故主轴只宜朝一个方向旋转，不许反转。它的油膜压力需在一定的轴颈圆周速度（$v>4$ m/s）时形成，因为其结构简单，制造维修方便，比滚动轴承抗振性好，运动平稳，故在各类磨床的主轴组件中得到广泛的应用。

② 薄壁弹性变形式。图 3-30 所示为箱壁 5 内的轴颈 4 位于薄壁圆柱套 3 内，有一定间隙。薄壁圆柱套 3 由一对滚子 6 和一个活动块 2 支撑。在静止状态下，预紧弹簧 1 使薄壁圆柱套 3 变形，形成三个月牙形间隙。主轴空转产生液体动压力使薄壁圆柱套 3 回弹推压预紧弹簧，薄壁圆柱套 3 回弹后与轴颈的间隙相当于油楔的出口端，月牙形间隙的深度相当于油楔的入口端。若薄壁圆柱套 3 设计合理，则主轴受力后仍能保持最佳间隙比，且可正反双向旋转。

图 3-31 所示为另一种薄壁弹性变形式结构。五块轴瓦相互以五片厚度为 0.50～0.75mm 的钢片连接而成。轴瓦背面的圆弧形长筋的曲率半径小于箱体衬套内孔的半径，具有 1∶20 的锥度，与箱体锥孔是五条线接触。各筋在轴瓦中间偏右一点。轴瓦用螺纹结构调整后产生轴向位移，使钢片弹性变形而形成油楔。

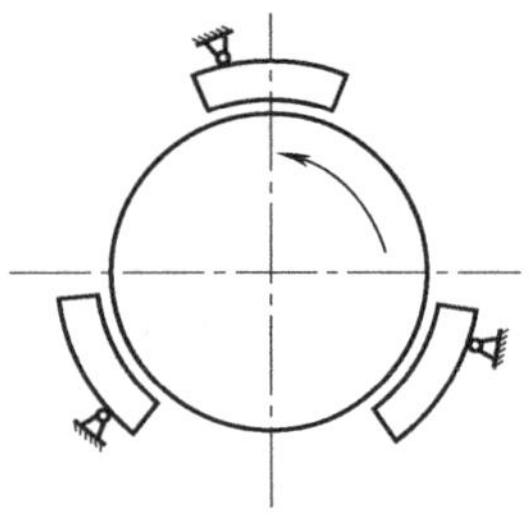

图 3-29 短三瓦滑动轴承

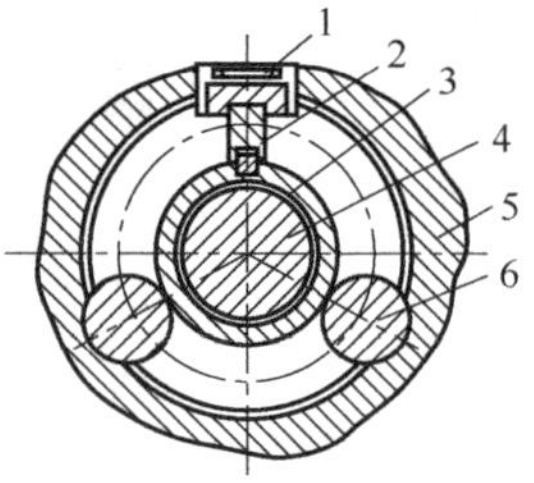

图 3-30 薄壁弹性变形式油楔(1)

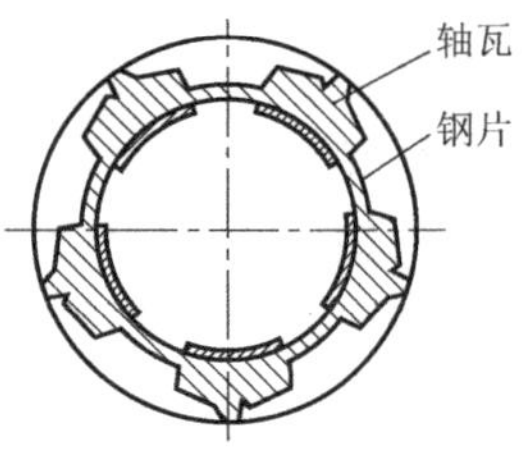

图 3-31 薄壁弹性变形式油楔(2)

2) 液体静压轴承

(1) 具有良好的速度与方向适应性。既能在极低的转速下工作，又能在极高的转速下工作。在主轴正反向旋转及换向瞬间均能保持液体摩擦状态。因此，广泛用于磨床、车床及其他需要经常换向的主运动主轴上。

(2) 可获得较强的承载能力。只要增大油泵压力和承载面积，就可增大轴承的承载能力，故可用于重型机械中，如用于质量达 500～2000t 的天文光学望远镜旋转部件的支承。

(3) 摩擦力小、轴承寿命长。由于是完全液体摩擦，摩擦因数非常小，如用 N46 全损耗系统用油时摩擦因数约为 0.0005，摩擦力很小。轴颈和轴承之间没有直接磨损，轴承能长期地保持精度。

(4) 旋转精度高，抗振性好。在主轴轴颈与轴承之间有一层高压油膜，具有良好的吸振性能，主轴运动平稳，它的油膜刚度高达 800N/μm，而动压轴承只有 200N/μm。

(5) 对供油系统的过滤和安全保护要求严格。要求配备一套专用供油系统。

静压轴承工作原理：静压轴承是利用外部供油(气)装置将具有一定压力的液(气)体通过油(气)孔进入轴套油(气)腔，将轴浮起而形成压力油(气)膜，以承受载荷。其承载能力与滑动表面的线速度无关，故广泛应用于低、中速，以及大载荷、高精度的机器。它具有刚度大、精度高、抗振性好、摩擦阻力小等优点。图 3-32 所示为液体静压轴承工作原理图。

如图 3-32(a) 所示，油腔 1 为轴套 8 内面上的凹入部分；包围油腔的四周称为封油面；封油面与运动表面构成的间隙称为油膜厚度。为了承载，需要流量补偿。补偿流量的机构称为补偿元件，也称节流器，如图 3-32(b) 所示。压力油经节流器第一次节流后流入油腔，又经过封油面第二次节流后从轴向(端面)和周向(回油槽 7)流入油箱。

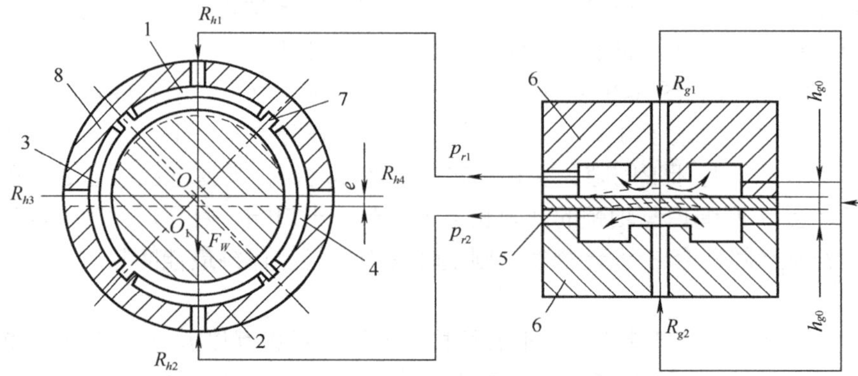

(a) (b)

图 3-32 液体静压轴承工作原理图

1～4-油腔；5-金属薄膜；6-圆盒；7-回油槽；8-轴套

在不考虑轴的重量，且四个节流器的液阻相等(即 $R_{g1}=R_{g2}=R_{g3}=R_{g4}=R_{g0}$)时，油腔 1、2、3、4 的压力相等(即 $p_{r1}=p_{r2}=p_{r3}=p_{r4}=p_{r0}$)，主轴被一层油膜隔开，油膜厚度为 A_0，轴中心与轴套中心重合。

考虑轴的径向载荷 F_W(轴的重量)作用时，轴心 O 移至 O_1，位移为 e，各个油腔压力就发生变化，油腔 1 的间隙增大、其液阻 R_{h1} 减小，油腔压力 p_{r1} 降低；油腔 2 却相反，油腔 3、4 压力相等。若油腔 1、2 的油压变化而产生的压力差能满足 $p_{r2}=p_{r1}=F_W/A$（A 为每个油腔有效承载面积，设四个油腔面积相等)，主轴便处于新的平衡位置，即轴向下位移很小的距离，但远小于油膜厚度 A_0，轴仍然处在液体支承状态下旋转。

因为流经每个油腔的流量 Q_{h0} 等于流经节流器的流量 Q_{g0}，即 $Q_h=Q_g=Q_0$ 为节流器进口前的系统油压，R_h（R_{h1}、R_{h2}、R_{h3}、R_{h4}）为各油腔的液阻，则 $Q=p_r/R_h=(p_s-p_r)$，求得油腔压力为

$$p_r=\frac{p_s}{1+R_g/R_h}$$

对于油腔 1 和 2，有

$$p_{r1}=\frac{p_s}{1+R_{g1}/R_h},\qquad p_{r2}=\frac{p_s}{1+R_{g2}/R_{h2}}$$

如果四个节流器的液阻是常量且相等，则

$$p_{r1}=\frac{p_s}{1+R_{g0}/R_h},\qquad p_{r2}=\frac{p_s}{1+R_{g0}/R_{h2}}$$

又因为油腔间隙液阻 $R_{h2}>R_{h1}$，故油腔压力 $p_{r2}>p_{r1}$。当节流器液阻同时发生变化时，即 $R_{g2}<R_{g1}$，这时 $p_{r2}>>p_{r1}$，向上的推力很大，轴的位移可以很小，甚至为零，即刚度趋向无穷大。

节流器的作用是调节支承中各油腔的压力，以适应各自的不同载荷；使油膜具有一定的刚度，以适应载荷的变化。由此可知，没有节流器，轴受载后便不能浮起来。

节流器的种类很多，常用的有小孔(孔径远大于孔长)节流器、毛细管(孔长远大于孔径)节流器、薄膜反馈节流器。小孔节流器的优点是：尺寸小且结构简单，油腔刚度比毛细管节流器大；缺点是：温度变化会引起流体黏度变化，影响油腔工作性能。毛细管节流器虽轴向长度长、占用空间大，但温升变化小、工作性能稳定。小孔节流器和毛细管节流器的液阻不随外载荷的变化而变化，称为固定节流器。薄膜反馈节流器的液阻则随载荷而变，称为可变节流器，其原理如图 3-32(b)所示。它由两个中间有凸台的圆盒 6 以及两圆盒间隔金属薄膜 5 组成。油液从薄膜两边间隙 h_{g0} 流入轴承上下油腔(左右油腔各有一个节流器)。当主轴不受载时，薄膜处于平直状态，两边的节流间隙相等，油腔压力 $p_{r1}=p_{r2}$，轴与轴套同心。当轴受载后，上下油腔间隙发生变化，使 p_{r2} 增大、p_{r1} 减小，薄膜向压力小的一侧弯曲(即向上凸起)，引起该侧阻力(R_{g1})增大、流量减少；另一侧阻力 R_{g2} 减小，流量增加，使上下油腔的压力差进一步增大，以平衡外载荷，产生反馈作用。

3) 空气动压轴承

空气动压轴承的工作原理与液体动压基本相同，在轴颈和轴瓦间形成气楔。由于空气的压缩性、黏度系数和温度变化均较小，所以空气动压轴承用于超高速、超高低温、放射性、

防污染等场合有独特的优越性。空气动压轴承已用于惯性导航陀螺仪、真空吸尘器的小型高速风机(18000r/min)、纺织机心轴(转速大于100000r/min)、波音747座舱内的三轮型空调制冷涡轮机(40000r/min)、太阳能水冷凝器、飞机燃气涡轮(35000r/min)等机器中。空气动压轴承具有耗能低(效率达99%)、结构简单、工作可靠、寿命长等优点，适用于超高速轻载的小型机械。

常见的空气动压轴承形式有悬臂式、波箔式等。悬臂式如图3-33所示，壳体2的内孔中均匀固定6～12片金属薄片1，如屋瓦那样叠搭在一起。金属薄片1类似悬臂曲梁，曲率半径大于轴颈3，叠搭后形成比轴颈小的变径孔。轴颈插装进去使变径孔胀大，薄片组夹紧并支承着轴。当轴上的驱动转矩大于轴颈和薄片组的摩擦转矩时，轴开始旋转轴的转速提高到某一定值时，轴颈与薄片间形成的气楔产生动压将轴颈托起，没有机械摩擦，转速可以升高，气膜刚度相应增大。当轴颈受到脉冲载荷时，所产生的多余能量转换成薄片组的变形能，使气膜仍保持必要的厚度。薄片还吸收高速转轴的涡动能量，阻碍自激振动的形成。图3-34所示为金属平薄带3(平箔)和金属波形薄带4(波箔)一端紧固在壳体2上，另一端处于自由状态，可沿圆周方向伸缩。平箔支承在波箔上有一定弹性。轴颈1旋转时与平箔间形成气楔，将轴托起，无机械摩擦能达到高速。波箔起着吸收能量、防止自激振动、保证主轴转速稳定的作用。

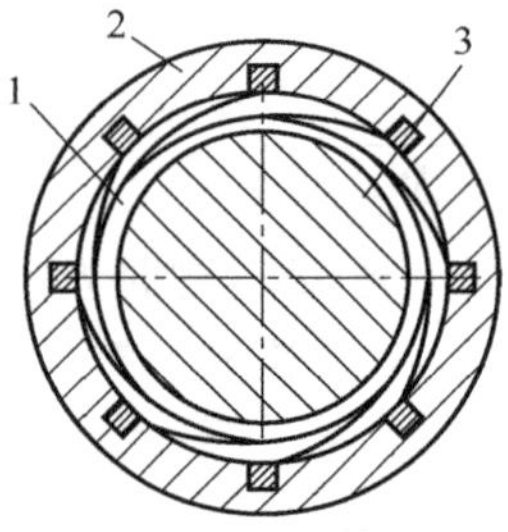

图3-33 悬臂式

1-金属薄片；2-壳体；3-轴颈

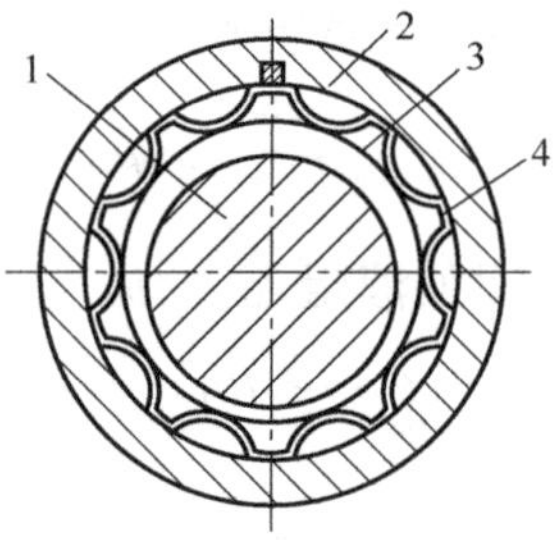

图3-34 波箔式

1-轴颈；2-壳体；3-平薄带；4-波形薄带

4) 空气静压轴承

空气静压轴承的工作原理与液体静压轴承基本相同，在轴颈和轴套间形成气膜。由于空气的黏度很小，流量较大，增加了气压装置的成本。为此应选用较小的间隙(为液体静压轴承的1/3～1/2)，且增大封气面宽度。气体密度随压力而变，要考虑质量流量而不是体积流量。气体静压轴承要用抗腐蚀的材料，防止气体中的水分等的腐蚀。

5) 动静压轴承

(1)工作原理。动静压轴承综合了动压轴承和静压轴承的优点，工作性能良好。例如，动静压轴承用于磨床，磨削外圆时表面粗糙度 *Ra* 达0.012，磨削平面时表面粗糙度 *Ra* 达0.025。按工作特性，动静压轴承可分为静压起动、动压工作及动静压混合工作两类。

(2)动静压轴承形式有以下两种。

① 油楔加工式。图3-35所示的动静压轴承的油楔是加工所得。在轴承工作面上设置了静压油腔和动压油楔，使之在不影响静压承载力的前提下能产生较大的动压力。当轴颈的偏心量较大时，工作面产生的动压力为供油压力的几十倍，大大增加了轴承的承载能力，也有效地降低了油泵的能量消耗。

② 油楔镶块式。图 3-36 所示的动静压轴承的油楔是镶块式的，节流器装在轴承外。

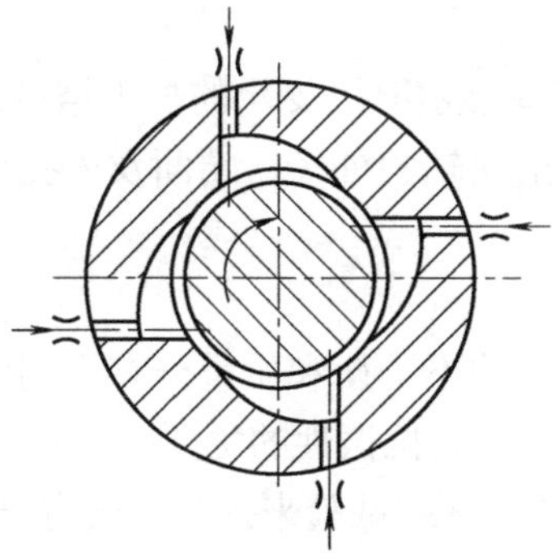

图 3-35　油楔加工式动静压轴承

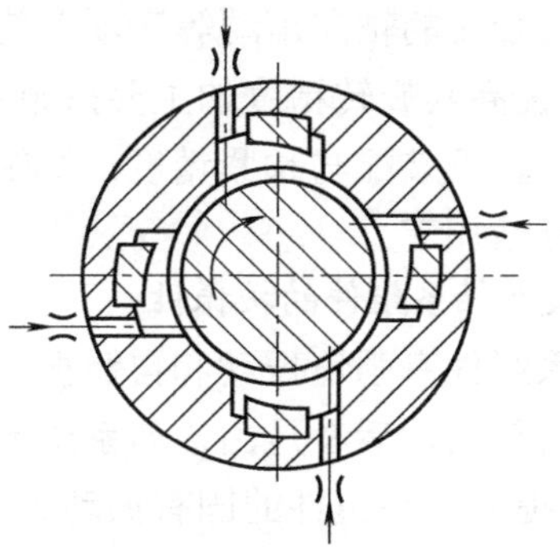

图 3-36　油楔镶块式动静压轴承

6) 磁悬浮轴承

磁悬浮轴承是利用磁力将轴无机械摩擦、无润滑地悬浮在空间的一种新型轴承。目前用于空间工业(如人造卫星的惯性轮和陀螺仪飞轮及低温涡轮泵)、机床工业(大直径磨床、高精度车床)、轻工业(涡轮分子真空泵、离心机、小型低温压缩机)、重工业(压缩机、鼓风机、泵、汽轮机、燃气轮机、电动机和发电机)等。

磁悬浮轴承原理如图 3-37 所示。径向磁力轴承由转子 1 和定子 2 组成。定子装有电磁体，使转子悬浮在磁场中。转子转动时，由位移传感器 4 随时检测转子的偏心，并通过反馈与基准信号(转子的理想位置)进行对比。调节器根据偏差信号进行调节，并把调节信号送到功率放大器，以改变定子电磁铁的电流，从而改变对转子的磁吸力，使转子向理想位置复位。

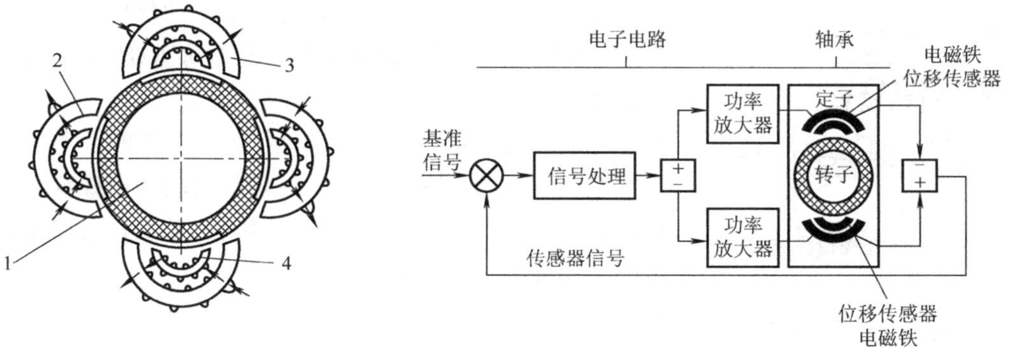

图 3-37　磁悬浮轴承

1-转子；2-定子；3-电磁铁；4-位移传感器

径向磁力轴承的转轴一般要配备辅助轴承。转轴工作时，辅助轴承不与转轴接触。当意外断电或磁悬浮失控时，辅助轴承能托住高速旋转的转轴，起安全保护作用。辅助轴承与转轴间的间隙一般为转子与电磁体气隙的一半。

5. 提高轴系性能的措施

1) 提高轴系的旋转精度

(1) 轴承(如主轴)的旋转精度中的径向跳动主要由被测表面的几何形状误差、被测表面对旋转轴线的偏心、旋转轴线在旋转过程中的径向漂移等因素引起。

(2) 轴系轴端的轴向窜动主要由被测端面的几何形状误差、被测端面对轴心线的不垂直度、旋转轴线的轴向窜动等三项误差引起。

(3) 提高其旋转精度的主要措施有：①提高轴颈与架体(或箱体)支承的加工精度；②用选配法提高轴承装配与预紧精度；③轴系组件装配后对输出端轴的外径、端面及内孔通过互为基准进行精加工。

2) 提高轴系组件的抗振性

轴系组件有强迫振动和自激振动，前者是由轴系组件的不平衡和质量分布不均匀以及负载变化引起的，后者是由传动系统本身的失稳引起的。提高其抗振性的主要措施如下。

(1) 提高轴系组件的固有振动频率、刚度和阻尼，通过计算或试验来预测其固有振动频率，当阻尼很小时，应使其固有振动频率远离强迫振动频率。

(2) 消除或减少强迫振动振源的干扰作用。构成轴系的主要零部件均应进行静态和动态平衡，选用传动平稳的传动件、对轴承进行合理预紧等。

(3) 采用吸振、隔振和消振装置。

另外，还应采取温度控制，以减少轴系组件热变形的影响。如合理选用轴承类型和精度，并提高相关制造和装配的质量；采取适当的润滑方式可降低轴承的温升；采用热隔离、热源冷却和热平衡方法以降低温度的升高，防止轴系组件的热变形。

3.4 滚珠丝杠副传动选型设计

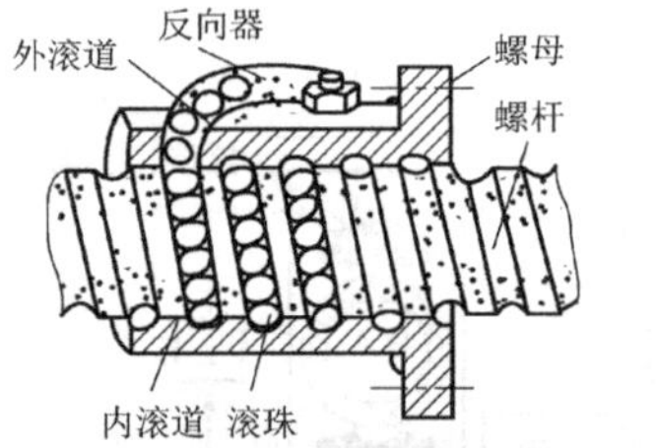

图 3-38 滚珠丝杠螺母副构成原理

滚动螺旋传动又称滚珠丝杠副或滚动丝杠传动，其螺杆与旋合螺母的螺纹滚道间置有适量滚动体(绝大多数滚动螺旋采用钢球，也有少数采用滚子)，使螺纹间形成滚动摩擦。在变动螺旋的螺母上有滚动体返回通道，与螺纹滚道形成闭合回路，当螺杆(或螺母)转动时，使滚动体在螺纹滚道内循环，如图 3-38 所示。由于螺杆和螺母之间为滚动摩擦，从而提高了螺旋副的效率和传动精度。

3.4.1 滚珠丝杠副结构类型和特点

滚珠丝杠副中滚珠的循环方式有内循环和外循环两种。

内循环方式的滚珠在循环过程中始终与丝杆表面保持接触，如图 3-39 所示。在螺母 2 的侧面孔内装有接通相邻滚道反向器 4，利用反向器引导滚珠 3 越过丝杠 1 的螺纹顶部进入相邻滚道，形成一个循环回路。在同一螺母上装有 2～4 个滚珠用反向器，并沿螺母圆周均匀分布。内循环方式的优点是滚珠循环的回路短、流畅性好、效率高、螺母的径向尺寸也较小。其不足是反向器加工困难、装配调整也不方便。

浮动式反向器的内循环滚珠丝杠副如图 3-40 所示。其结构特点是反向器 1 上安装孔有 0.015～0.01mm 的配合间隙，反向器弧面上加工有圆弧槽，槽内安装拱形片簧 4，外有弹簧套 2，借助拱形片簧的弹力，始终给反向器一个径向推力，使回珠圆弧槽内的滚珠与丝杠 3 表面保持一定的压力，从而使槽内滚珠代替了定位键而对反向器起到自定位作用。这种反向器的优点是：通道流畅、摩擦特性较好，适用于高速、高灵敏度、高刚性的精密进给系统。

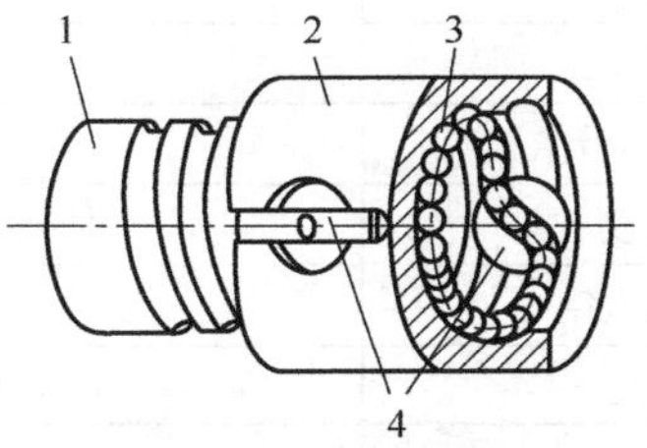

图 3-39　滚珠的内循环

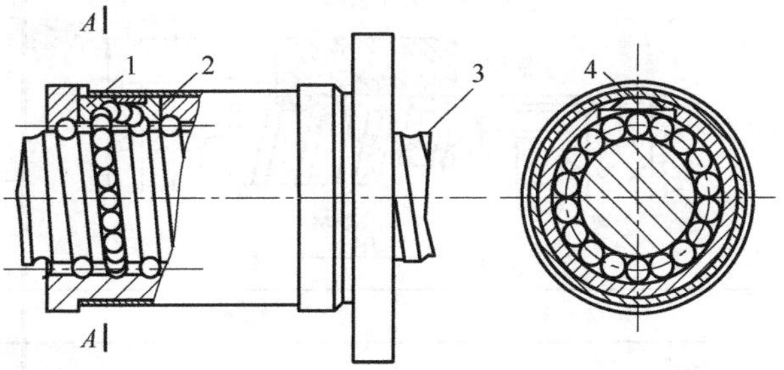

图 3-40　浮动式反向器的内循环

外循环方式中的滚珠在循环反向时，离开丝杠螺纹滚道，在螺母体内或体外进行循环运动。从结构上看，外循环有以下三种形式。

(1) 螺旋槽式，如图 3-41 所示。在螺母 2 的外圆表面上铣出螺纹凹槽，槽的两端钻出两个与螺纹滚道 5 相切的通孔，螺纹滚道内装入两个挡珠器 4 引导滚珠 3 通过这两个孔，应用套筒 1 盖住凹槽，构成滚珠的循环回路。这种结构的特点是工艺简单、径向尺寸小、易于制造。但是挡珠器刚性差、易磨损。

(2) 插管式，如图 3-42 所示。用一弯管 1 代替螺纹凹槽，弯管的两端插入与螺纹滚道 5 相切的两个内孔，用弯管的端部引导滚珠 4 进入弯管，构成滚珠的循环回路，再用压板 2 和螺钉将弯管固定。插管式结构简单、容易制造，但是也存在着挡珠器容易磨损的问题。

(3) 端盖式，如图 3-43 所示。在螺母 1 上钻出纵向孔作为滚子回程滚道，螺母两端装有两块扇形盖板或套筒 2，滚珠的回程道口就在盖板上。滚道半径为滚珠直径的 1.4～1.6 倍。这种结构简单、工艺性好，但滚道吻接和弯曲处圆角不易做准确而影响其性能，故应用较少。

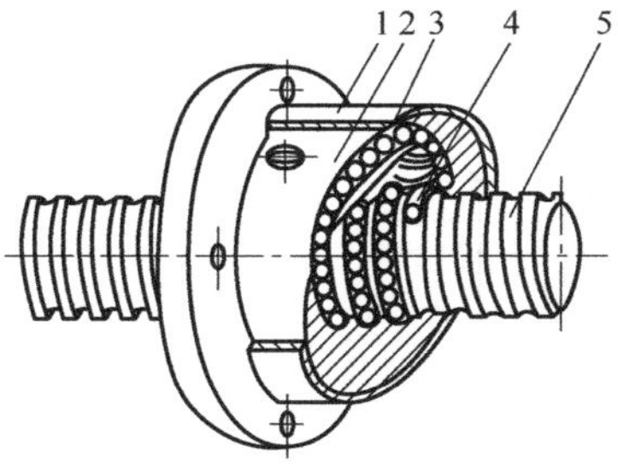

图 3-41　螺旋槽式外循环

1-套筒；2-螺母；3-滚珠；
4-挡珠器；5-螺纹滚道

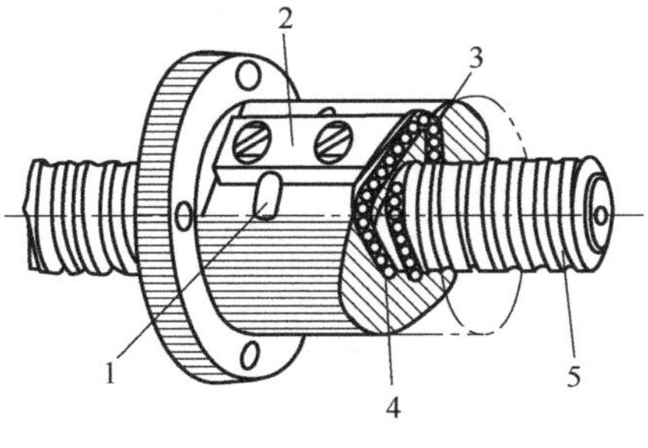

图 3-42　插管式外循环

1-弯管；2-压板；3-挡珠器；
4-滚珠；5-螺纹滚道

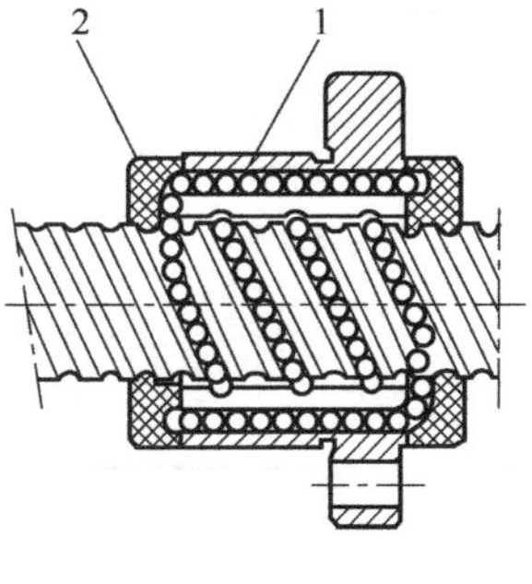

图 3-43　端盖式外循环

1-螺母；2-套筒

3.4.2　滚珠丝杠副的代号和标注方法

滚珠丝杠副的参数代号见表 3-5，特征代号见表 3-6。

表 3-5 滚珠丝杠副的参数代号（摘自 GB/T 17587.1—1998）

<table>
<tr><td colspan="2" rowspan="6">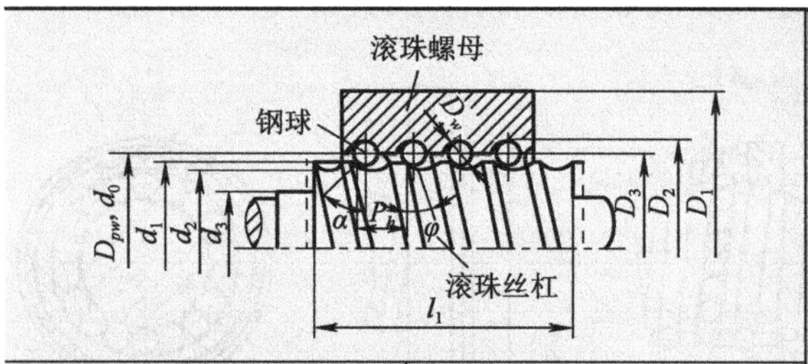
</td><td>参数名称</td><td>代号</td></tr>
<tr><td>钢球直径</td><td>D_w</td></tr>
<tr><td>公称直径</td><td>d_0</td></tr>
<tr><td>丝杠螺纹大径</td><td>d_1</td></tr>
<tr><td>丝杠螺纹小径</td><td>d_2</td></tr>
<tr><td>轴颈直径</td><td>d_3</td></tr>
<tr><td>参数名称</td><td>代号</td><td>螺纹全长</td><td>l_1</td></tr>
<tr><td>螺母外径</td><td>D_1</td><td>导程</td><td>P_h</td></tr>
<tr><td>螺母螺纹大径</td><td>D_2</td><td>公称接触角</td><td>α</td></tr>
<tr><td>螺母螺纹小径</td><td>D_3</td><td>导程角</td><td>φ</td></tr>
<tr><td>节圆直径</td><td>D_{pw}</td><td>公称导程</td><td>P_{h0}</td></tr>
</table>

表 3-6 滚珠丝杠副的特征代号（摘自 GB/T 3162.1—1991）

<table>
<tr><td colspan="3">特征项目</td><td>代号</td></tr>
<tr><td rowspan="3">循环方式</td><td rowspan="2">内循环</td><td>浮动式</td><td>F</td></tr>
<tr><td>固定式</td><td>G</td></tr>
<tr><td colspan="2">外循环插管式</td><td>C</td></tr>
<tr><td>结构特征</td><td colspan="2">导珠管埋入式
导珠管凸出式</td><td>M
T</td></tr>
<tr><td>预紧方式</td><td colspan="2">单螺母变位导程预紧
双螺母垫片预紧
单螺母增大钢球直径预紧
双螺母齿差预紧
双螺母螺纹预紧
单螺母无预紧</td><td>B
D
Z
C_h
L
W</td></tr>
<tr><td>精度等级</td><td colspan="2">1 级
2 级
3 级
4 级
5 级
7 级
10 级</td><td>1
2
3
4
5
7
10</td></tr>
<tr><td>旋向</td><td colspan="2">右旋
左旋</td><td>不标
LH</td></tr>
<tr><td>负荷钢球圈数</td><td colspan="2">1.5 圈
2 圈
2.5 圈</td><td>1.5
2
2.5</td></tr>
<tr><td>负荷钢球圈数</td><td colspan="2">3 圈
3.5 圈
4 圈
4.5 圈</td><td>3
3.5
4
4.5</td></tr>
</table>

注：GB/T 3162.1—1991 已被 GB/T 17587.1—1998 所代替。但国标中未列入本表内容，故保留本表

滚珠螺纹的标注格式如下：

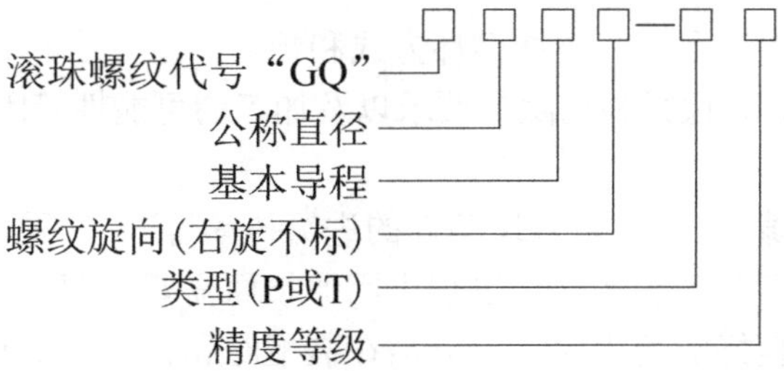

3.4.3　滚珠丝杠副轴向间隙的调整与预紧

为了提高滚珠丝杠副的传动精度和轴向刚度，安装时需要消除丝杠与螺母之间的传动间隙，并对丝杠螺母进行预紧。单螺母的丝杠副，在出厂前通常采用过盈滚珠预紧或变导程自预紧，丝杠与螺母之间几乎没有间隙，用户使用时不必考虑。对于双螺母的丝杠副，常用垫片调整预紧和螺纹调整预紧两种方式。

1. 垫片调整预紧

图 3-44 所示为两种常用的垫片调整预紧方式，图 3-44(a)为压紧式，图 3-44(b)为拉紧式。通过调整垫片的厚度，可使两螺母产生轴向位移，从而达到消除间隙、产生预紧的目的。该形式结构紧凑、工作可靠、刚度高，修磨垫片的厚度即可控制预紧量。

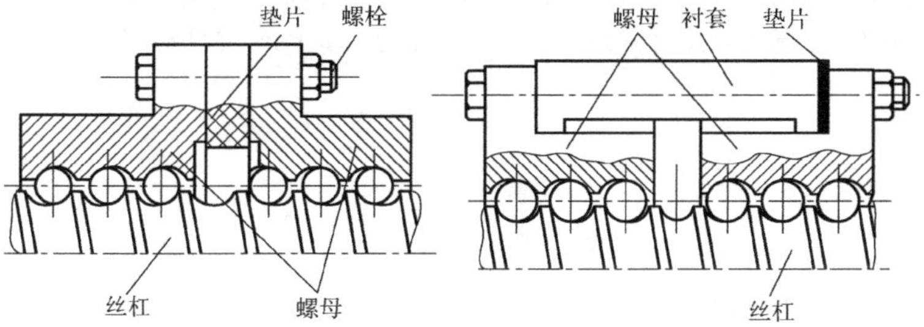

(a)压紧式　(b)拉紧式

图 3-44　垫片调整预紧方式

小思考 3-5

滚珠丝杠副轴向间隙通常是如何调整与预紧的?

2. 螺纹调整预紧

如图 3-45(a)所示，螺母右端带有凸缘，螺母左端带有螺纹，调整时旋转圆螺母，可消除轴向间隙并产生一定的预紧力，再用圆螺母锁紧防松。预紧后，螺母和螺母中滚珠的受力方向相反，如图 3-45(b)所示，从而消除了轴向间隙。这种方式的特点是结构简单、刚性好、预紧可靠，缺点是不能精确定量调整。

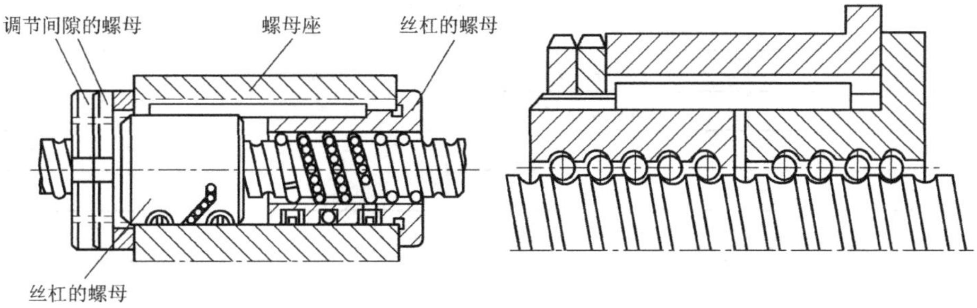

(a)　(b)

图 3-45　螺纹调整预紧

3.4.4 滚珠丝杠副结构的选择计算

主要是指选择螺纹滚道型面、滚珠循环方式和预紧调隙方法。

根据防尘保护条件、对预紧和调隙的要求以及加工的可能性等因素，参照以上所述原则，进行结构形式的选择。

例如，当容许有间隙存在时(垂直运动件的进给传动等)，应采用单圆弧滚道型面，而且只用一个螺母；当必须有预紧和在使用过程中因磨损而需要周期性地进行调整时，应采用带齿圈的双螺母；当具备良好的防尘保护，只需在装配时和预紧时调整间隙，可采用结构较简单的垫片式调隙的双螺母。

目前国内基本上都采用双圆弧形，单个螺母装好后径向有间隙，成对螺母预紧后消除轴向间隙。采用单圆弧时，必须严格控制丝杠和螺母的径向尺寸，以保证接触角接近45°。

当滚珠丝杠副承受轴向载荷时，滚珠与滚道型面间便产生接触应力。对滚道型面上某一点而言，其应力状态是交变压力。在这种交变接触应力的作用下，经过一定的应力循环次数后，就要使滚珠或滚道型面产生疲劳点蚀。随着麻点的扩大，滚珠丝杠副就会出现振动和噪声，而使它失效，这是滚珠丝杠副的主要破坏形式。在设计滚珠丝杠副时，必须保证在一定的轴向载荷作用下，回转100万(10^6)转后，在它的滚道上由于受滚珠的压力而不致有点蚀现象，此时所能承受的轴向载荷，称为这种滚珠丝杠副的最大动载荷C_a。

设计在较高速度下长时间工作的滚珠丝杠副时，因疲劳点蚀是其破坏形式，故应按疲劳寿命选用，并采用滚珠轴承的同样计算方法，首先从工作载荷F推算出最大动载荷C_a。

由《机械零件》知：

$$L=\left(\frac{C_a}{F}\right)^3 \tag{3-7}$$

$$C_a=\sqrt[3]{L}F \tag{3-8}$$

式中，C_a为最大动载荷(N)；F为工作载荷(N)；L为寿命(以100万转为1个单位，如1.5为150万转)。

使用寿命L_n为

$$L_n=\frac{10^6}{60n}\left(\frac{C_a}{F}\right)^3$$

式中，n为滚珠丝杠副的转速(r/min)；L_n的单位为小时（h）。

机器的使用寿命，可参考表3-7。

表3-7 各类机器的使用寿命

机器类别	使用寿命 T/h	机器类别	使用寿命 T/h
通用机械	5000～10000	仪器装置	15000
普通机床	10000	航空机械	1000
自动控制机械	15000		

如果工作载荷F和转速n有变化，则需要算出平均载荷F_m和平均转速n_m：

$$F_m=\frac{F_1^3n_1t_1+F_2^3n_2t_2+\cdots}{n_1t_1+n_2t_2+\cdots} \tag{3-9}$$

$$n_m = \frac{n_1 t_1 + n_2 t_2 + \cdots}{t_1 + t_2 + \cdots} \tag{3-10}$$

式中，F_1、F_2 为工作载荷(N)；n_1、n_2 为转速(r/min)；t_1、t_2 为时间(h)。

如果工作载荷是在 $F_{\min}$ 和 $F_{\max}$ 之间单调连续或周期单调连续变化，其平均载荷 F_m 可按下面近似公式计算：

$$F_m = \frac{2F_{\max} + F_{\min}}{3} \tag{3-11}$$

式中，$F_{\max}$ 为最大工作载荷(N)；$F_{\min}$ 为最小工作载荷(N)。

如果考虑滚珠丝杠副在运转过程中有冲击振动和考虑滚珠丝杠的硬度对其寿命的影响，则最大动载荷 C_a 的计算公式可修正为

$$C_a = \sqrt[3]{L} f_W f_H F \tag{3-12}$$

式中，f_W 为运转系数，查表 3-8；f_H 为硬度系数，查表 3-9。

表 3-8　运转系数

运转状态	运转系数 f_W
无冲击的圆滑运转	1.0～1.2
一般运转	1.2～1.5
有冲击的运转	1.5～2.5

表 3-9　运转系数

硬度 HRC	60	57.5	55	52.5	50	47.5	45	42.5	40	30	25
硬度 f_H	1.0	1.1	1.2	1.4	2.0	2.5	3.3	4.5	5.0	10	15

3.5　支承件设计

3.5.1　支承件设计的基本要求

支承件是机电装备中的重要基本构件之一，主要包括机身、立柱、横梁、底座、工作台箱体及升降台等大件。机电装备中的支承件有的相互固连在一起，有的可沿导轨做相对运动等。支承件的作用是支撑其他零部件，使它们之间保持正确的相互位置和相对运动；支承件还承受各种作用力，如车床床身支撑着主轴箱、进给箱、溜板箱、刀架、光杠和丝杠等，它不仅承受重力，还承受切削力、摩擦力、夹紧力等。除了可在支承件上安装多种零件外，有些支承件的内部空间较大，常作为切削液、润滑液的储存器或液压油油箱，有时，也可将变速箱、电动机和电气箱等部件放在其中。

支承件在机电装备工作过程中会产生变形和振动，这将直接影响机电装备的工作性能，因此，正确设计支承件的结构、尺寸，正确选择材料及合理布局十分重要。

机电装备中的支承件种类很多，它们的结构、尺寸、材料和布局多种多样，均应满足以下基本要求：

(1) 在额定载荷作用下，支承件应具有足够的抵抗变形的能力(即刚度)。

(2) 支承件应具有足够大的抵抗受迫振动和自激振动的能力(即抗振性)，这就要求支承件

具有良好的动态特性。

(3) 支承件应具有良好的热稳定性，避免或减少热变形对机电装备工作精度的影响。

(4) 支承件应具有良好的结构工艺性，并注意合理选材，以减少其内应力。

(5) 设计支承件时还应保证加工和装配工艺性要好、吊运安全、操作方便、排屑通畅等。

支承件对机电装备的性能影响很大，且其重量可占总重量的 80%以上，所以支承件的设计是一项很重要的工作。目前主要是根据同类机型上的支承件进行类比设计，并对主要支承件进行相应的验证和试验，使其满足实际需要，在此前提下减轻重量，节省材料，降低能耗。

3.5.2 支承件的材料

支承件常用的材料有铸铁、钢板和型钢、铝合金、预应力钢筋混凝土、非金属等。其中主要材料为铸铁和钢。

1. 铸铁

一般支承件用灰铸铁制成，在铸铁中加入少量合金元素可提高其耐磨性。如果导轨与支承件铸为一体，则铸铁的牌号根据导轨的要求选择。如果导轨是镶装上去的或者支承件上没有导轨，则支承件的材料一般可用 HT100、HT150、HT200、HT250、HT300 等，还可用球墨铸铁 QT450-10、QT800-02 等。

铸铁铸造性能好，容易获得复杂结构的支承件。同时铸铁的内摩擦力大，阻尼系数大，使振动衰减性能好，成本低。但铸铁需做型模，制造周期长，仅适于成批生产。在铸铁或者焊接中的残余应力，会使支承件产生蠕变，因此，必须进行时效处理。时效最好在粗加工后进行。铸铁在 450℃以上在内应力的作用下开始变形，超过 550℃则硬度会降低。因此，热时效处理应在 530～550℃进行，这样既能消除内应力，又不降低硬度。

2. 钢板和型钢

用钢板和型钢等焊接的支承件，其制造周期短，可做成封闭件，不像铸件那样要留出沙孔，而且可根据受力情况布置肋板和肋条来提高抗扭和抗弯刚度。由于钢的弹性模量约为铸铁的两倍，当刚度要求相同时，钢焊接件的壁厚仅为铸件的一半，使质量减小，固有频率提高。如果发现结构有缺陷(如发现刚度不够)，钢焊接件可以补救。但钢焊接件在成批生产时，成本比铸件高。因此，钢焊接件多用在大型、重型机床及自制设备等小批生产中。

钢焊接件的缺陷是钢板材料内摩擦阻尼约为铸铁的 1/3，抗振性较铸铁差，为提高机床抗振性能，可采用提高阻尼的方法来改善钢焊接件的动态性能。

钢焊接件的时效处理温度较高，为 600～650℃。普通精度机床的支承件进行一次时效就可以了，精密机床最好进行两次，即粗加工前、后各一次。

3. 铝合金

铝合金的密度只有铁的 1/3，有些铝合金还可以通过热处理进行强化，提高铝合金的力学性能。对于有些对总体质量要求较小的设备，为了减小其质量，它的支承件可考虑使用铝合金。常用的牌号有 ZAlSi7Mg、ZAlSi2Cu2Mgl 等。

4. 预应力钢筋混凝土

预应力钢筋混凝土支承件(主要为床身、立柱、底座等)近年来有相当发展。其特点是刚度高、阻尼比大、抗振性能好、成本低。据国外机床公司的介绍，车身内有三个方向都要配置钢筋，总预拉力为 120～150kN。其缺点是脆性大、耐蚀性差，为了防止油对混凝土的侵蚀，表面应喷涂塑料或喷漆处理。

5. 非金属

非金属材料主要有混凝土、天然花岗岩等。

混凝土刚度高，具有良好的阻尼性能，阻尼比是灰铸铁的 8～10 倍，抗振性好，弹性模量是钢的 1/15～1/10，热容量大，热传导率低，导热系数是铸铁的 1/40～1/25，热稳定性高，其构件热变形小；密度是铸铁的 1/3，可获得良好的几何形状精度，表面粗糙，成本低。其缺点是力学性能差，但可以预埋金属或添加加强纤维，适用于受载面积大、抗振要求较高的支承件。

天然花岗岩导热系数和膨胀系数小，精度保持性好，抗振性好，阻尼系数比钢大 15 倍，耐磨性比铸铁高 5～6 倍，热稳定性好，抗氧化性强，不导电，抗磁，与金属不黏合，加工方便，通过研磨和抛光容易得到较高的精度和很低的表面粗糙度。

3.5.3 支承件力学分析

一台机床支承件的质量可占其总质量的 80%～85%，同时支承件的性能对整机性能的影响很大。因此，应该正确地进行支承件的结构设计。首先，根据其使用要求进行受力分析，再根据所受的力和其他要求，并参考现有机床的同类型件，初步确定其形状和尺寸；然后，可以利用计算机进行有限元计算，求得其静态刚度和动态特征，并据此对设计进行修改和完善，选出最佳结构方案，使支承件能满足它的基本要求，并在这个前提下尽量节约材料。

在支承件设计中，为了保证其具有足够的刚度，必须进行受力和变形分析，即通过分析其受载情况、产生的变形及由此引起的有关零部件之间相对运动误差，有效地进行支承件的结构设计，使其变形控制在允许的误差范围之内，从而保证机电装备的工作精度。机电装备工作时，支承件上将承受重力(包括自身的重力和其他零部件的重力)、运动部件的惯性力、紧力、切削力等其他作用力。对这些力的性质、大小、方向、作用位置和对工作精度影响进行分析，是合理设计支承件结构的依据。下面以摇臂钻床为例，分析支承件的受力情况(主要分析切削载荷、切削转矩 T、进给力 F_f)，如图 3-46 所示。

钻孔时，切削载荷为切削转矩 T 和进给力 F_f，切削载荷经主要支承件主轴管 4、摇臂立柱 2 和 1，传递至底座 5，使这些支承件产生弹性变形：弯曲或扭转。变形的结果是在 yz 平面和 xz 平面内产生偏移，使轴线不垂直于底座的顶面，如图 3-46(b)所示。钻床精度标准规定了主轴在一定的轴向力(模拟 F_f)作用下，主轴轴线在 yz 平面和 xz 平面内允许的偏移角。轴向力的大小，因机床的种类、大小而异，见各类钻床的精度标准。

在分析时，立柱和摇臂可看成梁类件；底座可看成板类件；主轴管可看成箱形。这里主要分析摇臂和立柱，它们都可看作一端固定的悬臂梁。

摇臂的受力分析如图 3-46(c)所示。进给力 F_f 使摇臂在 yz 平面和 xz 平面内受到一个弯矩 M_1，其最大值为 F_fL，从而产生弯曲变形。切削转矩作用于摇臂，使它在平面内产生弯曲变形。T 比 F_f 要小得多。因此，摇臂所受的载荷，主要是竖直(yz)面内的弯矩 M_1 和绕 y 轴的转矩 M_2。这两个力矩使摇臂产生弯曲和扭转变形，使主轴偏离其正确位置。

立柱分为内、外两层，如图 3-46(b)所示。摇臂沿外柱 2 升降，并连同外柱绕内柱 1 转动。摇臂与外柱在上、下两圈 D、E 外接触。工作时，内、外柱之间在 F 处夹紧。

外柱的受力分析如图 3-46(d)所示。摇臂作用于外柱的，可看成由 D、E 点处两个集中力组成的力偶，其力偶矩在 yz 平面和 xz 面内分析为 $M_1=F_fL$ 和 $M_2=F_fe$ 。故外柱在 yz 平面和 xz 平面的弯矩图的形状，都应如图 3-46(d)所示。切削转矩 T 使外柱扭转，扭转用于 E 与 F 之间。通常这个扭转变形不大，可以忽略。

内柱的受力情况与外柱相似，也是 yz 平面和 xz 平面内的弯曲和从夹紧点 F 至根部之间的扭转，如图 3-46(e)所示。扭转变形不大，可以忽略。因此，立柱内、外层都以弯曲变形为主。立柱的弯曲变形也将使主轴偏离其正确位置。立柱的形状往往是圆形的，故 M_1、M_2 两个力矩中，只需考虑大的一个，一般为 $M_1=F_fL$ 。

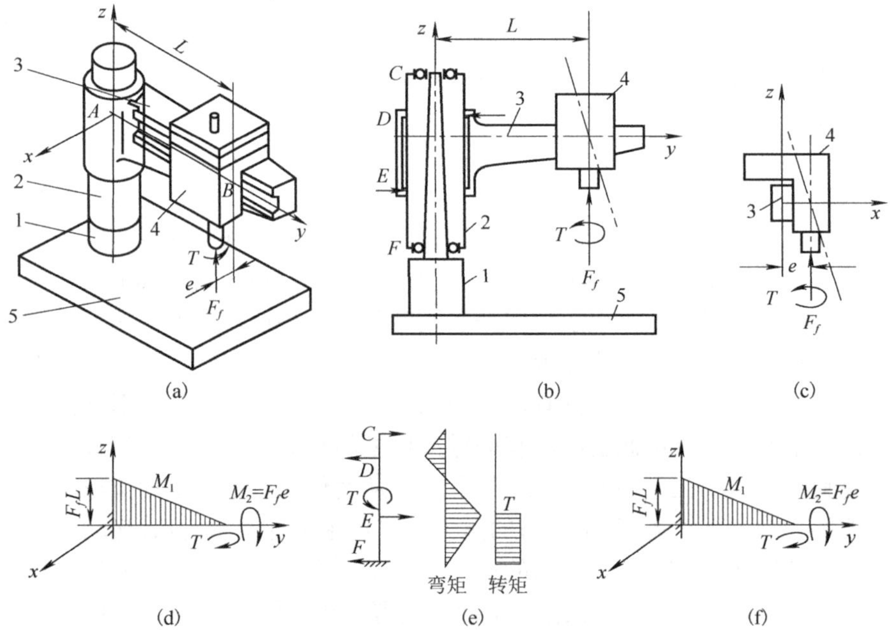

图 3-46 摇臂钻床受力分析

3.5.4 机座或机架的设计

支承件的变形通常包括三部分：自身变形、局部变形和接触变形。对于机床床身，载荷是通过导轨面作用到床身上的，故变形包括床身自身的变形、导轨的局部变形和导轨表面的接触变形。局部变形和接触变形有时可以忽略，但在某些情况下，它们可能成为支承件变形的主要根源。设计时，必须注意这三类变形之间的匹配，并针对其薄弱环节，加强刚度。

1. 提高支承件的自身刚度

支承件抵抗自身变形的能力称为支承件的自身刚度，它与支承件的材料、形状、尺寸及肋板的布置等因素有关。在进行支承件设计时，为提高支承件的自身刚度，可采取以下措施。

1) 正确选择支承件的截面形状和尺寸

支承件受到的载荷主要有拉压、弯曲及扭转，通常以弯曲和扭转为主要载荷，产生的变形主要是弯、扭变形。因此，对于支承件的自身刚度，主要应考虑其抗弯刚度和抗扭刚度。在其他条件相同时，抗弯、抗扭刚度与截面的惯性矩有关。对于同一材料，截面面积相同而尺寸不同，它们的截面惯性矩可能会相差很多。合理地选择截面的形状和尺寸可提高支承件自身刚度。表 3-10 列出了截面面积为 100cm^2 各种常用支承件的抗弯、抗扭惯性矩。

表 3-10　不同截面形状抗弯、抗扭惯性矩

序号	截面形状/mm	惯性矩计算值/cm^4 惯性矩相对值 抗弯	惯性矩计算值/cm^4 惯性矩相对值 抗扭	序号	截面形状/mm	惯性矩计算值/cm^4 惯性矩相对值 抗弯	惯性矩计算值/cm^4 惯性矩相对值 抗扭
1	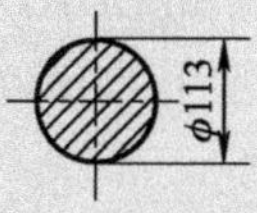	800 1.0	1 600 1.0	6	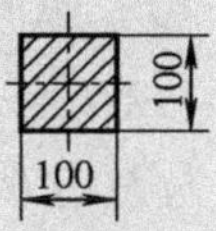	833 1.04	1 400 0.88
2	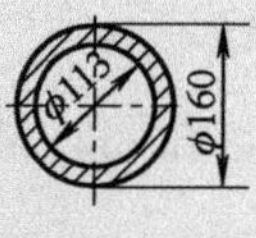	2 412 3.02	4 824 3.02	7	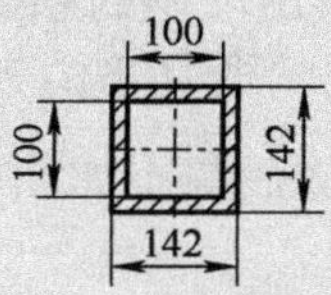	2 555 3.19	2 040 1.27
3	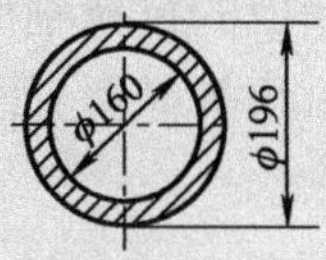	4 030 5.04	8 060 5.04	8	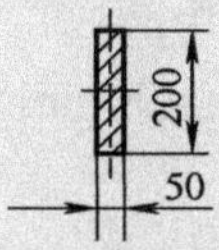	3 333 4.17	680 0.43
4	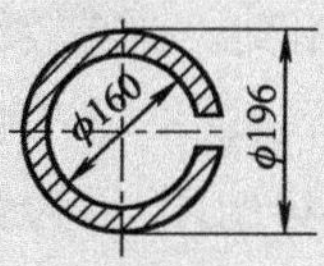		108 0.07	9	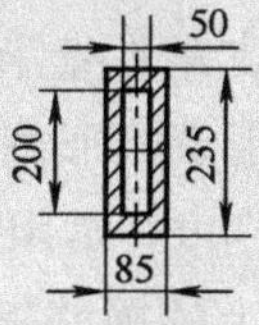	5 860 7.33	1 316 0.82
5	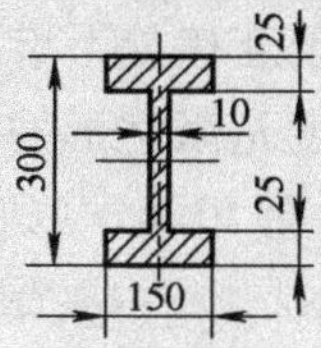	15 521 19.4	134 0.09	10	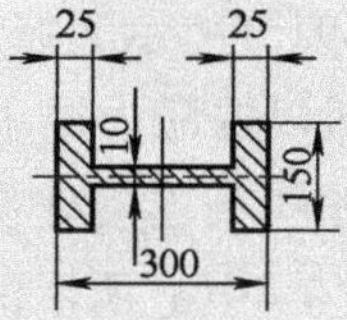	2 720 3.4	

从表 3-10 中可以得出以下结论。

(1) 无论圆形、方形或矩形，都是空心截面的惯性矩比实心的大。加大截面轮廓尺寸，减小壁厚，可大大提高支承件的自身刚度。因此，在工艺可能的条件下，支承件常设计成空的，即通过尽量减薄壁厚来提高其自身刚度，如机床的床身截面一般做成中空形状。

(2) 圆形截面的抗扭刚度比方形的大，而抗弯刚度比方形的小。若支承件所承受的载荷主要是弯矩，则截面应该方形或矩形为好。环形的抗扭刚度比方框形和长框形的大，而抗弯刚度则小于后者。工字形截面梁的抗弯刚度好，长框形次之，实心圆形最弱。因此，以承受一个方向的弯矩为主的支承件的截面形状常采用矩形。

(3) 封闭截面的刚度比不封闭截面的大。在可能的条件下，截面应尽量设计成封闭的形状。但是，有时为了排屑和在支承件内安装一些机构或电器元件等的需要，支承件壁上往往必须开孔，很难做到完全封闭，如卧式车床的床身。

2) 合理布置肋板和肋条

肋板又称隔板，肋条又称加强肋。肋板和肋条的作用是将作用于支承件局部的载荷通过它们传递给其他部分，从而使整个支承件承受载荷，提高支承件的自身刚度。对于薄壁封闭

截面的支承件、非全封闭截面的支承件或当支承件截面形状或尺寸受到结构上的限制时，在支承件上增加肋板或肋条来提高刚度，其效果比增加壁厚更为显著。

(1) 肋板是指在支承件两壁之间起连接作用的连接板。纵向肋板的作用是提高抗弯刚度。横向肋板的主要作用是增加抗扭刚度。斜向肋板兼有提高抗弯和抗扭刚度的作用。

为了有效地提高抗弯刚度，纵向肋板应布置在弯曲平面内，如图 3-47(a) 所示，此时肋板相对于 x 轴的惯性矩为 $H^3b/12$；当布置在与弯曲平面相垂直的平面内(图 3-47(b))时，则惯性矩为 $Hb^3/12$，两者之比为 H^2/b^2。可见，前者抗弯刚度明显大于后者。

空心零件在扭转时常出现壁的翘曲现象，引起截面畸变。增加横向肋板后，如图 3-48 中 No.1、No.2、No.3 所示，畸变几乎消失，同时端部位移大大减小。一般取 $l=(0.865\sim1.310)h$。图 3-48 中实线表示加肋板后与不加肋板时端部位移的比值，虚线表示变形相同时材料消耗的比值。

(2) 肋条的作用与肋板相同，一般配置在支承件的内壁上，以提高壁板的抗弯刚度，减少局部变形。当壁板面积大于 400mm×400mm 时，在支承件的内壁上增加肋条可避免出现薄壁振动现象。

肋条可设计成纵向、横向及斜向的。图 3-49(a) 所示的直字形肋条最简单，制造也容易，可用于窄壁及受载较小的支承件壁上。图 3-49(b) 所示的纵横肋条直角相交，制造较简单，但相交处易产生内应力，多用于箱形截面的支承件及平板上。图 3-49(c) 所示的肋条在壁上呈三角形分布，可保证足够的刚度，常用在矩形截面支承件的宽壁处。图 3-49(d) 所示为斜肋条交叉布置，有时与支承件壁上的横肋板结合在一起使用，可显著提高刚度，常用于重要支承件的宽壁及平板上。图 3-49(e) 所示的蜂窝形肋条用于平板上，由于在肋条连接处不堆积金属，在各方向能均匀收缩，所以内应力很小，如图 3-49(f) 所示，但抗扭刚度是米字形的 1/2。米字形肋条铸造困难，且在肋条连接处易产生内应力。例如，铸铁床身一般用井字形肋条，焊接床身用米字形肋条。图 3-49(g) 所示的井字形肋条，其单元壁板的抗弯刚度接近米字形肋条。肋条的高度一般不大于支承件壁厚的 5 倍，其厚度一般取支承件壁厚的 0.8～1.0 倍。

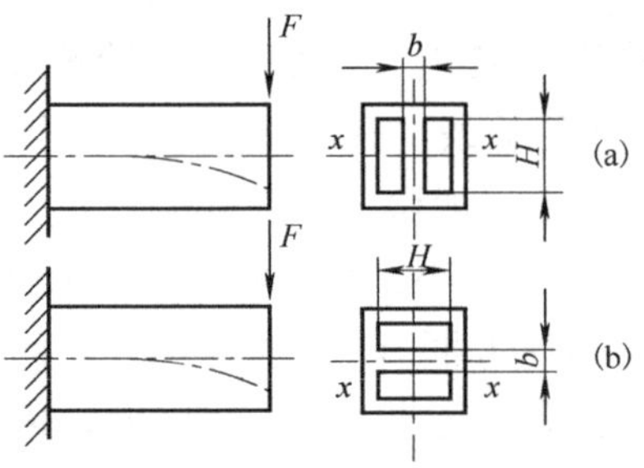

图 3-47 纵向肋板对刚度的影响

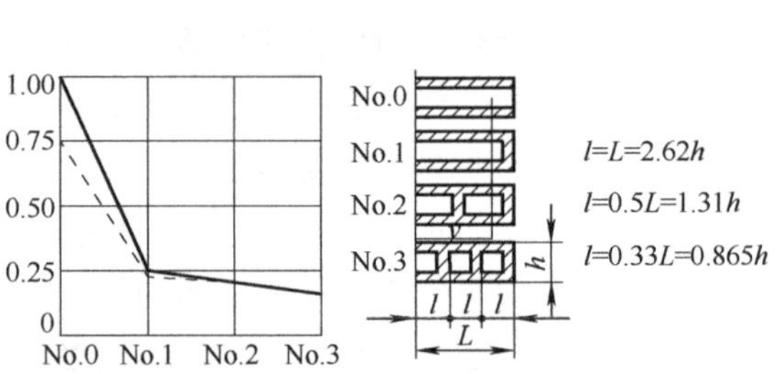

图 3-48 横向肋板对刚度的影响

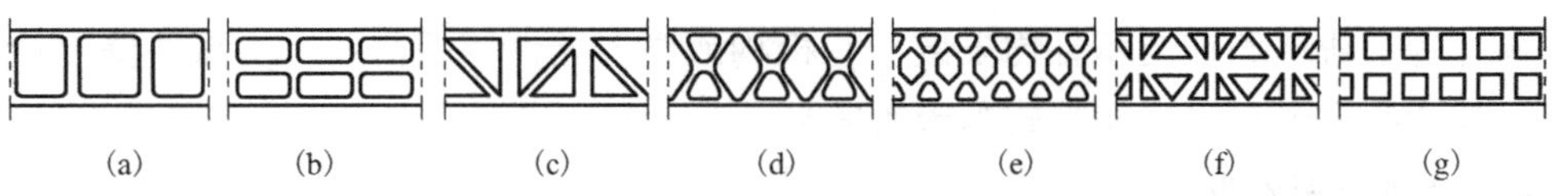

图 3-49 肋条布置形式

(3) 合理开孔和加盖。为了安装机件或清砂、减轻重量及造型等的需要，往往需要在支承件的壁上开窗孔。窗孔对支承件刚度的影响取决于它的大小和位置。在与弯曲平面垂直的壁上开窗孔后，因减少了壁上受拉、受压的面积，所以会严重地削弱支承件的抗弯刚度。在较窄壁上开窗孔比在较宽壁上开窗孔对支承件的抗扭刚度的影响要严重。图 3-50 (a) 所示为在立柱上开孔对抗扭刚度的影响。图中 $b/h=1$、$L/b=3$，φ_0/φ 为开孔前后扭转角之比，实线表示在前壁上开一孔的情况，虚线表示前、后壁各开一孔的情况。当 $b_0/b<0.2$、$L_0/L<0.2$ 时，立柱的抗扭刚度降低不大；当开孔面积 $b_0/L_0>0.2bL$ 时，抗扭刚度下降很大。前、后壁各开一孔与仅在前壁上开一孔相比抗扭刚度降低不超过 20%。对于矩形截面的立柱，窗孔的宽度一般不宜超过立柱空腔宽度的 70%，高度不超过空腔宽度的 1.1～1.2 倍。

开孔对支承件的抗弯刚度影响较小，而对抗扭刚度的影响较大，如图 3-50 (b) 所示。若在开孔处加盖并拧紧螺钉，支承件的抗弯刚度可恢复到接近未开孔时的程度。另外，用嵌入式盖比面覆盖式盖的效果好。由图 3-50 (b) 可以看出：加盖后支承件的抗扭刚度可恢复到未开孔时的 35%～41%。

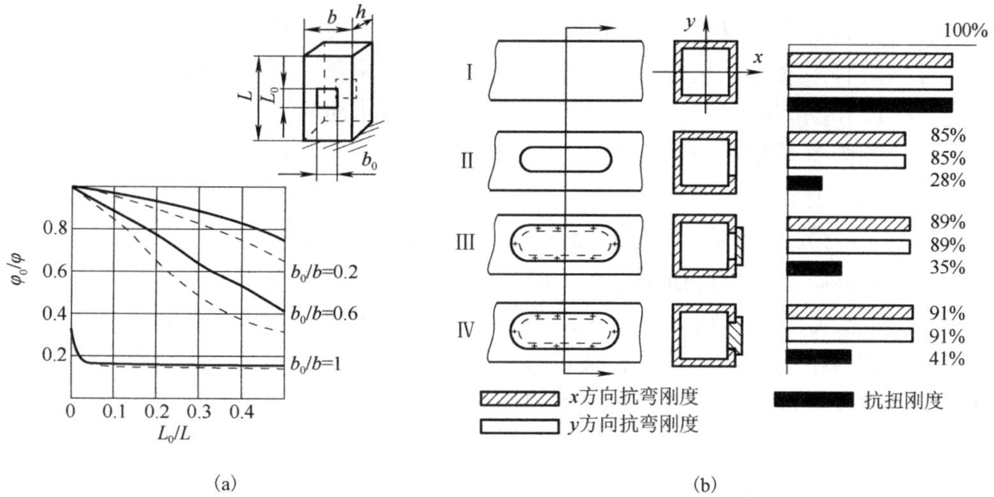

图 3-50 开孔和加盖对支承件刚度的影响

2. 提高支承件的连接刚度和局部刚度

支承件在连接处抵抗变形的能力称为支承件的连接刚度。连接刚度不仅取决于连接处的材料、几何形状与尺寸，还与接触面硬度及表面粗糙度、几何精度和加工方法等因素有关。

当支承件以凸缘连接时，连接刚度取决于螺钉刚度、凸缘刚度和接触刚度。为了保证支承件具有一定的接触刚度，接合面上的压力应不小于 1.5～2.0MPa，接合面处的表面粗糙度 Rz 应达到 8μm。选择合适的螺钉尺寸及合理布置螺钉位置可以提高支承件的接触刚度。从提高抗弯刚度方面考虑，螺钉最好较集中地布置在支承件受拉的一侧。从提高抗扭刚度方面考虑，螺钉应均匀分布在四周。在连接螺钉轴线的平面内布置肋条也能适当地提高接触刚度。

支承件的连接刚度与凸缘的结构有关。在图 3-51 所示的三种凸缘连接形式中，图 3-51 (a) 的刚度较低，图 3-51 (b) 的刚度较高，图 3-51 (c) 的刚度最高。图 3-52 所示为在两种不同的连接设计中，受载时 E 点在 y 方向上的变形量。

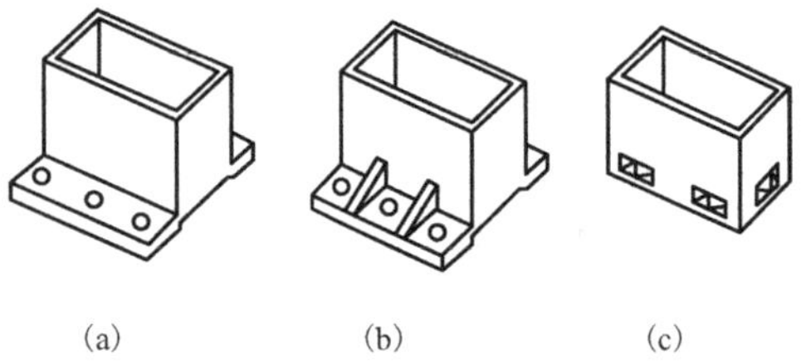

图 3-51　凸缘连接形式

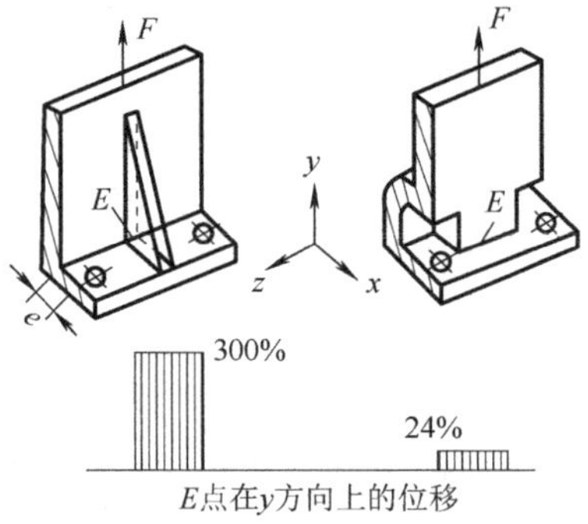

图 3-52　不同凸缘形式的刚度比较

3. 提高机座或机架结构性能举例

1) 提高支承件的静刚度和固有频率

提高支承件的静刚度和固有频率的主要方法是：根据支承件受力情况，合理地选择支承件的材料、截面形状和尺寸、壁厚，合理地布置肋板和肋条，以提高结构整体和局部的抗弯刚度和抗扭刚度；可以用有限元方法进行定量分析，以便在较小质量下得到较高的静刚度和固有频率；在刚度不变的前提下，减小质量可以提高支承件的固有频率，改善支承件间的接触刚度以及支承件与地基连接处的刚度。

> **小思考 3-6**
>
> (1) 机座或机架的设计要点有哪些？
>
> (2) 如何在保证机座或机架刚度的情况下，进行轻量化结构设计？

图 3-53 所示为数控车床的床身断面图。床身采用倾斜式空心封闭箱形结构，排屑方便，抗扭刚度高。图 3-54 所示为加工中心床身断面图，采用三角形肋板结构，抗扭、抗弯刚度均较高。图 3-55 所示为滚齿机大立柱和床身截面的立体示意图，采用双层壁加强肋的结构，其内腔设计成供液压油循环的通道，使床身温度场一致，防止热变形；立柱设计成双重臂加强肋的封闭式框架结构，刚度好。

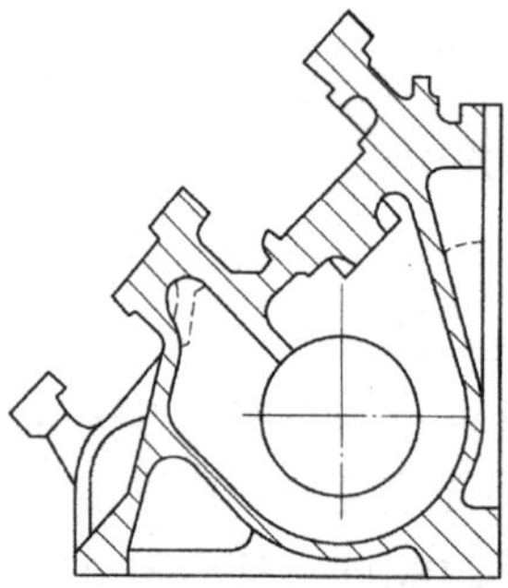

图 3-53　数控车床的床身断面图

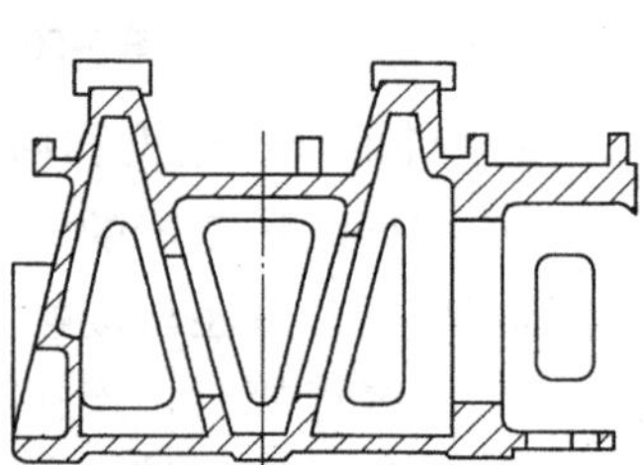

图 3-54　加工中心床身断面图

2) 提高支承件的动态特性

对于铸铁支承件，保留铸件内砂芯，或在支承件中充填型砂或混凝土等阻尼材料，可以起到减振作用。如图 3-56 所示的车床床身，为增大阻尼、提高动态特性，将铸造砂芯封装在箱内。对于焊接支承件，除了可以在内腔中填充混凝土减振外，还可以充分利用接合面间的摩擦阻尼来减小振动。即两焊接件之间留有贴合而未焊死的表面，在振动过程中，两贴合面之间产生的相对摩擦起阻尼作用，使振动减小。间断焊缝虽使静刚度有所下降，但阻尼比大为增加，动刚度大幅度增大。

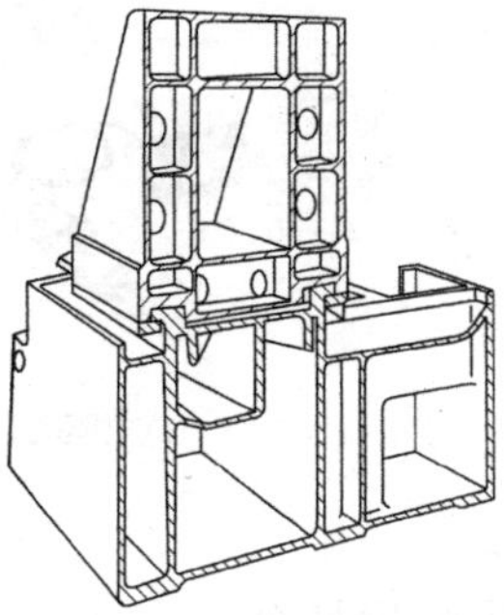

图 3-55　滚齿机大立柱和床身截面的立体示意图

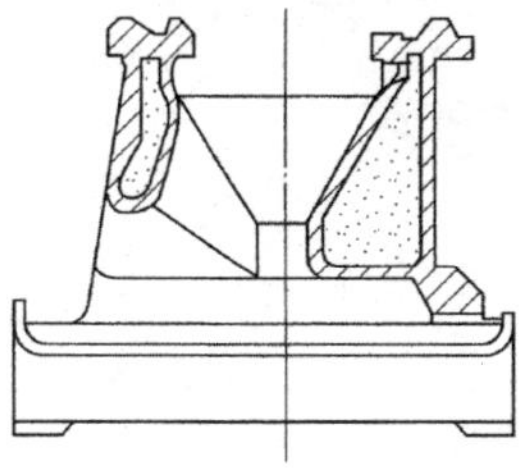

图 3-56　封沙结构的床身断面图

3.6　导轨设计

3.6.1　导轨的功用和分类

导轨的功用是支承和引导运动部件沿一定的轨道运动。在导轨副中，运动的一方称为运动导轨，不动的一方称为支承导轨。运动导轨相对于支承导轨的运动，通常是直线运动或回转运动。

导轨可按下列性质进行分类。

1. 按运动性质划分

(1) 主运动导轨，即动导轨是做主运动的。

(2) 进给运动导轨，即动导轨是做进给运动的，机床中大多数导轨属于进给导轨。

(3) 移置导轨，这种导轨只用于调整部件之间的相对位置，在加工时没有相对运动。

2. 按摩擦性质划分

(1) 滑动导轨。两导轨面间的摩擦性质是滑动摩擦，如图 3-57(a) 所示。按摩擦状态滑动导轨又可分为以下四类。

① 液体静压导轨。两导轨面间具有一层静压油膜，相当于静压滑动轴承，摩擦性质属于纯液体摩擦，主运动和进给运动导轨都能应用，多用于进给运动导轨。

② 液体动压导轨。当导轨面间的相对滑动速度达到一定值后，液体动压效应使导轨油囊处出现压力油楔，把两导轨面分开，从而形成液体摩擦，相当于动压滑动轴承，这种导轨只能用于高速场合，故仅用作主运动导轨。

③ 混合摩擦导轨。在导轨面间虽有一定的动压效应或静压效应，但由于速度还不够高，油楔所形成的压力油还不足以隔开导轨面，导轨面仍处于直接接触状态，大多数导轨属于这一类。

④ 边界摩擦导轨。在滑动速度很低时，导轨面间不足以产生动压效应。

(2) 滚动导轨。在两导轨副接触面间装有球、滚子和滚针等滚动元件，具有滚动摩擦性能，如图 3-57(b) 所示。滚动导轨广泛应用于进给运动和旋转运动中。

(3) 电驱动导轨。电驱动导轨又称为直线电动机，它与旋转电动机一样，通过改变直线电动机初级绕组的通电相序，改变电动机运动的方向，因而可使直线电动机做往复直线运动，其外形如图 3-57 (c) 所示。

(a) 滑动导轨

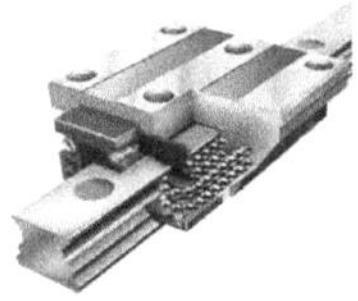

(b) 滚动导轨

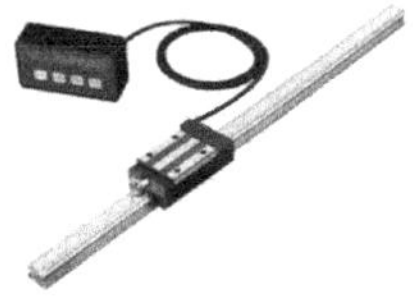

(c) 电驱动导轨

图 3-57　常见导轨的形式

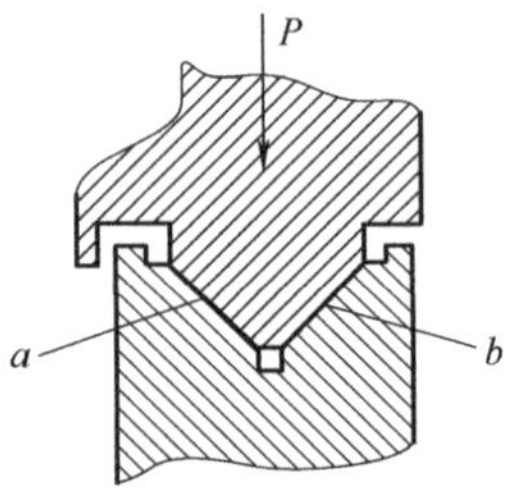

(a) 开式导轨

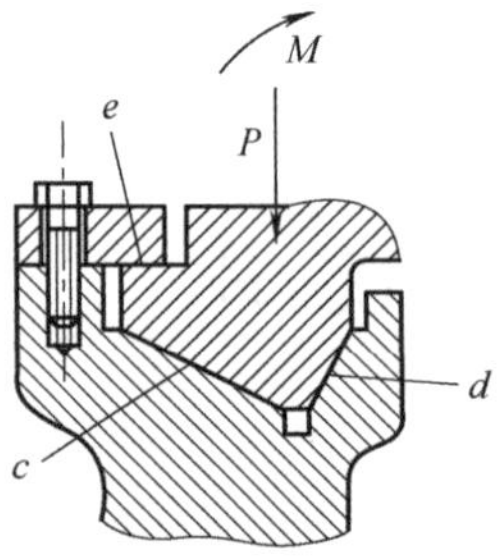

(b) 闭式导轨

图 3-58　开式、闭式导轨

3. 按受力情况划分

(1) 开式导轨。若导轨所承受的颠覆力矩不大，在部件自重和外载作用下，导轨面和部件在导轨全长上始终保持贴合，称为开式导轨，如图 3-58 (a) 所示。

(2) 闭式导轨。部件上所受的颠覆力矩 M 较大时，就必须增加压板以形成辅助导轨面 e，才能使主导轨面 c 和刀都能良好地接触，称为闭式导轨，如图 3-58 (b) 所示。

3.6.2　导轨的设计要求

导轨是机床的关键部件之一，其性能的好坏，将直接影响机床的加工精度、承载能力和使用寿命。因此它必须满足下列基本要求。

(1) 导向精度。导向精度是指导轨运动轨迹的准确度，它是保证导轨工作质量的前提。影响导向精度的因素：导轨的结构类型，导轨的几何精度和接触精度，导轨和基础件的刚度，导轨的油膜厚度和油膜刚度，导轨和基础件的热变形等。

(2) 精度保持性。精度保持性是指长期保持原始精度的能力，影响精度保持性的因素主要是磨损，此外还有导轨材料、受力情况等。

(3) 低速运动平稳性。低速运动平稳性是指保证导轨在做低速运动或微量位移时不出现爬行现象。影响低速运动平稳性的因素：导轨的结构和润滑；动、静摩擦系数的差值；传动导轨运动的传动系统的刚度等。

(4) 刚度。足够的刚度可以保证在额定载荷作用下，导轨的变形在允许范围内。影响刚度的因素：导轨的结构形式、尺寸及基础部件的连接方式、受力情况等。

(5) 结构简单、工艺性好。设计时要注意使导轨的制造和维护方便，刮研量少。对于镶装导轨，应更换容易。

3.6.3　导轨截面形状选择和导轨间隙调整

1. 直线运动导轨的截面形状

直线运动导轨的截面形状主要有四种：矩形、三角形、燕尾形和圆柱形，并可互相组合，每种导轨副之中还有凸凹之分。

(1) 矩形导轨。如图 3-59 (a) 所示，上图是凸型，下图是凹型。凸型导轨容易清除掉切屑，但易存留润滑油；凹型导轨则相反。矩形导轨具有承载能力大、刚度高、制造简便、检验和维修方便等优点；但存在侧向间隙，需用镶条调整，导向性差，适用于载荷较大而导向性要求略低的机床。

(2) 三角形导轨。如图 3-59 (b) 所示，三角形导轨面磨损时，动导轨会自动下沉，自动补偿磨损量，不会产生间隙。三角形导轨的顶角一般在 90°～120° 变化，α 角越小，导向性越好，但摩擦力也越大。所以，小顶角用于轻载精密机械，大顶角用于大型或重型机床。三角形导轨结构有对称式和不对称式两种。当水平力大于垂直力、两侧压力分布不均时，采用不对称导轨。

(3) 燕尾形导轨。如图 3-59 (c) 所示，燕尾形导轨可以承受较大的颠覆力矩，导轨的高度较小，结构紧凑，间隙调整方便。但是，刚度较差，加工、检验维修都不大方便，适用于受力小、层次多、要求间隙调整方便的部件。

(4) 圆柱形导轨。如图 3-59 (d) 所示，圆柱形导轨制造方便，工艺性好，但磨损后较难调整和补偿间隙。主要用于受轴向负荷的导轨，应用较少。

上述四种截面的导轨尺寸已经标准化，可参考有关机床标准。

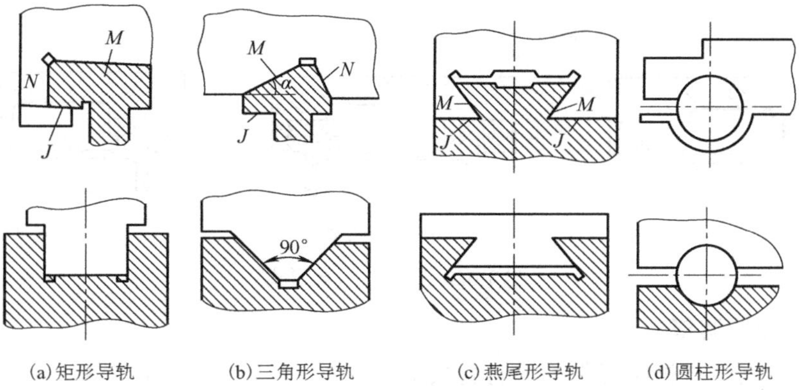

(a) 矩形导轨　(b) 三角形导轨　(c) 燕尾形导轨　(d) 圆柱形导轨

图 3-59 导轨的截面形状

2. 回转运动导轨的截面形状

回转运动导轨的截面形状有三种：平面环形、锥面环形和双锥面导轨，如图 3-60 和图 3-61 所示。

(1) 平面环形导轨。如图 3-61 (a) 所示，结构简单，制造方便，能承受较大的进给力，但不能承受背向力，因而必须与主轴联合使用，由主轴来承受径向载荷。摩擦小，精度高，适用于由主轴定心的各种回转运动导轨的机床，如高速大载荷立式车床、齿轮机床等。

(2) 锥面环形导轨。如图 3-61 (b) 所示，除能承受轴向载荷外，还能承受一定的径向载荷，但不能承受较大的颠覆力矩。导向性比平面环形导轨好，制造较难。

(3) 双锥面导轨。如图 3-61 (c) 所示，能承受较大的背向力、进给力和一定的颠覆力矩，制造研磨均较困难。

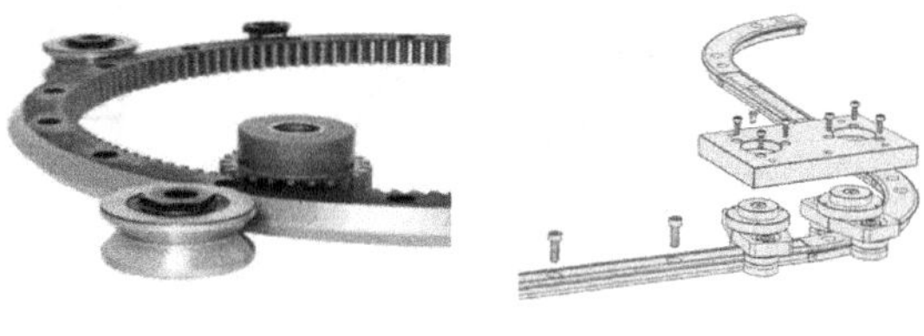

(a) 环状运动导轨　(b) 曲线运动导轨

图 3-60 环状和曲线运动导轨

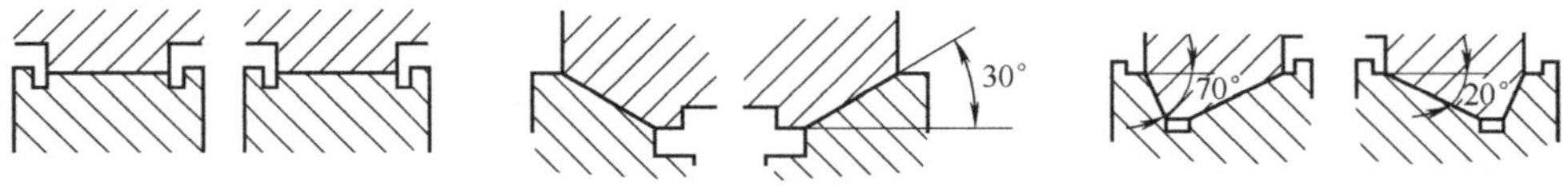

(a) 平面环形导轨　　(b) 锥面环形导轨　　(c) 双锥面导轨

图 3-61　环状和曲线运动导轨截面

3. 导轨的组合形式

机床直线运动导轨通常由两条导轨组合而成，根据不同要求，机床导轨主要有如下形式的组合。

(1) 双三角形导轨。如图 3-62(a) 所示，不需要镶条调整间隙，接触刚度好，导向性和精度保持性好。但是，工艺性差，加工、检验和维修不方便，多用在精度要求较高的机床中，如丝杠车床、导轨磨床、齿轮磨床等。

(2) 双矩形导轨。如图 3-62(b) 所示，承载能力大，制造简单，多用在普通精度机床和重型机床中。双矩形导轨的侧导向面需用镶条调整间隙。

(3) 矩形和三角形导轨的组合。如图 3-62(c) 所示，这类组合的导向性好，刚度高，制造方便，应用最广，如车床、磨床、龙门铣床的床身导轨。

(4) 矩形和燕尾形导轨的组合。它能承受较大力矩，调整方便，多用在横梁、立柱、摇臂导轨中。

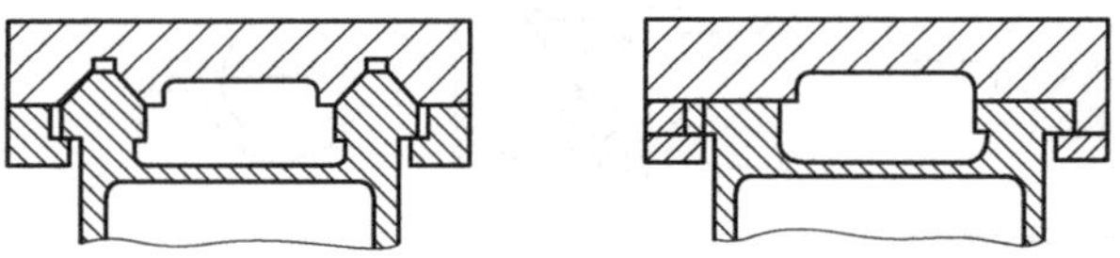

(a) 双三角形导轨　　(b) 双矩形导轨　　(c) 矩形和三角形组合导轨

图 3-62　导轨的组合形式

4. 导轨间隙的调整

导轨面间的间隙对机床工作性能有直接影响，如果间隙过大，将影响运动精度和平稳性；间隙过小，运动阻力大，导轨的磨损加快。因此必须保证导轨具有合理的间隙，磨损后又能方便地调整。导轨间隙常用压板、镶条来调整。

(1) 压板。压板用来调整辅助导轨面的间隙和承受颠覆力矩。图 3-63 所示为矩形导轨的三种压板结构：图 3-63(a) 通过磨或刮压板的 e 和 d 面来调整间隙；图 3-63(b) 通过改变垫片 1 的厚度来调整间隙；图 3-63(c) 通过压板螺钉和压条螺钉 2 来调整间隙。

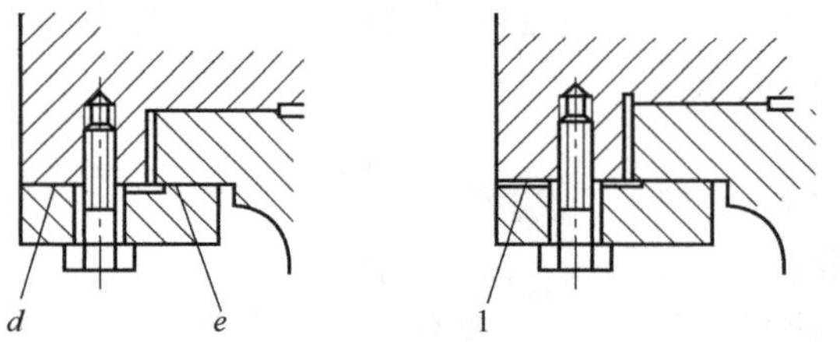

(a) 磨刮压板　　(b) 改变垫片厚度　　(c) 用螺钉调整间隙

图 3-63　导轨间隙的调整

(2) 镶条。镶条用来调整矩形导轨和燕尾形导轨侧向间隙。镶条应放在导轨受力较小的一侧。常用的镶条有平镶条和斜镶条两种。

平镶条横截面为矩形或平行四边形，其厚度全长均匀相等。平镶条由全长上的几个调整螺钉进行间隙调整，如图 3-64 所示。因只是几点上受力，易变形，刚度较低，应用较少。

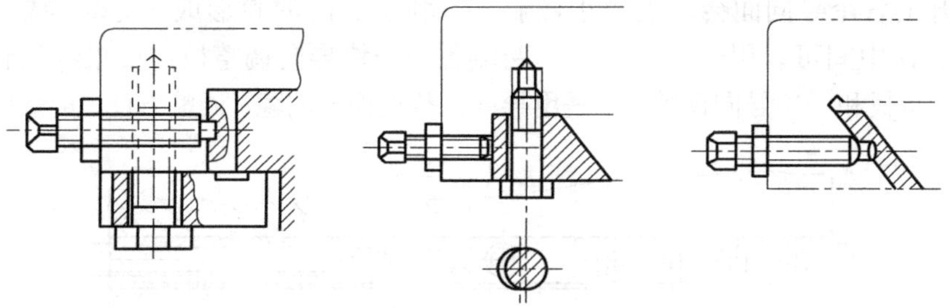

(a) 矩形截面平镶条　　(b) 梯形镶条　　(c) 平行四边形镶条

图 3-64　导轨镶条

斜镶条的斜度为 1∶(40～100)。斜镶条两个面分别与动导轨和支承导轨均匀接触，刚度高。通过调节螺钉或修磨垫的方式轴向移动镶条，以调整导轨的间隙。图 3-65 所示的镶条是用修磨垫的办法调整间隙。这种办法虽然麻烦，但导轨移动时，镶条不会移动，可保持间隙恒定。斜镶条由于厚度不等，在加工后应力分布不均，容易弯曲。在调整、压紧或在机床工作状态下也会弯曲。对于两端用螺钉调整的镶条，更易弯曲。因此，镶条在导轨间沿全长的弹性变形和比压是不均匀的。镶条斜度和厚度增加时，不均匀度将显著增加。为了增加镶条柔度，应选用小的厚度和斜度。当镶条尺寸较大时，可在中部削低下去一段，使镶条两端保持良好接触，并可减小刮研面积，或者在其上开横向槽，增加镶条柔度，如图 3-66 所示。

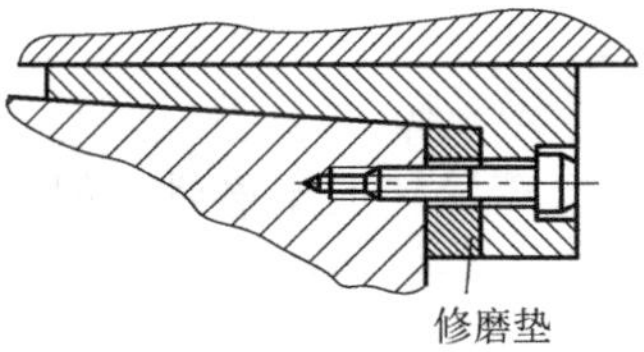

图 3-65　斜镶条的间隙调整

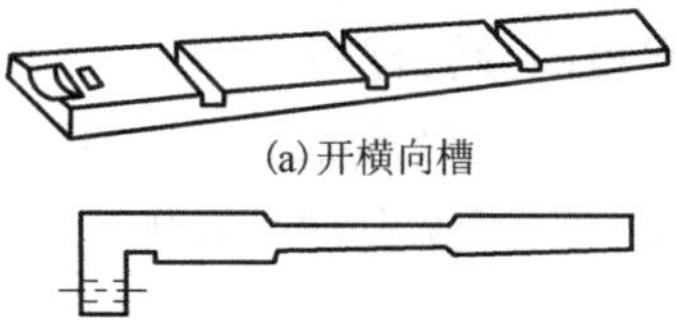

(a) 开横向槽

(b) 中部削

图 3-66　增加镶条柔度的结构

(3) 导向调整板。图 3-67 所示为装有导向调整板的一台立式加工中心的工作台和滑座横断面图。工作台 2 与双矩形导轨间侧向间隙由导向调整板 4 进行调整。床身导轨接触面上贴有塑料软带 3，以改善摩擦润滑性能。

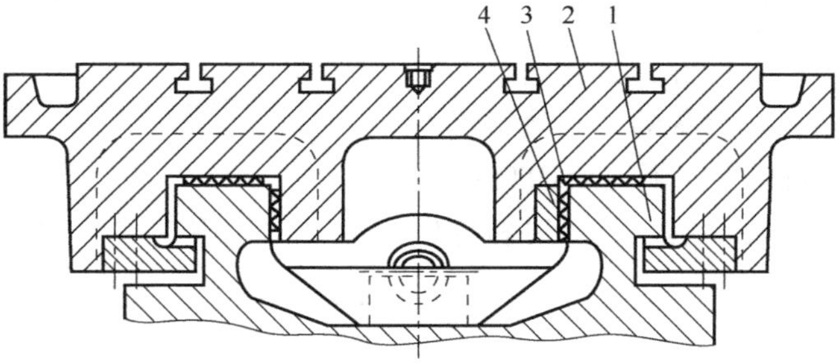

图 3-67　装有导向调整板的工作台和滑座横断面图

1-导轨；2-工作台；3-塑料软带；4-导向调整板

图 3-67 是一种新型镶条式工作台，其调整原理如图 3-68 所示。工作台导向面的一侧两端各装有一个导向调整板 4，在导向调整板 4 上开了许多横向窄槽。导向调整板用调整螺钉 6 固定在支承板 2 上，支承板 2 用螺钉 3 固定在工作台上。当拧紧调整螺钉 6 时，导向调整板产生横向变形，厚度增加(增加度可达 0.2mm)，对导轨间隙进行调整。当导向调整板变形时，由窄槽分隔开的各个导向面会产生微小倾斜，有利于润滑油膜形成，提高导轨的润滑效果。如果导轨不长，中间可以用一块支承板，两端各装一块导向调整板；如果导轨较长，可以一端各装一块支承板和一块导向调整板。采用导向调整板调整间隙，调整方便，接触良好，磨损小。

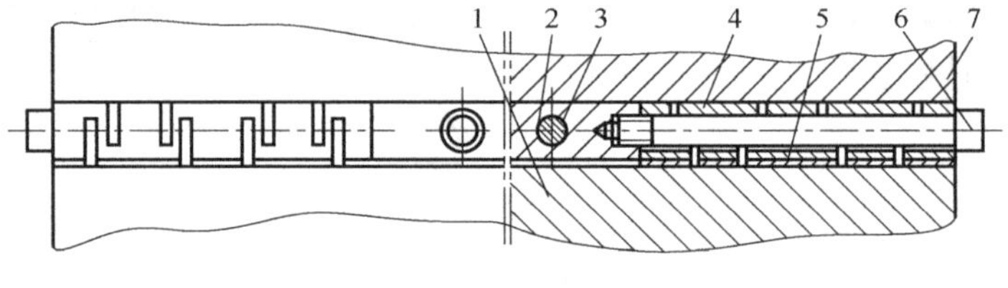

图 3-68　导向调整板

1-滑座；2-支承板；3-螺钉；4-导向调整板；5-塑料软带；6-调整螺钉；7-工作台

3.6.4　导轨的材料

1. 对导轨材料的要求

导轨的材料有铸铁、钢、非铁金属和塑料等。对其主要要求是耐磨性好、工艺性好和成本低。对于塑料镶装导轨的材料，还应保证：在温度升高(主运动导轨 120～150℃，进给导轨 60℃)和空气湿度增大时的尺寸稳定性；在静载压力达到 5MPa 时，不发生蠕变；塑料向线膨胀系数应与铸铁接近。

2. 常用的导轨材料

(1) 铸铁。铸铁成本低，有良好的减振性和耐磨性。

(2) 钢。采用淬火钢和氮化钢的镶装钢导轨，可大幅度提高导轨的耐磨性，但镶钢导轨工艺复杂，加工较困难，成本也较高。

(3) 非铁金属。用于镶装导轨的非铁金属板的材料主要有锡青铜和锌合金。把其镶装在动导轨上，可防止撕伤，保证运动的平稳性和提高运动精度。

(4) 塑料。镶装塑料导轨具有摩擦系数小、耐磨性好、抗撕伤能力强、低速时不易出现爬行、加工性能和化学稳定性好、工艺简单、成本低等特点，因而在各类设备的动导轨上都有应用。常用的塑料导轨有聚四氟乙烯(PTFE)导轨软带、环氧型耐磨导轨涂层、复合时料导轨板等。

> **案例 3-2**
>
> **问题：** 某重切削金属加工机床，工作环境温度较高(350～450℃)，且环境有一定的腐蚀性(pH5.5～6)，导轨及相关部件采用铸铁、钢、非金属材料以及塑料都不能满足工作要求。
>
> **分析与对策：** 考虑到工作要求，建议选用 316L。不锈钢材料作为导轨材料较合适。它可以满足重切削、环境温度和腐蚀要求。

3. 导轨副材料的选用

在导轨副中，为了提高耐磨性和防止擦伤，动导轨和支承导轨应尽量采用不同材料。如果采用相同的材料，也应采用不同的热处理使双方具有不同的硬度。一般来说，动导轨的硬度比支承导轨的硬度低 15～45HBS 为宜。

在直线运动导轨中，长导轨用较耐磨的或硬度较高的材料制造，有以下原因。

(1) 长导轨各处使用机会难以均等，磨损不均匀，对加工的精度影响较大。因此，长导轨的耐磨性应高一些。

(2) 长导轨面不容易刮研，选用耐磨材料制造可减小维修的劳动量。

(3) 不能完全防护的导轨都是长导轨，它露在外面，容易被刮伤。

在回转运动导轨副中，应将较软的材料用于动导轨。这是因为圆工作台导轨比底座加工方便，磨损后修理也比较方便。

导轨材料的搭配有如下几种：铸铁—铸铁、铸铁—淬火铸铁、铸铁—淬火钢、非铁金属—铸铁、塑料—铸铁、淬火钢—淬火钢等，前者为动导轨，后者为支承导轨。除铸铁导轨外，其他导轨都是镶装的。

3.6.5 导轨的验算

1. 设计计算

导轨的设计应先确定导轨的外构形式和尺寸，然后进行验算。导轨的主要失效形式为磨损，而导轨的磨损又与导轨副表面的压强有密切关系，随着压强的增加，导轨的磨损量也增加。

验算滑动导轨，主要验算导轨的压强和压强分布。压强大小直接影响导轨表面的耐磨性，压强的分布影响磨损的均匀性。通过压强分布还可以判断是否应采用压板，即导轨应是开式还是闭式的。

验算滑动导轨的步骤大致如下。

(1) 受力分布。导轨上所受的外力一般包括切削力、工件和夹具的重量、动导轨所在部件的重量和牵引力。这些外力使各导轨面产生支反力和支反力矩。牵引力、支反力、支反力矩都是未知力，一般可用静力平衡方程式求出。当出现超静定时，可根据接触变形的条件建立附加方程式求解各力。首先建立外力矩方程式，然后依次求牵引力、支反力和支反力矩。

(2) 计算导轨的压强。通过受力分析求出各力后，每个导轨上都归结为一个支反力和支反力矩。根据支反力可求出导轨的平均压强，加入支反力矩的影响后，就可求出导轨的最大压强。

(3) 判断设计的可行性。按许用压强判断导轨设计是否可行。

(4) 判断是否需用压板。根据压强分布情况，判断是否需用压板。

2. 比压分布

当导轨本身变形远小于导轨面间的接触变形时，可只考虑接触变形对压强分布的影响。这时沿导轨长度上的接触变形和压强，都可视为按线性分布，在宽度上可视为均布。每个导轨面上所受的载荷都可以简化为一个集中力 F 和一个颠覆力矩 M 的作用，如图 3-69 所示。

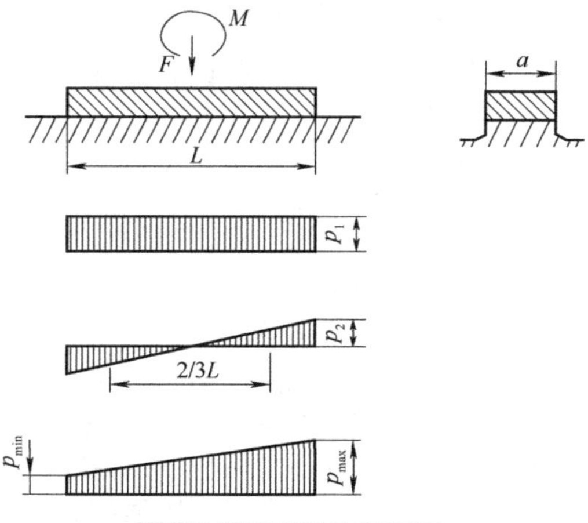

图 3-69　导轨的比压分布

由 F 和 M 在动导轨上引起的压强为

$$P_F = \frac{F}{aL}$$

由此，得

$$M=\frac{1}{2}P_M\times\frac{aL}{2}\times\frac{2}{3}L=\frac{P_M aL^2}{6}$$

所以，有

$$P_M=\frac{6M}{aL^2}$$

式中，F 为导轨所受的集中力(N)；M 为导轨所受的颠覆力矩(N·mm)；P_M 为由颠覆力矩 M 引起的最大压强(MPa)；P_F 为由集中力 F 引起的压强(MPa)；a 为导轨宽度(mm)；L 为动导轨的长度(mm)。

导轨所受最大、最小和平均压强分别为

$$P_{\max}=P_F+P_M=\frac{F}{aL}\left(1+\frac{6M}{FL}\right)$$

$$P_{\min}=P_F-P_M=\frac{F}{aL}\left(1-\frac{6M}{FL}\right)$$

$$P_{平均}=(P_F+P_M)=\frac{F}{aL}$$

从以上式子可以得出以下结论。

当 $\frac{6M}{FL}=0$，即 $M=0$ 时，$P=P_{\max}=P_{\min}=P_{平均}$，压强按矩形分布，这时导轨的受力情况最好，但是这种情况几乎不存在。

当 $\frac{6M}{FL}\neq 0$，即 $M\neq 0$ 时，由于颠覆力矩的作用，使导轨的压强不按矩形分布，它的合力作用点偏离导轨的中心。

当 $\frac{6M}{FL}<\frac{1}{6}$，即 $M<\frac{1}{6}$ 时，$P_{\min}>0$，$P_{\max}<2P_{平均}$，压强按梯形分布，设计时应尽可能保证这种情况。

当 $\frac{6M}{FL}=1$，即 $M=\frac{1}{6}$ 时，$P_{\min}>0$，$P_{\max}<2P_{平均}$，压强按三角形分布，压强相差虽然较大，但仍可使导轨面在全长上接触，是一种临界状态。

当 $\frac{6M}{FL}\leqslant\frac{1}{6}$ 时，可采用无压板的开式导轨。

当 $\frac{6M}{FL}>\frac{1}{6}$，即 $M>\frac{1}{6}$ 时，主导轨面上将有一段长度出现不接触。这时必须安装压板，形成辅助导轨面。

3. 导轨的许用压强

导轨的许用压强是影响导轨耐磨性的主要因素之一。不同工作条件下的导轨压强许用值见表 3-11。设计导轨时，若将压强取得过大，则会加剧导轨的磨损；若取得过小，又会增大导轨的尺寸。因此，应根据具体情况，适当地选择压强的许用值。重型机床由于尺寸大、加工不易、修理也费事费时，压强可取得小些；精密机床为保持高精度，压强也应取得小些；中等尺寸的普通机床，压强可取较大值。如果是专用机床，由于经常处于固定的切削条件下工作，负荷比通用机床大，许用压强可比表 3-11 中的数值减小 25%～30%。动导轨上镶装以聚四氟乙烯为基体的导轨板时，在正常连续使用的工作条件下，取许用压强 $[p]\leqslant 0.35$ MPa；如果间断使用，取许用压强 $[p]\leqslant 1.75$ MPa；短暂使用时取许用压强 $[p]\leqslant 3.5$ MPa。

表 3-11　导轨许用压强　（单位：MPa）

导轨种类			平均压强	最大压强
直线运动导轨	主运动导轨和滑动速度较大的进给运动导轨	中型机床	0.4～0.5	0.8～1.0
		重型机床	0.2～0.3	0.4～0.6
	滑动速度低的进给运动导轨	中型机床	1.2～1.5	2.5～3.0
		重型机床	0.5	1.0～1.5
		磨床	0.025～0.04	0.05～0.08
主运动和滑动速度较大的圆运动导轨直径 D/mm		D<3000	0.4	
		D>3000	0.2～0.3	
		环状	0.15	

在实际设计时，只需保证导轨面上的平均压强 P 值不超过许用压强 $[p]$ 值，而最大压强也必然不会超过许用最大压强。

$$P=\frac{F}{A}\leqslant[p]$$

式中，F 为导轨所受的集中力(N)；A 为导轨副的接触面积(m^2)；p 为许用压强(MPa)。

3.6.6　滚动导轨

在两导轨之间放置滚珠、滚柱或滚针等滚动体，使导轨面之间的摩擦具有滚动摩擦的性质，这种导轨称为滚动导轨。

1．滚动导轨的特点

(1) 运动灵敏度高，牵引力小，移动轻便。

(2) 定位精度高。

(3) 磨损小，精度保持性好。

(4) 润滑系统简单，维修方便。

(5) 抗振性较差，一般滚动体和导轨需用淬火钢制成，对防护要求也较高。

(6) 导向精度低。

(7) 结构复杂，制造困难，成本较高。

2．滚动导轨的结构形式

按滚动体的类型，滚动导轨可分为滚珠、滚柱、滚针等形式。

(1) 滚珠导轨。滚珠导轨结构紧凑、制造容易、成本较低，但由于接触面积小，刚度低，因而承载能力较小。滚珠导轨适用于运动部件质量不大(小于 200kg)、切削力和颠覆力矩都较小的机床，如图 3-70(a) 所示。

(2) 滚柱导轨。滚柱导轨的承载能力和刚度都比滚珠导轨大，它适用于载荷较大的机床，是应用最广泛的一种滚动导轨，如图 3-70(b) 所示。

(3) 滚针导轨。滚针导轨比滚柱导轨的长径比大，因此滚针导轨的尺寸小，结构紧凑，用在尺寸受限制的地方，如图 3-70(c) 所示。

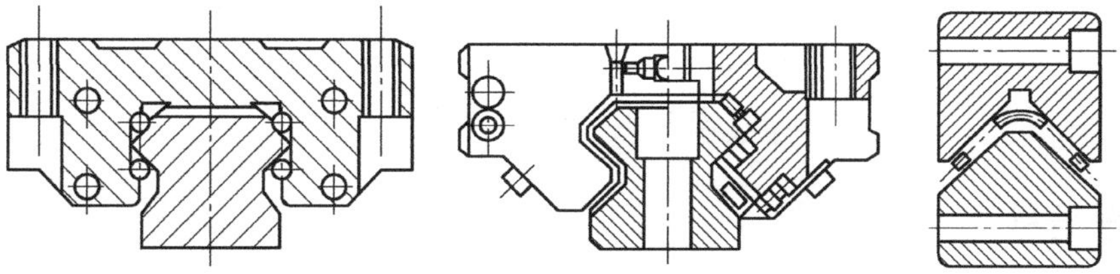

(a) 滚珠导轨　(b) 滚柱导轨　(c) 滚针导轨

图 3-70　滚动导轨结构形式

3. 滚动导轨预紧

不预紧的滚动导轨与混合摩擦滑动导轨相比，刚度低 25%～50%。预紧可以提高滚动导轨的刚度。一般来说，有预紧的滚动导轨比没有预紧的滚动导轨，刚度可以提高 3 倍以上。

有预紧的燕尾形和矩形的滚动导轨刚度最高。与混合摩擦滑动导轨相比，在预紧力方向的刚度可提高 10 倍以上，其他方向也可提高 3～5 倍。在有预紧的滚动导轨中，滚珠导轨的刚度最差，但是在预紧力方向与混合摩擦滑动导轨相比，刚度也可提高 3～4 倍，其他方向则与混合摩擦滑动导轨大致相同。十字交叉滚柱导轨的刚度比滚珠导轨的刚度高些。

滚动导轨通常在下列情况下应该预紧：当颠覆力矩较大，即 $M/(FL) \geqslant 1/6$ 时，为的是防止滚动导轨的翻转；在高精度机床上为的是提高接触刚度和消除间隙；在立式滚动导轨上为的是防止滚动体脱落和歪斜。有些重量较轻的部件(如砂轮修整器)的滚动导轨为防止在外力的作用下导轨面与滚动体脱开和获得必要的刚度及移动精度也应进行预紧。

预紧力可根据下列原则选择。如图 3-71 所示，装配前，滚动体母线之间的距离为 A，压板与溜板间所形成的包容尺寸为 $A-\delta$，装配后，δ 就是过盈量。由此而产生的上、下滚动体与导轨面间的弹性变形各为 $\delta/2$，预紧力各为 F_p。当载荷 F_L 作用于溜板时，上面的滚子受的力增大为 F_p+F_L，下面的滚子减小为 F_p-F_L。当 $F_p=F_L$ 时，下面滚子的弹性变形为零，不再受力；上面的滚子受力为 $F_p+F_L=2F_L$。因此，预紧力应大于载荷，使与受力方向相反一侧的滚子与导轨间不出现间隙；同时，预紧力与载荷之和不得超过受力侧滚动体的许用承载力。设计时，可使分摊到每个滚动体上的预紧力小于滚动体许用承载力的一半，又大于每个滚动体的载荷。

预紧的办法一般有以下两种。

(1) 采用过盈配合，如图 3-71(a)所示。试验表明，随着过盈量 δ 的增加，一方面导轨的接触刚度开始急剧增加，到一定值后，刚度的增加就慢下来了；另一方面，牵引力也在增加，开始时牵引力增加不大，当 δ 超过一定值后，牵引力便急剧增加。由此过盈量有个最佳值，它既可使导轨的接触刚度较高，又使牵引力不太大，一般取过盈量 $\delta = 5\sim6\mu m$。中等尺寸的机床也可用测牵引力的办法来判断预紧是否合适。导轨上的牵引力，一般不超过 30～50N。滚动导轨支承用于数控机床时的过盈量，滚珠导轨支承取 0.03mm，滚柱导轨支承取 0.02mm。

(2) 采用调整元件，如图 3-71(b)所示。调整原理和调整方法与滑动导轨调整间隙的办法相同。它们采用调整斜镶条 2、3 和调节螺钉 1 的办法进行预紧。

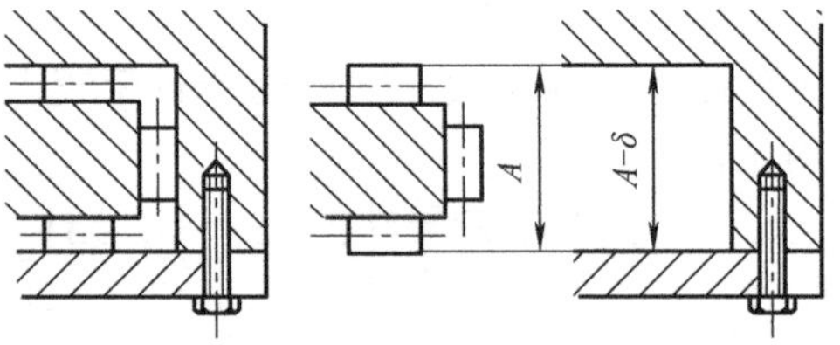

(a) 过盈预紧

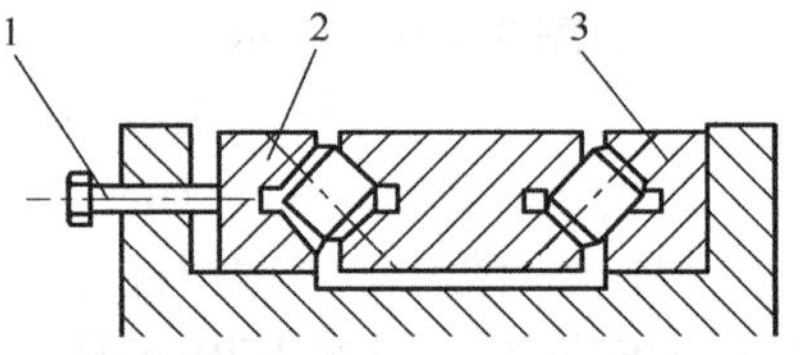

(b) 采用调整元件预紧

图 3-71 滚动导轨预紧

3.6.7 静压导轨

静压导轨的工作原理与静压轴承相同。在导轨的油腔中通入具有一定压强的润滑油，就能使动导轨(如工作台)微微抬起，在导轨面间充满润滑油所形成的油膜，使导轨处于纯液体摩擦状态，这种导轨就是静压导轨。

静压导轨的优点如下。

(1) 静压油膜使导轨面分开，导轨即使在起动和停止阶段也没有磨损，精度保持性好。

(2) 静压导轨的油膜较厚，有均化误差的作用，可以提高精度。

(3) 摩擦因数很小，大大降低传动功率，减少摩擦发热。

(4) 低速移动准确、均匀，运动平稳性好。

(5) 与滚动导轨相比，静压导轨具有吸振作用。

静压导轨的缺点是：结构比较复杂，增加了一套液压设备，调整比较麻烦。因此，静压导轨多用于精密级和高精度级机床的进给运动和低速运动导轨。

静压导轨按结构形式分有开式静压导轨和闭式静压导轨两类；按供油情况分有定压式静压导轨和定量式静压导轨。定压式静压导轨节流器进口处的压强 p 为一定值，目前应用较多。定压式静压导轨可以用固定节流器，也可用可变节流器。

图 3-72 所示为能承受载荷 F_P 与颠覆力矩 T_P 的液体静压导轨原理图。当工作台受集中力 F_P（外力和工作台重力）作用而下降时，间隙 h_1、h_2 减小，h_3、h_4 增大，则流经节流器 1、2 的流量减小，其压力降也相应减少，使油腔压力 p_1、p_2 升高。流经节流器 3、4 的流量增大，p_3、p_4 则降低。四个油腔所产生的向上的支承合力与力 F_P 达到平衡状态，使工作台稳定在新的平衡位置。若工作台受水平外力 F 作用，则 h_5 减小、h_6 增大，左、右油腔产生的压力 p_5、p_6 的合力与水平外力 F 处于平衡状态。当工作台受到颠覆力矩 T 作用时，会使 h_1、h_4 减小，h_2、h_3 增大，则四个油腔产生反力矩与颠覆力矩处于平衡状态。上述力（或力矩）的变化都会使工作台重新稳定在新的平衡位置。如果仅有油腔 1、2，则成为开式静压导轨，它不能承受颠覆力矩和水平方向的作用力。

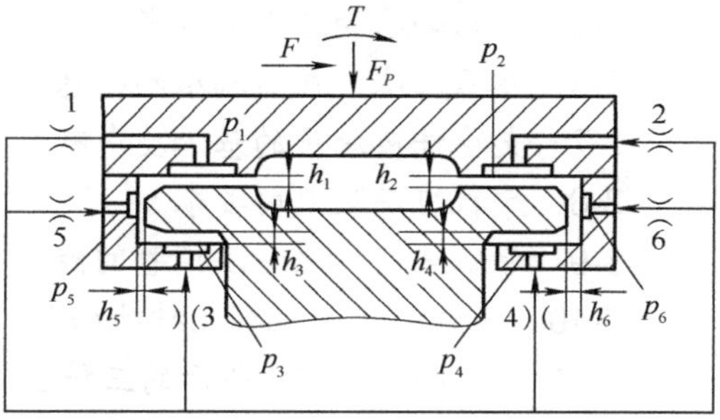

图 3-72　闭式液体静压导轨原理图

要提高静压导轨的刚度，可提高供油（或气）的系统压力 p，加大油（气）腔受力面积，减小导轨间隙。一般情况下，气体静压导轨的刚度比液体静压导轨的刚度低。

要提高静压导轨的导向精度，必须提高导轨表面加工的几何精度和接触精度，进入节流器的精滤过的油液中的杂质微粒的最大尺寸应小于导轨间隙。静压导轨上的油腔形状有口字形、工字形和王字形。节流器的种类除毛细管式固定节流器外，还有薄膜反馈式可变节流器，目的是增大或调节流体阻力。

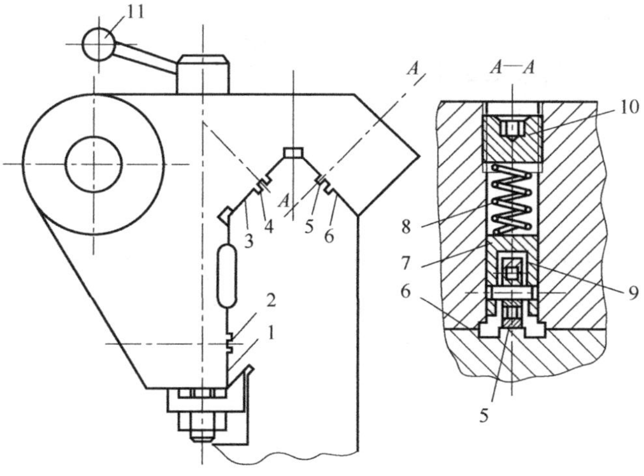

图 3-73　静压卸荷导轨工作原理

图 3-73 所示为静压卸荷导轨工作

原理。1、3、6 为主导轨，2、4、5 为辅助导轨。它是将主导轨承受的载荷的一部或大部用辅助导轨支承，从而改善主导轨的负载条件，以提高耐磨性和低速运动的稳定性。如图 3-73 所示，装在活塞销 7 上的滚动轴承 9 压在辅助导轨上，其弹簧 8 的压力即可分担部分负载，弹簧压力的大小可由调节螺钉 10 调节。当导轨运动时可松开手柄 11，使运动件基本上在辅助支承导轨面上运动，到达定位位置后用手柄锁紧，弹簧受压，其定位精度主要靠主导轨保证。

习题与思考

3-1　变速箱的变速，通常分为哪两大类，各有什么特点？

3-2　主轴部件设计应满足哪些基本要求？

3-3　主轴的传动有哪几种方式，各有什么特点？

3-4　滚动轴承有哪些优缺点？

3-5　滚动轴承的选用通常考虑哪些条件？

3-6　液压轴承、气压轴承和磁悬浮轴承的基本原理是什么，各有什么特点？

3-7　支承件应满足的基本要求有哪些？

3-8　导轨应满足哪些要求？

3-9　导轨常用什么方法调整间隙？

3-10　直线运动导轨有几种结构形式？各有何优缺点？

3-11　试分析图 3-74 所示的三种主轴轴承配置形式的特点和使用场合。

3-12　试检查图 3-75 所示的主轴部件是否有错误。若有，请指出错在哪里，应怎样改正。用另画的正确简图表示。

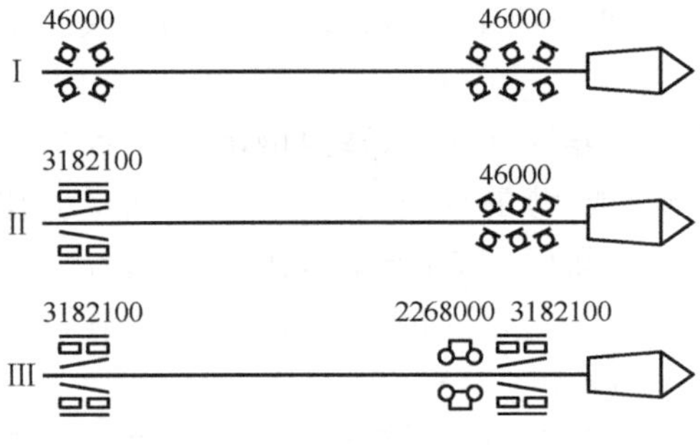

图 3-74　三种主轴轴承配置形式

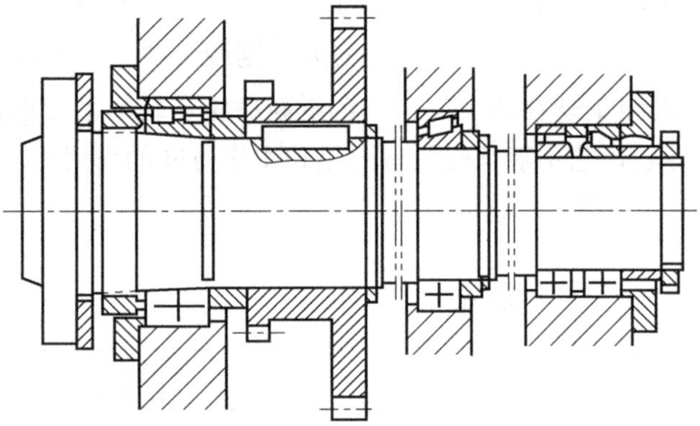

图 3-75　主轴部件结构

3-13　有一卧式车床，电动机功率为 5.5kW，主轴部件采用三支承结构，以前中为主。前支承各采用一个 2007100 系列轴承，后支承采用一个 200 系列轴承。主轴孔径为 52mm，前端伸出为 100mm。试初选主轴直径和跨距的尺寸以及轴承的精度等级。

第 4 章　金属切削机床夹具设计

4.1　概　　述

机床上用于装夹工件的装置，称为机床夹具。它是机械制造工艺装备的一个重要组成部分，如图 4-1(a)四角卡盘、图 4-1(b)弹簧卡头等。根据装夹工艺不同，机床夹具又分为钻孔夹具图 4-1(c)、镗孔夹具图 4-1(d)、铣削夹具图 4-1(e)和组合夹具图 4-1(f)等。

(a)四角卡盘

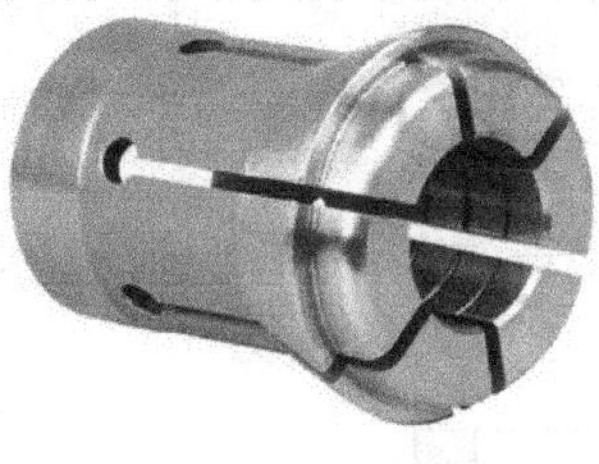

(b)弹簧卡头

(c)钻孔夹具

(d)镗孔夹具

(e)铣削夹具

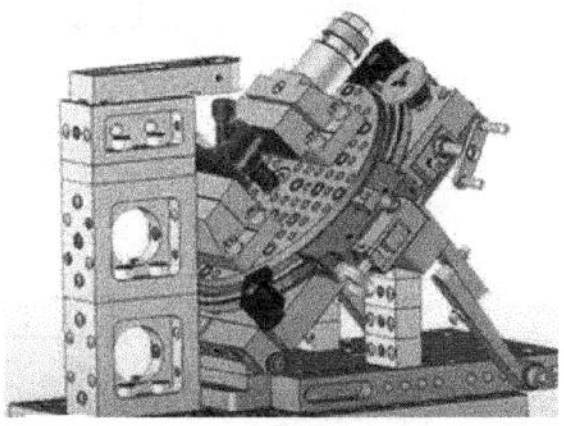

(f)组合夹具

图 4-1　部分常见机床夹具

本章知识要点

(1)了解机床夹具的组成和分类、夹紧装置的基本要求、夹紧力三要素以及典型机床的夹具原理结构。

(2)掌握机床夹具六点定位原理，以及常用夹具定位元件、约束状态及设计计算方法。

兴趣实践

(1)到学校机械实习厂或附近的机械制造企业，重点参观机床夹具。

(2)用学到的夹具知识，对你熟悉的机械零件(如发动机连杆)进行夹具设计。

探索思考

夹具的种类很多，你能否利用你已学过的机械和电气专业知识，设计一种能安全、快速对工件进行装夹的快速夹具？

预习准备

(1)翻阅有关机床夹具方面的书籍，对机床夹具有一个初步了解。

(2)重点围绕夹具六点定位原理、定位及约束，以及车床、钻床、铣床、镗床等常用机床所需的夹具结构进行预习。

4.1.1 机床夹具的组成

夹具是一种装夹工件的工艺装备，它广泛应用于机械制造过程的切削加工、热处理、装配、焊接和检测等工艺过程中。

图 4-2 所示为典型的铣键槽夹具，其组成元件的功能可分为以下几类。

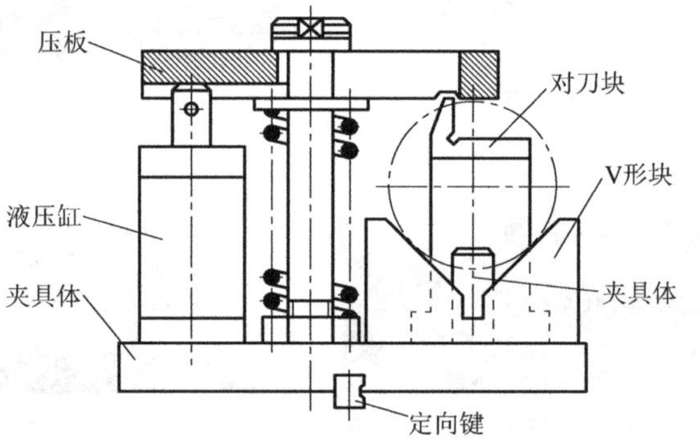

图 4-2 铣键槽夹具

小思考 4-1

按照夹具的定义，通俗地说夹具就是夹物体的工具。按照这种说法，你见过哪些东西属于夹具？

1. 定位元件及定位装置

用于确定工件正确位置的元件或装置，如图 4-2 中的 V 形块和圆柱销。所有夹具都有定位元件，它是实现夹具基本功能的重要元件。

2. 夹紧元件和夹紧装置

用于固定工件已获得的正确位置的元件或装置，图 4-2 中的夹紧机构由液压缸、压板等组成。工件在夹具中定位之后加工之前必须将工件夹紧，使其在进行加工时，在切削力等的作用下不发生位移。夹具的夹紧机构千变万化，所有能用于夹紧的机构和原理都可以考虑。但是，在生产实际中应用最多的是螺旋、斜楔、偏心等结构形式，其动力源多采用手动、液压和气动方式等。

3. 导向元件

确定刀具(一般指钻头、镗刀)的位置并引导刀具的元件称为导向元件。导向元件只有钻镗类夹具才具备。导向元件也可供钻镗类夹具在机床上安装时作基准找正时使用。

4. 对刀元件及定向元件

确定刀具(一般指铣刀)相对夹具定位元件位置的元件称为对刀元件。图 4-2 所示的铣键槽夹具的对刀块，它的作用是通过塞尺调整铣刀的位置，也简称对刀块。对铣床夹具来说，只有对刀元件是不能完全地保证加工过程中铣刀对工件的正确位置。为了保证铣刀的走刀方向沿着调整好的位置不致偏离，在铣床夹具的安装基面上沿走刀方向安装两个定向键，使定向键与机床工作台中央的一个 T 形槽配合，即保证了夹具在机床上有一个正确的方向，从而保证铣刀对工件的正确位置及走刀方向。一般情况下，对刀元件和定向元件是配套使用的。

5. 夹具体

用于将夹具装置连接于一体，并通过它将整个夹具的各种元件安装在机床上。夹具体一般采用铸铁制造，它是保证夹具的刚度和改善夹具力学性能的重要部分，如果夹具体的刚度不好，加工时将会引起较大的变形和振动，产生较大的加工误差。

6. 其他元件及装置

根据加工需要来设置的元件或装置，如分度装置、驱动定位销的传动装置、气缸及管路附件、液压缸及油路、电动装置等。

4.1.2　夹具的分类

机床夹具的种类很多，形状千差万别。为了设计、制造和管理的方便，往往按某一属性进行分类。

1. 按夹具的使用特点分类

按这一分类方法，常用的夹具有通用夹具、专用夹具、可调夹具、成组夹具、组合夹具和自动线夹具六大类。它反映夹具在不同生产类型中的通用特性，因此是选择夹具的主要依据。

1) 通用夹具

通用夹具是指结构尺寸已规格化，且具有一定通用性的夹具，如三爪自定心卡盘、四爪单动卡盘、台虎钳、万能分度头、中心架、电磁吸盘等。

2) 专用夹具

专用夹具指专为某一工件在某道工序的装夹需要而设计制造的夹具。其特点是针对性极强，没有通用性。在产品相对稳定、批量较大的生产中，常用各种专用夹具，可获得较高的生产率和加工精度。

3) 可调夹具

可调夹具是针对通用夹具和专用夹具缺陷而发展起来的一类新型夹具。对于不同类型和尺寸的工件，只需调整或更换原来夹具上的个别定位元件和夹紧元件便可使用。通用可调夹具的通用范围大，适用性广，加工对象不太固定。可调夹具多用于多品种、小批量生产中。

4) 成组夹具

成组夹具是在成组加工技术基础上发展起来的一类夹具。它是根据成组加工工艺的原则，针对一组形状相近的零件专门设计的，也是具有通用基础件和可更换调整元件组成的夹具，调整范围仅限于本组内的工件。这类夹具从外形上看，它和可调夹具不易区别，但它与可调夹具相比，具有使用对象明确、设计科学合理、结构紧凑、调整方便等优点。

5) 组合夹具

组合夹具是一种模块化的夹具，并已商品化。标准的模块元件具有较高的精度和耐磨性，可组装成各种夹具，夹具用毕即可拆卸，留待组装新的夹具。由于使用组合夹具可缩短生产准备周期、元件能重复多次使用，并具有可减少专用夹具数量等优点，因此组合夹具在单件、中小批多品种生产和数控加工中，是一种较经济的夹具。

6) 自动线夹具

自动线夹具一般分为两种：一种为固定式夹具，它与专用夹具相似；另一种为随行夹具，使用中夹具随着工件一起运动，并将工件沿着自动线从一个工位移至下一个工位进行加工。

2. 按使用机床分类

这是专用夹具设计所用的分类方法，按使用的机床分类，可把夹具分为车床夹具、铣床夹具、钻床夹具、镗床夹具、磨床夹具、齿轮机床夹具、数控机床夹具等。

3. 按夹具夹紧动力源分类

按夹具夹紧动力源可将夹具分为手动夹具和机动夹具两大类。为减轻劳动强度和确保安全生产，手动夹具应有扩力机构与自锁性能。常用的机动夹具有气动夹具、液压夹具、电磁夹具、真空夹具和离心力夹具等。

4.2 六点定位原理

1. 工件定位基准

工件在加工过程中，用来确定工件在夹具中正确位置的表面(点、线、面)称为定位基准。工件的定位基准确定后，其他部分的位置也随之确定。如图 4-3 所示，工件表面 *A* 和 *C* 靠在夹具支承元件和定位元件上定位。工件上的其他部分如表面 *B* 和 *D*、中心线 *O* 等均与表面 *A* 和 *C* 保持一定位置关系，从而相应得到定位。表面 *A* 和 *C* 就是工件上的定位基准。定位基准除了工件上的实际表面外，也可以是表面的几何中心、对称线或对称面。设计夹具时，为减小加工误差，应尽可能选用工件的设计基准为定位基准，即遵循基准重合的原则。

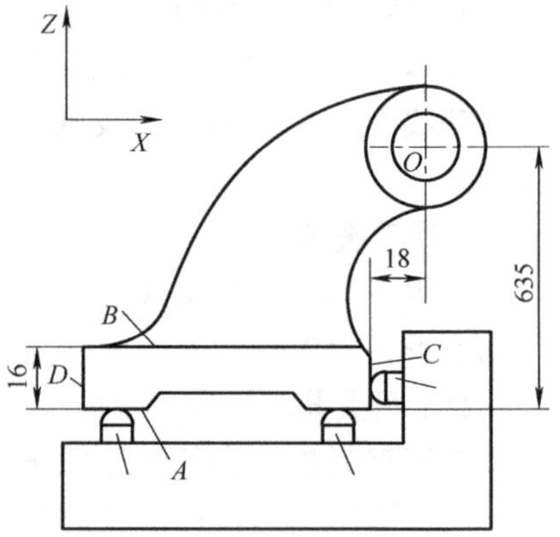

图 4-3　工件定位基准

2. 六点定位原理

由运动学原理可知，刚体在空间中可以有六个独立运动，即具有六个自由度。将刚体置于 *OXYZ* 直角坐标系中，如图 4-4 所示，这六个自由度分别是：沿 *X* 轴、*Y* 轴、*Z* 轴的平移运动，分别用 *X*、*Y*、*Z* 表示；绕 *X* 轴、*Y* 轴、*Z* 轴的转动，分别用 *A*、*B*、*C* 表示。只有刚体的六个自由度都被限制了，其空间位置即被确定。

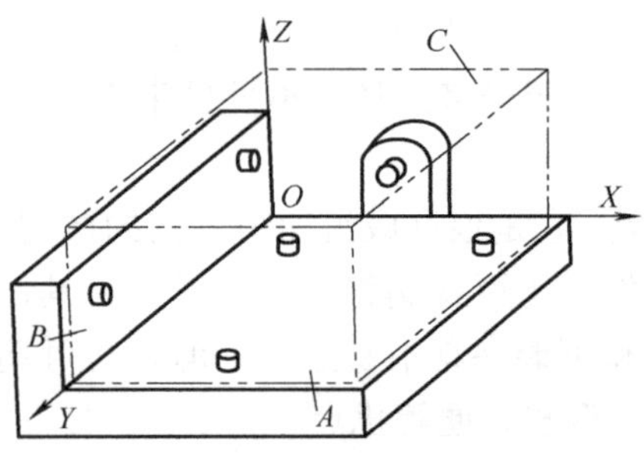

图 4-4　工件六点定位原理

限制工件自由度的典型方法是在夹具中设置如图 4-3 所示的六个支承元件，工件每次都装到与六个支承元件相接触的位置，从而使每个工件得到确定的位置；一批工件也就获得了同一位置。其中工件底面 *A* 放置在三个支承上，消除了 *Z* 及 *A*、*B* 三个自由度；侧面靠在两个支承上，消除了 X 及 C 两个自由度；最后端面 C 与一个支承接触，消除了 Y 的自由度。

不同形状的工件，其定位点分布的方式可能有所不同。如图 4-5 所示的盘类工件，其以大平面放在三个支承点上，消除 Z 、A 、B 三个自由度；外圆柱面与两个支承相靠，消除 X 、Y 两个自由度；再用一个点支承在槽的侧面，消除一个自由度 C 。

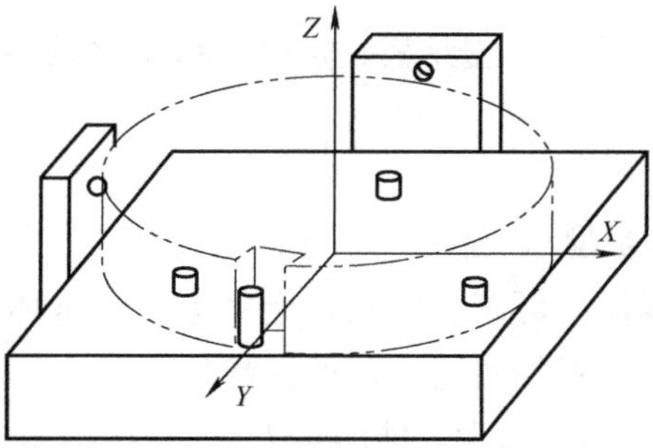

图 4-5　盘类工件六点定位

小思考 4-2

按工件六点定位原理，平常使用的手枪钻的卡头夹紧钻头，是否满足工件六点定位原理，为什么？

由上所述可得六点定位原理：即按一定规则布置的六个定位点限制工件的六个自由度，使工件获得完全定位。但应注意，有些定位装置的定位点并非上述那样明显，这时需要从它所能消除自由度的数目来判断它是几点定位。

3. 完全定位与部分定位

所谓完全定位是指限制了工件的全部六个自由度的定位。但有时并不要求工件完全定位，而只要求部分定位(或不完全定位)。一种原因是，由于工件的几何形状特点消除某些自由度没有意义。如图 4-6 所示，若工件没有槽，就没必要消除轴的转动自由度，工件对称中心不影响一批工件在夹具中位置的一致性。另一种原因是，工件某些自由度限制与否并不影响加工要求，如图 4-6 所示，加工通槽时，工件沿 Y 轴的位置不影响槽的加工要求，为了简化定位装置，一般不限制 Y 轴，即采用五点定位。部分定位并不违背六点定位原理，因为六点定位是指工件的完全定位。

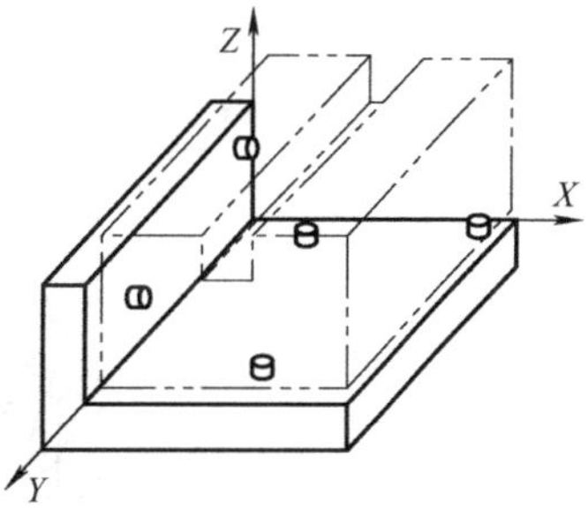

图 4-6　工件部分定位

4. 过定位与欠定位

当某个自由度被两个或多定位点重复限制时，称为过定位。因过定位不能保证正确的位置精度，一般是不允许采用的。但是，对定位精度影响不大且需在提高刚度的特殊情况下，允许过定位。例如，在夹紧力、切削力的作用下，工件会产生较大变形，则过定位仅为提高局部刚度，减小变形；有的工件较大，可用四个支承钉而不是三个支承钉支承一个大平面时，用四个点消除三个自由度，四点一次同时磨出，支承稳固，刚度好，能减少工件受力的变形，这种过定位是允许的。如果定位表面粗糙，实际只可能三点接触，对于不同工件接触的三点并不相同，过定位会造成定位不稳定而增加定位误差，这种情况下不允许过定位。根据加工要求，需要限制的自由度没有被限制，工件定位不足，这称为欠定位。欠定位不能保证位置精度，生产中是绝对不允许的。

4.3 常用定位元件及约束状态

在实际生产中常用的定位元件主要有支承钉、支承板、定位销和 V 形块。

4.3.1 支承钉

图 4-7 所示为支承钉，支承钉有平头(A 型)、圆头(B 型)、花头(C 型)之分。平头支承钉主要用于支承工件上已加工过的定位基面，可减少磨损，避免定位面压坏；圆头支承钉容易保证与工件定位基准面间的点接触，位置相对稳定，但因接触面积小，易磨损，多用于粗基准定位；花头支承钉其表面有齿纹，摩擦力大，能防止工件受力后滑动，常用于侧面粗定位。

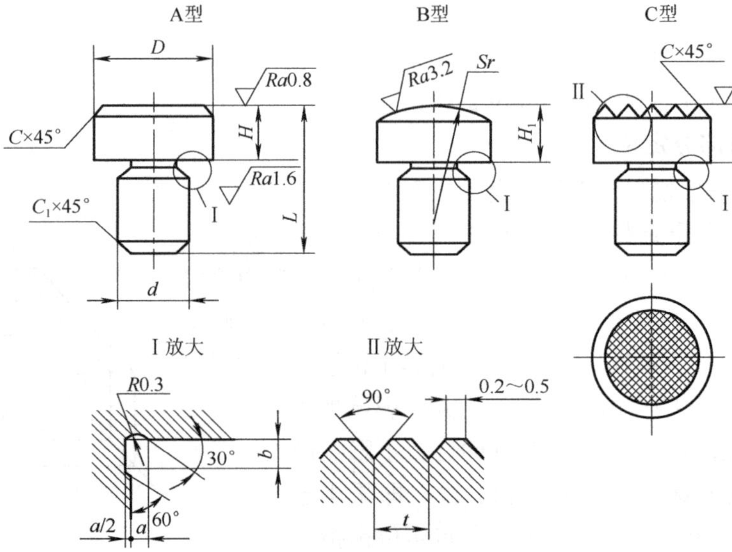

图 4-7 支承钉样式

在生产实际中，一个支承钉形成一个点定位副，限制一个自由度；两个支承钉组合形成直线定位副，限制两个自由度；三个支承钉组合形成平面定位副，限制三个自由度。

4.3.2 支承板

支承板种类和形状如图 4-8 所示，这类定位元件多用于精基准平面定位，且成组使用时必须保证一组支承板等高。

支承板的工作面必须装配后在一道工序中加工，以保证等高。一组支承板与精基准面接触，形成平面定位副，相当于三个支承钉或三个点定位副，限制三个自由度。一块长支承板定位时，形成线定位副，限制两个自由度。

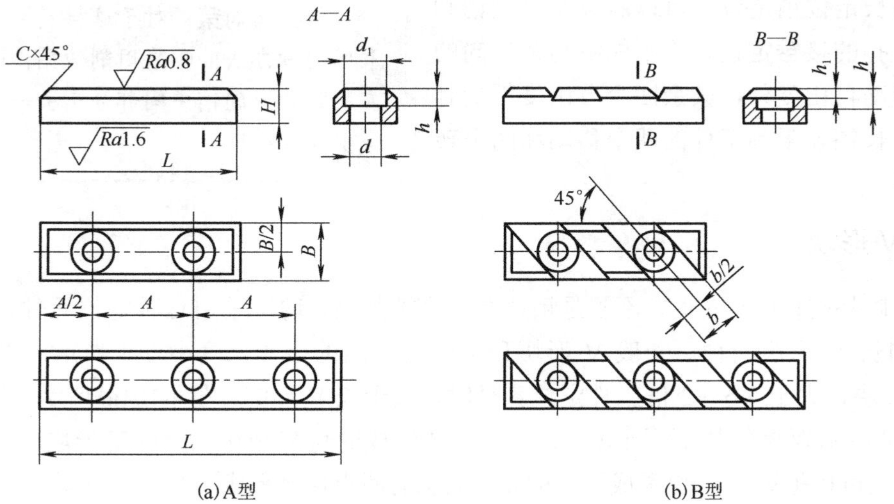

(a)A型　(b)B型

图4-8　支承板样式

4.3.3　定位销

定位销是工件以孔为基准时的最常用的定位元件。标准定位销的结构如图4-9所示。根据定位销和基准孔的有效接触长度与孔径比，分为短定位销和长定位销两种。一般有效长度L小于(0.5～0.8) d（d为孔径)时，可视为短销。有效长度L大于(0.8～1.2) d时，可视为长销。

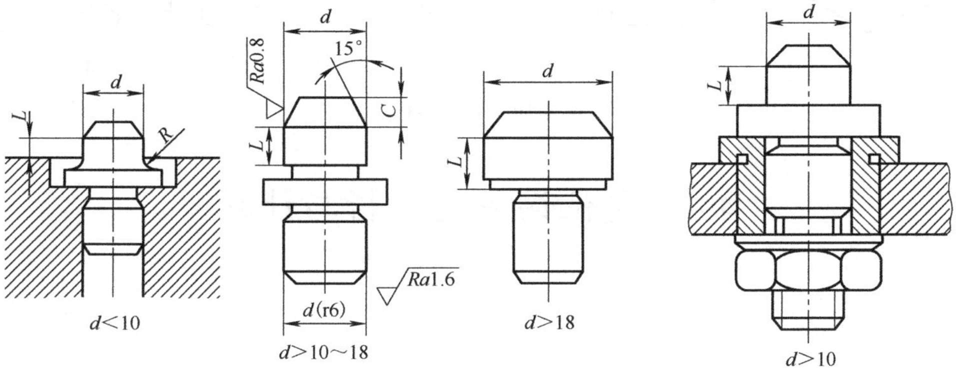

(a)　(b)　(c)　(d)

图4-9　定位销样式

从图4-9(a)看出，短销只限制了工件的X、Y方向移动两个自由度，不能限制Z方向的移动和转动自由度；从图4-9(b)看出，短销虽然能限制工件沿X、Y和Z方向移动，但是不能限制X、Y的转动自由度；图4-9(c)虽然也是短销，但是其d尺寸相对较大，限制工件X、Y、Z方向稳定性方向较图4-9(b)好；图4-9(d)属于可快速装卸型短销，即d尺寸可变换。

案例4-1

问题：某零件需要采用定位销定位，由于零件工作时有较大的振动，要求定位销定位部分较长，而过长的定位销往定位销孔中安装时又十分困难，采用什么办法解决？

工件用长定位销定位，可以看成两个短销和工件基准孔的接触定位。除不能限制 Z 方向的移动和转动自由度外，其余四个自由度都受到限制。故长销能限制工件的两个移动和两个转动自由度。

分析与对策： 对于这样的问题，可以采用两种办法：①采用削边销；②可以将安装到孔中的销中间部分车去一部分，来减少安装难度。

4.3.4 V 形块

工件以外圆柱面定位时，不管是粗基准还是精基准，均可采用这种定位元件。它也分短 V 形块和长 V 形块两种。一般 V 形块和工件定位面的接触长度小于工件定位直径时，属于短 V 形块，大于 1.5～2 倍工件定位直径时，属于长 V 形块。图 4-10(a)所示为短 V 形块，图 4-10(b)所示为两个中心平面重合的短 V 形块组成的长 V 形块。分析 V 形块所能限制的自由度时，也可以把短 V 形块看成无限的短，理想的两点接触形成两个点定位副，只能限制 Y、Z 方向的两个移动自由度。同理，长 V 形块四点接触形成四个点定位副，限制四个自由度，即 Y、Z 方向的移动和转动自由度。V 形块的 V 形角有 60°、90°、120° 三种，90° 的应用最广。目前 V 形块的结构尺寸已标准化。

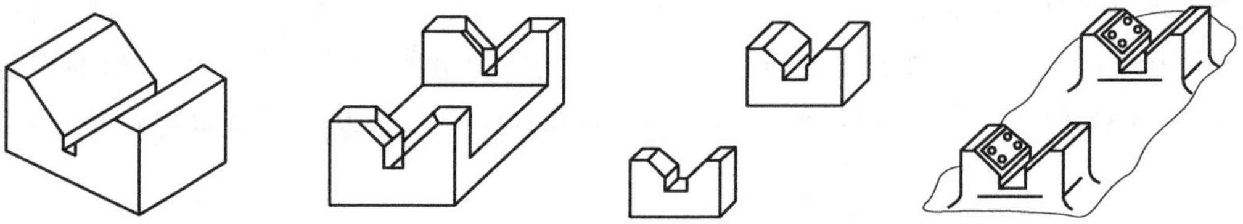

(a) (b) (c) (d)

图 4-10 V 形块样式

4.4 定位误差的分析与计算

工件的加工误差是指工件加工后在尺寸、形状和位置三个方面偏离理想工件的大小，它是由以下三部分因素产生的。

(1)工件在夹具中的定位、夹紧误差。

(2)夹具带着工件安装在机床上，相对机床主轴(或刀具)或运动导轨的位置误差，也称对定误差。

(3)加工过程中的误差，如机床几何精度、工艺系统的受力与受热变形、切削的误差。

其中，定位误差是指工序基准在加工方向上的最大位置变动量所引起的加工误差。可见定位误差只是工件加工误差的一部分。设计夹具定位方案时，要充分考虑此定位方案的定位误差的大小是否在允许的范围内，一般定位误差应控制在工件公差的 1/5～1/3。

1. 基准不重合带来的定位误差

夹具定位基准与工序基准不重合，两基准之间的位置误差会反映到被加工表面的位置上，所产生的定位误差称为基准转换误差。下面举两例进行说明。

1) 平面定位情形

图 4-11 所示的工件，加工面 C 的设计基准是 A 面，要求尺寸是 N。所设计夹具的定位基面是 B 面，尺寸 N 是通过控制 A_2 来保证的，是间接获得的。因此，N 是由 A_1、A_2 和 N 组成的工艺尺寸链的封闭环。由此可得

$$\Delta N = \Delta A_1 + \Delta A_2 \tag{4-1}$$

式中，ΔA_2 为本工序的加工误差；ΔA_1 为基准转换带来的加工误差。

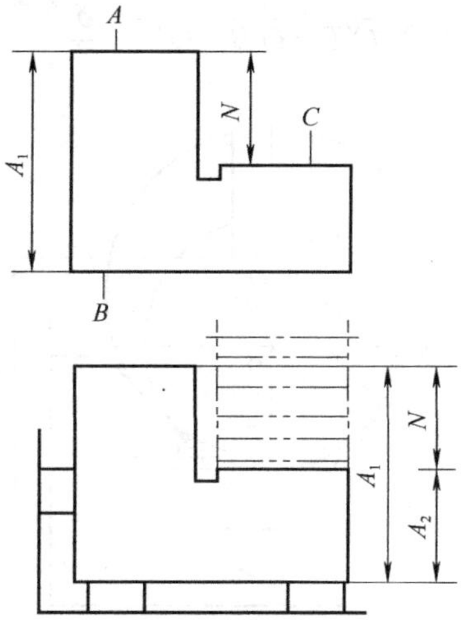

图 4-11　基准转换误差

2) V 形块定位

图 4-12 所示的圆柱表面上铣键槽，采用 V 形块定位。键槽深度有三种表示方法，以图 4-12(b) 为例进行分析。

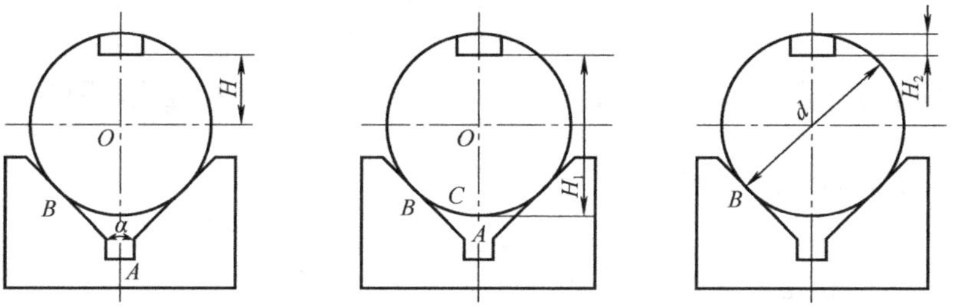

(a) 以轴心为测量基准　(b) 以轴外表面为测量基准　(c) 测量键槽深度

图 4-12　铣键槽的定位及尺寸标注

假设工件轴径 d 的中心为其尺寸公差的中心时，调整夹具中对刀块位置来补偿基准转换误差，使槽底距下母线的距离满足 H_1 要求。但当工件轴径分别为 $d+\delta/2$、$d-\delta/2$（δ 为工件轴径公差）时，工件与 V 形块接触位置为 B、A，又带来新的基准转换误差。

定位误差为

$$\Delta H_1 = H_1'' - H_1' = \bar{Q}'\bar{Q}''$$

从图 4-13 中可得

$$\bar{Q}'\bar{Q}'' = \bar{O}'\bar{Q}'' - \bar{O}'\bar{Q}' = \bar{O}'\bar{Q}'' + \bar{O}''\bar{Q}'' - \bar{O}'\bar{Q}'$$

其中，有

$$\bar{O}'\bar{Q}' = \frac{1}{2}(d + \delta / 2),$$

$$\bar{O}''\bar{Q}'' = \frac{1}{2}(d - \delta / 2)$$

$$\bar{O}'\bar{Q}'' = \bar{O}'T / \sin\frac{\alpha}{2},$$

$$\bar{O}'T = \bar{O}'\bar{B} - \bar{O}''\bar{A} = \frac{\delta}{2}$$

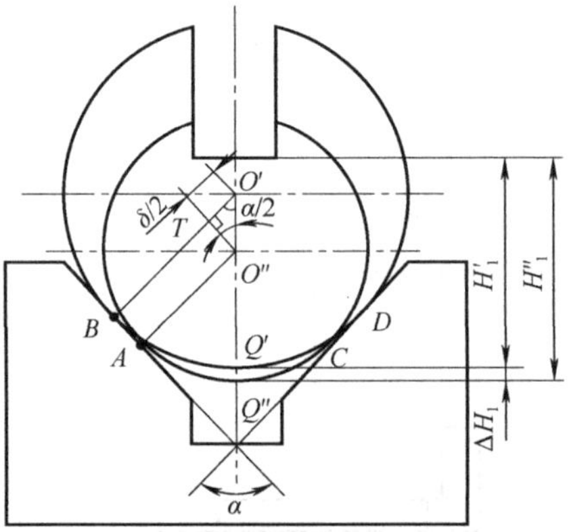

图 4-13　铣键槽的定位误差

代入 ΔH_1 的表达式中可得

$$\Delta H_1 = \bar{Q}'\bar{Q}'' = \frac{\delta}{2}\left(\frac{1}{\sin\frac{\alpha}{2}} - 1\right) \tag{4-2}$$

并记为 $\Delta H_1 = k\delta$ ，$k = \frac{1}{2}\left[\left(1/\sin\frac{\alpha}{2}\right) - 1\right]$。由于 V 形块角度 α 已标准化，因此，当 $\alpha = 120°$ 、90° 、60° 时，$k = 0.07$ 、0.207、0.5。

可见，120° V 形块定位精度高，但稳定性差，而 60° V 形块定位精度低，但稳定性高，90° V 形块定位精度和稳定性居中，应用最多。

同理，可推导出图 4-12(a)所示情况的定位误差为

$$\Delta H = \frac{\delta}{2\sin\frac{\alpha}{2}} \tag{4-3}$$

图 4-12(c)所示情况的定位误差为

$$\Delta H_2 = \frac{\delta}{2}\left(\frac{1}{\sin\frac{\alpha}{2}} + 1\right)$$

2. 间隙引起的定位误差

在使用心轴、销、定位套定位时，定位面与定位元件间的间隙可使工件定心不准产生定

位误差。图 4-14(a)所示的单圆柱销与孔的定位情况，其最大间隙为

$$\delta = D_{\max} - d_{\min} = \varDelta + \delta_x + \delta_g \tag{4-4}$$

式中，$D_{\max}$ 为定位孔最大直径(mm)；$d_{\min}$ 为定位销最小直径(mm)；$\varDelta$ 为销与孔的最小间隙(mm)；δ_x 为销的公差(mm)；δ_g 为孔的公差(mm)。

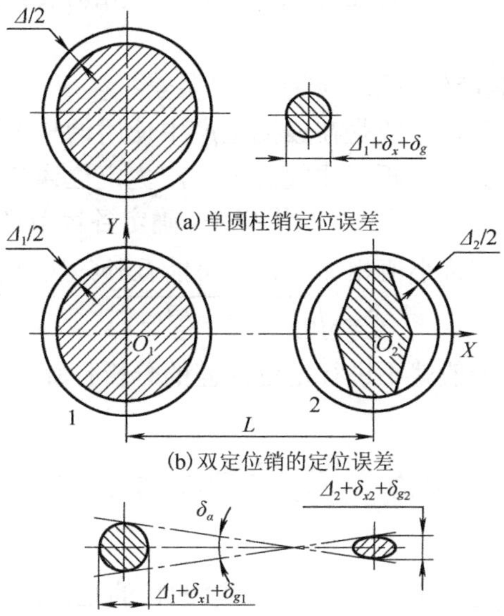

(a)单圆柱销定位误差

(b)双定位销的定位误差

(c)双定位销的转角误差

图 4-14　定位销定位误差

若销(孔)垂直放置时，由于销与孔之间有间隙，工件安装时孔中心可能偏离心，其偏离的最大范围是以 δ 为直径、中心为圆心的圆。若销(孔)水平放，或定位时让工件始终靠紧销的一侧，即定位以销的一条母线为基准，工件的定位误差仅为

$$\delta = \frac{1}{2}\left(\varDelta + \delta_x + \delta_g\right) \tag{4-5}$$

常用的一面两销定位的情况稍许复杂，如图 4-14(b)所示。平面限制三个自由度，圆柱销限制两个自由度。X、Y 方向定位误差如同单圆柱销定位，均为 $\delta_1 = \varDelta_1 + \varDelta_{x1} + \varDelta_{g1}$。而菱形销限制了绕 Z 方向的自由度，孔与菱形销在 Y 方向的定位 Z 误差为 $\delta_2 = \varDelta_2 + \varDelta_{x2} + \varDelta_{g2}$，它实际上是限制绕 Z 轴的转动。由于存在间隙，因而件产生一个转角误差，如图 4-14(c)所示的转角误差为

$$\begin{aligned}\frac{\delta_\alpha}{2} \approx \tan\frac{\delta_\alpha}{2} = \frac{\delta_1 + \delta_2}{2L_{\min}} &= \frac{\varDelta_1 + \varDelta_2 + \delta_{x1} + \delta_{x2} + \delta_{g1} + \delta_{g2}}{2L_{\min}} \\ &= \frac{D_{1\max} - d_{1\min} + D_{2\max} - d_{2\min}}{2L_{\min}}\end{aligned} \tag{4-6}$$

式中，$d_{2\min}$ 为菱形销最小直径(mm)；$d_{2\max}$ 为菱形销定位孔最大直径(mm)；$L_{\min}$ 为两定位销最小中心距(mm)。

3. 与夹具有关的因素产生的定位误差

这类因素基本上属于夹具设计与制造中的误差，有以下几种。

(1)定位基准面与定位元件表面的形状误差。

(2) 定位元件与定位元件间的位置误差，以及定位元件、对刀元件、导向元件、定向元件等的磨损。

(3) 导向元件、对刀元件与定位元件间的位置误差，以及其形状误差导致产生的导向误差和对刀误差。

(4) 夹具在机床上的安装误差，即定位误差导致工件相对刀具主轴或运动方向产生的位置误差。

(5) 夹紧力使工件或夹具产生变形，产生位置误差。

上述定位误差的分析计算，一般是在成批生产中使用调整法加工时，需要分析计算。对于具体夹具的定位误差需要具体分析，要找出各个产生定位误差的环节及大小，然后按照极值法或概率法求出总的定位误差。概率法的思想是，确定各环节产生定位误差 δ_1、δ_2、δ_3、…，它们不一定全为极大值相加或极小值相加，它们可能互补，因此概率法计算总的定位误差为

$$\delta = \sqrt{\delta_1^2 + \delta_2^2 + \delta_3^2 + \cdots} \tag{4-7}$$

如果采用试切法加工，一般就不进行定位误差的分析计算了。

4.5　夹紧机构设计

将工件定位后的位置固定下来称为夹紧，夹紧的目的是保持工件在定位中所获得的位置，使其在外力(夹紧力、切削力、离心力等外力)作用下，不发生移动和振动。

对夹紧装置的基本要求如下：

(1) 能保证工件定位后占据的正确位置，夹紧应有助于定位，不能破坏定位。

(2) 夹紧力的大小要适当、稳定。既要保证工件在整个加工过程中的位置稳定不变，又要使工件不产生过大的夹紧变形，夹紧力稳定可减少夹紧误差。

(3) 夹紧装置的复杂程度与生产类型相适应。工件的生产批量越大，就允许设计越复杂效率越高的夹紧装置。

(4) 工艺性好，使用性好。其结构应尽量简单，便于制造和维修；尽可能使用标准夹具零部件；操作方便、安全、省力。

(5) 手动夹紧时应有自锁性能，机动夹紧应有联锁保护装置，夹紧行程足够，夹紧机构有足够的强度和刚度。

4.5.1　夹紧力三要素分析

零件如果定位后没有夹紧，则会在加工过程中产生位移，仍然无法满足零件的技术质量要求。因此，工件在夹具中的夹紧力大小是夹具设计的重要参数。通常将夹紧力大小、方向和作用点称为夹紧力三要素。

1) 夹紧力方向的确定

(1) 夹紧力应朝向主要限位面。对工件只施加一个夹紧力，或施加几个方向相同的夹紧力时，夹紧力的方向应尽可能朝向主要限位面。如图 4-15(a) 所示，在角形支座工件上镗一个与 *A* 面有垂直度要求的孔，根据基准重合的原则，应选择 *A* 面为主要定位基准，因而夹紧力 *W* 应垂直于 *A* 面。不论 *A*、*B* 面的垂直度误差有多大，*A* 面始终靠近支承面，故易于保证垂直

度要求。若要求镗孔平行于 B 面，则夹紧力 W 应垂直于 B 面，如图 4-15(b)所示。

(2)应有利于减小夹紧力。当夹紧力与切削力及重力同方向时，所需夹紧力最小；当夹紧力与切削力及重力垂直或相反时，需要夹紧力最大。确定夹紧力方向时，应有利于使夹紧力减小。

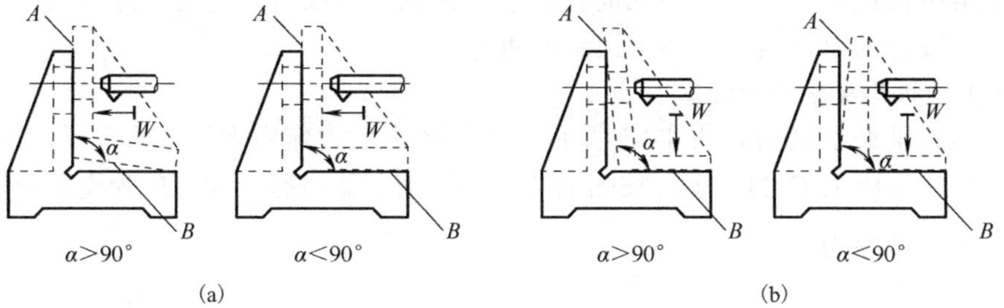

图 4-15　夹紧力方向

2)夹紧力作用点的确定

夹紧力作用点是指夹紧元件与工件相接触的部分的面积。选择夹紧力作用点的位置和数目，应考虑使工件稳定可靠，防止夹紧变形，确保加工精度。

(1)应能保证工件定位稳定，不致引起工件产生位移或偏转。图 4-16(a)所示夹紧力虽垂直于主要定位基准面，但作用点却在支承范围以外，夹紧力与支反力构成力矩，工件将产生偏转，使定位基准与支承元件脱离，从而破坏原有定位，为此，应将夹紧力作用在图 4-16(b)所示的稳定区域内。

(2)应使被夹紧工件的夹紧变形尽可能小，可采用增大工件受力面积和合理布置夹紧点位置等措施。如图 4-16(c)所示，采用较大弧面的卡爪，防止薄壁圆筒受力产生变形。

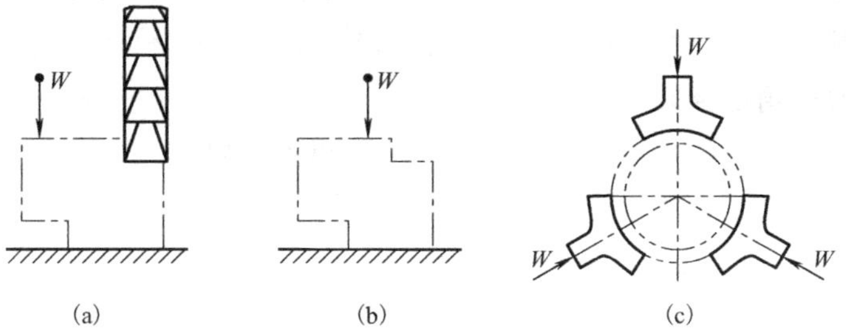

图 4-16　夹紧力作用点的选择

3. 夹紧力大小的确定

为了选择合适的夹紧机构及传动装置，应该知道所需的夹紧力大小。夹紧力要适当，过大会使工件产生变形，甚至压伤工件表面；过小则会在加工时松动，产生振动，使精度和安全无法保证。有关各种夹紧方式的夹紧力的计算在相关夹具设计手册中可以查阅。

当设计机动(气压、液压、电力)夹紧机构时，需要计算夹紧力的大小，以便确定动力部件的尺寸和功率。在实际应用中，动力部件尺寸可以参考同类型动力部件，进行类比设计。

计算夹紧力时，一般可以根据切削原理的公式求出切削力的大小，必要时算出惯性力和离心力的大小，然后与工件重力及加工所需理论夹紧力组成平衡力系，求出理论夹紧力，再根据具体情况，乘以 2～3 倍的安全系数，便是夹紧机构实际应该产生的夹紧力。

4.5.2 常用夹紧机构设计

夹具的夹紧机构虽然很多，但最基本的夹紧机构按机械原理分类有以下三种。

1. 斜楔夹紧机构

斜楔夹紧机构最适用于夹紧力大而行程小，且以气动或液压为动力源的夹具，它的结构形式很多，一般分为自锁斜楔和不自锁斜楔两种。

1)斜楔夹紧机构夹紧力的计算

最简单的斜楔夹紧机构如图 4-17 所示，动力源以 F_s 力作用于斜块的大端(图 4-17(a))，斜块施于工件的作用力 F_j 的大小可按图示的力的平衡关系进行计算。F_j 为支承反力，F_1 和 F_2 为接触面之间的摩擦力。

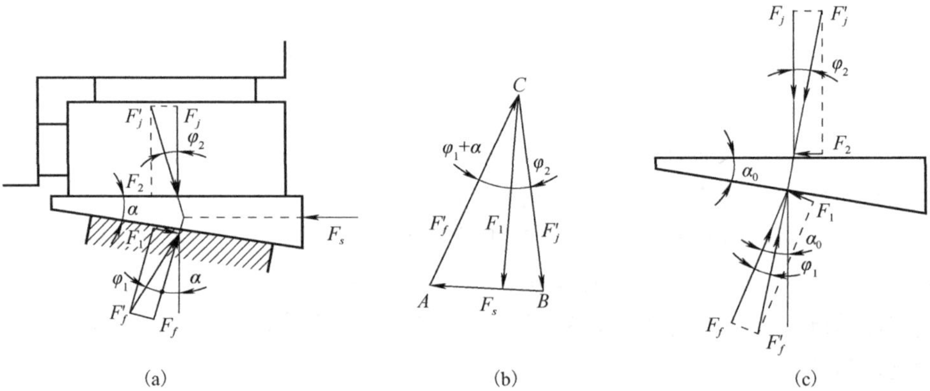

图 4-17　斜楔夹紧机构

设 F_j 和 F_1 的合力为 F_f'，F_j 和 F_2 的合力为 F_j'，则 F_f 和 F_f' 的夹角即为夹具体与斜块之间的摩擦角 φ_1，F_j 和 F_j' 夹角为工件与斜块之间的摩擦角 φ_2，夹紧时，F_s、F_j'、F_f' 三力平衡成图 4-17 所示的力三角形 ABC。可得

$$F_s = F_j'\sin\varphi_2 + F_f'\sin(\alpha+\varphi_1) \tag{4-8}$$

因为

$$F_j' = \frac{F_j}{\cos\varphi_2}$$

$$F_f' = \frac{F_j}{\cos(\alpha+\varphi_1)}$$

$$F_s = F_j\tan\varphi_2 + F_j\tan(\alpha+\varphi_1)$$

$$F_j = \frac{F_s}{\tan\varphi_2 + \tan(\alpha+\varphi_1)}$$

> **小总结 4-1**
>
> 斜楔夹紧机构的自锁条件要求：材料的摩擦角 α、夹具体与斜块之间的摩擦角 φ_1、工件与斜块之间的摩擦角 φ_2 的关系，应满足：$\alpha \leqslant \varphi_1+\varphi_2$。

2)斜楔夹紧机构的自锁条件

当动力源的作用力 F_s 为零时，斜块上的摩擦力 F_1 和 F_2 的方向应与图 4-17(a)所示的情况相反。根据力的平衡条件，合力 F_j' 与 F_f' 应大小相等、方向相反，并位于一条直线上，如图 4-17(c)所示，此时，$\alpha_0=\varphi_1+\varphi_2$，自锁条件则为

$$\alpha \leqslant \varphi_1+\varphi_2 \tag{4-9}$$

对于一般金属材料，$\alpha \leqslant 11° \sim 17°$。

2. 螺旋夹紧机构

螺旋夹紧机构利用螺旋直接夹紧工件，或与其他元件组合夹紧工件，它是应用较广泛的一种夹紧机构。图 4-18(a) 所示为最简单的螺旋夹紧机构，直接用螺杆压紧工件表面。图 4-18(b) 所示为典型的螺旋夹紧机构，为避免压坏工件表面和破坏原有定位，在螺杆头部装有摆动压块。由于螺旋夹紧机构具有结构简单、制造容易、夹紧可靠、扩力比大和夹紧行程不受限制等特点，所以在手动夹紧装置中被广泛采用。其缺点是夹紧动作慢、效率低，适用于振动不大的场合，多用于小型工件的夹具中。

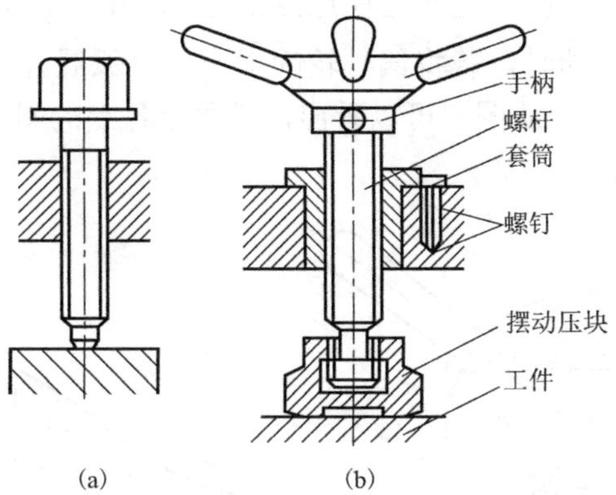

图 4-18　螺旋夹紧机构

如图 4-19 所示，手柄施加力矩 $M_Q = QL$，工件对螺杆端部反作用力为 W，可表示为

$$W = \frac{2QL}{d_2 \tan(\alpha + \varphi_1) + 2r' \tan \varphi_2} \tag{4-10}$$

式中，φ_1 为杆的摩擦角；φ_2 为螺杆断面与工件的当量摩擦角；r' 为螺杆断面与工件的当量摩擦半径。

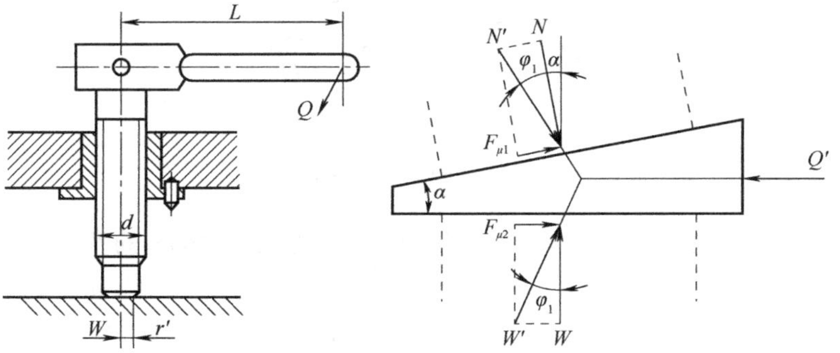

图 4-19　螺杆受力分析

3. 偏心夹紧机构

偏心夹紧机构的主要特点是：结构简单，动作迅速，但它的夹紧行程受偏心距的限制，夹紧力较小。偏心夹紧机构是一种快速动作的夹紧机构。偏心件有圆偏心和曲线偏心两种形式。曲线偏心因制造困难，很少使用，而圆偏心则因结构简单、制造方便而广泛应用。

1）偏心夹紧原理

图 4-20 所示为圆偏心夹紧机构工作原理图。圆偏心轮直径为D，几何中心为O_1，回转中心为O，偏心距为e，虚线圆为基圆，其直径为$D-2e$，图中阴影部分相当于一个绕在基圆盘上的弧形楔。当顺时针扳动手柄时，弧形楔逐渐地楔进基圆盘和工件中间，使工件得以夹紧；反之，逆时针扳动手柄即可实现松夹。通常圆偏心的夹紧力较小，自锁性能较差，一般只适用于切削力不大，且无很大振动的场合。因结构尺寸不能太大，为满足自锁条件，其夹紧行程也受到限制，只能用于工件受压面经过加工且位置变化较小的情况。

2)结构特点

(1)圆偏心轮的升角是变值。设轮周上任意点x的回转角为φ_x，回转半径为r_x，升角为α_x，当圆偏心轮绕回转中心O转动时，若将偏心轮的工作部分弧展开，就可得到一个具有曲线斜边的楔块，如图 4-20(b)所示。从图中可以看出，斜面上各点的斜率(即升角)不是常数，而是与夹紧点的位置有关的变量。

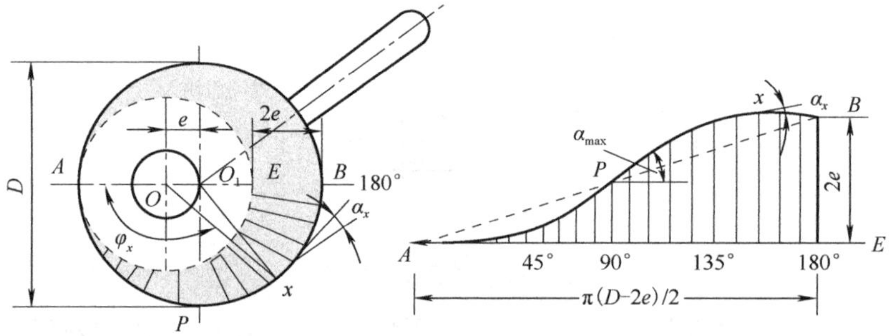

(a)圆偏心轮夹紧原理　　(b)圆偏心轮展开曲线

图 4-20　偏心轮夹紧原理

在三角形OO_1x中，由正弦定律，得

$$\frac{\sin\alpha_x}{e}=\frac{\sin(\pi-\varphi_x)}{D/2}$$

$$\sin\alpha_x=\frac{2e}{D}\sin(\pi-\varphi_x)=\frac{2e}{D}\sin\varphi_x$$

任意点x的升角为

$$\alpha_x=\arcsin\left(\frac{2e}{D}\sin\varphi_x\right) \tag{4-11}$$

从式(4-11)可知，偏心圆上各点的升角随回转角而变化。转角φ_x的变化范围为0°～180°。当$\varphi_x=0°$时，即A点处，$\alpha_A=0°$；随着回转角的增大，升角增大，当$\varphi_x=90°$时，即P点处，升角达到最大值，$\alpha_P=\alpha_{\max}=\arcsin(2e/D)$；继续转动圆心，升角逐渐减小，当$\varphi_x=180°$时，即$B$点处，$\alpha_B=0°$。

圆偏心各夹紧点升角变化的这一特性很重要，因为其夹紧工作区段的选择、自锁条件及夹紧力计算等，均与升角变化这一特性和最大升角$\alpha_{\max}$有关。

(2)圆偏心轮的夹紧行程及工作区域。圆偏心轮的工作部分，从理论上讲，可以使用从A到B的整个轮廓曲面，此时偏心轮的回转角变化范围为0°～180°，夹紧行程为0～$2e$，在实际生产中，因为P点处升角变化小，夹紧力比较稳定，所以通常取P点左右夹角为30°～45°的一段圆弧为工作部分。

(3) 圆偏心轮的自锁条件。由于圆偏心轮的弧形楔夹紧与斜楔夹紧相似，因此圆偏心夹紧机构实现自锁的条件为

$$\alpha_{max} \leqslant \varphi_1 + \varphi_2 \tag{4-12}$$

式中，α_{max} 为圆偏心轮的最大升角(°)；φ_1 为圆偏心轮与工件间的摩擦角(°)；φ_2 为圆偏心轮与回转轴销间的摩擦角(°)。

为安全起见，不考虑转轴处的摩擦，则 $\alpha_{max} \leqslant \varphi_1$，即

$$\tan\alpha_{max} = \tan\varphi_1$$

因为 α_{max} 很小，故可取

$$\tan\alpha_{max} = \sin\alpha_{max} = 2e/D$$

又因为

$$\tan\varphi_1 = \mu_1 \text{（} \mu_1 \text{为圆偏心轮与工件间的摩擦因数）}$$

所以，圆偏心轮自锁条件为

$$\frac{2e}{D} \leqslant \mu_1 \tag{4-13}$$

一般 $\mu_1 = 0.1 \sim 0.15$，则 $D/e \geqslant 14 \sim 20$，D/e 的值称为圆偏心特性系数。根据圆偏心特性系数，便可确定偏心圆的基本尺寸。一般是选定 μ_1 和 e，求 D。

3）夹紧力计算

由于圆偏心夹紧机构实际上是斜楔夹紧机构的一种变形，因此，在计算夹紧力时，可以把它的工作情况看作一个楔在转轴和工件之间的假想斜面。当偏心轮以 APB 弧的中点 P 作为施力点时，该点的升角最大，所产生的夹紧力最小，因此只需计算 P 点为施力点时的夹紧力即可。

图 4-21 所示为偏心轮以 P 点作为施力点夹紧时的工作状况。

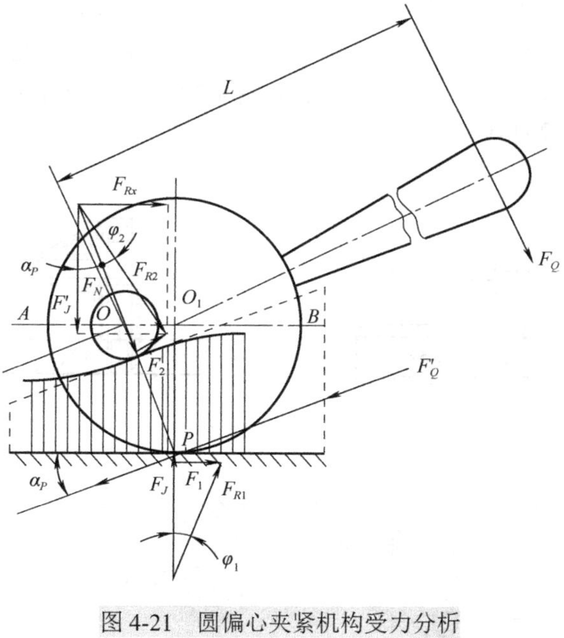

图 4-21　圆偏心夹紧机构受力分析

设作用于手柄的原动力为 F_Q，其作用点至回转中心 O 的距离为 L，则产生力矩 $M = F_Q L$。在此力矩 M 作用下，相当于在斜楔上施加了一个过点 P 的力 F'_Q，由力矩关系，得

$$F'_Q\rho = F_Q L$$

即

$$F'_Q = \frac{F_Q L}{\rho} \tag{4-14}$$

式中，ρ 为 P 点的回转半径。

假想斜楔上除受 F'_Q 外，还受来自工件的反力 F_J 和摩擦力 F_1，销轴的支反力 F_N 及摩擦力 F_2，由于 α_P 很小，忽略 F'_Q 的垂直分力 $F'_Q\alpha_P$，以简化计算，这样，销轴的支反力 F_N 及摩擦力 F_2 的合力 F_{R2} 在垂直方向的分力 F'_J 与工件的支反力 F_J 相平衡，即 $F'_J = F_J$。

在水平方向上，有

$$F_1 + F_{Rx} = F'_Q \cos\alpha_P$$

由于 α_P 很小，有

$$F'_Q \cos\alpha_P \approx F'_Q$$

$$F_1 = F_J \tan\varphi_1, \quad F_{Rx} = F'_J \tan(\alpha_P + \varphi_2) = F_J \tan(\alpha_P + \varphi_2)$$

即

$$F_J \tan\varphi_1 + F_J \tan(\alpha_P + \varphi_2) = F'_Q$$

所以，夹紧力为

$$F_J = \frac{F'_Q}{\tan\varphi_1 + \tan(\alpha_P + \varphi_2)} = \frac{F_Q L}{\rho\left[\tan\varphi_1 + \tan(\alpha_P + \varphi_2)\right]} \tag{4-15}$$

4）适用范围

圆偏心夹紧机构具有结构简单、夹紧迅速等优点，但它的夹紧行程小，增力倍数小，自锁性能差，故一般只用在被夹紧表面尺寸变动不大和切削过程振动较小的场合。圆偏心夹紧机构很少直接用于夹紧工件，经常与其他机构联合使用。图 4-22(a)、(b)所示为圆偏心轮—压板夹紧机构，压板上开有长槽，松开后可以快速撤离工件；图 4-22(c)所示为偏心轮与拉杆组成的夹紧机构，通过球面开口垫圈压紧工件；图 4-22(d)所示为直接用偏心圆弧将铰链压板锁紧在夹具体上，通过摆动压杆将工件夹紧。

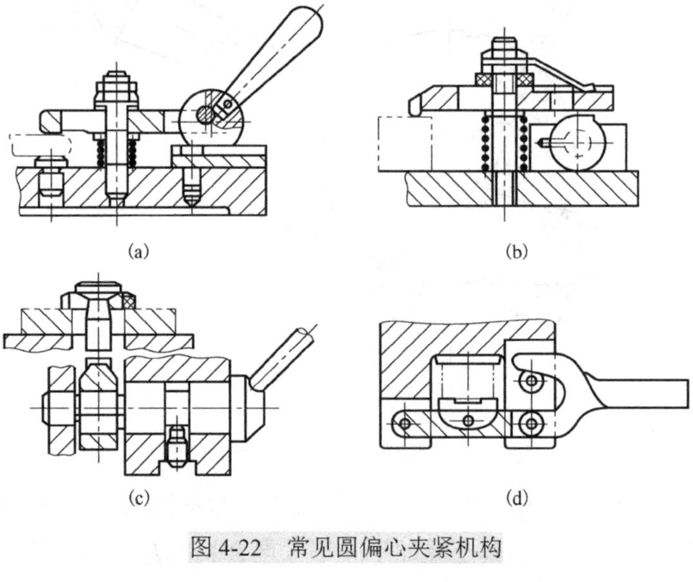

(a) (b) (c) (d)

图 4-22 常见圆偏心夹紧机构

4.5.3　典型机床的夹具

1. 车床夹具

1) 车床夹具的种类

安装在车床主轴上的夹具，根据被加工工件定位基准和夹具的结构特点，分为以下四类。

(1) 卡盘和夹头式车床夹具，以工件外圆为定位基面，如三爪自定心卡盘及各种定心卡头等。

(2) 心轴式的车床夹具，以工件内孔为定位基面，如各种定位心轴、弹簧心轴。图 4-23 所示为一车床上常用的带锥柄的圆柱心轴。

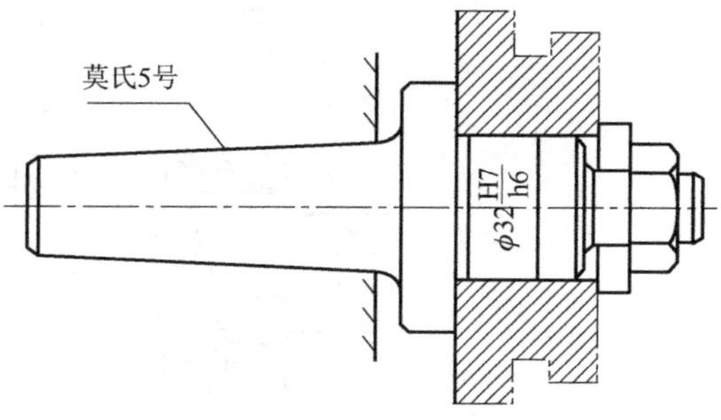

图 4-23　带锥柄的圆柱心轴

(3) 以工件顶尖孔定位的车床夹具，如顶尖、拨盘等。

(4) 角铁和花盘式夹具，以工件的不同组合表面定位。图 4-24 所示为汽车门顶杆端面的角铁式车床夹具。

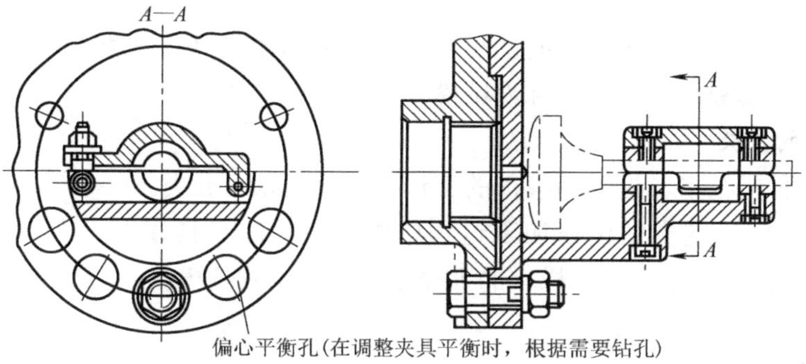

图 4-24　车门顶杆端面的角铁式车床夹具

2) 车床夹具设计要点

车床夹具工作时，和工件随机床主轴或花盘一起高速旋转，具有离心力和不平衡惯量。因此，设计夹具时，除了保证工件达到工序精度要求外，还应着重考虑以下问题。

(1) 车床夹具的总体结构。夹具结构应力求紧凑、轮廓尺寸小、质量小。

(2) 定位装置和夹紧装置的设计。车床夹具主要用来加工回转体表面，定位装置的作用必须使工件加工表面的轴线与车床主轴的回转轴线重合。

(3) 夹具的平衡问题。车床夹具高速回转，若不平衡，就会产生离心力，不仅增加主轴和轴承的磨损，还会产生振动，影响加工质量，降低刀具寿命。因此，设计车床夹具时，特别是角铁式、花盘式等结构不对称的车床夹具，必须采取平衡措施，以减少由离心力产生的振动和主轴、轴承的磨损。

(4) 夹具与机床的连接方式。其主要取决于夹具的结构和机床主轴前端的结构形式。

图 4-25 所示为车床夹具与车床主轴常用的连接方式。

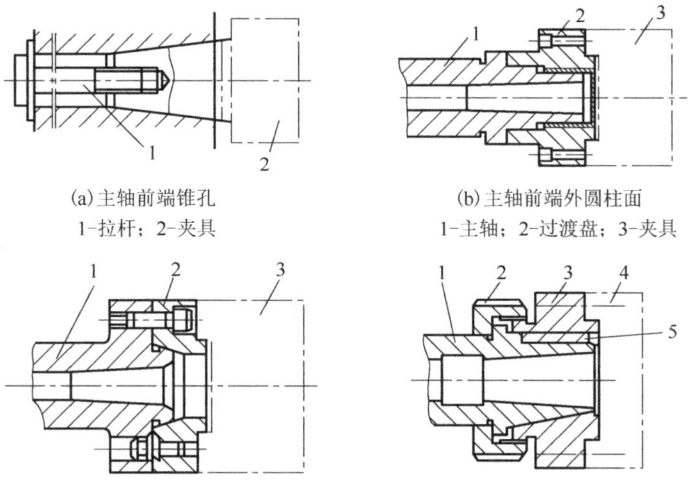

(a) 主轴前端锥孔
1-拉杆；2-夹具

(b) 主轴前端外圆柱面
1-主轴；2-过渡盘；3-夹具

(c) 主轴前端短圆锥面
1-主轴；2-过渡盘；3-夹具

(d) 主轴前端长圆柱面
1-主轴；2-锁紧螺母；3-过渡盘；
4-夹具；5-连接键

图 4-25　车床夹具与车床主轴常用的连接方式

2. 钻床夹具

在各种钻床上用来钻、扩、铰孔的机床夹具称为钻床夹具，这类夹具的特点是装有钻套和安装钻套用的钻模板，故习惯上称为钻模。

1) 钻床夹具的种类

钻床夹具的种类很多，根据钻模板的工作方式分为以下五类。

(1) 固定式钻模。这类钻模在加工过程中固定不动。夹具体上设有安放紧固螺钉或便于夹紧部件。图 4-26 所示为在阶梯轴的大端钻孔的固定式钻模。

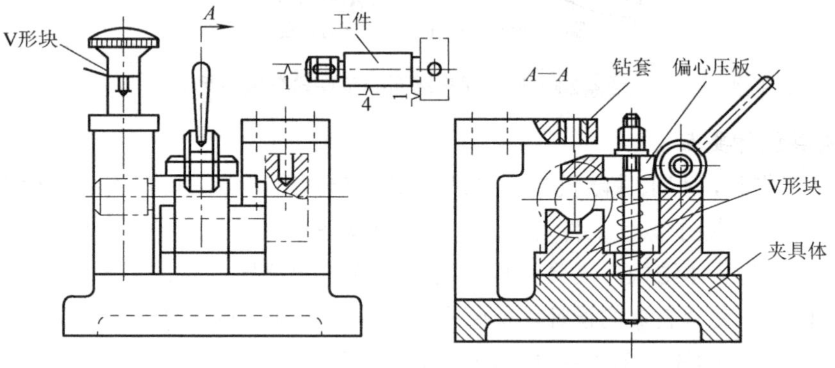

图 4-26　固定式钻模

(2) 回转式钻模。回转式钻模用于加工工件上同一圆周上的平行孔系或加工分布在同一圆周的径向孔系。

(3) 翻转式钻模。翻转式钻模是一种没有固定回转轴的回转钻模。

(4) 盖板式钻模。只有一块钻模板，钻模板上除了装钻套外，还有定位元件和夹紧装置。

(5) 滑柱式钻模。滑柱式钻模是带升降台的通用可调夹具。

2) 钻床夹具的设计要点

设计钻模时，应根据工件的形状、尺寸、工序的加工要求、使用的设备及生产类型，合理地选用钻模的结构形式。

3. 镗床夹具

镗床夹具又称镗模。它是用来加工箱体、支架等工件上的精密孔或孔系的机床夹具。由于箱体类零件的孔系加工精度要求较高，所以镗模的制造精度通常比钻模高，镗模的结构类型主要取决于引导镗刀杆的方法。

1) 镗床夹具的设计要点

设计镗模时，除了定位、夹紧装置外，主要考虑与镗刀密切相关的刀具导向装置的合理选用，镗套、镗杆的结构形式和精度直接影响被加工孔的精度。另外，还要注意以下几点。

(1) 镗床的引进结构。由于镗套的结构类型不一样，因此镗杆的引进结构也不一样。

(2) 浮动接头。当用双支承镗模镗孔时，镗杆通过浮动接头与机床主轴浮动连接。图 4-27 所示为连接镗杆与机床主轴的浮动接头。

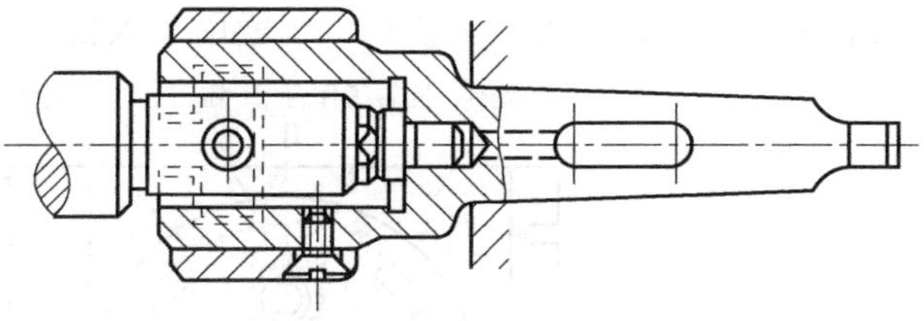

图 4-27　浮动接头

(3) 镗模支架。镗模支架主要用来安装镗套和承受切削力，因此要求有足够的刚性和稳定性，在结构上一般要有较大的安装基面和设置必要的加强筋，而且支架上不允许安装夹紧机构和承受夹紧反力，以免支架变形而破坏精度。镗模支架和底座为铸铁，常分开制造，这样便于加工、装配和时效处理。它们要有足够的强度和刚度，以保证加工过程的稳定性。尽量避免采用焊接结构，宜采用螺钉和销钉刚性连接。

(4) 镗模底座。镗模底座与其他夹具体相比要厚，且内腔设有十字形加强筋。在底座面对操作者一侧应加工有一窄长平面，以便将镗模安装于工作台上时用于找正基面。底座上应设置适当数目的耳座，以保证镗模在机床工作台上安装牢固可靠。

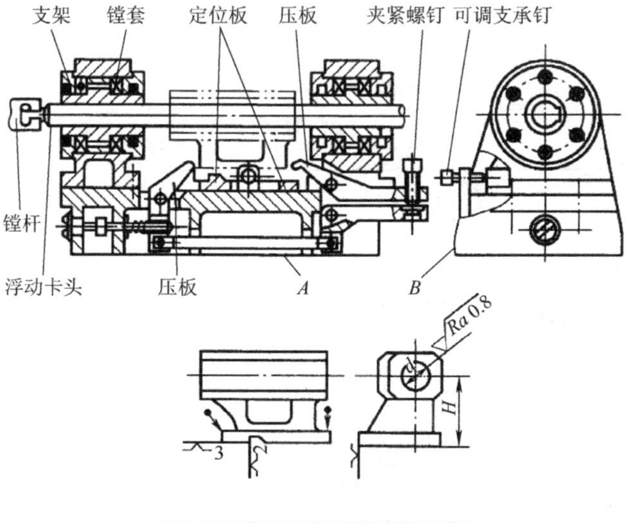

图 4-28　镗削车床尾座孔镗模

2) 镗床夹具典型结构示例

图 4-28 所示为镗削车床尾座孔镗模，镗模的两个支承分别设置在刀具的前方和后方。杆和主轴之间通过浮动卡头连接。工件以底面、槽及侧面在定位板及可调支承钉上定位，限制工件的六个自由度。采用联动夹紧机构，拧紧夹紧螺钉，压板同时将工件夹紧。镗模支架上装有滚动回转镗套，用以支承和引导镗杆。镗模以底面 A 作为安装基面安装在机床工作台上，其侧面设置找正基面 B，因此可不设定位键。前后双支承镗模，一般用于镗削孔径较大、孔的长径比 $L/D<1.5$ 的通孔或孔系，其加工精度较高，但

更换刀具不方便。工件在刚性好、精度高的坐标镗床或数控机床、加工中心上镗孔时，夹具上不设置镗模支承，加工孔的尺寸和位置精度均由镗床保证。这类夹具只需设计定位装置、夹紧装置和夹具体。

4. 铣床夹具

1) 铣床夹具的类型

由于夹具大都与工作台一起做进给运动，其结构常取决于铣削的进给方式，进给方式分为直线进给式、圆周进给式和仿形进给式三类。

(1) 直线进给式。最常见的铣床夹具是直线进给式，其中又有单工件、多工件之分，或单工位、多工位之分。这类铣床夹具多用于中、小批量生产。

(2) 圆周进给式。通常用在具有回转工作台的立式铣床上，工作台同时安装多套相同的，或多套粗、精两种夹具，工件在工作台上呈现连续圆周进给方式，工件依次经过切削加工，在非切削区装卸，生产率较高，一般用于大批大量生产，如图 4-29 所示。

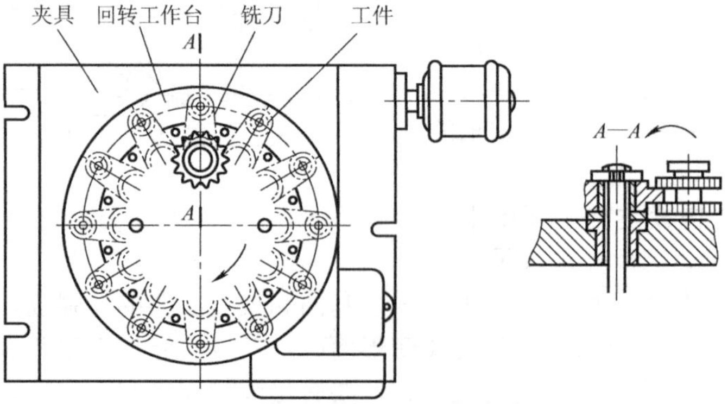

图 4-29　圆周进给式铣床夹具

(3) 仿形进给式。用于加工曲线轮廓的工件，常见于立式铣床。按进给方式，铣床夹具又可分为直线进给仿形和圆周进给仿形铣床夹具，如图 4-30 所示为圆周进给仿形铣床夹具。

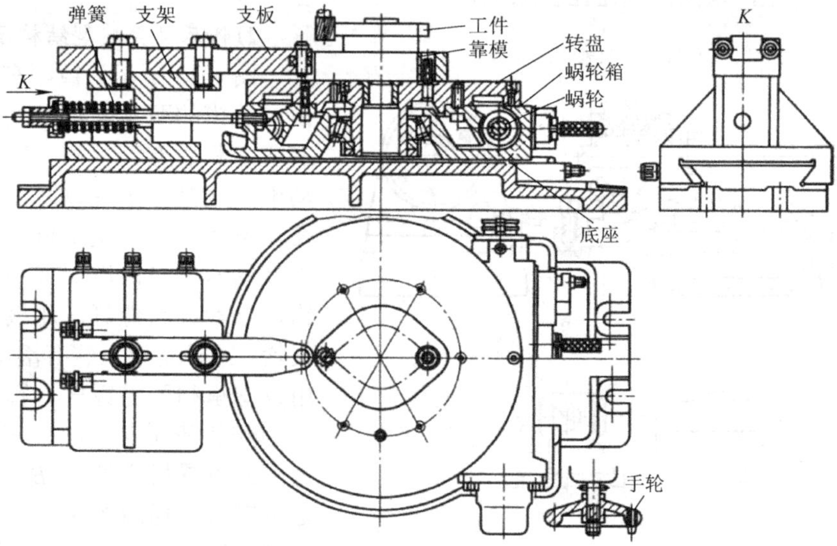

图 4-30　圆周进给仿形铣床夹具

2)设计注意事项

(1)铣床夹具的受力元件及夹具体要有足够的强度和刚度。由于铣削加工是断续切削，夹紧力较大，又容易产生切削振动，在批量大的生产中又往往采用多工件、多工位方案，因此夹具的强度、刚度应给予足够的重视。

(2)铣床夹具一般均设置对刀装置和定向键，保证工件与刀具、工件与进给运动方向之间的位置精度。夹具体底平面上的定向键一般与工作台上中间 T 形槽配合，因为该 T 形槽精度高，且与导轨纵向运动方向平行。

(3)铣床夹具一般要在工作台上对定后固定。对于矩形铣床工作台，一般是通过两侧 T 形槽用 T 形槽螺钉来固定夹具，因此夹具体底板两端平台上应开有两个 U 形口，U 形口中心和定向键中心距必须与选用机床工作台上 T 形槽的中心距相符。

4.5.4　组合夹具的设计

1. 组合夹具的特点

组合夹具是在夹具元件标准化、通用化的基础上发展起来的一种可重复使用的夹具系统。可用几小时的组装周期代替几个月的设计制造周期，从而缩短了生产周期，节省了工时和材料，降低了生产成本，还可减少夹具库房面积，有利于企业管理。

组合夹具的元件精度高、耐磨，并且实现了完全互换，元件精度一般为 IT5 / IT7 级。用组合夹具加工的工件，位置精度一般可达 IT8～IT9 级，若精心调整，可以达到 IT7 级。

2. 组合夹具的分类

组合夹具通常分为槽系和孔系两大类。

(1)槽系组合夹具。槽系组合夹具是指元件上制作有标准间距的相互平行及垂直的 T 形槽或键槽，通过键在槽中的定位，能准确决定各元件在夹具中的准确位置，元件之间通过螺栓连接和紧固。

(2)孔系组合夹具。孔系组合夹具是指夹具元件之间的相互位置由孔和定位销来决定，而元件之间的连接仍由螺纹连接紧固。

(3)孔系与槽系组合夹具的组合。图 4-31 所示为槽系组合夹具立体图及其分解图。

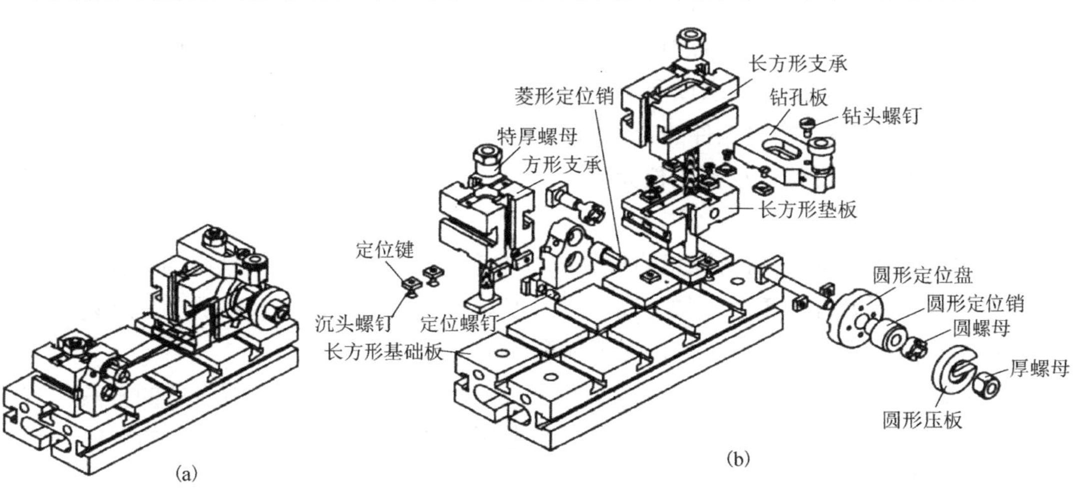

图 4-31　槽系组合夹具立体图及其分解图

(4) 槽系组合夹具元件及其分类。一般来说，槽系组合夹具元件可分为8类，即基础件、支承件、定位件、导向件、压紧件、紧固件、其他件和组合件。图4-32所示为分类中典型的元件。

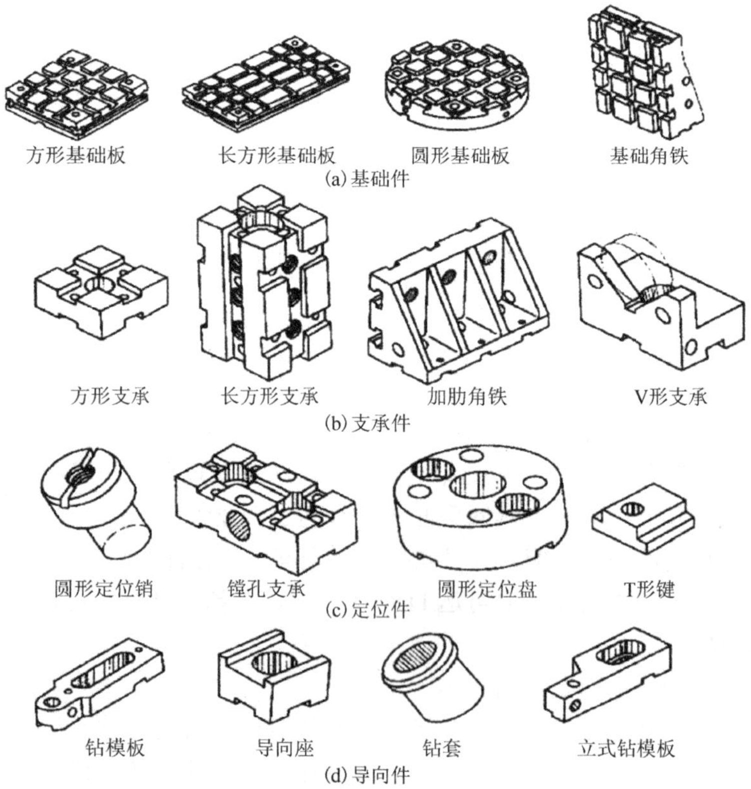

图4-32 槽系组合夹具分类中典型的元件

孔系组合夹具典型元件大体上可分成5类，即基础件、结构件、定位件、夹紧件和附件。图4-33所示为一个典型的孔系组合夹具分解图。

组合夹具的组装过程一般按以下步骤进行。

(1) 组装前的准备。组装前必须熟悉组装工作的原始资料，即工件的图样和工艺规程，了解工件的形状、尺寸和加工要求以及所使用机床、刀具等情况。

(2) 确定组装方案。按照工件的定位原理和夹具的基本要求，确定工件的定位基准，需限制的自由度以及夹紧部位，选择定位元件、夹紧元件以及相应的支承件、基础板等，初步确定夹具的结构形式。

(3) 试装。试装是将前面所设想的夹具结构方案，在各元件不完全紧固的条件下，先组装一下。对有些主要元件的精度，如等高、垂直度等，需预先进行测量和挑选。组装时应合理使用元件，不能在损害元件精度的情况下任意使用。

(4) 连接。经过试装验证的夹具方案，即可正式组装。组装时需配置合适的量具和组装用工具、辅具。首先应清除元件表面的污物，装上所需的定位键，然后按一定的顺序将有关元件用螺栓和螺母连接起来。

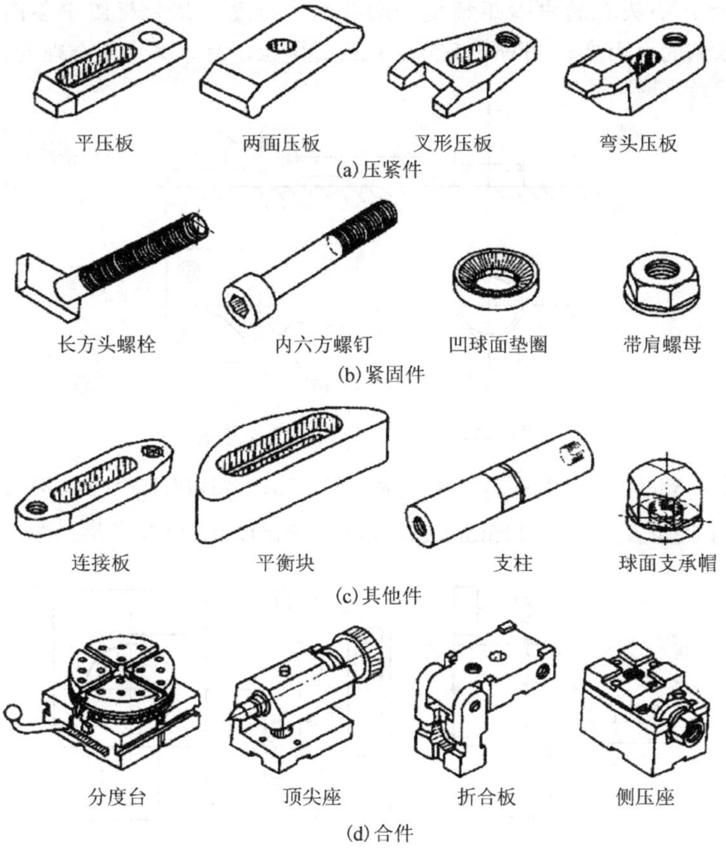

图 4-33　典型的孔系组合夹具分解图

(5) 检测。元件全部紧固后，便可检测夹具的精度。检测夹具的总装精度时，应以积累误差最小为原则来选择测量基准。测量同一方向的精度时，应以基准统一为原则。夹具的检测项目，可根据工件的加工精度要求确定，除有关尺寸精度外，还包括同轴度、平行度、垂直度、位置度等公差要求。

习题与思考

4-1　简述机床夹具的发展历史。

4-2　机床夹具是如何分类的？

4-3　机床夹具一般由哪几部分组成？

4-4　定位和夹紧有什么区别和联系？

4-5　什么是六点定位原理？长方体、轴类和盘类零件的定位点有何不同？

4-6　不完全定位与欠定位都没有限制工件的全部六个方向的自由度，它们之间有何本质不同？

4-7　叙述定位误差的概念、产生的原因及其计算方法。

4-8　图 4-34 用于加工连杆 A、B 两端面和钻铰连杆小头孔，应保证连杆两平面的平行度和尺寸精度，大、小头孔的中心距精度和两孔的平行度。试分析图中各图的定位方案，指出各定位元件所限制的自由度，判断有无欠定位或过定位，对方案中不合理处提出改进意见。

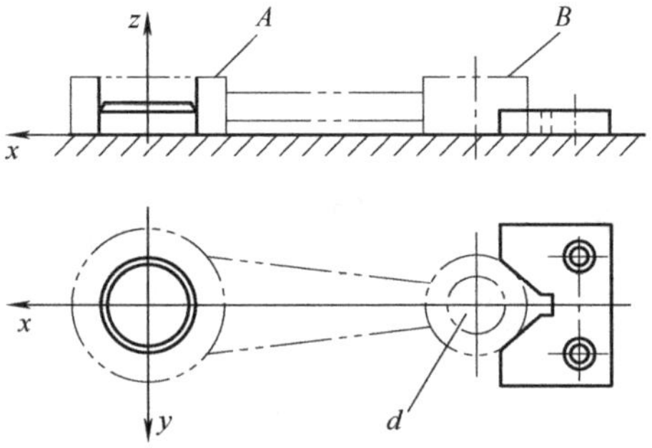

图 4-34　加工连杆夹具定位方案

4-9　设计图 4-35 所示的托架工件车削 ϕ75H7 孔、ϕ100h7 外圆及端面 A、B 的夹具装配图。其中，工件底面 B 及尺寸 115mm ± 0.1mm 两侧面均已加工完毕。

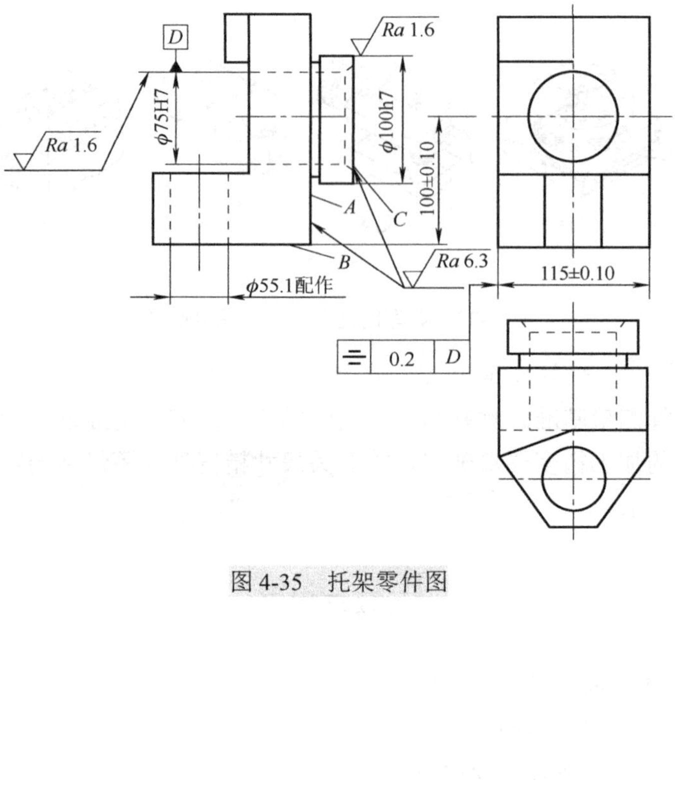

图 4-35　托架零件图

第 5 章　金属切削刀具设计

5.1　概　　述

金属切削加工是现代机械制造工业中用得最广泛的一种加工方法，据统计，在整个制造加工过程中所占的比例为 80%～85%。而刀具则是其中不可缺少的最重要的工具之一。无论是普通机床，还是先进的数控机床和加工中心机床，以及柔性制造系统（Flexible Manufacturing System，FMS），都必须依靠刀具才能完成切削工作。刀具的发展对提高生产效率和加工成本具有直接影响。

实践证明，刀具技术的进步，可以成倍、成十倍地提高工效，而且改革简便，收效显著。因此，合理使用各种标准刀具（专业厂按国家标准或部颁标准生产的刀具）和掌握常用的一些非标准刀具（如成形车刀等）的设计方法对整个机械制造工业有着重要的现实意义。常见的部分金属切削刀具如图 5-1 所示。

(a) 车刀

(b) 铣刀

(c) 镗刀

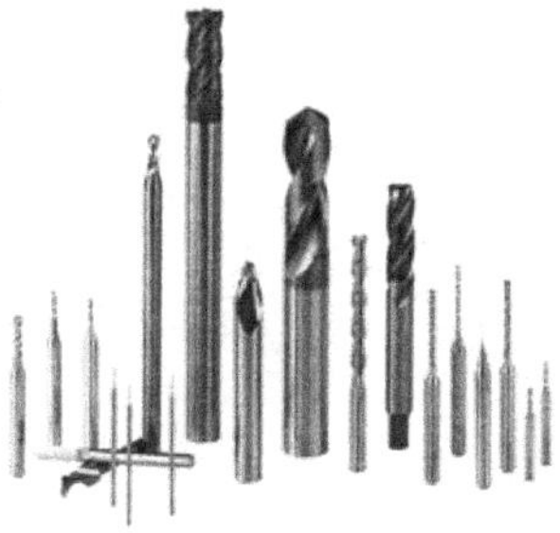

(d) 钻头

(e) 滚齿刀

(f) 砂轮

图 5-1　部分金属切削刀具

本章知识要点

(1) 了解金属切削刀具的发展史，刀具在机械制造中的作用、地位和发展趋势，金属切削刀具的分类。

(2) 掌握金属切削刀具的几何角度、切削要素和基本设计方法。

兴趣实践

(1) 到学校机械实习厂或机械制造企业去重点了解金属切削刀具原理及结构。

(2) 用学到的金属切削刀具知识，尝试着磨钻头、车刀等刀具。查看你磨过的刀具是否好用？注意观察刀具的前角、后角、楔角、主偏角、副偏角等。

探索思考

金属切削刀具的几何角度很重要，随着加工零件材料和要求不同，几何角度是要变化的。通常加工硬材料和相对软材料，前角、后角、主偏角有什么变化？

预习准备

(1) 翻阅金属切削刀具相关书籍，了解常用金属切削刀具。

(2) 重点阅读刀具的几何角度及切削要素，以及刀具的几何参数等内容。

5.2 刀具的几何角度及切削要素

5.2.1 切削运动与切削用量

1. 切削运动与切削层

切削加工时，按工件与刀具的相对运动所起的作用不同，切削运动可分为主运动与进给运动。图 5-2 表示了车削运动、切削层及工件上形成的表面。

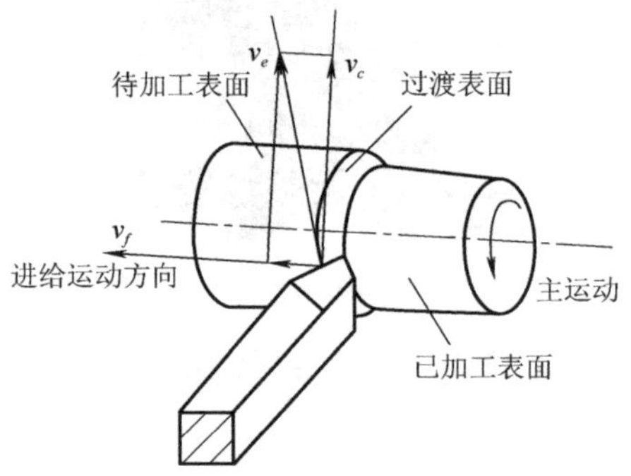

图 5-2 车削运动、切削层及工件上形成的表面

待加工表面指工件即将被切除的表面；过渡表面是工件上由切削刃正在形成的表面；已加工表面指工件上切削后形成的表面。

(1) 主运动。主运动是由机床或人力提供的主要运动，它使刀具和工件之间产生相对运动，从而使刀具前面接近工件并切除切削层。一般来说，主运动的切削速度(v_c)最高，消耗的机床功率也最大。在图 5-2 中，工件旋转是主运动。

(2) 进给运动。进给运动是刀具与工件之间产生的附加运动，以保持切削连续地进行。图 5-2 中，v_f是车外圆时纵向进给速度，它是连续的，而横向进给运动是间断的。图 5-3 所示为各种刀具在切削过程中的主运动和进给运动。

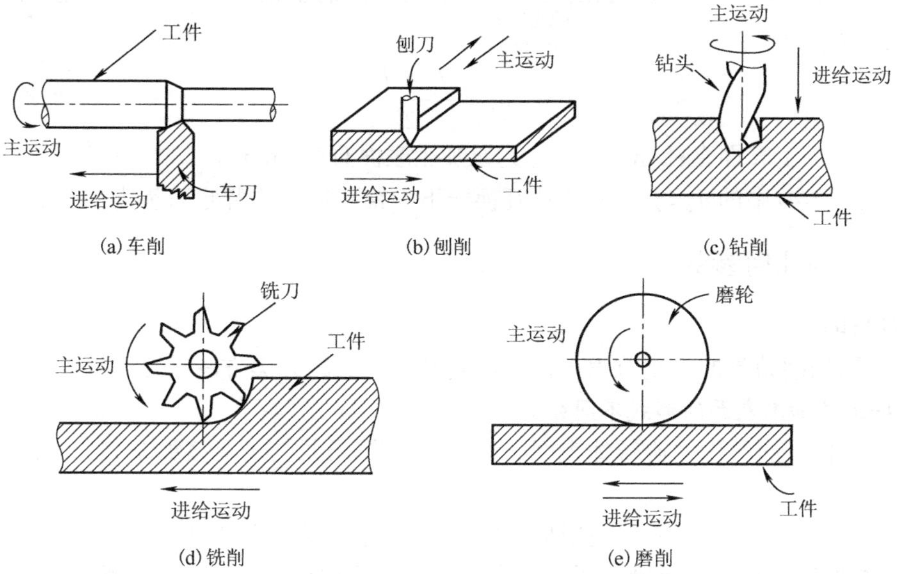

图 5-3　各种刀具在切削过程中的主运动和进给运动

(3) 合成切削运动。当主运动和进给运动同时进行时，由主运动和进给运动合成的运动称为合成切削运动。刀具切削刃上选定点相对工件的瞬时合成运动方向称为合成切削运动方向，其速度称为合成切削速度。该速度方向与过渡表面相切，如图 5-3 所示。合成切削速度 v_e 等于主运动速度 v_c 和进给运动速度 v_f 的矢量和，即

$$v_e = v_c + v_f \tag{5-1}$$

(4) 辅助运动。除主运动、进给运动以外，机床在加工过程中还需完成一系列其他运动，即辅助运动。辅助运动的种类很多，主要包括刀具接近工件，切入、退离工件，快速返回原点的运动；为使刀具与工件保持相对正确位置的对刀运动；多工位工作台和多工位刀架的周期换位，以及逐一加工多个相同局部表面时，工件周期换位所需的分度运动等。另外，机床的起动、停车、变速、换向，以及部件和工件的夹紧、松开等操纵控制运动，也属于辅助运动。辅助运动在整个加工过程中是必不可少的。

2. 切削用量

切削用量是用来表示切削运动、调整机床参数的参量，可用它对主运动和进给运动进行定量表述。切削用量包括切削速度 v_c、进给量 f 和背吃刀量 a_p (切削深度) 三个要素。

(1) 切削速度(v_c)。切削速度是指切削刃选定点相对工件主运动的瞬时速度，单位为 m/s

或 m/min。车削时切削速度计算式为

$$v_c = \frac{\pi dn}{1000} = \frac{dn}{318} \tag{5-2}$$

式中，n 为工件或刀具的转速(r/min)；d 为工件或刀具选定点旋转直径(mm)。

(2)进给量(f)。进给量为刀具在进给运动方向上相对工件的位移量，可用工件每转(行程)的位移量来表示，进给量又可用进给速度(v_f)表示，进给速度指切削刃选定点相对工件进给运动的瞬时速度，单位为 mm/s 或 m/min。车削时进给运动速度为

$$v_f = nf \tag{5-3}$$

(3)背吃刀量(a_p)。已加工表面与待加工表面之间的垂直距离，称为背吃刀量(mm)。车削外圆时，背吃刀量为

$$a_p = \frac{d_w - d_m}{2} \tag{5-4}$$

式中，d_w 为待加工表面直径(mm)；d_m 为已加工表面直径(mm)。

镗孔时式(5-4)中的 d_w 与 d_m 的位置互换一下。钻孔加工的背吃刀量为钻头的半径。

5.2.2 刀具的几何参数

1. 刀具的分类

目前金属切削刀具的类型有很多，下面是几种常用的分类方法。

1)根据工件加工表面的形式不同分类

(1)各种外表面(平面、旋转体表面、沟槽和台阶等)加工刀具，如车刀、刨刀、铣刀、外表面拉刀和锉刀等。

(2)孔加工刀具，如钻头、扩孔钻、铰刀、镗刀和内表面拉刀等。

(3)螺纹加工刀具，如丝锥、板牙、自动开合螺纹切头、螺纹车刀和螺纹铣刀等。

(4)齿轮加工刀具，如滚刀、插齿刀、剃齿刀等。

(5)切断刀具，如镶齿圆锯片、带锯、弓锯、切断车刀和锯片铣刀等。

2)根据切削运动方式和相应的刀刃形状分类

(1)通用刀具，如车刀、刨刀、铣刀、镗刀、钻头、铰刀和锯刀等。

(2)成形刀具，如成形车刀、成形刨刀、成形铣刀、拉刀、圆锥铰刀和螺纹加工刀具等。

(3)展成刀具，如滚刀、插齿刀、剃齿刀等。

另外，还有组合刀具、涂层刀具等。各种刀具的结构都由装夹部分和工作部分组成。整体结构刀具的装夹部分和工作部分都在刀体上；镶齿结构刀具的工作部分(刀齿或刀片)则镶装在刀体上。

3)根据使用场合不同分类

(1)标准通用刀具，例如，车刀中的可转位式刀具；铣刀类的圆柱平面铣刀、平面端铣刀、槽铣刀、角度铣刀；孔加工刀具中的钻头、扩孔钻、锪钻、铰刀；螺纹刀具中的丝锥、板牙、螺纹梳刀、螺纹铣刀等。

(2)标准专用刀具，如多齿刀具类中的盘类齿轮铣刀、插齿刀、滚刀、齿刀、锥齿轮刀具等。

(3)专用刀具，如成形车刀、成形铣刀、拉刀、蜗轮滚刀、花键滚刀等。

标准通用刀具与标准专用刀具一般由国家专门机构按标准化设计，由专业生产厂生产，提供给用户。对于标准通用刀具主要是正确选择、合理使用，对于标准专用刀具还有使用前的验算问题。

上述众多刀具又可分为单刃和多刃刀具，以及各种复杂刀具或多齿刀具。但是，如果拿出其中的一个刀齿，其几何形状都相当于一把车刀的刀头。为此，在确立刀具的基本定义时，通常以普通外圆车刀为基础进行讨论和研究，从而使问题得到简化。

2. 刀具的组成

任何刀具通常由刀头和刀体两部分组成，如图 5-4 所示。

刀具切削部分由刀面、切削刃构成。刀面用字母 A 与下角标组成的符号标记，切削刃用字母 S 标记。副切削刃及其相关的刀面在标记时用右上角加一撇以示区别。

(1) 前面（A_γ）是产生切削力的面，同时又是切屑接触并流过的刀面。

(2) 主后面（A_α）是与工件上的过渡表面相对的刀面。

(3) 副后面（A'_α）是与工件上的已加工表面相对的刀面。

(4) 主切削刃（S）是前面与主后面相交的棱线。切削过程中由它产生过渡面，担任主要的切削工作。

(5) 副切削刃（S'）是前面与副后面相交的棱线。切削过程中由它产生已加工面，同时修整已加工表面和协同主切削刃完成金属的切削工作。

(6) 刀尖是主切削刃与副切削刃的交点。

由于切削刃不可能刃磨得很锋利，总有一些刃口圆弧，刀楔的放大部分如图 5-5(a) 所示。刃口的锋利程度用主切削刃上的法断面 $p_n — p_n$ 中钝圆半径 r_n 表示，一般工具钢刀具厂 r_n 为 0.01～0.02mm，硬质合金刀具厂 r_n 为 0.02～0.04mm。

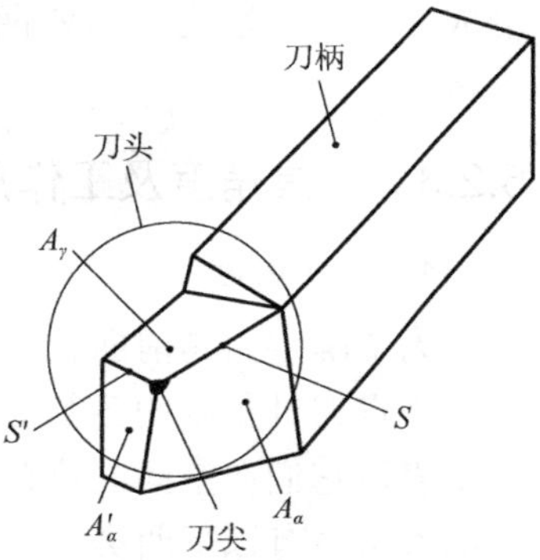

图 5-4　车刀切削部分构成

小思考 5-1

车刀切削部分主要由哪几部分构成，各起什么作用？通常用什么办法来改善刀尖的切削性能？

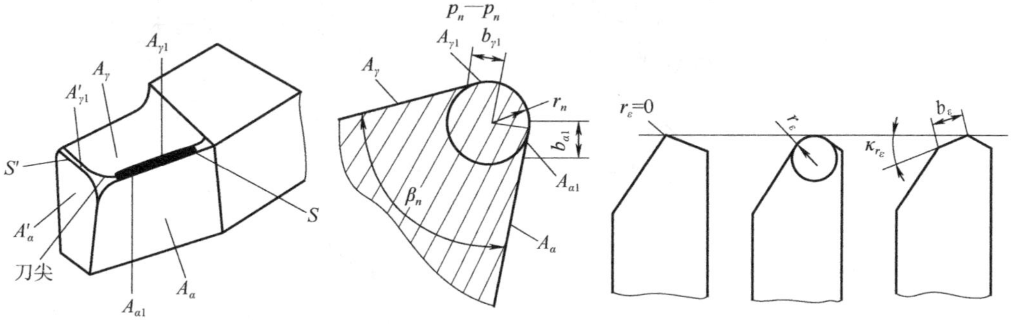

(a) 刀楔和刀断面形状　　(b) 刀尖形状

图 5-5　刀楔、刀尖形状参数

为了提高刃口强度以满足不同的加工要求，在前、后面上均可磨出倒棱面 $A_{\gamma1}$、$A_{\alpha1}$，如图 5-5(a) 所示。$b_{\gamma1}$ 是第一前面 $A_{\gamma1}$ 的倒棱宽度；$b_{\alpha1}$ 是第一后面 $A_{\alpha1}$ 的倒棱宽度。在后刀面上磨出的 0° 侧棱面俗称刃带。

为了改善刀尖的切削性能，常将刀尖做成修圆刀尖或倒角刀尖，如图 5-5(b)所示。其参数有以下几个。

① 刀尖圆弧半径 r_ε，它是在基面上测量的刀尖倒圆的公称半径。

② 倒角刀尖长度 b_ε。

③ 刀尖倒角偏角 k_{r_ε}。

不同类型的刀具，其刀面、切削刃数量不同。但组成刀具的最基本单元是两个刀面汇交形成的一个切削刃，简称两面一刃。任何复杂的刀具都可将其分解为一个个基本单元进行分析。

5.2.3 刀具角度及工作角度

1. 刀具角度

为了确定刀具前面、后面及切削刃在空间的位置，首先应建立参考系，它是一组用于定义和规定刀具角度的各基准坐标平面。用刀具前面、后面和切削刃相对各基准坐标平面的夹角来表示它们在空间的位置，这些夹角就是刀具切削部分的几何角度。用于确定刀具几何角度的参考系有以下两类。

一类称为刀具静止参考系，它是用于定义刀具在设计、制造、刃磨和测量时刀具几何参数的参考系。在刀具静止参考系中定义的角度称为刀具标注角度。

另一类称为刀具工作参考系，它是规定刀具进行切削加工时几何参数的参考系。该参考系考虑了切削运动和实际安装情况对刀具几何参数的影响，在这个参考系中定义和测量的刀具角度称为工作角度。

刀具静止参考系如图 5-6 所示，主要由以下基准坐标平面组成。

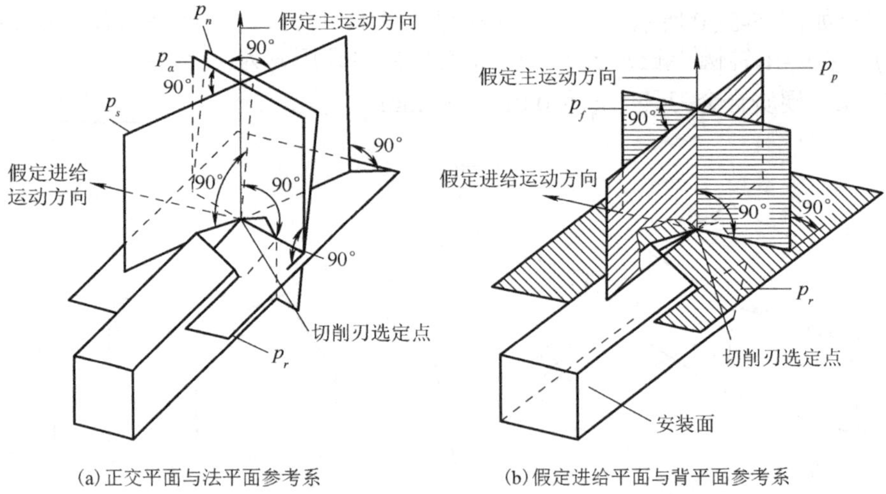

图 5-6 刀具静止参考系

(1) 基面(p_r)。基面就是通过切削刃选定点并平行或垂直于刀具在制造、刃磨及测量时适合于安装或定位的一个平面或轴线。一般基面要垂直于假定的主运动方向。对车刀、刨刀而言，基面就是过切削刃选定点并与刀柄安装面平行的平面。对钻头、铣刀等旋转刀具来说，基面是过切削刃选定点并通过刀具轴线的平面。

(2) 切削平面（p_s）。切削平面就是通过切削刃选定点、与切削刃相切并垂直于基面的平面。当切削刃为直线刃时，过切削刃选定点的切削平面，即包含切削刃并垂直于基面的平面。对应于主切削刃和副切削刃的切削平面分别称为主切削平面（p_s）和副切削平面（p_s'）。

(3) 正交平面（p_α）。正交平面指通过切削刃选定点并同时垂直于基面和切削平面的平面，也可看成通过切削刃选定点并垂直于切削刃在基面上投影的平面。

(4) 法平面（p_n）。法平面指通过切削刃选定点并垂直于主切削刃的平面。

(5) 假定工作平面（p_f）。假定工作平面是通过切削刃选定点并垂直于基面的平面，一般来说，其方位要平行于假定的进给运动方向。

(6) 背平面（p_p）。背平面指通过切削刃选定点并垂直于基面和假定工作平面的平面。图 5-6 所示为刀具静止参考系中各基准坐标平面与刀具前面、后面及切削刃相互位置关系的立体图。

在设计刀具和绘制刀具图样(工作图)时，采用平面视图表示。图 5-7 以车刀为例表示各基准平面及几何角度的相互位置关系。

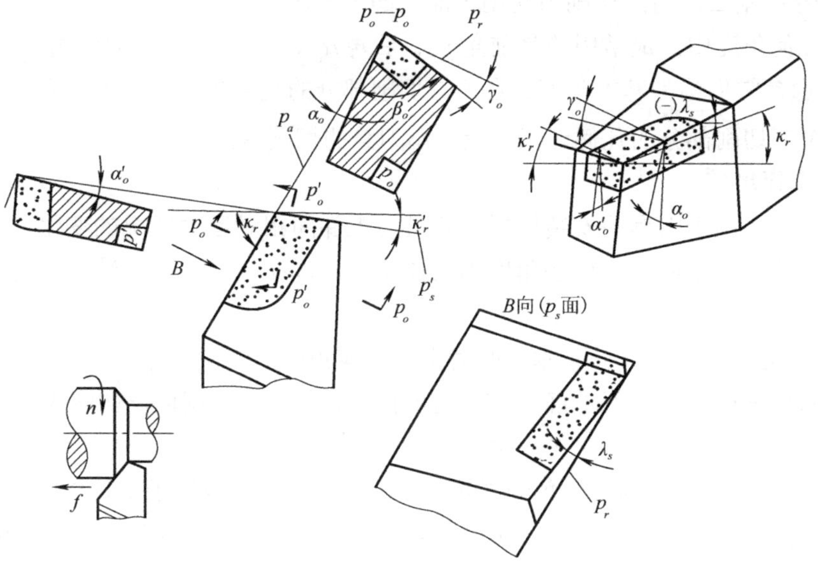

图 5-7　刀具静止参考系及其角度

1) 在主切削刃正交平面内测量的角度

(1) 前角 γ_o：前面与基面间的夹角。当前面与基面平行时，前角为零。基面在前面以内，前角为负。基面在前面以外，前角为正。

(2) 后角 α_o：后面与切削平面间的夹角。

(3) 楔角 β_o：前面与后面间的夹角。

楔角的大小将影响切削部分截面的大小，决定着切削部分的强度，它与前角和后角的关系为

$$\gamma_o + \alpha_o + \beta_o = 90^\circ$$

2) 在基面内测量的角度

(1) 主偏角 κ_r：主切削刃与进给运动方向之间的夹角。

(2) 副偏角 κ_r'：副切削刃与进给运动反方向之间的夹角。

(3) 刀尖角 ε_r：主切削平面与副切削平面间的夹角。刀尖角的大小会影响刀具切削部分的强度和传热性能。它与主偏角和副偏角的关系为

$$\kappa_r + \kappa_r' + \varepsilon_r = 180^\circ$$

3) 在切削平面内测量的角度

刃倾角 λ_s：主切削刃与基面间的夹角。当刀尖处于最高点时刃倾角为正；刀尖处于最低点时，刃倾角为负；切削刃平行于底面时，刃倾角为零，如图 5-7 所示。

$\lambda_s = 0$ 的切削称为直角切削，此时主切削刃与切削速度方向垂直，切屑沿切削刃法向流出。$\lambda_s \neq 0$ 的切削称为斜角切削，此时主切削刃与切削速度方向不垂直，切屑的流向与切削刃法向倾斜了一个角度。

4) 在副切削刃正交平面内测量的角度

副后角 α_o'：副后面与副切削刃切削平面间的夹角。

上述的几何角度中，最常用的是前角 γ_o、后角 α_o、主偏角 κ_r、刃倾角 λ_s、副偏角 κ_r' 和副后角 α_o'，通常它们称为基本角度。在刀具切削部分的几何角度中，上述六个基本角度能完整地表达出车刀切削部分的几何形状，反映出刀具的切削特点。

2. 刀具工作角度

切削过程中，由于刀具的安装位置、刀具与工件间相对运动情况的变化，实际起作用的角度与标注角度有所不同，称这些角度为工作角度。现在仅就刀具安装位置对角度的影响叙述如下。

(1) 刀柄中心线与进给方向不垂直时对主、副偏角的影响。

当车刀刀柄与进给方向不垂直时，主偏角和副偏角将发生变化，如图 5-8 所示。

$$\kappa_{re} = \kappa_r + G, \qquad \kappa_{re}' = \kappa_r' - G \tag{5-5}$$

(2) 切削刃安装高低对前、后角的影响。切削刃安装高于或低于工作中心时，通过切削刃作出的切削平面、基面将发生变化，所以使刀具角度也随着发生变化，如图 5-9 所示。

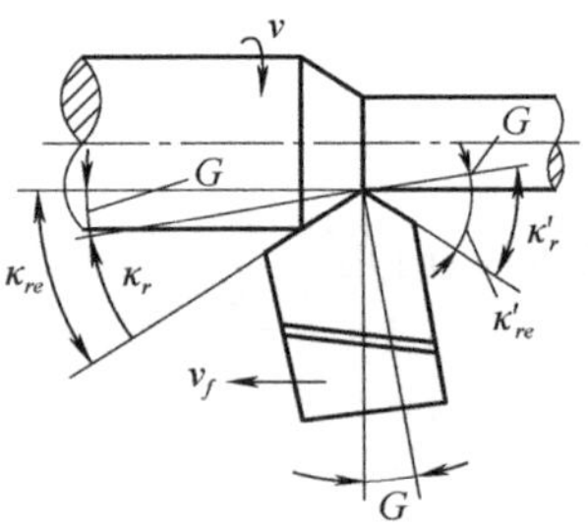

图 5-8　刀柄中心线与进给方向不垂直的影响

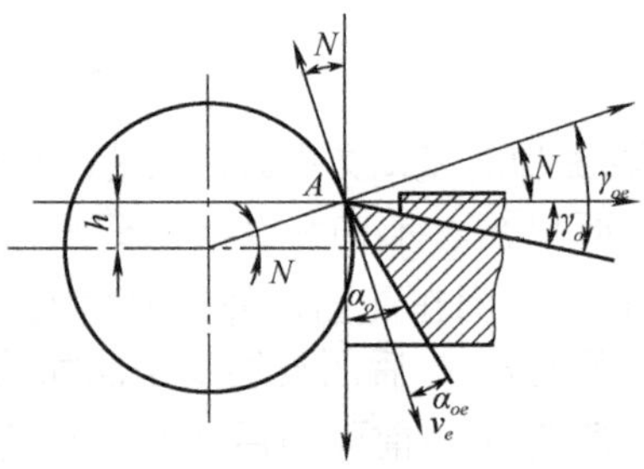

图 5-9　切削刃安装高低对前、后角的影响

切削刃安装高于工件中心时，有

$$\gamma_{oe} = \gamma_o + N, \qquad \alpha_{oe} = \alpha_o - N$$

5.3　切削基本理论的应用

5.3.1　工件材料的切削加工性

工件材料的切削加工性是指在一定的加工条件下工件材料被切削的难易程度。随着机械制造业的高速发展，各种高性能材料的使用日益增多，对于材料的切削加工也更为困难。研究材料切削加工性的主要目的是有效地找出对各种材料，特别是难加工材料便于切削加工的途径。

1. 切削加工性指标

材料加工性难易程度主要取决于材料结构和金相组织及所具有的物理和力学性能，其中包括材料硬度 HBW(HRC)、抗拉强度σ_b、伸长率δ、冲击韧度σ_k和热导率k。通常按它们数值的大小来划分加工性等级，如表 5-1 所示。

表 5-1　材料切削加工性

切削加工性	易切削			较易切削		较难切削			难切削			
等级代号	0	1	2	3	4	5	6	7	8	9	9a	9b
硬度 HBW	≤50	>50 ～100	>100 ～150	>150 ～200	>200 ～250	>250 ～300	>300 ～350	>350 ～400	>400 ～480	>480 ～635	>635	
硬度 HRC					>14 ～24.8	>24.8 ～32.3	>32.3 ～38.1	>38.1 ～43	>43 ～50	>50 ～60	>60	
抗拉强度 σ_b /GPa	≤0.196	>0.196 ～0.441	>0.441 ～0.588	>0.588 ～0.784	>0.784 ～0.98	>0.98 ～1.76	>1.176 ～1.372	>1.372 ～1.568	>1.568 ～1.764	>1.764 ～1.96	>1.96 ～2.45	>2.45
伸长率 $\delta\times100$	≤10	>10 ～15	>15 ～20	>20 ～25	>25 ～30	>30 ～35	>35 ～40	>40 ～50	>50 ～60	>60 ～100	>100	
冲击韧度 σ_k /(kJ/m²)	≤196	>196 ～392	>392 ～588	>588 ～787	>784 ～980	>980 ～1372	>1372 ～1764	>1764 ～1962	>1962 ～2450	>2450 ～2940	>2940 ～3920	
热导率 k /[W/(m·K)]	418.68 ～293.08	<293.08 ～167.47	<167.47 ～83.74	<83.74 ～62.80	<62.80 ～41.87	<41.87 ～33.5	<33.5 ～25.12	<25.12 ～16.75	<16.75 ～8.37	<8.37		

从加工性分级表中可查出材料性能的加工性等级，了解材料切削加工难易程度的特点。正火 45 钢为例，它的性能为：229HBW、$\sigma_b = 0.598$ GPa、$\delta = 16\%$、σ_k =588kJ/m^2、$k = 50.24$ / (m·K)。从表中查出各项性能的加工性等级为：4、3、2、2、4，因而 45 钢是较易切削的金属材料。

2. 相对加工性指标

在切削 45 钢(170～229HBW，$\sigma_b = 0.637$ GPa)时，以刀具寿命T=60min 的切削速度v_{060}作为标准，在相同加工条件下，切削其他材料的v_{60}与v_{060}的比值K_r称为相对加工性指标，即

$$K_r = \frac{v_{60}}{v_{060}}$$

例如，K_r=2.5～3 为易切钢；K_r>3 为非铁材料；K_r≤0.5 为不锈钢、高锰钢、钛合金等

难加工材料。在相同加工条件下，K_r 值越高，材料的切削加工性越好；反之，加工性差。与 v_{060} 相似，在国外也有用 v_{030}、v_{015} 等。

3. 刀具寿命指标

用刀具寿命长短来衡量被加工材料切削的难易程度。例如，切削普通金属材料取刀具寿命 60min 时的允许切削速度 v_{60}、切削难加工材料常用 v_{60} 和 v_{060}，来评定相应材料切削加工性的好坏。

此外，根据不同的加工条件与要求，也可按加工表面粗糙度、切削力和断屑等指标来衡量工件材料的切削加工性的好坏。

4. 改善材料切削加工性的措施

(1) 调整化学成分。在不影响工件材料性能的条件下，适当调整化学成分，以改善其切削加工性。例如，在钢中加入少量的硫、硒、铅、铋、磷等，虽略降低钢的强度，但也同时降低钢的塑性，对切削加工性有利。硫能引起钢的红脆性，但若适当提高锰的含量，则可避免；硫与锰形成的硫化锰，以及与铁形成的硫化铁等，质地很软，可成为切削时塑性变形区中的应力集中源，能降低切削力，使切屑易折断，减小积屑瘤的形成，减少刀具磨损；硒、铅、铋也有类似作用；磷能降低铁素体的塑性，使切屑易于折断。

(2) 材料加工前进行合适的热处理。同样成分的材料，金相组织不同时，力学性能就不一样，其切削加工性就不同。因此，可通过对不同材料进行不同的热处理来改善其切削加工性。例如，低碳钢的塑性过高，通过正火处理后，细化晶粒，硬度提高，塑性降低，有利于减小刀具的黏接磨损，减小积屑瘤，改善工件表面粗糙度；高碳钢球化退火后，硬度下降，可减小刀具磨损；2Crl3 不锈钢通常要进行调质处理，降低塑性，使其变得容易加工；白口铸铁可在 950～1000℃长时间退火或正火，降低表面硬度，从而改善切削性能。

(3) 选择加工性好的材料状态。低碳钢经冷拉后，塑性大为下降，加工性好；锻造的坯件余量不均，且有硬皮，加工性很差，改为热轧后加工性得以改善。

(4) 其他。如采用合适的刀具材料，选择合理的刀具几何参数，合理地制定切削用量与选用切削液等。等离子焰加热工件切削，就是改善加工性的一种积极措施。切削时等离子焰装置安放在工件上方，与刀具同步移动，火焰的温度达 1500℃，可根据背吃刀量 a_p 适当调整，使工件表面温度达到 1000℃左右，当背吃刀量 a_p 层软化后就被刀具切去，所以工件并不热，即不影响工件的材质。

5.3.2 切削液的选用

合理选用切削液能有效地减小切削力、降低切削温度、减小加工系统热变形、延长刀具寿命和改善加工表面质量，同时，也是改善难加工材料切削性能的重要措施。

1. 切削液作用

(1) 冷却作用。切削液浇注在切削区域内，利用热传导、对流和汽化等方式，降低切削温度和减小加工系统热变形。

(2) 润滑作用。切削液渗透到刀具、切屑与加工表面之间，减小了各接触面间摩擦，其中带油脂的极性分子吸附在刀具新鲜的前、后面上，形成了物理性吸附膜，若在切削液中添加化学物质产生化学反应后，形成化学性吸附膜，该化学膜可在高温时减小接触面间摩擦，并减少黏结。上述吸附膜起到了减小刀具磨损和提高加工表面质量的作用。

(3) 排屑和洗涤作用。在磨削、钻削、深孔加工和自动化生产中利用浇注或高压喷射方法排除切屑或引导切屑流向，并冲洗散落在机床及工具上的细屑与磨粒。

(4) 防锈作用。切削液中加入防锈添加剂，使之与金属表面起化学反应形成保护膜，起到防锈、防蚀作用。

此外，切削液应具有抗泡沫性、抗霉变质性、无变质臭味、排放时不污染环境、对人体无害和使用经济性等要求。

2. 切削液种类及其应用

生产中常用的切削液有以冷却为主的水溶性切削液和以润滑为主的油溶性切削液。

1) 水溶性切削液

水溶性切削液主要分为水溶液、乳化液和合成切削液。

(1) 水溶液。水溶液是以软水为主加入缓蚀剂、防霉剂，具有较好的冷却效果。有的水溶液加入油性添加剂、表面活性剂而呈透明的水溶液，以增强润滑性和清洁性。此外，若添加极压抗磨剂，可达到在高温、高压下增加润滑膜的强度。水溶液常用于粗加工和普通磨削加工中。

(2) 乳化液。乳化液是水和乳化油混合后再经搅拌，形成的乳白色液体。乳化油是一种油膏，它由矿物油、脂肪酸、皂以及表面活性乳化剂(石油磺酸钠、磺化蓖麻油)配制而成。表面活性剂的分子上带极性的一头与水亲和，不带极性一头与油亲和，从而起到水油均匀混合作用，再添加乳化稳定剂(乙醇、乙二醇等)防止乳化液中水、油分离。

乳化液的用途很广，能自行配制，含较少乳化油的称为低浓度乳化液，它主要起冷却作用，适用于粗加工和普通磨削；高浓度乳化液主要起润滑作用，适用于精加工和复杂刀具加工。表 5-2 中列出了加工碳钢时，不同浓度乳化液的用途。

表 5-2　乳化液的选用

加工要求	粗车、普通磨削	切削	粗铣	铰孔	拉削	齿轮加工
浓度/%	3～5	10～20	5	10～15	10～20	15～25

(3) 合成切削液。合成切削液是国内外推广使用的高性能切削液，它是由水和各种表面活性剂和化学添加剂组成的，它不仅具有良好的冷却、润滑、清洗和防锈作用，还具有热稳定性好、使用周期长等特点。合成液中不含油，可节省能源，有利于环保，在国内外使用率很高。例如，高速磨削合成切削液适用的磨削速度为 80m/s，用它能提高磨削用量和砂轮寿命；H_1L_2 不锈钢合成切削液适用于对不锈钢(1Crl8Ni9Ti)和钛合金等难加工材料的钻孔、铣削和攻螺纹，它能减小切削力和延长刀具寿命，并可获得较小的加工表面粗糙度。

国产 DXl48 多效合成切削液、SLQ 水基透明切削磨削液用于深孔加工均有良好效果。

2) 油溶性切削液

油溶性切削液主要有切削油和极压切削油。

(1) 切削油。切削油中有矿物油、动植物油和复合油(矿物油和动植油的混合油)多种形式，其中较普遍使用的是矿物油。矿物油主要包括机械油、轻柴油和煤油等。它们的特点是热稳定性好、资源丰富、价格便宜，但润滑性较差，故主要用于切削速度较低的精加工、非铁材料加工和易切钢加工。机械油的润滑作用好，故在普通精车、螺纹精加工中使用甚广。

煤油的渗透作用和冲洗作用较突出，故在精加工铝合金、精刨铸铁平面和用高速钢铰刀铰孔中，能减小加工表面粗糙度和延长刀具寿命。

(2) 极压切削油。极压切削油是在矿物油中添加氯、硫、磷等极压添加剂配制而成的，它在高温高压下不破坏润滑膜并具有良好的润滑效果，尤其在对难加工材料的切削中广为应用。

氯化切削油主要含氯化石蜡、氯化脂肪酸等，由它们形成的化合物如 $FeCl_2$，其熔点为600℃，且摩擦因数小，润滑性能好，适用于切削合金钢、高锰钢、不锈钢和高温合金等难加工材料的车、铰、钻、拉、攻螺纹和齿轮加工。

硫化切削油是在矿物油中加入含硫添加剂(硫化鲸鱼油、硫化棉籽油等)，硫的质量分数为10%～15%。在切削时高温作用下形成硫化铁(FeS)，其熔点在1100℃以上，因此硫化切削油能耐高温。在硫化切削油中精密切削润滑剂用于对20钢、45钢、40Cr钢和20CrMnTi钢等材料铣、拉、攻螺纹和齿轮加工中，均能获得较为显著的使用效果。含磷极压添加剂中有硫代磷酸锌和有机磷酸酯等。含磷润滑膜的耐磨性好。

将各种极压添加剂复合使用，则能获得更好的使用效果。例如，BC-Ⅱ极压是一种硫、氯型极压切削油，它用在结构钢、合金钢和工具钢的车和齿轮加工中，用于拉削18CrMnTi钢时，可使生产率提高十倍，表面达到 $Ra0.63\mu m$。

3) 固体润滑剂

固体润滑剂中使用最多的是二硫化钼(MoS_2)。由 MoS_2 形成的润滑膜具有0.05～0.09这样很小的摩擦因数和1185℃高的熔点(因此高温也不易变质的润滑性能)，且具有很高的抗压性能(3.1GPa)和牢固的附着能力。可将 MoS_2 涂刷在刀面、工作表面上和添加在切削油中。

使用 MoS_2 能防止和抑制积屑瘤产生，减小切削力，能显著延长刀具寿命。已有使用结果表明，在挤压式液压缸内孔的压头和圆的表面上涂覆 MoS_2，可消除加工表面波纹和压痕，工具寿命能成倍提高。特别指出的是，Mo类固体润滑剂是一种良好的环保型切削液。为了有利于环保和节约切削费用，现代切削加工中越来越多地采用半干切加工技术。

5.3.3 刀具几何参数的合理选择

刀具几何参数主要包括刀具角度、前面与后面形式、切削刃与刃口形状等。刀具合理几何参数是指在达到加工质量和刀具寿命的前提下并使生产率提高、生产成本降低的几何参数。在生产中由于切削条件的差别，确定了刀具几何参数其切削加工效果也不相同，因此，在根据选择原理和方法基础上所选定的几何参数，应经生产实践认可或作进一步改进后再确定。

1. 前角 γ_o 的选择

前角的作用：前角增大使切削刃锋利，切屑流出阻力小、摩擦力小、切削变形小，因此，切削力和切削功率小，切削温度低，刀具磨损少，加工表面质量高。

但前角过大，使刀具的刚性和强度差，热量不易传散，刀具磨损和破损严重，刀具寿命缩短。

在确定刀具前角时，应根据加工条件，考虑前角大小的正反影响而定。前角的选择原则如下。

(1) 根据被加工材料选择。加工塑性材料、硬度较低的材料时前角大些；加工脆性材料、硬度较高的材料时前角小些。表5-3所示为加工硬质合金刀具的前角推荐值。

(2) 根据加工要求选择。精加工的前角较大；粗加工和断续加工的前角较小，这是为了能减小刀具的刃形误差对零件加工精度的影响。

(3) 根据刀具材料选择。高速钢刀具的抗弯强度和抗冲击韧度高，可选取较大前角；硬质合金刀具的抗弯强度较低，前角较小；陶瓷刀具的抗弯强度是高速钢的1/3～1/2，故前角应更小些。表5-4所示为不同刀具材料的前角值。

表 5-3　硬质合金刀具的前角推荐值

工件材料	碳钢 σ_b / GPa				40Cr	调质 40Cr	不锈钢	高锰钢	钛和钛合金
	≤0.445	≤0.558	≤0.784	≤0.98					
前角	25°～30°	15°～20°	12°～15°	10°	13°～18°	10°～15°	15°～30°	3°～-3°	5°～10°

工件材料	淬硬钢					灰铸铁		铜			铝及铝合金
	38～41HRC	44～47HRC	50～52HRC	54～58HRC	60～65HRC	≤20 HBW	>220 HBW	纯铜	黄铜	青铜	
前角	0°	-3°	-5°	-7°	-10°	12°	8°	25°～30°	15°～25°	5°～15°	25°～30°

表 5-4　不同刀具材料加钢时的前角值

碳钢 σ_b / GPa \ 刀具材料	高速钢	硬质合金	陶瓷
≤0.784	25°	15°～20°	10°
>0.784	20°	10°	5°

2. 后角 α_o 的选择

后角主要影响刀具后面与切削表面间摩擦。增大后角，可减小摩擦，故加工表面质量高；过大后角会使切削刃强度降低、散热条件差、刀面磨损大，如图 5-10 所示，因而刀具寿命低。如图 5-11 所示，在相同磨损量标准 VB 条件下，大的后角经重磨后再加工，增大了工件直径（以 $2\Delta_1$ 变成 $2\Delta_2$），为不影响加工精度，应进行切深补偿调整。

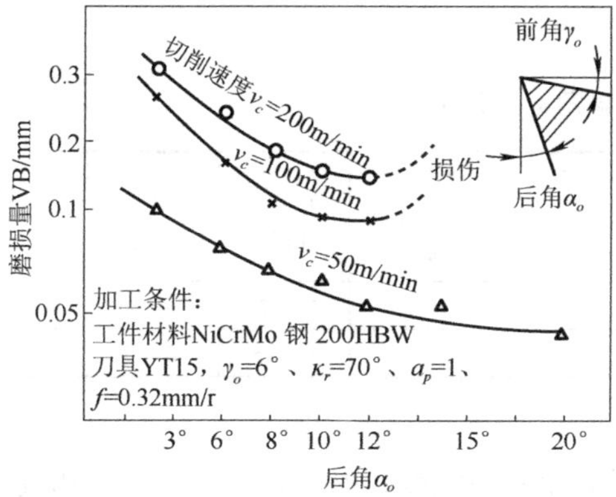

图 5-10　刀具后角与磨损量之间的关系

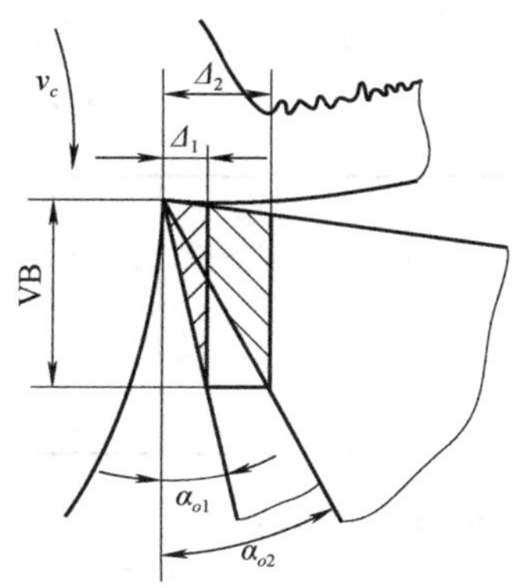

图 5-11　刀具后角重磨后对加工精度的影响

选择后角的原则是：在摩擦不严重的情况下，选取较小后角，具体考虑加工条件如下。

(1) 根据加工精度选择。精加工时为了减少摩擦，后角取较大值 $\alpha_o = 8°～12°$；粗加工时为提高刀具强度，后角取较小值 $\alpha_o = 6°～8°$。

(2) 根据加工材料选择。加工塑性材料、较软材料时，后角取较大值；加工脆性材料、硬材料时，取较小值；加工易产生硬化层的材料时，后角取大值。

3. 副后角 α_o' 的选择

副后角选择原则与主后角基本相同。对于有些焊接刀具，为便于制造和刃磨，以及对于

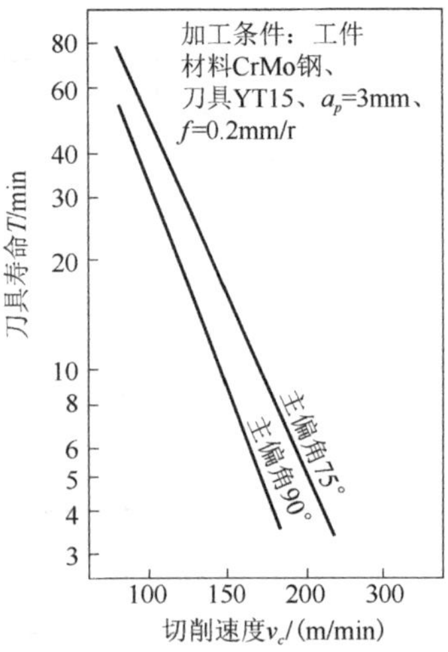

图 5-12　主偏角与刀具寿命的关系

可转位刀具要求转位后角不变，可选取$\alpha_o' = \alpha_o$。有的刀具如切槽刀和三面刃铣刀等，为加齿强度和重磨后两侧间刃宽变化小，应选用较小副后角$\alpha_o' = 1^\circ \sim 2^\circ$。

4. 主偏角 κ_r 的选择

减小主偏角可使刀具强度提高，散热条件好，加工表面粗糙度小。主偏角大，切削宽度b_D长，故单位切削刃长度上受力小。由图 5-12 可以看出，主偏角减小能使刀具寿命延长，增大主偏角，使背向力F_p减小，切削平稳；大的主偏角，切削厚度增加，断屑性能好。

主偏角选择原则如下。

(1) 根据加工材料选择。加工高强度、高硬度、热导率小和表面有硬化层的材料，为提高刀具强度、改善散热条件，应选取较小的主偏角。

(2) 根据加工工艺系统刚性选择。在加工工艺系统刚性不足的情况下，为减小背向力F_p，应选用较大的主偏角，一般取$\kappa_r = 60^\circ \sim 70^\circ$。

(3) 根据加工表面形状要求选择。在车细长轴、阶梯轴时，选$\kappa_r = 90^\circ$；用于车外圆、车端面和倒角时，应选择$\kappa_r = 45^\circ$。

5. 副偏角 κ_r' 的选择

副偏角是影响表面粗糙度的主要角度，它的大小也影响刀具强度。过小的副偏角，会增加副后面与已加工表面间的摩擦，引起振动。

副偏角的选择原则是：在不影响摩擦和振动条件下，应选取较小副偏角。表 5-5 列出了不同加工条件时的主、副偏角数值。

表 5-5　主偏角 κ_r、副偏角 κ_r' 选用值

适应范围	加工系统刚性差，进行细长轴、台阶轴等	加工系统刚性差，进行粗车、强力车	加工系统刚性较好，进行中间切入，外圆加工等	加工系统刚性足，进行淬硬钢车削	加工不锈钢	加工高锰钢	加工钛合金
主偏角 κ_r /(°)	75～93	60～70	45	10～30	45～75	25～45	30～45
副偏角 κ_r' /(°)	10～6	15～10	45	10～5	8～15	10～20	10～15

6. 刃倾角 λ_s 的选择

刃倾角正负可控制切屑流向。选用负刃倾角可增加刀头强度，提高切削刃的抗冲击能力。刃倾角的负值过大，使背向力F_p增大，易产生振动。生产中常在选用较大前角时，同时选取负刃倾角，以解决“锋利与强固”难以并存的矛盾。

刃倾角选择原则如下。

(1) 根据加工要求选择。一般精加工时，为防止切屑划伤已加工表面，选择$\lambda_s = 0^\circ \sim +5^\circ$；粗车为提高刀具强度，选择$\lambda_s = 0^\circ \sim -5^\circ$。车削高硬度、高强度等难加工材料时，为提高刀具强度，也常取较大的负倾角。

(2) 根据加工条件选择。加工断续表面、加工余量不均匀表面，或在其他产生冲击振动的切削条件下，通常选取负的刃倾角。

5.3.4　切削用量的合理选择

在确定了刀具几何参数后，还需选择切削用量参数，包括背吃刀量 a_p、进给量 f 和切削速度 v_c，然后才能进行切削加工。如同选择刀具几何参数，选择切削用量数值合理与否，对于切削加工的生产率、加工质量和生产成本都具有非常重要的作用。生产中切削用量确定的方法是：根据加工要求和加工条件，选用生产实践中总结的资料及国内外推荐的切削用量数据，在必要时可进行工艺试验来获得。

1. 切削用量的选择原则

选择切削用量时，要在保证加工质量和刀具寿命的前提下，充分发挥机床性能和刀具切削性能，使切削效率最高、加工成本最低。合理选择切削用量的原则如下。

(1) 粗加工时切削用量的选择原则：首先，选取尽可能大的背吃刀量；其次，要根据机床动力和刚性的限制条件等，选择可能大的进给量；最后，根据刀具耐用度确定最佳切削速度。

(2) 精加工时切削用量的选择原则：首先，根据粗加工后的余量确定背吃刀量；其次，根据已加工表面的粗糙度要求，选较小的进给量；最后，在保证刀具寿命的前提下，尽可能选取较高的切削速度。

粗加工时，以提高生产效率为主，但也要考虑经济性和加工成本；而半精加工和精加时，以保证加工质量为目的，兼顾加工效率、经济性和加工成本。具体数值应根据机床说明书，参考《切削用量手册》，并结合实践经验而定。

2. 切削用量的选择方法

(1) 背吃刀量 a_p (mm) 的选择：主要根据机床、工件和刀具的刚性确定。在刚性允许的情况下，可以使 a_p 与工件加工余量相等，以减少走刀次数，提高加工效率。有时为了保证必要的加工精度和降低表面粗糙度，可留一定的精加工余量，最后进行一次精加工。数控机床的精加工余量可小于普通机床，一般取 0.2～0.5mm。

(2) 选择进给量：粗加工时增大进给量，可提高生产效率。但过大进给量，会使切削力 F_c 剧增，从而影响机床进给系统、刀具和工件的强度和刚性，此外，也会显著加大表面粗糙度。为此，制定的进给量应考虑到上述影响因素。

> **案例 5-1**
>
> **问题：** 对某锻造轧辊毛坯进行粗加工，材料 $R_m \approx 680\text{MPa}$，试选用切削用量。
>
> **分析与对策：** 考虑到是锻造毛坯，轧辊表面比较粗糙，且轧辊表面氧化层较硬，即加工时对刀具冲击较大，建议采用吃刀深度大些（$a_p = 7\text{mm}$），切削速度（$v_c = 60\text{m/min}$）和进给量小一些（$f = 0.2\text{mm/r}$），选用 YT5 刀片进行加工。

(3) 切削速度 v 与主轴转速 n 的关系如下：

$$v = \frac{n\pi D}{1000} (\text{m/min})$$

式中，n 为主轴转速 (r/min)；D 为工件或刀具直径 (mm)。

确定加工时的切削速度时，除了可借鉴表 5-6 所示的常用切削用量参考表外，还可查阅《切削用量手册》。

表 5-6　常用切削用量参考表

工件材料	加工内容	背吃刀量 a_p/mm	切削速度 v_c/(m/min)	进给量 f/(mm/r)	刀具材料
碳素钢 R_m>600MPa	粗加工	5～7	60～80	0.2～0.4	YT 类
	粗加工	2～3	80～120	0.2～0.4	
	精加工	2～6	120～150	0.1～0.2	
碳素钢 R_m>600MPa	钻中心孔	—	500～800	—	W18Cr4V
	钻孔	—	25～30	0.1～0.2	
	切断(宽度<5mm)		70～1100	0.1～0.1	YT 类
碳素钢 R_m<200MPa	粗加工	—	50～70	0.2～0.4	YG 类
	精加工	—	70～100	0.1～0.2	
	切断(宽度<5mm)		50～70	0.1～0.2	

5.4　刀 具 材 料

为了保证机械加工顺利进行，获得高的加工精度、良好的表面质量及高的生产效率，除了要求刀具具有合理的结构和角度外，还要求刀具材料具有良好的性能。刀具材料是指刀具切削部分的材料，刀具具有良好的性能，必须合理选用刀具材料。

5.4.1　刀具材料类型

当前使用的刀具材料主要有工具钢(包括碳素工具钢、合金工具钢、高速钢)、硬质合金、涂层硬质合金、金属陶瓷、非金属陶瓷、立方氮化硼、金刚石等。一般机加工使用最多的是高速钢与硬质合金。各类刀具材料硬度与韧性如图 5-13 所示。一般硬度越高可允许的切削速度越高，而韧性越高可承受的切削力越大。

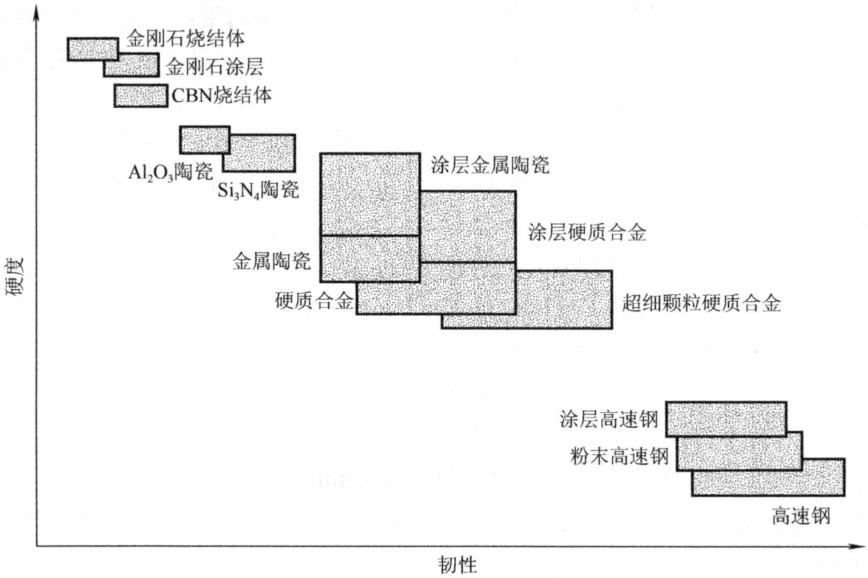

图 5-13　各类刀具材料硬度与韧性

工具钢耐热性差，但抗弯强度高，价格便宜，焊接与刃磨性能好，故广泛用于中、低速切削的成形刀具，不宜高速切削。硬质合金耐热性好，切削效率高，但刀片强度、韧性不及工具钢，焊接刃磨工艺性也比工具钢差，多用于制作车刀、铣刀及各种高效切削刀具。

2004 年国际标准化组织用 ISO-513-2004 取代了 ISO-513-1975。切削加工用硬质合金的应用范围分为 P、M、K 三大类，在此基础上又增加了 H、S、N 三类，以适应不断出现的新型刀具材料，并用于加工各类特性的工程材料。同样，我国也采用了 ISO-513-2004，即国家标准 GB/T 2075—2007。

P 类(P01～P150)成分为(5%～40%)TiC+微量的 Ta(Nb)C，其余为 WE+Co。主要用于加工长切屑的钢类材料，国产有 YT、YE、SC 类合金。

M 类(M10～M40)成分为(5%～10%)TiC+Ta(Nb)C，其余为 WC+Co。主要用于加工不锈钢。这类材料为通用型合金，可用于加工长、短切屑黑色金属及有色金属。国产有 YW、YM 类合金。

K 类(K01～K40)成分为 WC+(2%～10%)Co 通常添加 2%的 Ta(Nb)C。主要用于加工铸铁、有色金属或非金属材料。国产有 YG、YD 类合金。

H 类(H01～H30)主要用于加工淬火钢及硬铸铁。通常 PCBN 也被列为 H 类合金。可实现用高速切削(v_0=150～400m/min)切削高硬度的工件(40～65HRC)。

S 类(S01～S30)包含 PVD 涂层合金及超细颗粒硬质合金，CBN 及氮碳化硼材料也可归于此类。主要用于加工高温合金及耐热材料。

N 类(N10～N30)PCD 金刚石被列为 N 类，主要用于加工有色金属，如铝合金、非金属的纤维强化型塑料。可超高速切削：塑料 v_0=100～1000m/min，高速切削铝合金 v_0=200～1200m/min。

5.4.2 常用的刀具材料

1. 高速钢

高速钢是一种加入较多的钨(W)、钼(Mo)、铬(Cr)、钒(V)等合金元素的高合金工具钢，有较高的热稳定性，切削温度达 500～650℃时仍能进行切削；有较高的强度(抗弯强度为一般硬质合金的 2～3 倍，为陶瓷的 5～6 倍)、韧性(较硬质合金及陶瓷高几十倍)，具有一定的硬度和耐磨性；其制造工艺简单，容易磨成锋利的切削刃，可锻造，这对于一些形状复杂的工具，如钻头、成形刀具、拉刀、齿轮刀具等尤为重要，是制造这些刀具的主要材料。常用高速钢的牌号与性能如表 5-7 所示。

表 5-7 常用高速钢的牌号与性能

类别		牌号	常温硬度/HRC	抗弯强度/GPa	冲击韧性/(MJ/m^2)	高温硬度 600℃/HRC
通用型高速钢		W18Cr4V	63～66	3～3.4	0.18～0.32	48.5
		W6Mo5Cr4V2	63～66	3.5～4	0.3～0.4	47～48
		W14Cr4MnRe	64～66	4	0.25	48.5
高性能高速钢	高碳	9W18Cr4V	66～68	3～3.4	0.17～0.22	51
	高钒	W12Cr4V4Mo	63～66	3.2	0.25	51
	超硬	W6Mo5Cr4V2Al	67～69	2.9～3.9	0.23～0.3	55
		W10Mo4Cr4V3Al	67～69	3.1～3.5	0.2～0.28	54
		W2Mo9Cr4VCo8	67～69	2～3.8	0.23～0.3	55

(1) 通用型高速钢。按其化学成分，普通高速钢可分为钨系高速钢和钼(或钨钼系)系高速钢。

钨系高速钢典型牌号为 W18Cr4V(简称 W18)，含 W18%、Cr4%、V1%。其优点是：有良好的综合性能，在 600℃时其高温硬度为 48.5HRC，可以制造各种复杂刀具；淬火时过热倾向小；含钒量小，磨加工性好；碳化物含量高，塑性变形抗力大。其缺点是：碳化物分布不均匀，影响薄刃刀具或小截面刀具的耐用度；强度和韧性显得不够；热塑性差，很难作为热成形方法制造的刀具(如热轧钻头)。

钼系高速钢是将钨钢中的一部分钨以钼代替而得的一种高速钢。典型牌号为 W6Mo5Cr4V2(简称 M2)，含 W6%、Mo5%、Cr4%、V2%。其特点是：碳化物分布细小均匀，具有良好的力学性能，抗弯强度比 W18 高 10%～15%，韧性高 50%～60%，可作为承受冲击力较大的刀具，热塑性特别好，更适用于制造热轧钻头等；磨削加工性也好，目前各国广为应用。

(2) 高性能高速钢。高性能高速钢是在通用型高速钢的基础上再增加一些含碳量、含钒量及添加钴、铝等元素，按其耐热性又称高热稳定性高速钢。在 630～650℃时仍可保持 60HRC 的硬度，具有更好的切削性能，耐用度较通用型高速钢高 1.5～3 倍，适合加工高温合金、钛合金、超高强度钢等难加工材料。典型牌号有高碳高速钢 9W18Cr4V、高钒高速钢 W6Mo5Cr4V3、钴高速钢 W6Mo5Cr4V2Co8、铝高速钢 W6Mo5Cr4V2Al、超硬高速钢 W2Mo9Cr4VCo8 等。

(3) 粉末冶金高速钢。粉末冶金高速钢是将熔融的高速钢液，通过高压惰性气体(氩气或氮气)雾化成细小的高速钢粉末，再将这种粉末在高温下压制成致密的钢坯，而后锻压成材或刀具形状。与熔炼高速钢比，其硬度和韧性较高，热处理变形小，磨削加工性好，材质均匀，质量稳定可靠，刀具寿命长，尤其适合制造各种精密刀具和形状复杂的刀具，如精密螺纹车刀、复杂成形刀具等。

2. 硬质合金

硬质合金是由高硬度、难熔的金属碳化物(如 WC、TiC)的粉末，用 Co、Mo、Ni 等作黏结剂，按一定比例混合，压制成形，在高温下烧结而成的粉末冶金制品。由于金属碳化物有熔点高、硬度高、化学稳定性好、热稳定性好等特点，因此硬质合金的硬度、耐磨性和耐热性都很高。硬度可达 89～93HRA，在 800～1000℃还能承担切削，耐用度较高速钢高几十倍。当耐用度相同时，切削速度可提高 4～10 倍，但抗弯强度较高速钢低得多，仅为 0.9～1.5GPa($90\sim150\text{kg}\cdot\text{f/mm}^2$)，冲击韧性差，切削时不能承受大的振动和冲击负荷。

硬质合金按其化学成分与使用性能可分为四类：钨钴类 YG(WC+Co)、钨钛钴类 YT(WC+Ti+Co)、添加稀有金属碳化物类 YW(WC+TiC+TaC / NbC+Co)及碳化钛基类等。常用硬质合金的牌号及性能如表 5-8 所示。

3. 涂层刀具材料

涂层刀具是在韧性较好的硬质合金体或者高速钢基体上，涂覆一层耐磨性好的难熔金属化合物而获得的。这是解决硬质合金硬度与冲击韧性之间的矛盾的比较经济的办法，使用效果很好，近年发展很快。

常用的涂层材料有 TiC、TiN、Al_2O_3 等，其晶粒尺寸为 0.5μm，涂层厚度为 5～10μm。

表 5-8　常用硬质合金的牌号及性能

牌号	物理学性能			使用性能			使用范围		相当于 ISO 牌号
	硬度		抗弯强度/GPa	耐磨	耐冲击	耐热	材料	加工性质	
	HRA	HRC							
YG3X	91	78	1.08	↑	↓	↑	铸铁、有色金属及其合金	连接切削时精加工、半精加工，不能承受冲击载荷	K05
YG6X	91	78	1.37				铸铁、冷硬铸铁、高温合金	精加工、半精加工	K10
YG6	89.5	75	1.42				铸铁、有色金属及其合金	连续切削粗加工、间断切削半精加工	K20
YG8	89	74	1.47				铸铁、有色金属及其合金	间断切削粗加工	K30
YT5	89.5	75	1.34				碳素钢、合金钢	粗加工，可用间断切削加工	P30
YT14	90.5	77	1.25	↓	↑	↓	碳素钢、合金钢	连续切削粗加工、半精加工，间断切削精加工	P20
YT15	91	78	1.13				碳素钢、合金钢	连续切削粗加工、半精加工，间断切削精加工	P10
YT30	92.5	81	0.88				碳素钢、合金钢	连续切削精加工	P01
YW1	92	80	1.28		较好	较好	难加工材料	精加工、半精加工	M10
YW2	91	78	1.47		好		难加工材料	半精加工、粗加工	M20

TiC 涂层呈灰色，硬度高，耐磨性好，抗氧化性好，切削时产生氧化钛膜，能减少摩擦和磨损，但较脆，不耐冲击。TiN 涂层呈黄色，硬度稍低于 TiC 涂层，高温时能产生氧化膜，与铁基材料摩擦小，抗黏结性好。Al_2O_3 在高温下具有良好的热稳定性。

4．其他刀具材料

1）陶瓷

陶瓷有纯 Al_2O_3 陶瓷及 Al_2O_3-TiC 混合陶瓷两种，以其微粉在高温下烧结而成。

其主要特点如下。

（1）有很高的硬度（91～95HRA）和耐磨性。

（2）有很高的耐热性，在高温 1200℃以上仍能进行切削，它切削速度比硬质合金的高 2～5 倍，而且高温条件下抗弯强度、韧性降低极少。

（3）有很高的化学稳定性，与金属的亲和力小，抗黏结和抗扩散的能力好。

（4）有较低的摩擦系数，切屑不易黏刀、不易产生积屑瘤。

(5) 主要缺点是脆性大、抗弯强度低、冲击韧性差、易崩刃，使其使用范围受到限制。陶瓷可用于加工钢、铸铁，车、铣加工也都适用。

2) 金刚石

金刚石是碳的同素异形体，是目前最硬的物质，显微硬度达 10000HV。

(1) 金刚石刀具有以下三类。

① 天然单晶金刚石刀具。主要用于非铁材料及非金属的精密加工。单晶金刚石结晶界面有一定的方向，不同的晶面上硬度与耐磨性有较大的差异，刃磨时需选定某一平面，否则影响刃磨与使用质量。

② 人造聚晶金刚石。人造金刚石是通过合金触媒的作用，在高温高压下由石墨转化而成。我国 20 世纪 60 年代就成功地获得第一颗人造金刚石。人造聚晶金刚石是将人造金刚石微晶在高温高压下再烧结而成，可制成所需形状尺寸，镶嵌在刀杆上使用。由于抗冲击强度提高，可选用较大切削用量。人造聚晶金刚石结晶界面无固定方向，可自由刃磨。

③ 金刚石烧结体。它是在硬质合金基体上烧结一层约 0.5mm 厚的聚晶金刚石。金刚石烧结体强度较好，允许切削断面较大，也能间断切削，可多次重磨使用。

(2) 金刚石刀具的主要优点如下。

① 有极高的硬度与耐磨性。

② 有很好的导热性、较低的热胀系数。因此，切削加工时不会产生很大的热变形，有利于精密加工。

③ 刃面粗糙度较小，刃口非常锋利。因此，能胜任薄层切削，用于超精密加工。

聚晶金刚石主要用于制造刃磨硬质合金刀具的磨轮、切割大理石等石材用的锯片。

金刚石刀具主要用于非铁材料，如铝硅合金的精加工、超精加工；高硬度的非金属材料，如压缩木材、陶瓷、刚玉、玻璃等的精加工；难加工的复合材料的加工。金刚石耐热温度只有 700～800℃，其工作温度不能过高。金刚石刀具又易与碳亲和，故不宜加工含碳的黑色金属。

3) 立方氮化硼(CBN)

CBN 是由六方氮化硼(白石墨)在高温高压下转化而成的，是 20 世纪 70 年代发展起来的新型刀具材料。立方氮化硼刀具的主要优点如下。

(1) 有很高的硬度与耐磨性，达到 3500～4500HV，仅次于金刚石。

(2) 有很高的热稳定性，1300℃时不发生氧化，与大多数金属、铁系材料都不起化学作用。因此，能高速切削高硬度的钢铁材料及耐热合金，刀具的黏结与扩散磨损较小。

(3) 有较好的导热性，与钢铁的摩擦因数较小。

(4) 抗弯强度与断裂韧性介于陶瓷与硬质合金之间。

由于 CBN 材料的一系列优点，所以它能对淬硬钢、冷硬铸铁进行粗加工与半精加工。同时它还能高速切削高温合金、热喷涂材料等难加工材料。

CBN 也可与硬质合金烧结成一体，这种 CBN 烧结体的抗弯强度可达 1.47GPa，能经多次重磨使用。

应指出的是，加工一般材料大量使用的还是高速钢与硬质合金。只有对高硬度的材料或超精加工时使用超硬材料才有较好的经济效益。

PCBN 刀具按 CBN 含量百分比选用举例：CBN50%用于连续切削淬火钢(45～65HRC)；CBN65%用于断续切削淬火钢；CBN80%可用于加工镍铬铸铁，重载断续切削淬火钢；CBN90%可用于高速切削铸铁(v_c=500～1300m/min)，断续切削淬火钢、硬质合金等。

5.5　常用刀具的选择

5.5.1　车刀

车刀是金属切削加工中应用最广泛的一种刀具。它可以用于加工外圆、内孔、端面、螺纹及各种内、外回转体成形表面，也可用于切断和切槽等。车刀的主要类型如图 5-14 所示。外圆车刀用于加工外圆柱面和外圆锥面，它分为直头和弯头两种。精车刀刀尖圆弧半径较大，可获得较小的残留面积，以减小表面粗糙度；宽刃光刀用于低速精车；当外圆车刀的主偏角为 90° 时，可用于车削阶梯轴、凸肩、端面及刚度较低的细长轴。外圆车刀按进给方向又分为左偏刀和右偏刀。

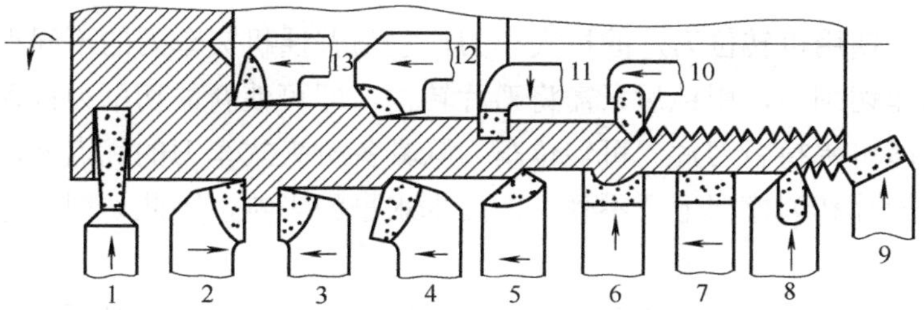

图 5-14　常用车刀的种类及其用途

1-切断刀；2-左偏刀；3-右偏刀；4-弯头车刀；5-直头车刀；6-成形车刀；7-宽刃精车刀；8-外螺纹车刀；9-端面车刀；10-内螺纹车刀；11-内槽车刀；12-通孔车刀；13-不通孔车刀

车刀在结构上有多种形式，总体上可分为整体式车刀、焊接式车刀、机夹式车刀和成形车刀。其中机夹式车刀又分为机夹车刀和可转位车刀等，如图 5-15 所示。

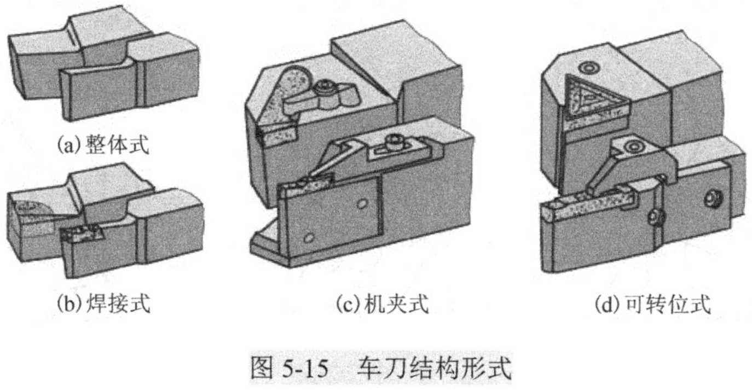

图 5-15　车刀结构形式

1. 整体式车刀

整体式车刀主要是高速钢车刀，俗称“白钢刀”，截面为正方形或矩形，使用时可根据不同用途进行修磨，如图 5-15(a)所示。

2. 焊接式车刀

焊接式车刀是在普通碳钢刀杆上镶焊(钎焊)硬质合金刀片，经过刃磨而成，如图 5-15(b)所示。其优点是结构简单，制造方便，并且可以根据需要进行刃磨，硬质合金的利用也较充分，故目前在车刀中仍占相当比重。硬质合金焊接式车刀的缺点是其切削性能主要取决于工人刃磨的技术水平，与现代化生产不相适应；此外，刀杆不能重复使用，当刀片用完以后，刀杆也随之报废。

3. 机夹式车刀

机夹式车刀是将硬质合金刀片用机械夹固的方法安装在刀杆上的车刀，如图 5-15(c)所示。机夹车刀只有一条主切削刃，用钝后必须修磨，而且可修磨多次。其优点是刀杆可以重复使用，刀具管理简便；刀杆也可进行热处理，提高硬质合金刀片支承面的硬度和强度，这就相当于提高了刀片的强度，减少了打刀的危险性，从而可提高刀具的使用寿命；此外，刀片不经高温焊接，排除了产生焊接裂纹的可能性。机夹式车刀在结构上要保证刀片夹固可靠，结构简单，刀片在重磨后能够调整尺寸，有时还要考虑断屑的要求。

4. 可转位车刀

可转位车刀是使用可转位刀片的机夹车刀，它与普通机夹车刀的不同点在于刀片为多边形，每一边都可作切削刃，用钝后只需将刀片转位，即可使新的切削刃投入工作，当几个切削刃都用钝后，即可更换新刀片。可转位车刀除具备机夹式车刀的优点外，其最大优点在于几何参数完全由刀片和刀槽保证，不受工人技术水平的影响，因此切削性能稳定，很适合现代化生产的要求。

可转位车刀由刀杆、刀片、刀垫和夹固元件组成，如图 5-15(d)所示。硬质合金可转位刀片的形状很多，常用的有三角形、偏 8° 三角形、凸三角形、正方形、五角形、圆形等，如图 5-16 所示。刀片大多不带后角，但在每个切削刃上都有断屑槽并形成刀片的前角。刀具的实际角度由刀片和刀槽的角度组合确定。

5. 成形车刀

成形车刀是加工回转体成形表面的专用工具，它的切削刃形状是根据工件的廓形设计的，如图 5-17 所示。用成形车刀加工，只要一次切削行程就能切出所需要的成形表面，生产率较高；成形表面的精度主要取决于刀具的设计和制造精度，与工人技术水平无关；它可以保证

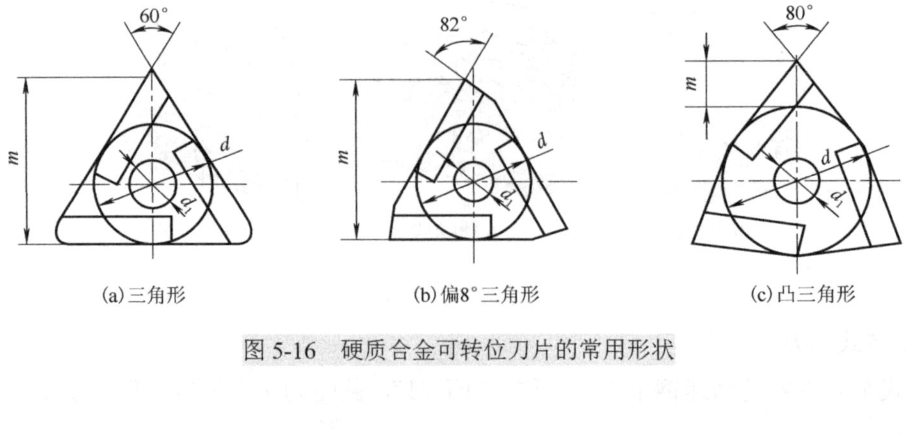

(a)三角形　(b)偏8°三角形　(c)凸三角形

图 5-16　硬质合金可转位刀片的常用形状

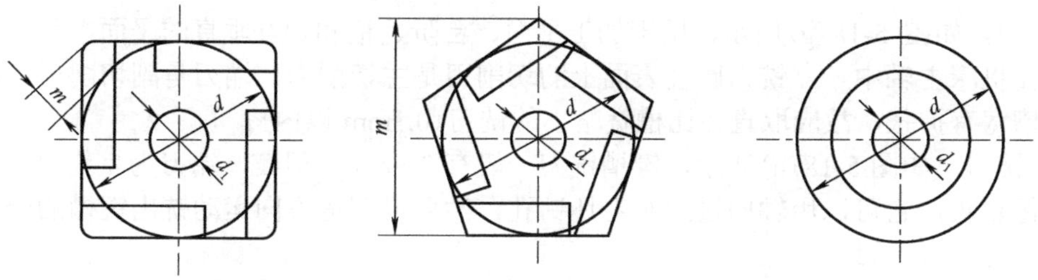

(d) 正方形　　(e) 五角形　　(f) 圆形

图 5-16　硬质合金可转位刀片的常用形状（续）

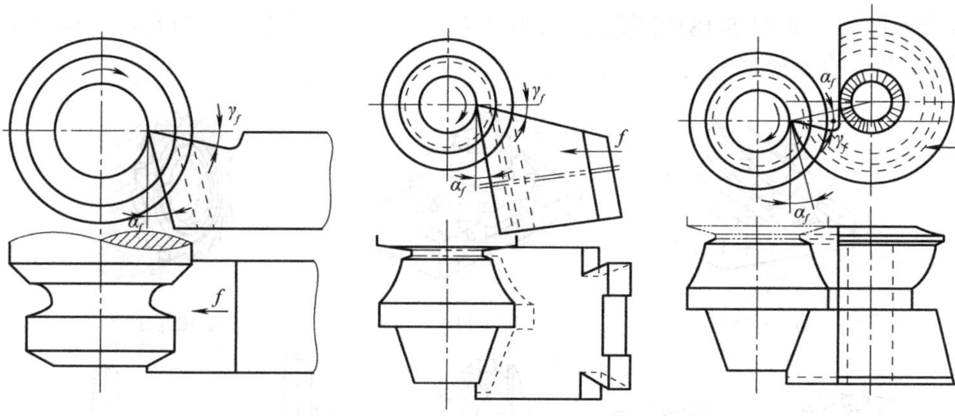

(a) 平底成形车刀　　(b) 棱形成形车刀　　(c) 圆柱成形车刀

图 5-17　成形车刀

被加工件表面形状和尺寸精度的一致性和互换性，加工精度可达 IT9～IT10，表面粗糙度 Ra 为 6.3～3.2μm；成形车刀的可重磨次数多，使用寿命较长，但是刀具的设计和制造较复杂，成本较高，随着数控车床的应用，许多成形表面的车削采用数控车削，成形车刀的应用正在逐步减少。

5.5.2　铣刀

铣刀的种类和用途很多，如图 5-18 所示。铣刀可以按用途分类，也可按齿背形式分类。

1．按用途分类

(1) 圆柱铣刀。如图 5-18(a) 所示，它用于卧式铣床上加工平面。主要用高速钢制造，也可以镶焊螺旋形的硬质合金刀片。圆柱铣刀采用螺旋形刀齿以提高切削工作的平稳性。圆柱铣刀仅在圆柱表面上有切削刃，没有副切削刃。

(2) 端铣刀。如图 5-18(b) 所示，它用在立式铣床上加工平面，轴线垂直于被加工表面，端铣刀的主切削刃分布在圆锥表面或圆柱表面上，端部切削刃为副切削刃。端铣刀主要采用硬质合金刀齿，故有较高的生产率。

(3) 盘形铣刀。盘形铣刀分槽铣刀、两面刃铣刀、三面刃铣刀和错齿三面刃铣刀，如图 5-18(c)～(f) 所示。槽铣刀一般用于加工浅槽；两面刃铣刀用于加工台阶面；三面刃铣刀用于切槽和台阶面。

(4) 锯片铣刀。这是薄片的槽铣刀，用于切削窄槽或切断材料，它和切断车刀类似，对刀具几何参数的合理性要求较高。

(5) 立铣刀。如图 5-18(g) 所示，用于加工平面、台阶、槽和相互垂直的平面，利用锥柄或直柄紧固在机床主轴中。立铣刀圆柱表面上的切削刃是主切削刃，端刃是副切削刃。用立铣刀铣槽时槽宽有扩张，故应取直径比槽宽略小的铣刀(0.1mm 以内)。

(6) 键槽铣刀。如图 5-18(h) 所示，键槽铣刀一般有 2 或 3 个刃瓣，端刃为完整刃口，既像立铣刀又像钻头，它可以用轴向进给对毛坯钻孔，然后沿键槽方向运动铣出键槽的全长。键槽铣刀重磨时只磨端刃。

(7) 角度铣刀。角度铣刀有单角铣刀(图 5-18(i))和双角铣刀(图 5-18(j))，用于铣削沟槽和斜面。角度铣刀大端和小端直径相差较大时，往往造成小端刀齿过密，容屑空间过小，因此常在小端将刀齿间隔地去掉，使小端的齿数减少一半，以增大容屑空间。

(8) 成形铣刀。如图 5-18(k) 所示，成形铣刀是用于加工成形表面的刀具，其刀齿廓形要根据被加工工件的廓形来确定。

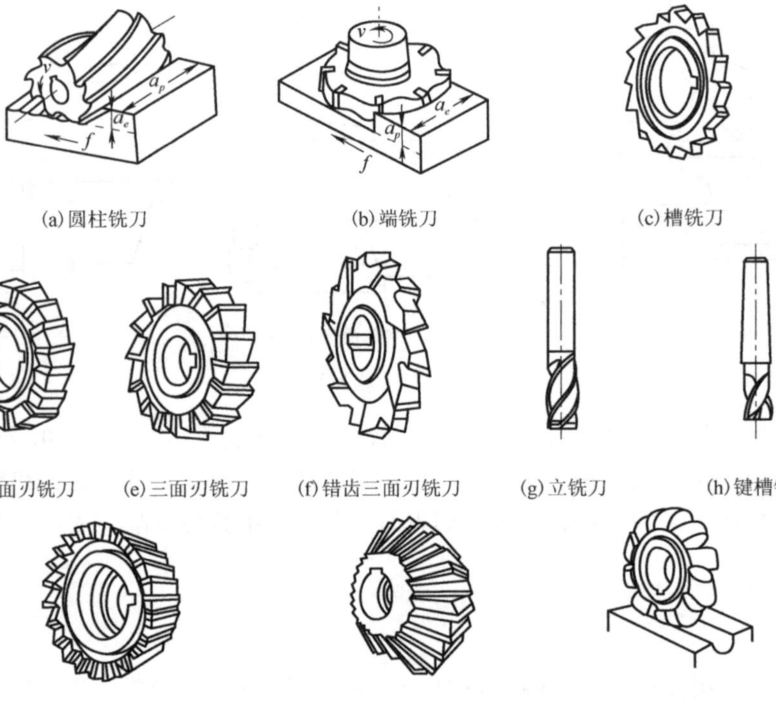

(a) 圆柱铣刀　(b) 端铣刀　(c) 槽铣刀

(d) 两面刃铣刀　(e) 三面刃铣刀　(f) 错齿三面刃铣刀　(g) 立铣刀　(h) 键槽铣刀

(i) 单角度铣刀　(j) 双角度铣刀　(k) 成形铣刀

图 5-18　铣刀类型

2. 按齿背加工形式分类

(1) 尖齿铣刀。尖齿铣刀的特点是齿背经铣制而成，并在切削刃后磨出一条窄的后刀面，铣刀用钝后只需刃磨后刀面，刃磨比较方便。尖齿铣刀是铣刀中的一大类，图 5-18(a)～(j) 所示皆为尖齿铣刀。

(2) 铲齿铣刀。铲齿铣刀的特点是齿背经铲制而成，铣刀用钝后仅刃磨前刀面，易于保持切削刃原有的形状，因此适用于切削廓形复杂的铣刀，如成形铣刀等。图 5-18(k) 所示为铲齿成形铣刀。

铣刀的廓形更靠近铣刀轴线，以形成铣刀的后角。实现这种后刀面廓形的加工方法称为铲齿，是用铲刀在铲齿车床上铲削加工出来的。

5.6　孔加工刀具

孔加工刀具按其用途可分为两大类：一类从在实体材料上加工出孔的刀具，常用的有中心钻、麻花钻和深孔钻等；另一类是对工件上已有孔进行再加工的刀具，常用的有扩孔钻、铰刀及镗刀等。

1. 中心钻

中心钻主要用于加工轴类零件的中心孔，有无护锥中心钻(图 5-19(a))及带护锥中心钻(图 5-19(b))两种。钻孔前，先打中心孔，有利于钻头的导向，可防止孔的偏斜。

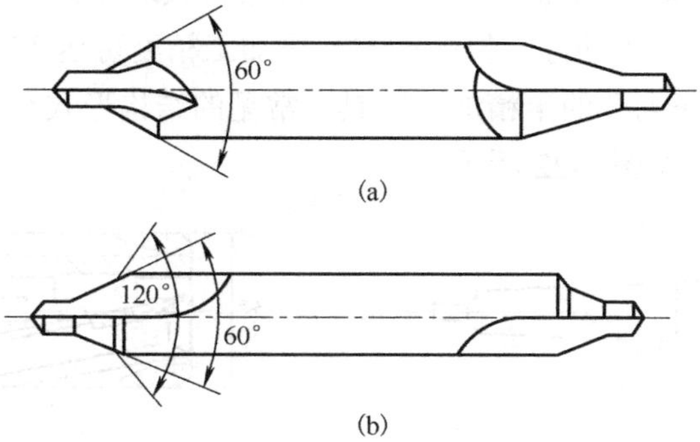

图 5-19　中心钻

2. 麻花钻

麻花钻是孔加工刀具中应用最为广泛的刀具(图 5-20)，特别适合于 ϕ30mm 以下孔的粗加工，有时也可用于扩孔。麻花钻按其制造材料分为高速钢麻花钻和硬质合金麻花钻。用高速钢麻花钻加工的孔精度可达 IT11～IT13，加工表面粗糙度 *Ra* 6.3～2.5μm；用硬质合金钻头加工时则分别可达 IT10～IT11 和 *Ra* 12.5～3.2μm。

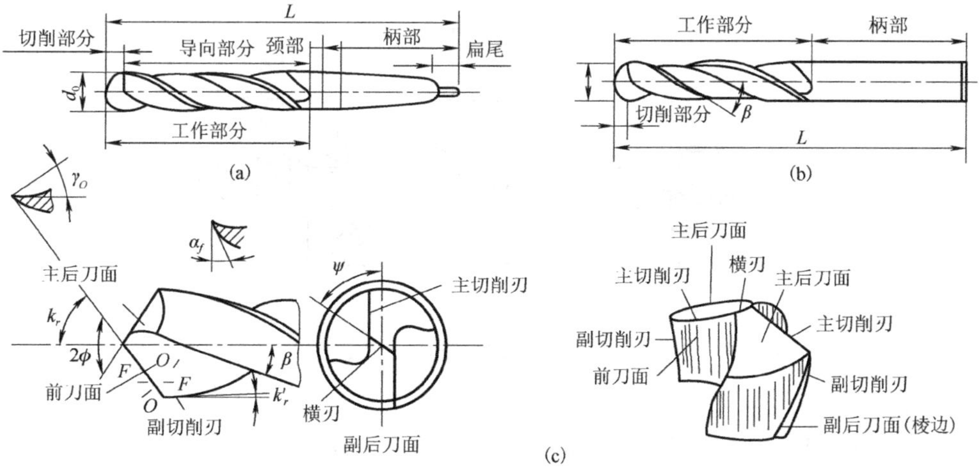

图 5-20　麻花钻及组成

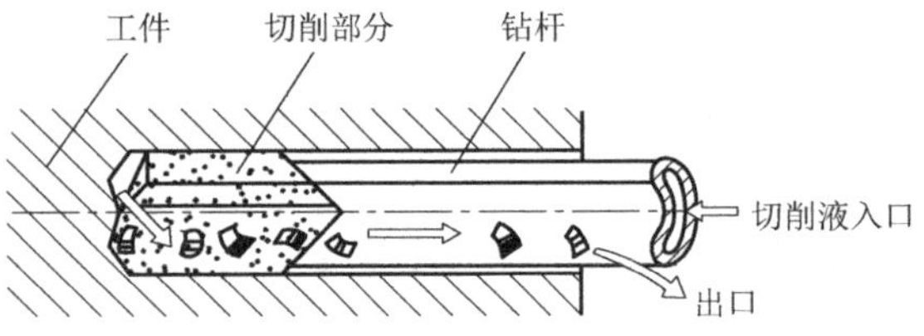

图 5-21 深孔钻

3. **深孔钻**

深孔钻一般是用来加工孔深度与直径之比大于 5～10 的孔。为解决深孔加工中的断屑、排屑、冷却润滑和导向等问题，人们先后开发了外排屑深孔钻、内排屑深孔钻、喷吸钻和套料钻等多种深孔钻。图 5-21 所示是用于加工枪管类深孔的钻孔原理。

4. **扩孔钻**

扩孔钻通常用于铰或磨前的预加工或毛坯孔的扩大。扩孔钻的外形和麻花钻相似，只是加工余量小，主切削刃较短，因而容屑槽浅，刀齿数目较麻花钻多，刀体强度高，刚性好，故加工后的质量比麻花钻加工的好。扩孔钻的一般加工精度可达 IT10～IT11，加工表面粗糙度 *Ra* 6.3～3.2μm，通常作为孔的半精加工刀具。常见的结构形式有高速钢整体式、镶齿套式和镶硬质合金可转位式，如图 5-22 所示。

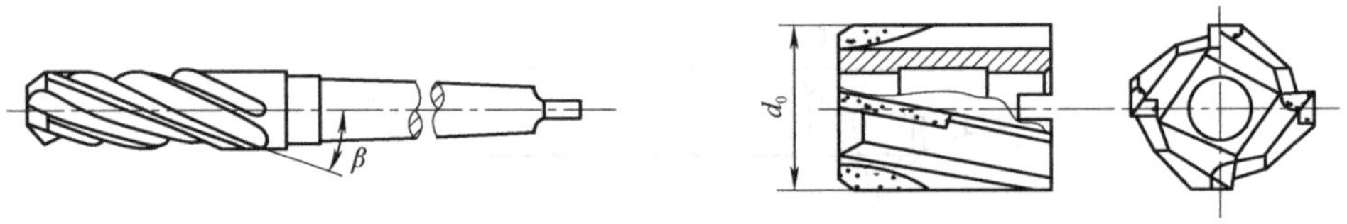

(a) (b)

图 5-22 扩孔钻

5. **锪钻**

锪钻用于在孔的端面上加工圆柱形沉头孔(图 5-23(a))、锥形沉头孔(图 5-23(b))或凸台表面(图 5-23(c))。锪钻上的定位导向柱是用来保证被锪的孔或端面与原来的孔有一定的同轴度或垂直度的。导向柱可以拆卸，以便制造锪钻的端面齿。锪钻可制成高速钢整体结构或硬质合金镶齿结构。

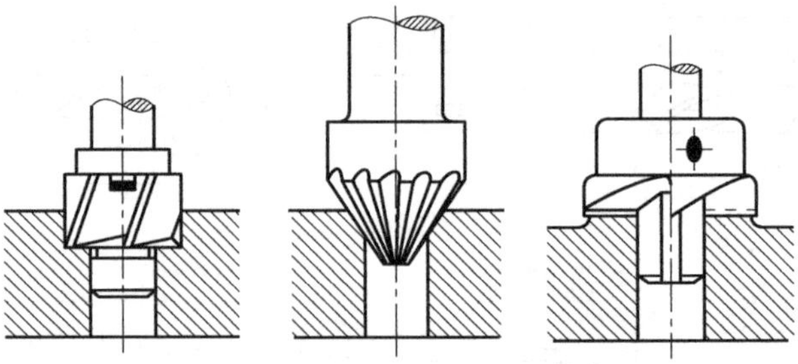
(a) (b) (c)

图 5-23 锪钻

6. **铰刀**

铰刀是精加工或半精加工刀具(图 5-24)，由于加工余量小，齿数多，加工精度和表面质量都较高，加工精度可达 IT6～IT8，加工表面粗糙度 *Ra* 1.6～0.2μm，常用于中小孔的半精加工和精加工。

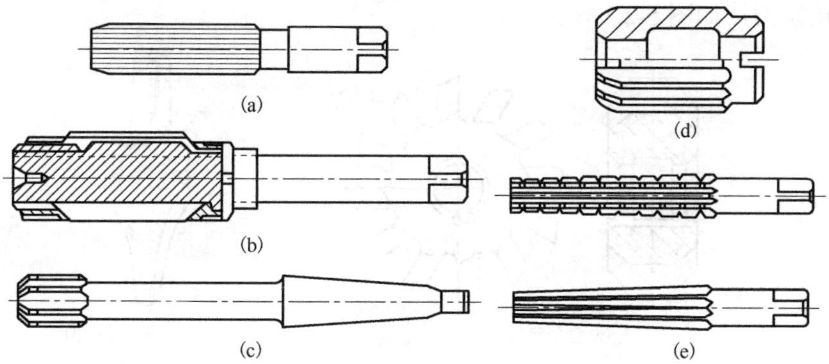

图 5-24　铰刀

7. 镗刀

镗刀是一种很常见的扩孔用的刀具，在许多机床上都可以用镗刀镗孔(如车床、铣床、镗床以及组合机床等)。镗孔的加工精度可达 IT6～IT8，加工表面粗糙度 Ra 6.3～0.8μm，常用于较大直径的孔的粗加工、半精加工和精加工。镗刀一般均有调整装置。在精镗机床上常采用微调镗刀以提高调整精度，如图 5-25 所示。

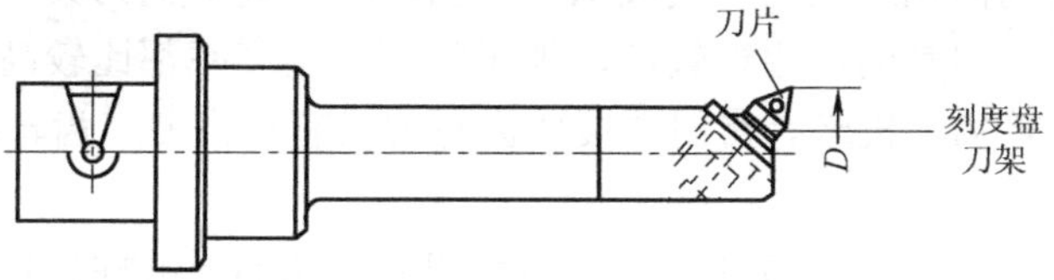

图 5-25　镗刀

8. 拉刀

拉刀是一种高生产率、高精度的多齿刀具。拉削时，拉刀沿其轴线做等速直线运动，由于拉刀的后一个(或一组)刀齿高出前一个(或一组)刀齿，所以能够依次从工件上切下金属层，从而获得所需的表面，如图 5-26 所示。

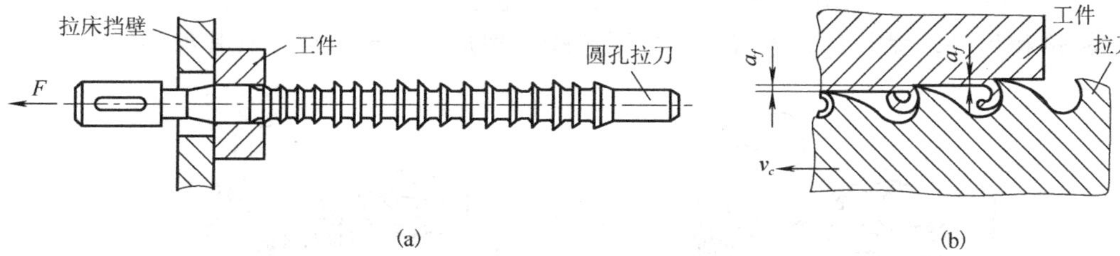

图 5-26　拉削过程

5.7　齿轮加工刀具

齿轮加工刀具是用于加工齿轮齿形的刀具。由于齿轮的种类很多，相应的齿轮刀具种类也极其繁多。按照齿轮齿形的形成方法，可将齿轮刀具分为成形齿轮刀具和展成齿轮刀具两大类。

1. 成形齿轮刀具

成形齿轮刀具的齿形与被加工齿轮的齿槽形状相同。常用的成形齿轮刀具有盘形齿轮铣刀和指形齿轮铣刀，如图 5-27 所示。

(a) 盘形齿轮铣刀　　(b) 指形齿轮铣刀

图 5-27　成形齿轮铣刀

盘形齿轮铣刀是铲齿成形铣刀，结构简单，成本低廉，在一般铣床上就可加工齿轮，但其加工精度、生产率都比较低，适用于单件生产及修配工作中加工直齿、斜齿圆柱齿轮和齿条等。指形齿轮铣刀主要用于加工大模数(m=10～100mm)直齿、圆柱齿轮、人字齿轮。

2. 展成齿轮刀具

展成齿轮刀具的齿形或其齿形的投影均不同于所切齿轮齿槽的任意截形。工件的齿形是经刀具刃形若干次切削而包络成的。展成法加工齿轮时，同一把刀具可加工模数相同，而齿数不同的渐开线齿轮，刀具的通用性较广，加工精度和生产率都比较高。但是这种加工方法一般需要有专门的齿轮加工机床。常用的展成齿轮刀具有插齿刀、齿轮滚刀和剃齿刀等。

1) 插齿刀

插齿刀是应用很广泛的齿轮刀具之一。插齿刀的形状如同圆柱齿轮，但其具有前角、后角和切削刃。插齿时，它的切削刃随插齿机床的往复运动在空间形成一个渐开线齿轮，称为铲形齿轮。插齿刀和被切齿轮的展成运动一方面包络形成齿轮渐开线齿廓，另一方面又是切削时的圆周进给运动和连续的分齿运动(图 5-28)。为了避免后刀面与工件的摩擦，插齿刀每次空行程退刀时，应有让刀运动。在开始切削时，还有径向进给运动，切到全齿深时径向进给运动自动停止。插齿刀是一种展成法齿轮刀具，它可以用来加工同模数、同压力角的任意齿数的齿轮；既可以加工标准齿轮，也可以加工变位齿轮。插齿刀用于加工直齿内、外齿轮、斜齿圆柱轮和齿条，尤其是对于双联或多联齿轮、扇形齿轮等的加工有其独特的优越性。

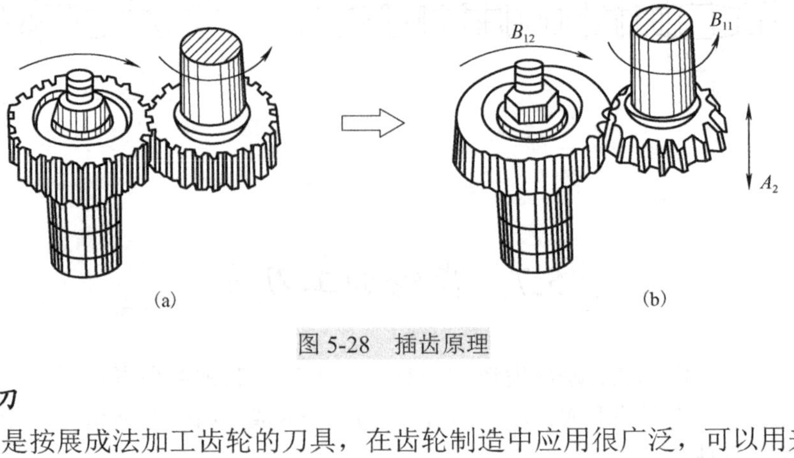

图 5-28　插齿原理

2) 齿轮滚刀

齿轮滚刀是按展成法加工齿轮的刀具，在齿轮制造中应用很广泛，可以用来加工外啮合的直齿轮、斜齿轮、标准齿轮和变位齿轮。加工齿轮的范围很大，从模数大于 0.1 到小于 40

的齿轮，均可用滚刀加工。加工齿轮的精度一般达 7～9 级，在使用超高精度滚刀和严格的工艺条件下也可以加工 5～6 级精度的齿轮。

用一把滚刀可以加工模数相同的任意齿数的齿轮。用齿轮滚刀加工齿轮的过程，相当于一对螺旋齿轮啮合滚动的过程将其中的一个齿数减少到一个或几个，轮齿的螺旋角很大。开槽并铲背后，就成了齿轮滚刀，如图 5-29 所示。当机床使滚刀和工件严格地按一对螺旋齿轮的传动关系做相对旋转运动时，就可在工件上连续不断地切出齿来。

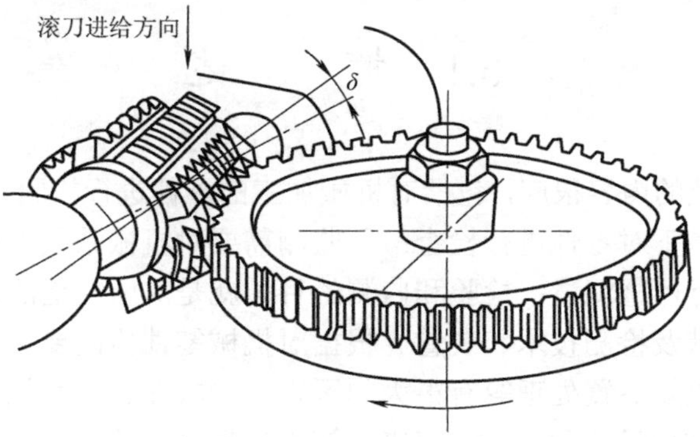

图 5-29　滚齿加工

习题与思考

5-1　写出切削用量三个要素。

5-2　金属切削刀具是怎样分类的？

5-3　试述刀具前角 γ_o、后角 α_o、楔角 β_o、主偏角 κ_r、副偏角 κ_r' 和刀尖角 ε_r 定义和各自作用。

5-4　试述切削液在金属切削加工中的作用。

5-5　切削用量的选择原则是什么？

5-6　当前使用的刀具材料主要有哪些，各自特点是什么，适用于什么材料的加工？

5-7　标准高速钢麻花钻由哪几部分组成？切削部分包括哪些几何参数？

5-8　用钻头钻孔，为什么钻出来的孔径一般都比钻头的直径大？

5-9　为何加工平面沟槽等铣刀的刀齿常做成尖齿形，而加工成形表面的铣刀的刀齿常做成铲齿形？

5-10　铣削有哪些主要特点，可采用什么措施改进铣刀和铣削特性？

5-11　试述拉削加工的特点与应用。

5-12　试述齿轮滚刀的切削原理。

第 6 章　机械加工检测装置

6.1 概　　述

机械加工检测涉及的内容很广，包括对机械加工的零件进行检验测量、在线监测等内容。检验主要是在静态状态下对零件进行检查；而监测需要对机械系统中运动的和物理状态发生变化的物体和部件进行监督测量；检验和监测的目的就是对所制造的产品进行测量，以判定是否满足要求。这就涉及检测技术和装置。根据对机械零件检测要求和目的不同，所采用的测量元件、检测方式以及后置处理等有很大的区别。一般在制造系统中关注的是制造系统的变形、位移、速度等物理量的测量，近年来，随着制造系统的发展，对系统的力、温度、压力、流量、图像等物理量也开始进行检测，以谋求功能更强大的制造系统。常见机械加工装备使用的检测仪器仪表如图 6-1 所示。

(a) 光电编码器

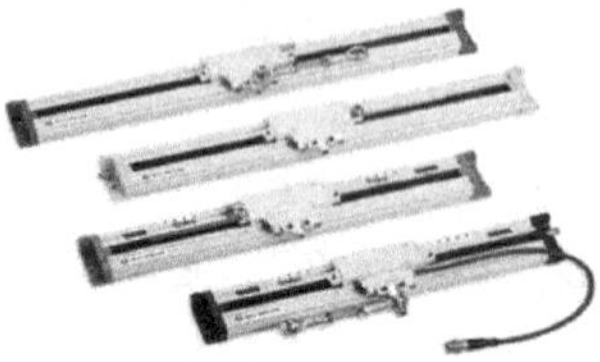

(b) 光栅尺

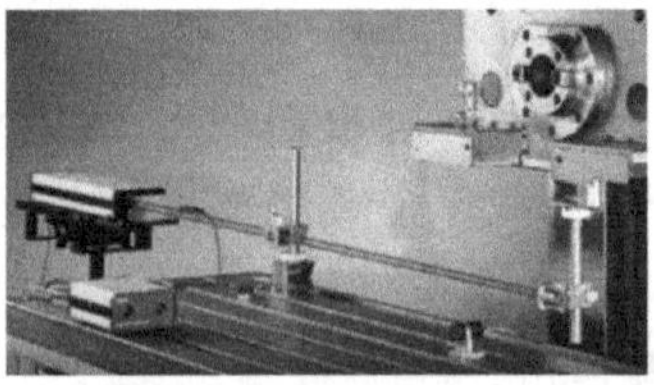

(c) 激光干涉仪

(d) 三坐标测量仪

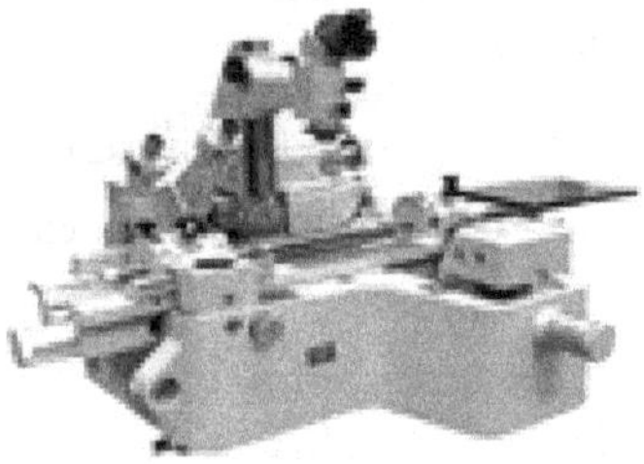

(e) 万能工具显微镜

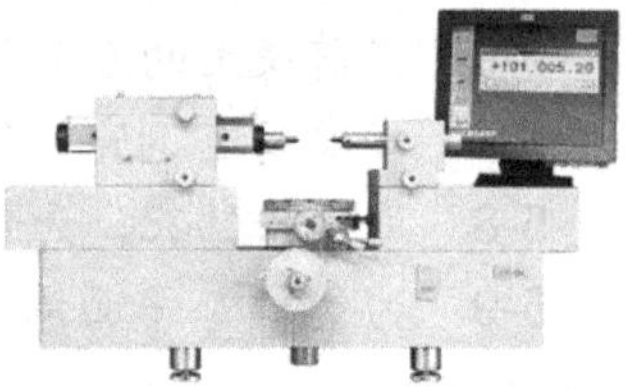

(f) 长度测量仪

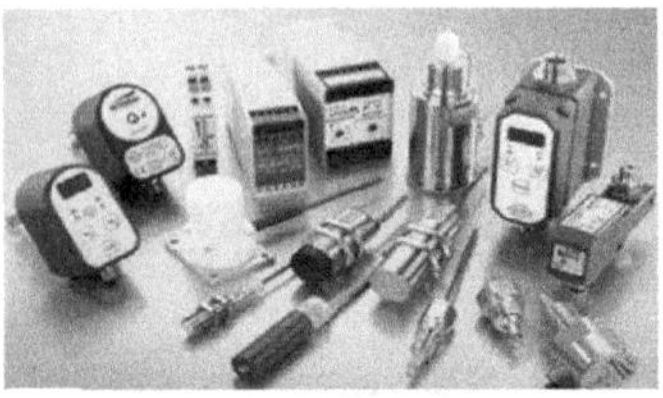

(g) 电流量传感器

(h) 图像传感器

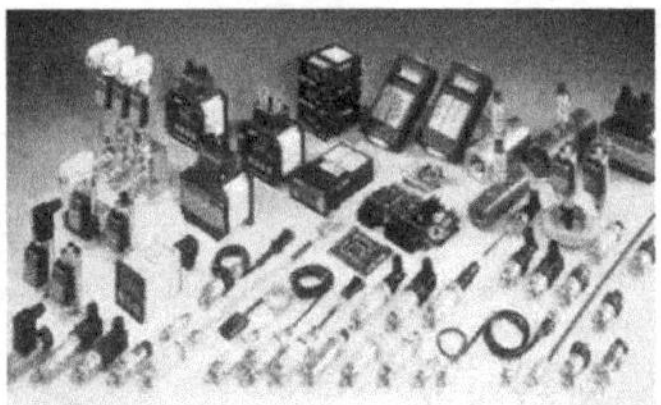

(i) 其他各类仪器

图 6-1　常见机械加工装备使用的检测仪器仪表

本章知识要点

(1) 了解机械加工检测在机械制造中的作用、地位和发展趋势，检测装置涉及的内容。

(2) 掌握机械加工检测装置的基本原理和方法。会使用常用测量仪器，如万能工具显微镜、长度测量仪、三坐标测量仪、光栅尺、图像传感器等。

兴趣实践

(1) 到学校机械实习厂或附近的机械制造企业去参观访问。

(2) 试用学校实验室有的测量仪器，对你熟悉的机械零件，如轴、箱体等零件进行测量。

探索思考

机械加工检测方法很多，在机械加工过程中对零件长度进行在线测量的有哪些仪器，哪种测量精度较高？

预习准备

(1) 翻阅有关机械加工检测书籍，阅读了解常见的机械加工检测装置。

(2) 重点阅读三坐标测量仪、光栅尺、图像传感器等先进传感检测元件和装置。

按机械加工系统中检测对象的不同，可将检测装置分为以下几类。

(1) 位置检测装置：包括脉冲编码器、旋转变压器、感应同步器、光栅等。

(2) 工件状态检测装置：包括测长仪、测长机、万能工具显微镜、三坐标测量仪。

(3) 刀具状态检测装置：如放射性同位素检测法、电阻检测法、TV 工业电视摄像检测法、主轴测温法、切削力测量、声发射测量等装置。

小思考 6-1

机械加工检测技术较多，如对机械移动位置、电机工作温度、零件加工表面质量进行检测，常用什么方法和检测装置？

(4) 机床工况监测装置：如伺服电机温度监测装置、机床过载保护监控装置、机床润滑系统监测装置等。

也可以按机械制造系统中各功能部件的运动和变化的物理量的检测方式来分类，可分为光学检测装置、电磁检测装置、电量检测装置、其他检测装置。现按后一种分类进行简要介绍。

6.1.1　光学检测装置及其类型

光学检测装置是目前应用最多、最广泛的检测装置，这类检测装置是通过检测光信息的变化，通过对光信息的处理得到对制造系统的变形、位移、速度等物理量进行测量，达到对制造系统功能部件的监控目的。这类装置有以下两种。

1)激光干涉仪

它是根据平板干涉原理设计的一种测量仪器。利用激光光源的高单色性、高方向性、高相干性特点，以光波波长为基准来测量各种长度，具有很高的测量精度。特别是新型的激光干涉仪，以稳频的双频氦氖激光器作为光源，提高了仪器的抗干扰性能和工作可靠性，主要用于机床的误差等精密测量。

2)光栅

根据物理上莫尔条纹(即叠栅条纹)的形成原理进行工作，分为圆光栅和长光栅两大类。光栅具有分辨率高、量程大、抗干扰能力强等优点，宜于动态测量、自动测量及数字显示，测量精度可达几微米，是在高精度数控机床进给伺服机构中使用较多的位置检测反馈元件。编码器又称脉冲发生器或码盘，是一种按一定的编码形式将一个圆盘分成若干等份，并利用电子、光电或电磁器件，把代表被测位移的各等份上的数码转换成便于应用的二进位制或其他表达方式的测量装置，具有精度高、结构紧凑及工作可靠等优点，是精密数字控制和伺服系统中常用的角位移数字式检测装置。

6.1.2 电磁检测装置及其类型

电磁检测装置首先将制造系统的变形、位移、速度等物理量转化为电磁信息，通过对电磁信息的处理，实现对这些物理量的测量，进而达到对制造系统功能部件监控的目的。这类装置有以下三种。

1)感应同步器

它是利用两个平面展开绕组的互感量随位置变化的原理制成的测量位移元件。测量范围不限，精度较高，具有误差平均效应，工作可靠，抗干扰性强；对空间电磁干扰、电源波动、环境温度变化不敏感，使用寿命长，易维护，并可拼接加长，是常用的大位移、高精度检测装置之一，主要用于机床进给伺服机构的位置测量。

2)旋转变压器

它是根据互感原理工作的，常用于数控机床中角位移的检测，能测量转角的变化，结构简单，对工作环境要求不高，信号输出幅度大，抗干扰能力强。但是，普通旋转变压器测量精度较低，一般用于精度要求不高或大型机床的较低精度及中等精度的测量系统。

3)磁栅

它是用电磁方法计算磁波数目的一种位置检测元件。它利用磁录音原理，将一定波长的矩形波或正弦波的电信号用录音磁头记录在磁性标尺上，作为测量的基准尺，检测时用拾磁磁头将磁尺上的磁信号读出，并通过检测电路将位移量用数字显示出来或转化为控制信号输出。在移动过程中磁周期性变化，通过计测变化次数达到位置的测量。磁栅的测量范围不限，具有精度较高、复制简单以及安装调整方便等一系列优点，在油污、粉尘较多的工作条件下有较好的稳定性，主要用于机床进给伺服机构的位置测量。

6.1.3 电量检测装置及其类型

电量检测装置是将制造系统的变形、位移、速度等物理量转化为电压或电流信息，通过对电压或电流的处理，实现对这些物理量的测量，进而达到对制造系统功能部件监控的目的。这类装置有以下三种。

1) 容栅

它是将被测非电量的变化转换为电容量变化的监测装置。其特点：结构简单，体积小，可非接触式测量，并能在高温、辐射和强烈振动等复杂条件下工作，测量范围有限，精度高，广泛应用于压力、差压、位移、加速度等多方面的测量。根据改变参数的不同，电容测量可以分为三种基本类型：改变极板距离的变间隙式、改变极板面积的变面积式和改变介电常数的变介电常数式。常用的数字游标卡尺即是利用容栅测量长度的简单例子。容栅测量系统最突出的优点是生产成本低、功耗小、速度高，所以在量具量仪上应用广泛。

2) 电感测量

它利用电磁感应原理将被测量如位移、压力、流量、振动等转换为线圈电感 L 或互感系数 M 的变化，再由测量电路转换成电压或电流的变化量输出。螺线管式差动变压器应用最多，它可测量 1～100 mm 的机械位移，并且有测量精度高、灵敏度高、结构简单、性能可靠等优点，应用在球杆仪等机床精度测量器件上。

3) 电阻应变测量

它是利用电阻应变计将机械应变转换为应变片电阻值变化的装置，有低频特性好和性能价格比高的优点，广泛应用在振动测量领域内，常用于测量应力、重量及加速度。常用检测装置如电阻应变式测力仪，它具有结构简单、制造方便、精度高等优点，在静态和动态测量中获得了广泛的应用。其原理是利用粘贴有电阻应变片的弹性体，在外力作用下产生应变，将其应变量经电桥电路转换成电量，在经电路处理显示出被测的作用力值。

6.1.4 其他检测装置及其类型

这类检测装置大多是利用现代测试手段发展起来的，是光机电等一体化的测试装备，下面简要介绍几种。

1) 超声波检测装置

超声波是频率 20kHz 以上的机械波。由于频率高，其能量远大于振幅相同的声波能量，具有很强的穿透能力。它在介质中传播时，也像光波一样产生反射、折射，而其能量及波形发生变化，利用这种特性可以检测厚度、液位及振动的多种参数。超声波测量可实现非接触测量，特别是金属内部的探伤。利用超声波探测的装置有超声测长仪、超声探伤仪、超声测厚探头、超声测厚仪、超声液位控制器和超声流量计。

2) 光纤检测装置

光纤一般由纤芯、包层和涂敷层构成，是一多层介质结构的对称圆柱体。光纤正处在新产品不断涌现的发展时期，用光纤制成的特殊传感器不断增多。光纤对外界参数有一定的效应，光纤中传输的光在调制区内同外界被测参数发生相互作用，外界信号会引起传输的光的强度、波长、频率、相位、偏振等性质发生变化，这就构成了强度调制型光纤传感器、波长调制型光纤传感器、频率调制型光纤传感器、相位调制型光纤传感器和偏振调制型光纤传感器。光纤强度调制是最早使用于光纤传感器的，其技术简单、可靠、价格低。光纤强度调制的具体机理有位移、反射、微弯、泄露吸收等。在强度型光纤传感器中，被测信号直接引起光波强度变化，只需对受强度调制的光信号进行强度检测就能获得待测件的信息。因此，光纤强度信号检测是光纤传感检测的基础。根据光纤调制形式不同，可制成各种传感器，如位移传感器、压力传感器、振动传感器、加速度传感器、转角传感器等，这些传感器广泛用于机械制造系统监测装置中。

3) 图像检测装置

视觉图像是人类获取信息的最主要来源。基于图像的精密测量技术在当今数字信息时代得到越来越迅速的发展。将数字图像分析技术应用于光测领域，既提高了光测技术的测量精度、速度、自动化程度，又扩展了光测技术的测量范围和领域。利用计算机数字图像处理分析技术对光测图像进行处理和分析，使得光测方法有了质的飞跃，扩大了光学测量的应用范围，有效提高了测量精度。除保持了非接触、全场测量和高精度三大特点外，还有以下优点。

(1) 可明显改善图像的质量，甚至使得传统方法无法测量的物理量可测。

(2) 利用提高摄像机、扫描仪等硬件的分辨率和各种图像目标模式定位方法，可使图像信息更精确、图像目标的定位精度更高。

(3) 随着处理算法自动化程度和效率的提高，极大地减少了光测处理的工作量和时间。

4) 机器视觉及磁导航监测装置

物流及其控制在柔性制造系统(FMS)中占有重要的地位，在机械制造系统中，往往采用运输小车搬送零件和其他制造中所需的物件。通过运输小车可以将若干个加工中心或者制造单元相连接构成一个完整的系统，这种无人搬运车一般带有自动导航装置实现自动运行定位。因此，如何自动地将零件从一个位置移动装配到另一个位置，是检测系统要求解决的问题。为实现这一目的，这类检测常采用机器视觉和磁导航方式来实现运动和位置的确定。磁导航也称为电磁感应引导，是利用低频引导线形成的电磁场及电磁传感装置引导无人搬运车运行。

交变电流流过引导电缆时，在电缆周围产生电磁场，离电缆越近其场强越强。引导天线由两个线圈组成，分别处于埋入地表下的引导电缆两侧。两个天线线圈感应出的电位差就是操纵无人搬运车的转向信号。当电缆处于两线圈中间时，两线圈的电位差为零，无转向信号。当引导天线偏向引导电缆任一侧时，一侧线圈的电压升高，另一侧线圈的电压降低，这一电位差就产生转向操纵信号，控制转向电动机的旋转方向。

6.2 机床运动位移检测装置

机床运动位移检测装置的作用是在线检测机床的各功能部件的变形、位移、速度、温度、力等物理量，以实现对功能部件即时的调节与控制。大多数检测物理量用来作为控制系统的反馈信号，以构成半闭环或者闭环系统的控制。如进给机构中的直线位移或角位移检测就用来构成闭环或者半闭环反馈。作为机床运动位移检测装置，常用的有实现坐标直线位移或者角位移、速度的检测。

6.2.1 电感式传感器

电感式传感器是基于电磁感应原理，将被测非电量转换为电感量变化的一种传感器。按其转换方式的不同，电感式传感器可分为自感式、互感式两大类型。

1. 自感式电感传感器

自感式可分为变磁阻式和涡流式两类。

1) 可变磁阻式电感传感器

典型的可变磁阻式电感传感器的结构如图 6-2 所示，主要由线圈、铁心和活动衔铁所组成。在铁心和活动衔铁之间保持一定的空气隙δ，被测位移构件与活动衔铁相连，当被测构件产生位移时，活动衔铁随着移动，空气隙 δ 发生变化，引起磁阻变化，从而使线圈的电感值发生变化。当线圈通以激磁电流时，其自感 L 与磁路的总磁阻 R_m 有关，即

$$L=\frac{W^2}{R_m} \tag{6-1}$$

式中，W 为线圈匝数；R_m 为总磁阻。

如果空气隙 δ 较小，而且不考虑磁路的损失，则总磁阻为

$$R_m=\frac{l}{\mu A}+\frac{2\delta}{\mu_0 A_0} \tag{6-2}$$

式中，l 为铁心导磁长度(m)；μ 为铁心导磁率(H/m)；A 为铁心导磁截面积(m^2)，$A=a\times b$；δ 为空气隙(m)，$\delta=\delta_0\pm\Delta\delta$；$\mu_0$ 为空气磁导率(H/m)，$\mu_0=2\pi\times10^{-7}$；A_0 为空气隙导磁截面积(m^2)。

由于铁心的磁阻与空气隙的磁阻相比是很小的，所以计算时铁心的磁阻可忽略不计，故有

$$R_m\approx\frac{2\delta}{\mu_0 A_0} \tag{6-3}$$

将式(6-3)代入式(6-1)，得

$$L=\frac{W^2\mu_0 A_0}{2\delta} \tag{6-4}$$

式(6-4)表明，自感 L 与空气隙 δ 的大小成反比，与空气隙导磁截面积 A_0 成正比。当固定 A_0 不变，改变 δ 时，L 与 δ 呈非线性关系，此时传感器的灵敏度为

$$S=\frac{\mathrm{d}L}{\mathrm{d}\delta}=-\frac{W^2\mu_0 A_0}{2\delta^2} \tag{6-5}$$

由式(6-5)得知，传感器的灵敏度与空气隙 δ 的平方成反比，δ 越小，灵敏度越高。由于 S 不是常数，故会出现非线性误差，同变极距型电容式传感器类似。为了减小非线性误差，通常规定传感器应在较小间隙的变化范围内工作。在实际应用中，可取 $\Delta\delta/\delta_0\leqslant0.1$。这种传感器适用于较小位移的测量，一般为 0.001～1mm。

图 6-3 所示为差动式磁阻传感器，它由两个相同的线圈、铁心及活动衔铁组成。当活动衔铁接近于中间位置(位移为零)时，两线圈的自感 L 相等，输出为零。当衔铁有位移 $\Delta\delta$ 时，两个线圈的间隙为 $\delta_0+\Delta\delta$、$\delta_0-\Delta\delta$，表明一个线圈自感增加，另一个线圈自感减小，将两个线圈接入电桥相邻臂时，其输出灵敏度可提高一倍，并改善了线性特性，消除了外界干扰。

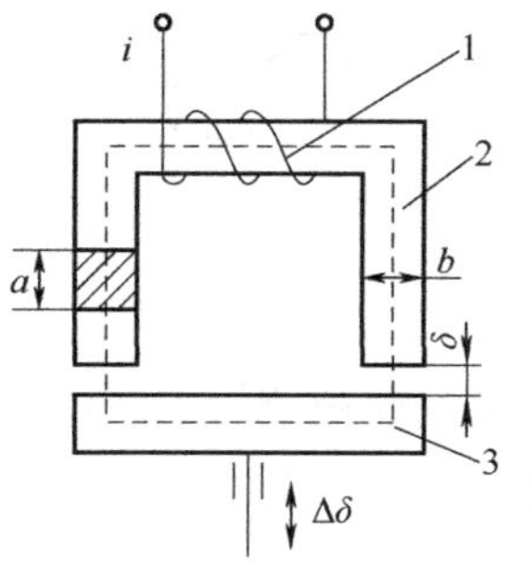

图 6-2　可变磁阻式电感传感器

1-线圈；2-铁心；3-活动衔铁

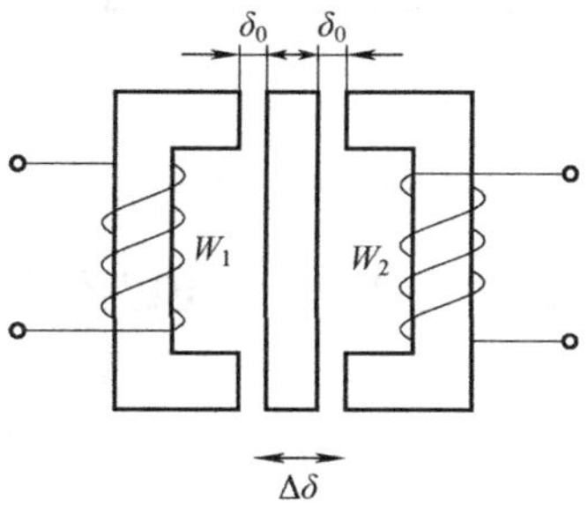

图 6-3　差动式磁阻传感器

可变磁阻式传感器还可做成改变空气隙导磁截面积的形式，当固定δ、改变空气隙导磁截面积A_0时，自感L与A_0呈线性关系。

2) 涡流式传感器

涡流式传感器是利用金属导体在交流磁场中的涡电流效应进行位移测量的。如图 6-4 所示，金属板置于一只线圈的附近，它们之间相互的间距为δ。当线圈输入交变电流i_0时，便产生交变磁通量Φ。金属板在此交变磁场中会产生感应电流i，这种电流在金属体内是闭合的，所以称为涡流。涡流的大小与金属板的电阻率ρ、磁导率μ、厚度h、金属板与线圈的距离δ、激励电流角频率ω等参数有关。若改变其中某一参数，而其他参数不变，就可根据涡流的变化测量该参数。涡流式传感器可分为高频反射式和低频透射式两种。

(1) 高频反射式涡流传感器。如图 6-4 所示，高频(>1MHz) 激励电流i_0产生的高频磁场作用于金属板的表面，由于集肤效应，在金属板表面将形成涡电流。与此同时，该涡流产生的交变磁场又反作用于线圈，引起线圈自感L或阻抗Z_L的变化，其变化与距离δ、金属板的电阻率ρ、磁导率μ、激励电流i_0及角频率ω等有关，若只改变距离δ而保持其他系数不变，则可将位移的变化转换为线圈自感的变化，通过测量电路转换为电压输出。高频反射式涡流传感器多用于位移测量。

(2) 低频透射式涡流传感器。低频透射式涡流传感器的工作原理如图 6-5 所示，发射线圈W_1和接收线圈W_2分别置于被测金属板材料 G 的上、下方。由于低频磁场集肤效应小、渗透深，当低频(音频范围) 电压u_1加到线圈W_1的两端后，所产生磁力线的一部分透过金属板材料G，使线圈W_2产生电感应电动势u_2。但由于涡流消耗部分磁场能量，感应电动势u_2减少，当金属板材料G越厚时，损耗的能量越大，输出电动势u_2越小。因此，u_2的大小与G的厚度及材料的性质有关。试验表明，u_2随材料厚度h的增加按负指数规律减少。因此，若金属板材料的性质一定，则利用u_2的变化即可测量其厚度。

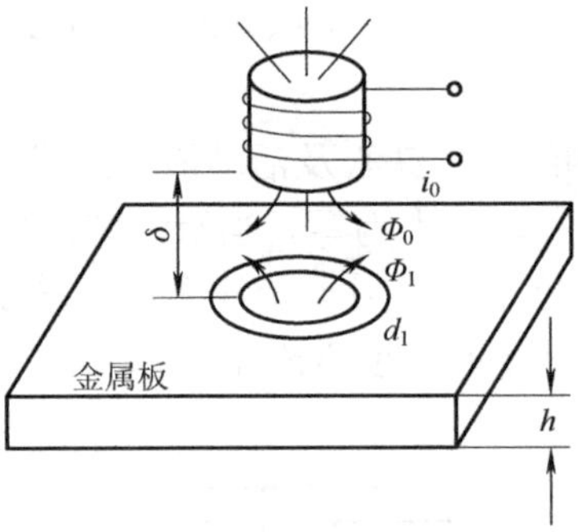

图 6-4 高频反射式涡流传感器

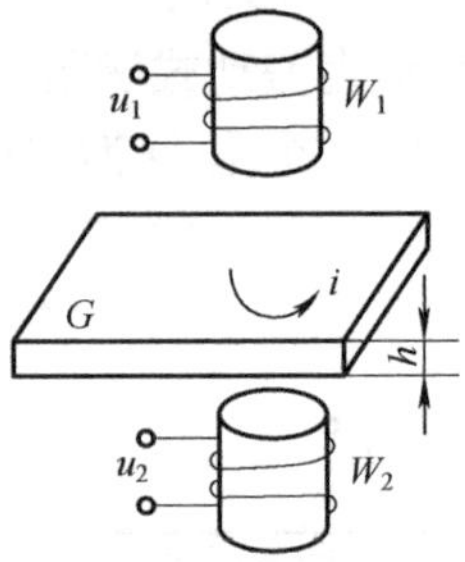

图 6-5 低频透射式涡流传感器

2. 互感式差动变压器电感传感器

互感式差动变压器电感传感器是利用互感量M的变化来反映被测量的变化。这种传感器实质是一个输出电压的变压器。当变压器初级线圈输入稳定交流电压后，次级线圈便产生感应电压输出，该电压随被测量的变化而变化。

差动变压器电感传感器是常用的互感型传感器，其结构形式有多种，以螺管形应用较为普遍，其结构及工作原理如图 6-6 所示。

传感器主要由线圈、铁心和活动衔铁三个部分组成。线圈包括一个初级线圈和两个反接的次级线圈，当初级线圈输入交流激励电压时，次级线圈将产生感应电动势 e_1 和 e_2。由于两个次级线圈极性反接，因此传感器的输出电压为两者之差，即 $e_y = e_1 - e_2$。活动衔铁能改变线圈之间的耦合程度。输出 e_y 的大小随活动衔铁的位置而变。当活动衔铁的位置居中时，即 $e_1 = e_2$，$e_y = 0$；当活动衔铁向上移时，即 $e_1 > e_2$，$e_y > 0$；当活动衔铁向下移时，即 $e_1 < e_2$，$e_y < 0$。活动衔铁的位置往复变化，其输出电压 e_y 也随之变化。

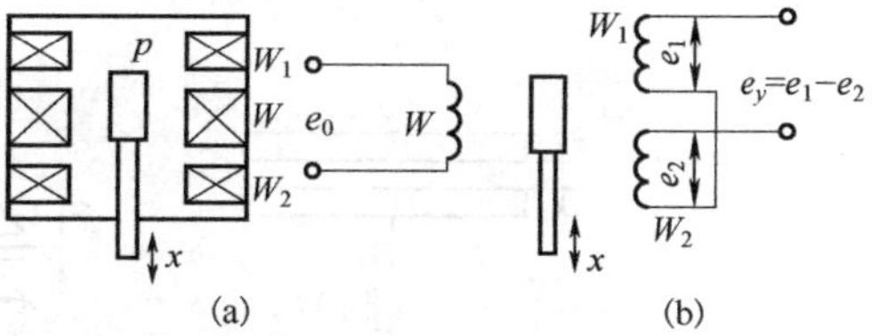

图 6-6 互感型差动变压器电感传感器

差动变压器传感器输出的电压是交流电压，若用交流电压表指示，则输出值只能反映铁心位移的大小，而不能反映移动的极性；交流电压输出存在一定的零点残余电压，零点残余电压是由两个次级线圈的结构不对称、铁磁材质不均匀、线圈间分布电容等所形成的。所以，即使活动衔铁位于中间位置时，输出也不为零。鉴于这些原因，差动变压器的后接电路应采用既能反映铁心位移极性，又能补偿零点残余电压的差动直流输出电路。

差动变压器传感器具有精度高(达 0.1μm 量级)、线圈变化范围大(可扩大到±100mm，视结构而定)、结构简单、稳定性好等优点，广泛应用于直线位移及其他压力、振动等参量的测量。图 6-7 所示为电感测微仪所用的互感式差动位移传感器的结构图。

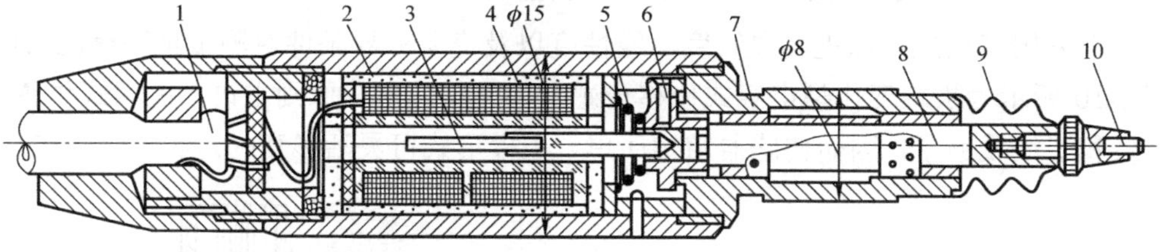

图 6-7 差动式位移传感器的结构图

1-引线；2-固定瓷筒；3-衔铁；4-线圈；5-测力弹簧；6-防转销；7-钢球导轨；8-测杆；9-密封套；10-测端

6.2.2 电容式位移传感器

电容式传感器是将被测物理量转换为电容量变化的装置。从物理学得知，由两个平行板组成电容器的电容量为

$$C = \frac{\varepsilon\varepsilon_0 A}{\delta}(\mathrm{F}) \tag{6-6}$$

式中，ε 为极板间介质的相对介电系数，空气中 $\varepsilon = 1$；ε_0 为真空中介电常数，$\varepsilon_0 = 8.85\times10^{-13}$ (F/m)；δ 为极板间距离(m)；A 为两极板相互覆盖面积(m^2)。

式(6-6)表明，当被测量使 δ、A 或 ε 发生变化时，都会引起电容 C 的变化。若仅改变其中某一个参数，则可以建立起该参数和电容量变化之间的对应关系，因而电容式传感器分为极距变化型、面积变化型和介质变化型三类，如图 6-8 所示。

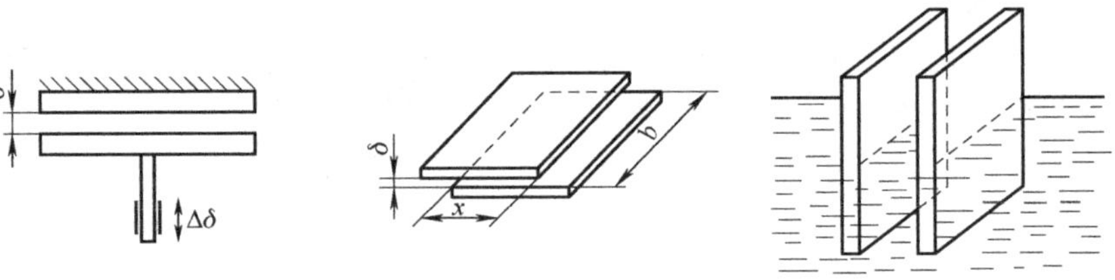

(a) 极距变化型　　(b) 面积变化型　　(c) 介质变化型

图 6-8　电容式传感器

1. 极距变化型

根据式(6-6)，如果两极板相互覆盖面积及极间介质不变，则电容量 C 与极距 δ 呈非线性关系(图 6-9)，当极距有一微小变化量 $\mathrm{d}\delta$ 时，引起电容的变化量 $\mathrm{d}C$ 为

$$\mathrm{d}C=-\varepsilon\varepsilon_0\frac{A}{\delta^2}\mathrm{d}\delta$$

由此可得传感器的灵敏度为

$$S=\frac{\mathrm{d}C}{\mathrm{d}\delta}=-\varepsilon\varepsilon_0 A\frac{1}{\delta^2} \tag{6-7}$$

可以看出，灵敏度 S 与极距平方成反比，极距越小灵敏度越高，显然，这将引起非线性误差。为了减小这一误差，通常规定传感器只能在较小的极距变化范围内工作(即测量范围小)，以使获得近似的线性关系，一般取极距变化范围为 $\Delta\delta/\delta_0\approx 0.1$， δ_0 为初始间隙。实际应用中，常采用差动式，以提高灵敏度、线性度以及克服外界条件对测量精确度的影响。

图 6-10 所示为极距变化型电容式位移传感器的结构示例。原则上讲，电容式传感器仅需一块极板和引线就够了，因而传感器结构简单，极板形式可灵活多变，为实际应用带来方便。

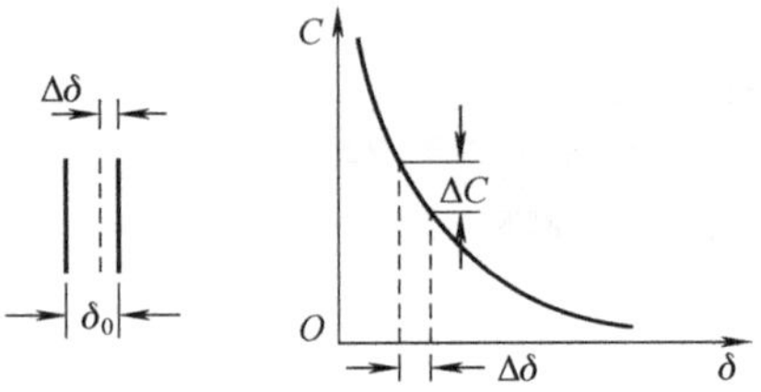

图 6-9　极距变化型电容式位移传感器

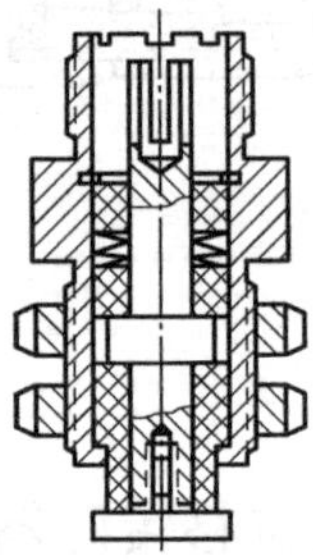

图 6-10　极距变化型电容式位移传感器的结构

极距变化型电容式传感器的优点是可以用于非接触式动态测量，对被测系统影响小，灵敏度高，适用于小位移(数百微米以下)的精确测量。

2. 面积变化型

面积变化型电容传感器可用于测量线位移及角位移。图 6-11 所示为测量线位移时两种面积变化型传感器的测量原理和输出特性。

对于平面型极板，当动板沿 x 方向移动时覆盖面积变化，电容量也随之变化。电容量为

$$C=\frac{\varepsilon\varepsilon_0 bx}{\delta}(\mathrm{F}) \tag{6-8}$$

式中， b 为极板宽度。

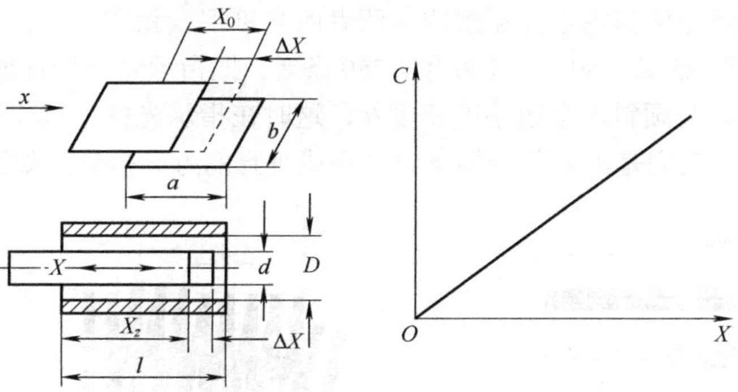

图 6-11　面积变化型电容传感器

其灵敏度为

$$S=\frac{\mathrm{d}C}{\mathrm{d}x}=\frac{\varepsilon\varepsilon_0 b}{\delta}=\text{常数} \tag{6-9}$$

对圆柱形极板，其电容量为

$$C=\frac{2\pi\varepsilon\varepsilon_0 x}{\ln(D/d)} \tag{6-10}$$

式中，D 为圆筒孔径；d 为圆柱外径。

其灵敏度为

$$S=\frac{\mathrm{d}C}{\mathrm{d}x}=\frac{2\pi\varepsilon\varepsilon_0}{\ln(D/d)} \tag{6-11}$$

面积变化型电容传感器的优点是输出与输入呈线性关系，但灵敏度较极距变化型低，适用于较大的线位移和角位移测量。

6.2.3　光栅尺原理及其应用

光栅可用于测量位移、长度、角度、速度、加速度、振动和爬行等。光栅在数控机床进给伺服系统中，用来检测直线位移、角位移和移动速度。用长光栅(或称直线光栅)来测量直线位移，用圆光栅来测量角位移。将激光测长技术用于刻制光栅，可以制造出精度很高的光栅尺，因而使光栅检测的分辨率与精度有了很大的提高，光栅检测的分辨率可达微米级，通过细分电路细分可达 0.1μm，甚至更高的水平。

光栅是一种新型的位移检测元件，它是把位移变成数字量的位移—数字转换装置。它主要用于高精度直线位移和角位移的数字检测系统，其测量精确度高(可达±1μm)。

> **案例 6-1**
>
> **问题：**根据需要，设计一款高精度磨床，涉及纵向进给和径向进给；磨床纵向和径向进给精度要求≤0.005mm；纵向进给尺寸 3000mm，径向进给尺寸 500mm。设计者如何选择检测装置？
>
> **分析与对策：**设计的高精度磨床进给精度要求较高，测量范围较大，建议选用光栅尺。其中一个光栅尺测量长度为 3200mm，另一个光栅尺测量长度为 600mm。

光栅是在透明的玻璃上，均匀地刻出许多明暗相间的条纹，或在金属镜面上均匀地刻化出许多间隔相等的条纹，通常线条的间隙和宽度是相等的。以透光的玻璃为载体的称为透射光栅，以不透射光的金属为载体的称为反射光栅。根据光栅外形又可分为直线光栅和圆光栅。

测量装置由标尺光栅和指示光栅组成，两者的光刻密度相同，但体长相差很多。光栅条纹密度一般为每毫米 25 条、50 条、100 条、250 条等。把指示光栅平行地放在标尺光栅上面，并且使它们的刻线相互倾斜一个很小的角度θ，这时在指示光栅上就出现几条较粗的明暗条纹，称为莫尔条纹。它们是沿着与光栅条纹几乎成垂直的方向排列，如图 6-12 所示。

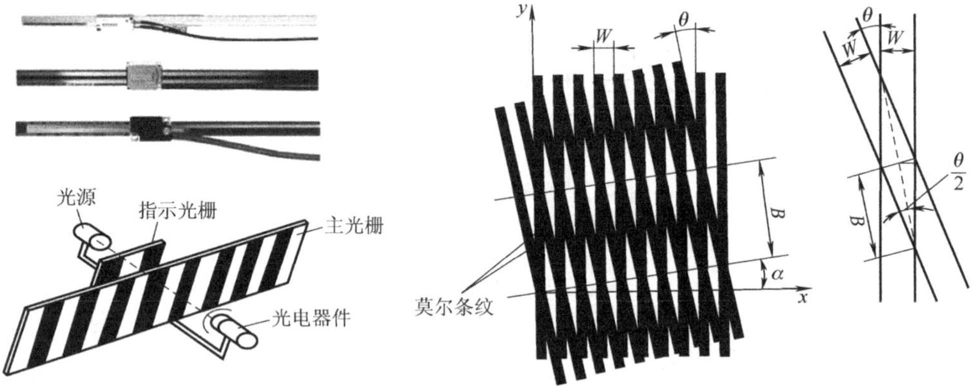

图 6-12　光栅尺原理

光栅莫尔条纹的特点是起放大作用，相对两根莫尔条纹之间的间距B、两光栅线纹夹角θ和光栅栅距W的关系（当θ很小时）为

$$B=\frac{W}{2\sin(\theta/2)}\approx\frac{W}{\theta} \tag{6-12}$$

式中，θ的单位为 rad；B、W的单位为 mm。

若$W=0.01$mm，把莫尔条纹的宽度调成 10mm，则放大倍数相当于 1000 倍，即利用光的干涉现象把光栅间距放大 1000 倍，因而大大减轻了电子线路的负担。

光栅可分为透射光栅和反射光栅两种。透射光栅的线条刻制在透明的光学玻璃上，反射光栅的线条刻制在具有强反射能力的金属板上，一般用不锈钢。

光栅测量系统的基本构成如图 6-13 所示。光栅移动时产生的莫尔条纹明暗信号可用光电元件接受，图 6-13 中的a、b、c、d是四块光电池产生的信号，相位彼此差 90°，对这些信号进行适当的处理后，即可变成光栅位移量的测量脉冲。

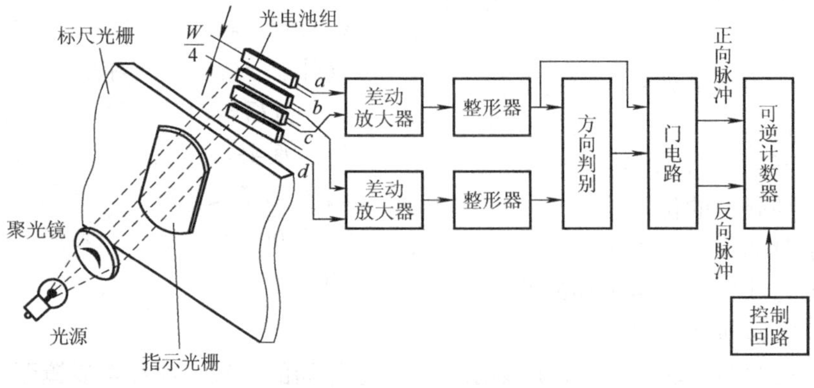

图 6-13　光栅测量系统

6.2.4　感应同步器

感应同步器是一种应用电磁感应原理制造的高精度检测元件，有直线和圆盘式两种，分别用作检测直线位移和转角。

直线感应同步器由定尺和滑尺两部分组成。定尺一般为 250mm，上面均匀分布节距为 2mm 的绕组；滑尺长 100mm，表面布有两个绕组，即正弦绕组和余弦绕组，如图 6-14 所示。当余弦绕组与定子绕组相位相同时，正弦绕组与定子绕组错开 1/4 节距。

圆盘式感应同步器，如图 6-15 所示，其转子相当于直线感应同步器的滑尺，定子相当于定尺，而且定子绕组中的两个绕组也错开 1/4 节距。

感应同步器根据其激磁绕组供电电压形式不同，分为鉴相测量方式和鉴幅测量方式。

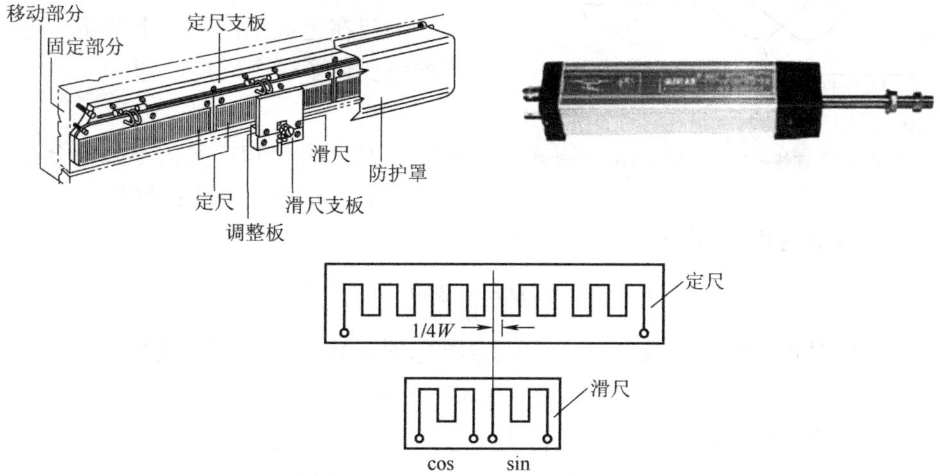

图 6-14　直线感应同步器绕组图形

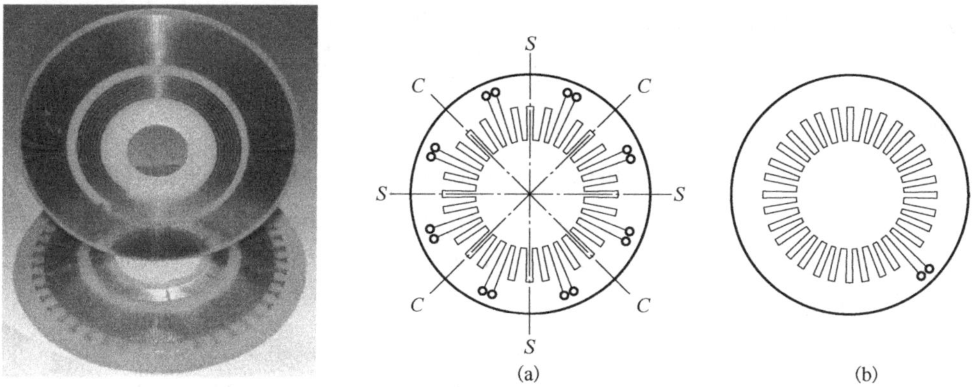

图 6-15　圆盘式感应同步器绕组图形

S-正弦绕组；*C*-余弦绕组

1. 鉴相式

所谓鉴相式就是根据感应电势的相位来鉴别位移量。

如果将滑尺的正弦和余弦绕组分别供给幅值、频率均相等，但相位相差 90° 的激磁电压，即 $V_A = V_m \sin \omega t$，$V_B = V_m \cos \omega t$ 时，则定尺上的绕组由于电磁感应作用产生与激磁电压同频

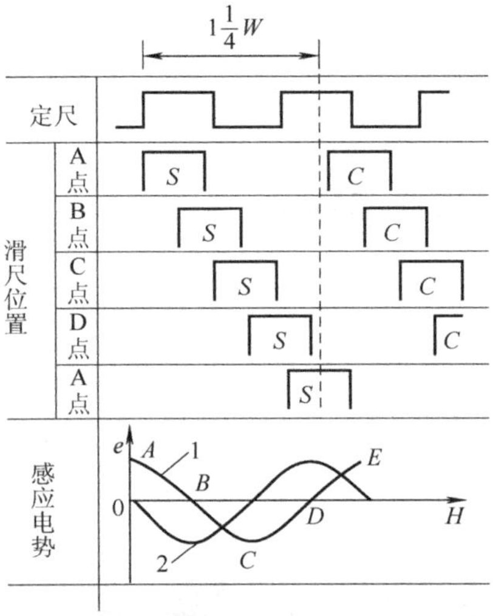

图 6-16 感应电势与两绕组相对位置关系

1-由 S 激磁的感应电动势曲线；2-由 C 激磁的感应电动势曲线

率的交变感应电势。

图6-16说明了感应电势幅值与定尺和滑尺相对位置的关系。

如果只给余弦绕组 A 加交流激磁电压 V_A，则绕组 A 中有电流通过，因而在绕组 A 周围产生交变磁场。在图中 1 位置，定尺和滑尺绕组 A 完全重合，此时磁通交链最多，因而感应电势幅为最大。在图中 2 位置，定尺绕组交链的磁通相互抵消，因而感应电势幅值为零。滑尺继续滑动的情况见图中 3、4、5 位置。可以看出，滑尺在定尺上滑动一个节距，定尺绕组感应电势变化了一个周期，即

$$e_s = KV_s \cos\theta \tag{6-13}$$

式中，K 为滑尺和定尺的电磁耦合系数；θ 为滑尺和定尺相对位移的折算角。

若绕组的节距为 W，相对位移为 l，则

$$\theta = \frac{l}{W}360^\circ \tag{6-14}$$

同样，当仅对正弦绕组 C 施加交流激磁电压 V_C 时，定尺绕组感应电势为

$$\varepsilon_C = -KV_c \sin\theta \tag{6-15}$$

对滑尺上两个绕组同时加激磁电压，则定尺绕组上所感应的总电势为

$$e = \varepsilon_a + \varepsilon_c = KV_a \cos\theta - KV_m \sin\theta = KV_m \sin\omega t \cos\theta - KV_m \cos\omega t \sin\theta \tag{6-16}$$

从式(6-16)可以看出，感应同步器把滑尺相对定尺的位移 l 的变化转成感应电势相角 θ 的变化。因此，只要测得相角 θ，就可以知道滑尺的相对位移 l：

$$l = \frac{\theta}{360^\circ}W \tag{6-17}$$

2. 鉴幅式

在滑尺的两个绕组上施加频率和相位均相同，但幅值不同的交流激磁电压 V_s 和 V_c，即

$$V_s = V_m \sin\theta_1 \sin\omega t \tag{6-18}$$

$$V_c = V_m \cos\theta_1 \sin\omega t \tag{6-19}$$

式中，θ_1 为指令位移角。

设此时滑尺绕组与定尺绕组的相对位移角为 θ，则定尺绕组上的感应电势为

$$\begin{aligned} e &= KV_s \cos\theta - KV_c \sin\theta = KV_m(\sin\theta_1 \cos\theta - \cos\theta_1 \sin\theta)\sin\omega t \\ &= KV_m \sin(\theta_1 - \theta)\sin\omega t \end{aligned} \tag{6-20}$$

式(6-20)把感应同步器的位移与感应电势幅值 $KV_m \sin(\theta_1 - \theta)$ 联系起来，当 $\theta = \theta_1$ 时，$e = 0$。这就是鉴幅测量方式的基本原理。

6.2.5 角数字编码器

编码器是把角位移或直线位移转换成电信号的一种装置。前者称码盘，后者称码尺。按照读出方式，编码器可分为接触式和非接触式两种。接触式采用电刷输出，以电刷接触导

电区或绝缘区来表示代码的状态是“1”还是“0”；非接触式的接收敏感元件是光敏元件或磁敏元件，采用光敏元件时以透光区和不透光区表示代码的状态是“1”还是“0”，而磁敏元件是用磁化区和非磁化区表示“1”或“0”。

按照工作原理编码器可分为增量式和绝对式两类。增量式编码器是将位移转换成周期性变化的电信号，再把这个电信号转变成计数脉冲，用脉冲的个数表示位移的大小。绝对式编码器的每一个位置对应一个确定的数字码，因此它的示值只与测量的起始和终止位置有关，而与测量的中间过程无关。

1. 增量式码盘

增量型回转编码原理如图 6-17 所示。这种码盘有两个通道 A 与 B(即两组透光和不透光部分)，其相位差 90°，相对于一定的转角得到一定的脉冲，将脉冲信号送入计数器。则计数器的计数值就反映了码盘转过的角度。

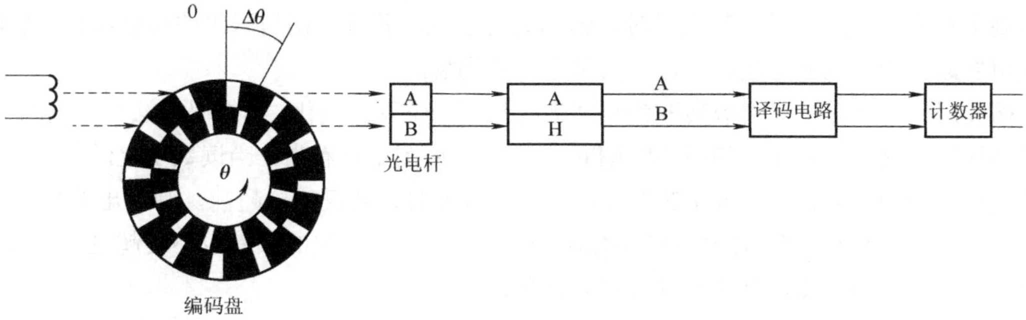

图 6-17　增量型回转编码原理

测量角位移时，单位脉冲对应的角度为

$$\Delta\theta = 360^\circ / m \tag{6-21}$$

式中，m 为码盘的孔数。增加孔数 m 可以提高测量精度。

若 n 表示计数脉冲，则角位移的大小为

$$\alpha = n \cdot \Delta\theta = \frac{360^\circ}{m} n \tag{6-22}$$

为了判别旋转方向，采用两套光电转换装置。一套用来计数，另一套用来辨向，回路输出信号相差 1/4 周期，使两个光电元件的输出信号正相位上相差 90°，作为细分和辨向的基础。为了提供角位移的基准点，在内码道内边再设置一个基准码道，它只有一个孔。其输出脉冲用来使计数器归零或作为每移动过 360° 时的计数值。

增量式码盘制造简单，可按需要设置零位。但测量结果与中间过程有关，抗振、抗干扰能力差，测量速度受到限制。

2. 绝对式码盘

1) 二进制码盘

图 6-18 所示为一个接触式四位二进制码盘，涂黑部分为导电区，空白部分为绝缘区，所有导电部分连在一起，都取高电位。每一同心圆区域为一个码道，每一个码道上都有一个电刷，电刷经电阻接地，4 个电刷沿一固定的径向安装，电刷在导电区为“1”，在绝缘区为“0”，外圈为低位，内圈为高位。若采用 n 位码盘，则能分辨的角度为

$$\Delta\theta = \frac{360^\circ}{2^n} \tag{6-23}$$

对二进制码盘来说，位数 n 越大，分辨力越高，测量越精确。当码盘与轴一起转动时，电刷上将出现相应的电位，对应一定的数码。码盘的精度取决于码盘本身的制造精度和安装精度。由图 6-18 可以看出，当码盘由 h（0111）向 i（1000）过渡时，此时 4 个码道的电刷需要同时变位。如果由于电刷位置安装不准或码盘制作不精确，任何一个码道的电刷超前或滞后，都会使读数产生很大误差，例如，本应为 i（1000），由于最高位电刷滞后，则输出数据为 A（00000），这种误差一般称为非单值性误差，应避免发生。但码盘的制作和安装又不可避免会有公差，为了消除非单值性误差，通常采用双电刷读数或采用循环码编码。

2）循环码盘

采用双电刷码盘虽然可以消除非单值性误差，但它需要一个附加的外部逻辑电路，同时使电刷个数增加一倍。当位数很多时，结构会复杂化，并且电刷与码盘的接触摩擦，影响它的使用寿命。为了克服上述缺点，一般采用循环码盘。

循环码的特点是从任何数转变到相邻数时只有一位发生变化，其编码方法与二进制不同。利用循环码的这一特点编制的码盘如图 6-19 所示。由图中可看出，当读数变化时只有一位数发生变化，例如，电刷在 h 和 i 的交界面上，当读 h 时，若仅高位超前，则读出的是 i，h 和 i 之间只相差一个单位值。这样即使码盘制作、安装不准，产生的误差也不会超过一个最低单位数，与二进制码盘相比制造和安装就要简单得多。

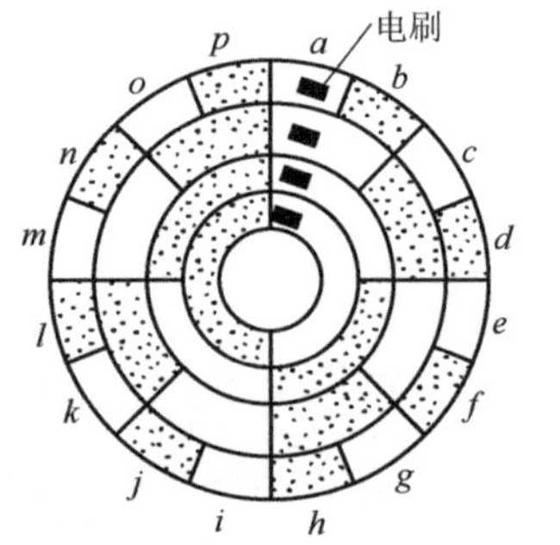

图 6-18　接触式四位二进制码盘

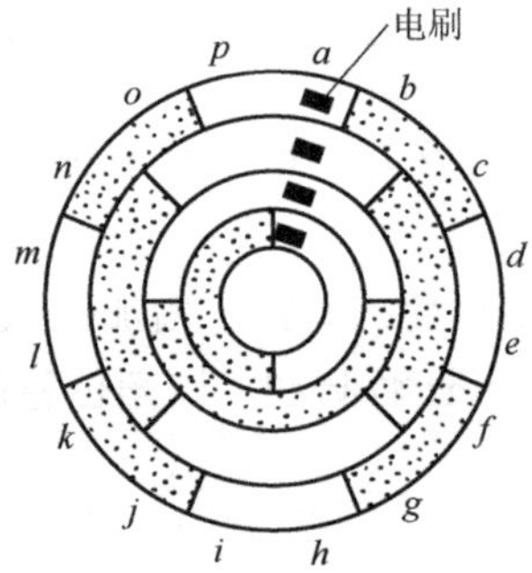

图 6-19　四位循环码盘

循环码是一种无权码，因而不能直接输入计算机进行运算，直接显示也不符合日常习惯，因此还必须把它转换成二进制码。循环码转换成二进制码的一般关系式为

$$\begin{aligned} C_n &= R_n \\ C_i &= R_i \oplus C_{i+1} \end{aligned} \tag{6-24}$$

式中，$\oplus$ 为不进位相加；C_n、R_n 为二进制、循环码的最高位。

式（6-24）表明，由循环码变成二进制码 C 时，最高位不变，此后从高位开始依次求出其余各位，即本位循环码 R_i 与已经求得的相邻高位二进制码 C_{i+1} 做不进位相加，结果就是本位二进制码 C_i。

实际应用中，大多数采用循环码非接触式的光电码盘，这种码盘无磨损，寿命长，精度高，测量结果与中间过程无关，允许被测对象以很高的速度工作，抗振、抗干扰能力强。

6.2.6 激光干涉测量原理

在光电检测系统中，被测量信息以光波作为载波，通过对光波的调制而引起光载波的强度、相位、偏振、频率和光谱分布特征等参量的变化，再通过对携带被测参量信息的光载波进行解调处理，就可以获得被测参量信息。激光干涉测量就是采用相干性极好的激光器作为光源，利用光的相干性对光载波所携带的被测参量信息进行检测和处理。一般激光干涉测量系统主要包括激光光源、干涉仪、干涉信号接收系统和信号处理系统等，图 6-20 所示为实际激光测长系统的构成图。

激光干涉测量实质上是被测信息对光载波调制和解调的过程，各种类型的干涉仪是光频载波的调制器和解调器。从理论上来讲，干涉检测能准确检测到光波振幅、频率和相位所携带的信息，但由于光波的频率很高，光电探测器还不能直接感受光波本身的振幅、相位、频率及偏振的变化，而只能通过间接方法测量光的强度、位相或偏振方向。

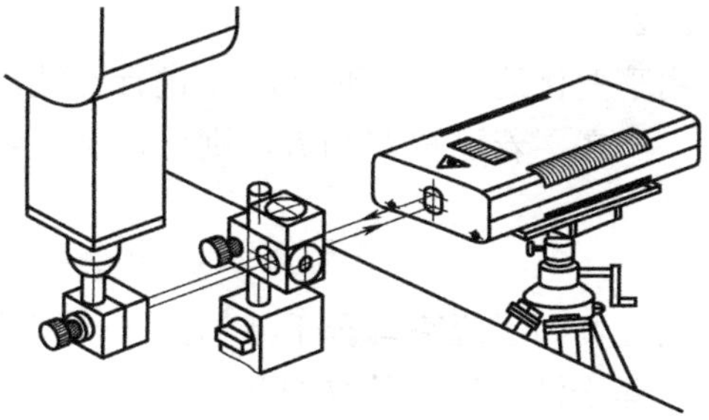

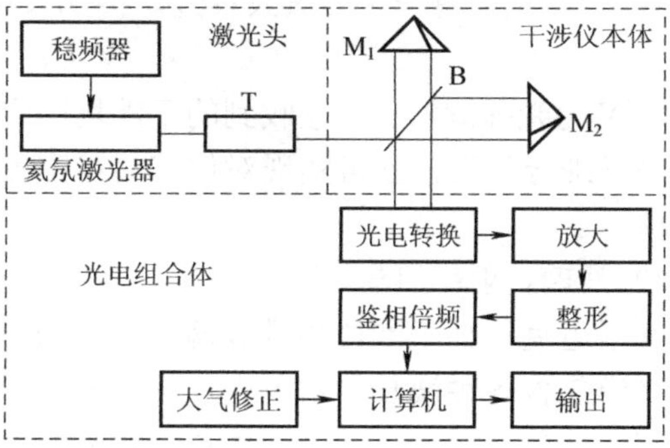

图 6-20　激光干涉仪测长系统构成

1. 迈克耳孙干涉仪

1) 迈克耳孙干涉仪基本光路

迈克耳孙 (Michelson) 干涉仪是用分振幅法产生双光束以实现干涉的精密仪器，其特点是结构简单、条纹对比度好、信噪比高，很多其他干涉仪是由此派生出来的，其基本光路如图 6-21 所示。激光束经过透镜 L_1 和 L_2 组成的准直系统，准直成平行光束，此平行光束由平板分束器 BS 分为两路，一路反射向上，一路透射向右。这两路光分别经固定全反镜 (参考镜) M_1 和可动全反镜 (测量镜) M_2 反射后，形成参考光束和测量光束，并在分光器 BS 上重新汇合后向下出射，成为相干双光束。通过光探测器 PD 可以接收到典型的双光束干涉条纹。

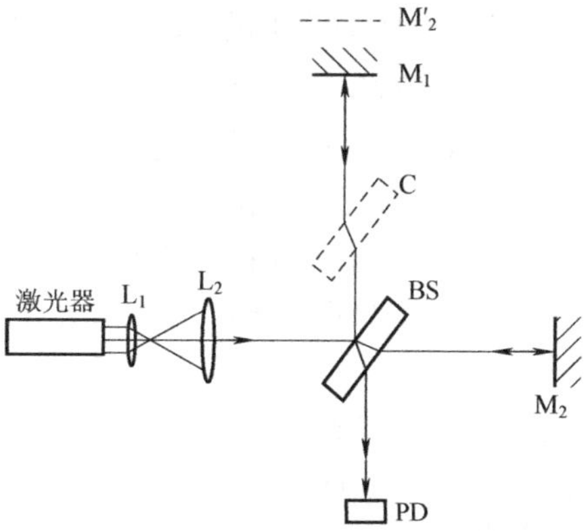

图 6-21　迈克耳孙干涉仪基本光路

在分析迈克耳孙干涉仪时，常将 M_1 和 M_2 反射形成的双光束干涉等效成 M_1 和 M'_2 两反射镜表面构成的空气虚平板的干涉。M'_2 是 M_2 经分束器 BS 所成的虚像。调整 M_2 使 M'_2 与 M_1 严格平行，这时将观察到等倾干涉条纹；调整 M_2 使 M'_2 与 M_1 构成楔形空气平板，这时将观察到等厚干涉条纹。若使用白光光源，测量光经过分束器 BS 三次，而参考光只经过分束器一次，即使 M_1 和 M_2 相对于分束器 BS 等距分布，双光束的光程仍然不相等。为此必须加入材料、厚度与分束器 BS 完全相同的光程差补偿板 C，使双光束的光程差为零，以便得到白光干涉时标志明显的零级条纹。当使用激光器作光源时，光程差补偿板 C 可以取消，因为这时分束器引起的附加光程差可以通过调整测量镜 M_2 的位置加以补偿。

2) 迈克耳孙干涉仪的应用

在近代物理学和近代计量科学中，迈克耳孙干涉仪具有重大的影响，得到了广泛应用，它不仅可以观察光的等厚、等倾干涉现象，精密地测定光波波长、微小长度、光源的相干长度等，还可以测量气体、液体的折射率等。

(1) 长度测量。

利用迈克耳孙干涉仪测长度的原理很简单。若起始时双光束光程差为零，则当测量镜 M_2 沿光轴方向位移 L 距离时，两光产生程差 $2L$，由亮纹条件可知 $2L = k\lambda$，式中 k 是为干涉级次。因此，测量镜每移动半个波长的距离，光探测器 PD 接收到的干涉场固定点处的条纹级次就变化 1，也即有一个亮条纹移过。被测长度为

$$L = N \cdot \lambda / 2 \tag{6-25}$$

式中，N 为光探测器 PD 接收到的干涉场固定点明暗变化的次数。通过对 N 进行计数，并对信号进行细分处理，就可实现对位移的精密测量。反之，若已知 N 与 L，则可计算得到激光波长值。

(2) 玻璃折射率测量。

利用迈克耳孙干涉仪测量玻璃折射率的应用则是利用了迈克耳孙干涉的白光干涉特点。白光光源包含各种波长的单色光，每个波长对应一套干涉条纹，条纹相互叠加，模糊不清。只有在干涉仪两臂光程相等的位置，才能出现白光干涉的零级干涉条纹。当在干涉臂中插入折射率为 n、厚度为 l 的均匀透明介质时，其光程比通过同等厚度的空气要大 $l(n-1)$，由于光束的往返，两相干光束所获得的附加光程差为

$$\Delta' = 2l(n-1) \tag{6-26}$$

此时干涉条纹消失。调整 M_1 镜，直到白光干涉零级条纹再次出现，说明两臂光程再次相等，测出 M_1 镜移动的距离 Δd，即可由式(6-26)计算出介质的折射率 n。

(3) 绝对位移测量。

图 6-22 所示为用于绝对位置距离测量的扫描式白光光纤迈克耳孙干涉仪的原理。从 LED 发出的光经过 2×2 耦合器后分成两部分，一部分光经上部光纤进入由单模光纤端面 a 和多模光纤端面 b 构成的 F-P 谐振腔 H(其间距为 P)，形成测量绝对位移或位置的传感部分和迈克耳孙干涉仪的测量臂；另一部分光经过下部光纤后经梯度折射率透镜 G 准直后，平行入射到反射镜 M 上，形成迈克耳孙干涉仪的参考臂。探测器 D 探测得到的信号为四部分光，来自迈克耳孙干涉仪测量臂单模光纤端面 a 和多模光纤端面 b 的反射光；来自迈克耳孙干涉仪参考臂梯度折射率透镜 G 端面和反射镜 M 面的反射光。当来自参考臂反射镜 M 面的反射光与测量臂单模光纤端面 a 的反射光或多模光纤端面 b 的反射光的光程差在 LED 光的相干长度范围内时，探测器 D 能探测到干涉信号。由于 LED 发出的光近似为白光，其相干长度很短，约为几十微米。理论上只有当参考臂和测量臂的光程差完全相等时才能看到干涉条纹，实际上当参考臂和测量臂的光程差完全相等时，干涉条纹的对比度最好。利用这一特性，用激振器 L 对参考臂上的反射镜 M 进行线性扫描时得到如图 6-22(b) 所示的输出波形，其中图形下部为

扫描曲线，中部为探测器 D 的输出波形，上部为输出波形的展开图。从中部图中可以看出：当来自参考反射镜 M 面反射光与测量臂单模光纤端面 a 反射光的光程差为零时，对应的输出波形为 a 波形的最大点；当来自参考反射镜 M 面反射光与测量臂单模光纤端面 b 反射光的光程差为零时，对应的输出波形为 b 波形的最大点。而反射镜 M 从 b 波形最大点移到 a 波形最大点的距离正好为 F-P 谐振腔 H 的间距。当多模光纤 b 沿 F-P 谐振腔移动时，其间距发生变化，通过其他测量仪器可以准确测量，从而实现对此测量装置的标定。

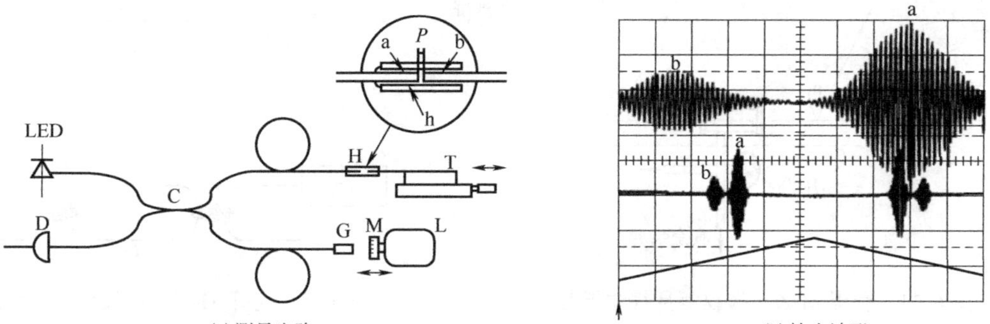

(a) 测量光路　　(b) 输出波形

图 6-22　扫描式白光光纤迈克耳孙干涉仪原理

2. 马赫-曾德尔干涉仪

1) 马赫-曾德尔干涉仪基本光路

马赫-曾德尔(Mach-Zehnder)干涉仪(简称为 M-Z 干涉仪)的基本光路如图 6-23 所示，由两块分束镜 BS 和两块平面反射镜 M 组成，四个反射面通常平行安置。激光束经分束镜 BS_1 分为参考光束和测量光束，这两束光分别经两个反射镜后到达分束镜 BS_2 合成，产生干涉。M-Z 干涉仪的显著特点是可以避免干涉光路中的光反射回光源，有利于降低光源的不稳定噪声。此外，它能够获得双路互补干涉输出，便于信号接收和处理。

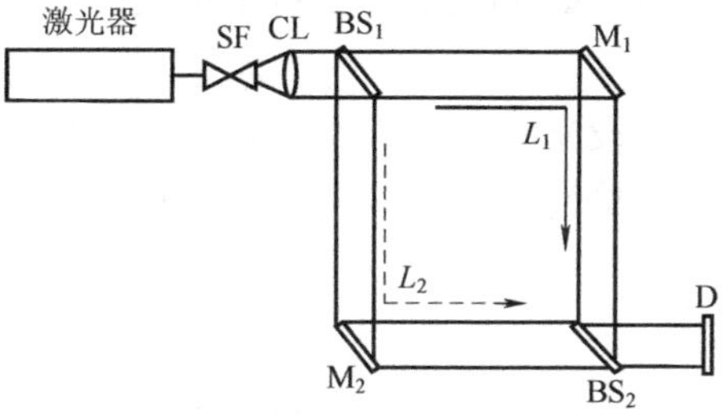

图 6-23　M-Z 干涉仪基本光路

2) 马赫-曾德尔干涉仪的应用

作为一种常用的干涉仪，M-Z 干涉仪在很多领域得到了广泛应用，下面举例予以说明。

(1) 空气折射率测量。

利用 M-Z 干涉仪测量气体折射率的光路如图 6-24 所示。在其中一路光路中放置气室，将气室抽成真空，设其光程差为 $n_0 l$(n_0 为真空折射率，l 为气室长度)。通过气泵使待测气体覆慢进入气室，直到与抽空前大气压相同，这时气室这段光程变为 $n_0 l$(n_0 为待测气体折射率)，相应的条纹移动数目为 N，则有

$$nl - n_0 l = N\lambda \tag{6-27}$$

即

$$n = n_0 + \frac{N\lambda}{L} \tag{6-28}$$

(2) 温度测量。

随着光纤技术的发展，全光纤结构的 M-Z 干涉仪由于具有灵敏度高、体积小、能耗少、重量轻、不受电磁影响、耐腐蚀、易于实现系统遥控等特点，在高精度测量中受到人们的重

视。应用光纤 M-Z 干涉仪可以实现对多种物理量的测量，如温度、压力、电流、电压、磁场、微位移等，其系统结构如图 6-25 所示。光从输入端进入光纤，经第一个耦合器 C_1 分束，进入干涉臂 L_1 和 L_2 (分别为参考臂和测量臂) 中，然后进入第二个耦合器 C_2 进行干涉，最后从出射端输出，通过测量干涉信号的相位可以获得测量臂上外界被测参量的变化。

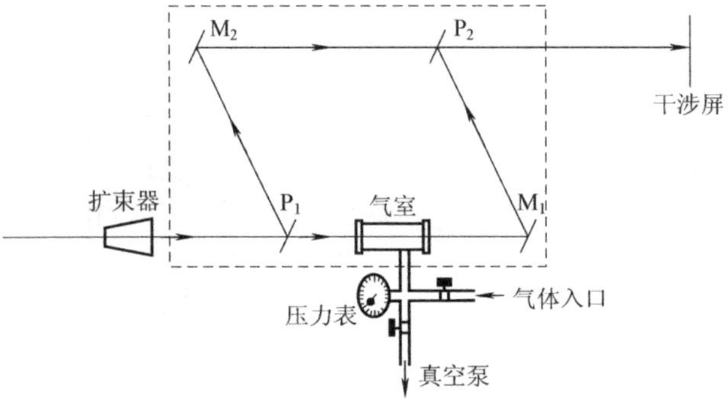

图 6-24　利用 M-Z 干涉仪测量气体折射率

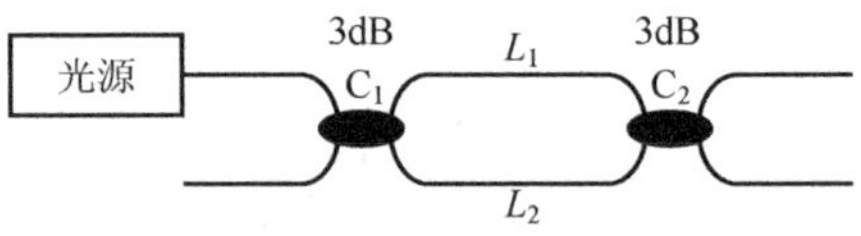

图 6-25　光纤 M-Z 干涉仪结构示意图

当一条光纤臂温度相对另一条光纤臂的温度发生变化时，两根光纤中传输光的相位差发生变化，从而引起干涉条纹的移动。通过光探测器对干涉条纹的变化信息进行解调，即可得到测量结果。长度为 L 的光纤中传播光波的相位可以表示为

$$\Phi = \Phi_0 + k_0 nL \tag{6-29}$$

式中，Φ_0 为光进入光纤前的初始相位；k_0 为光波波数($k_0 = 2\pi / \lambda_0, \lambda_0$ 为真空中波长)；n 为光纤的折射率；L 为光纤的长度。

设光纤 L_1 温度不变，当光纤 L_2 的温度改变 ΔT 时，折射率 n 的改变量为 Δn，光纤 L_2 长度改变量为 ΔL_2，根据式(6-29)，光纤 L_2 的相位 Φ_2 可以表示为

$$\Phi_2 = \Phi_{20} + \frac{2\pi}{\lambda_0}(nL_2 + n\Delta L_2) \tag{6-30}$$

在光纤 L_2 的温度改变后，两光纤在交汇处的相位差 $\Delta\Phi$ 为

$$\Delta\Phi = \Phi_2 - \Phi_1 = (\Phi_{20} - \Phi_{10}) + \frac{2\pi n}{\lambda_0}(L_2 - L_1) + \frac{2\pi}{\lambda_0}(\Delta n L_2 - n\Delta L_2) \tag{6-31}$$

如果 $L_1 = L_2 = L$，而且初始相位 $\Phi_{10} = \Phi_{20}$，可得

$$\Delta\Phi = \frac{2\pi}{\lambda_0}(\Delta nL + n\Delta L) \tag{6-32}$$

两边同除 $L \cdot \Delta T$，得

$$\frac{1}{L}\frac{\Delta\Phi}{\Delta T} = \frac{2\pi}{\lambda_0}\left(\frac{\Delta n}{\Delta T} + \frac{n}{L}\frac{\Delta L}{\Delta T}\right) \tag{6-33}$$

等号的左边表示单位长度的光纤受温度的影响，即温度每改变 1℃时光纤中光波相位的改变量；等号右边的 $\Delta n / \Delta T$ 和 $\Delta L / \Delta T$ 分别表示光纤折射率和长度随温度变化的变化率。

(3) 压力和应变测量。

仍参考图 6-25 所示的光纤 M-Z 干涉仪结构，将激光束汇聚于第一个光耦合器的入射端口，之后被分成两路，并分别由光纤 L_1 和光纤 L_2 传输，经过第二个光耦合器合光，在输出端面形成干涉条纹，使光纤 L_1 的光程保持不变，而光纤 L_2 的光程随外界被测压力的变化而改变。设

两路光纤的光程差为δ，由光程差δ导致两路光波的相位差$\Delta\Phi$为

$$\Delta\Phi=\frac{2\pi\delta}{\lambda}=\frac{2\pi SP}{\lambda} \tag{6-34}$$

式中，λ为激光波长；P为压力；S为压力传感光纤的转换系数（$S=\delta/P$），它与传感光纤L_2的长度、折射率和横截面积变化有关。干涉条纹的强度I与相位差$\Delta\Phi$的关系为

$$I=I_0+I_0K\cos\frac{2\pi SP}{\lambda} \tag{6-35}$$

式中，I_0为平均光强；K为干涉条纹的对比度。

光程差δ每改变一个波长λ，即压力P每改变$\Delta P=\lambda/S$时，干涉条纹将明暗相间变化一次，其光强度变化近似于正弦波。

若干涉条纹明暗变化次数为N，则压力变化为

$$\Delta P=N\cdot\frac{\lambda}{S} \tag{6-36}$$

光纤 M-Z 干涉仪应变测量原理如图 6-26 所示。从 He-Ne 激光器 LS 发出的激光束经透镜耦合进入光纤耦合器 CP 的一个入射端口，经 CP 后被分为参考光和测量光，再经合光器 BC 后产生干涉，干涉条纹由 CCD 相机接收。当测量臂上的光纤沿工作台 TS 移动产生应变时，其相位发生变化，干涉条纹产生移动，通过图像处理可计算得到其应变的大小。

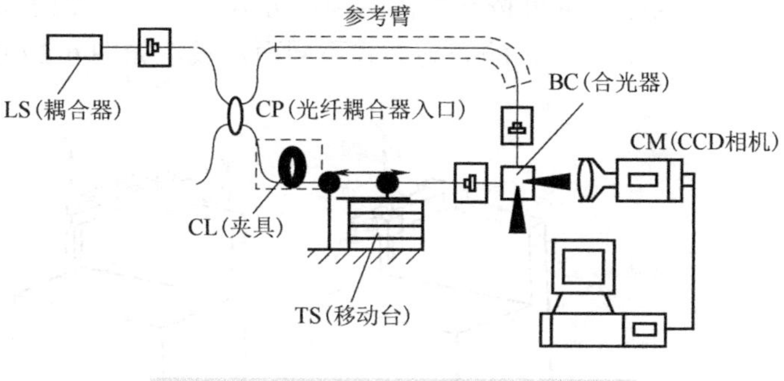

图 6-26　光纤 M-Z 干涉仪应变测量原理

(4) 相位光栅表面形貌测量。

图 6-27 所示为使用 M-Z 干涉仪测量透射相位光栅表面形貌特性的原理图。He-Ne 激光器出射的光，经显微物镜和精密针孔构成空间滤波器后，被反射镜反射后经过 M-Z 干涉系统。被测光栅放置在干涉仪的上臂中，光束经过光栅后，由于受到相位光栅表面结构的调制，携带有被测光栅的信息与参考光干涉后可得到此信息。由于光栅结构小，在光栅后加入由显微镜和长焦距透镜组成的系统，使得光栅能在 CCD 接收面得到放大的图像，从而对被测表面形貌进行测量。

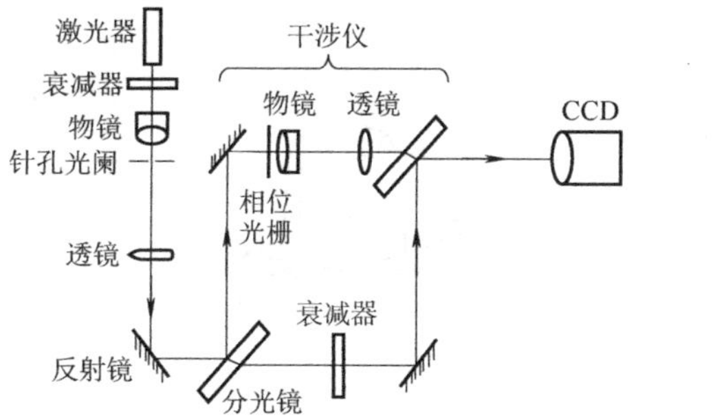

图 6-27　M-Z 干涉仪测量透射相位光栅表面形貌原理图

6.2.7　三坐标测量仪

三坐标测量仪可定义为一种具有可进行三个方向移动的探测器，可在三个相互垂直的导轨上移动，此探测器以接触或非接触等方式传递信号，三个轴的位移测量系统经数据处理器或计算机等计算出工件的各点（X、Y、Z）及各项功能测量的仪器，如图 6-28 所示。三坐标测量仪的测量功能应包括尺寸精度、定位精度、几何精度及轮廓精度等。

(a) 测量仪外形

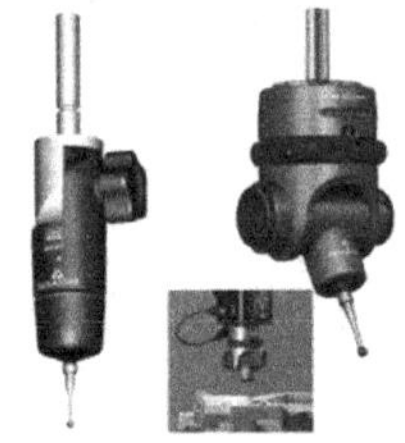

(b) 测量头

图 6-28　三坐标测量仪

1. 三坐标测量机的分类

三坐标测量机按其机械结构可分为悬臂式、龙门式、桥框式、镗床式等。这些结构主要依据 X 、 Y 、 Z 轴的布局方式不同而形成，如图 6-29 所示。

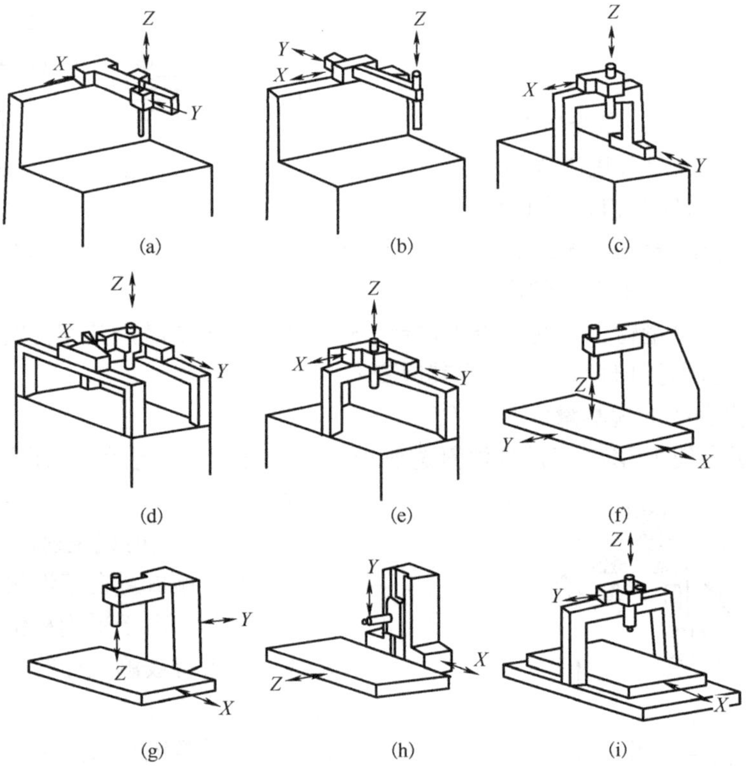

图 6-29　三坐标测量机结构形式

(1) 悬臂式：结构小巧、紧凑、工作面宽、装卸工件方便。但悬臂结构刚性差，易产生挠度变形，必须有补偿变形，从而限制了仪器的测量范围和精度，如图 6-29(a)、(b) 所示。

(2) 龙门式：又分为固定式和移动式。固定式刚度大，结构稳定性好，但工件装卸测量受到固定门框尺寸的限制。因 Y 向工作台与工件同步移动，不利于测量重型工件。移动式便于测量大型工件，操作方便，如图 6-29(c)、(i) 所示。

(3) 桥框式：刚度较好，制造精度相对容易达到，适合于大尺寸机器。桥框轴增大了 X 、 Y 、 Z 行程，使仪器的测量范围增大，如图 6-29(d)、(e) 所示。

(4) 镗床式：如图 6-29 (g)、(f)、(h) 所示，这种测量机结构复杂，刚度大，测量精度高，适合于自动化生产线测量。

三坐标测量机按其规格又可分为大型、中型和小型。大型坐标测量机主要用于检测飞机机身、机翼、汽车外壳、航天器等大型零部件；其测量范围一般为 3000mm 以上；中型坐标测量机是机械制造工业中应用最广泛的一种，适用于中等规格零部件的检测，测量范围一般为 600～2000mm；小型坐标测量机测量范围一般小于 600mm，主要用于电子工业、小型精密零率件的检测，精度较高。

2. 三坐标测量机的扫描方式

三坐标测量机 (CMM) 的测量方式通常可分为接触式测量、非接触式测量和接触与非接触并用式测量。其中，接触测量方式常用于机加工产品、压制成形产品、金属膜等的测量。为了分析工件加工数据，或为逆向工程提供工件原始信息，经常需要用三坐标测量机对被测工件表面进行数据点扫描。本书以三坐标的 Founction-pro 型三坐标测量机为例，介绍三坐标测量机的几种常用扫描方法及其操作步骤。

> **小思考 6-2**
>
> (1) 三坐标测量机的扫描方式通常有哪几种？各有什么特点？
>
> (2) 机械加工在线测量常用哪些方法？

三坐标测量机的扫描操作是应用 PC DMIS 程序在被测物体表面的特定区域内进行数据点采集，该区域可以是一条线、一个面片、零件的一个截面、零件的曲线或距边缘一定距离的周线等。扫描类型与测量模式、测头类型以及是否有 CAD 文件等有关，控制屏幕上的“扫描”(Scan) 选项由状态按钮 (手动/DCC) 决定。若采用 DCC 方式测量，又有 CAD 文件，则可供选用的扫描方式有“开线”(Open Linear)“闭线”(Closed Linear)“面片”(Patch)“截面”(Section) 和“周线”(Perimeter) 扫描；若采用 DCC 方式测量，而只有线框型 CAD 文件，则可选用“开线”(Open Linear)“闭线”(Closed Linear) 和“面片”(Patch) 扫描方式；若采用手动测量模式，则只能使用基本的“手动触发扫描”(Manul TTP Scan) 方式；若采用手动测量方式并使用刚性测头，则可用选项为“固定间隔”(Fixed Delta)“变化间隔”(Variable Delta)“时间间隔”(Time Delta) 和“主体轴向扫描”(Body Axis Scan) 方式。

下面详细介绍在 DCC 状态下，进入“功能”(Utility) 菜单选取“扫描”(Scan) 选项后可供选择的五种扫描方式。

1) 开线扫描 (Open Linear Scan)

开线扫描是最基本的扫描方式。测头从起始点开始，沿一定方向并按预定步长进行扫描，直至终止点。开线扫描可分为有、无 CAD 模型两种情况。

(1) 无 CAD 模型。若被测工件无 CAD 模型，首先输入边界点 (Boundary Points) 的名义值。打开对话框中的“边界点”选项后，先单击“1”，输入扫描起始点数据；然后双击“D”，输入方向点 (表示扫描方向的坐标点) 的新的 X、Y、Z 坐标值；最后双击“2”，输入扫描终点数据。

第二项输入步长。在“扫描”对话框 (Scan Dialog) 中“方向 1 技术”(Direction 1 Tech) 栏中的“最大”(Max Inc) 栏中输入一个新步长值。

最后检查设定的方向矢量是否正确，该矢量定义了扫描开始后第一测量点表面的法矢、截面以及扫描结束前最后一点的表面法矢。当所有数据输入完成后单击“创建”。

(2) 有 CAD 模型。若被测工件有 CAD 模型，开始扫描时左击 CAD 模型的相应表面，PC DMIS 程序将在 CAD 模型上生成一点并加标志“1”表示为扫描起始点；然后单击下一点定义扫描方向；最后单击终点 (或边界点) 并标志为“2”。在“1”和“2”之间连线。对于每一所选点，PC DMIS 已在对话框中输入相应坐标值及矢量。确定步长及其他选项 (如安全平面、单点等)后，单击“测量”，然后点击“创建”。

2) 闭线扫描(Closed Linear Scan)

闭线扫描方式允许扫描内表面或外表面，它只需“起点”和“方向点”两个值(PC DMIS程序将起点也作为终点)。

(1) 数据输入操作。双击边界点“1”，在编辑对话框中输入位置；双击方向点“D”，输入坐标值；选择扫描类型(“线性”或“变量”)，输入步长，定义触测类型(“矢量”“表面”或“边缘”)；双击“初始矢量”，输入第“1”点的矢量，检查截面矢量；键入其他选项后，单击“创建”。

也可使用坐标测量机操作盘触测被测工件表面的第一测点，然后触测方向点，PC DMIS将把测量值自动放入对话框，并自动计算初始矢量。选择扫描控制方式、测点类型及其他选项后，单击“创建”。

(2) 有CAD模型的闭线扫描。若被测工件有CAD模型，测量前确认“闭线扫描”；首先单击表面起始点，在CAD模型上生成符号“1”(单击时表面和边界点被加亮，以便选择正确的表面)；然后单击扫描方向点；PC DMIS将在对话框中给出所选位置点相应的坐标及矢量；选择扫描控制方式、步长及其他选项后，单击“创建”。

3) 面片扫描(Patch Scan)

面片扫描方式允许扫描一个区域而不再是扫描线。应用该扫描方式至少需要四个边界点信息，即开始点、方向点、扫描长度和扫描宽度。PC DMIS可根据基本(或缺省)信息给出的边界点1、2、3确定三角形面片，扫描方向则由D的坐标值决定；若增加了第四或第五个边界点，则面片可以为四方形或五边形。

采用面片扫描方式时，在复选框中选择“闭线扫描”，表示扫描一个封闭元素(如圆柱、圆锥、槽等)，然后输入起始点、终止点和方向点。终止点位置表示扫描被测元素时向上或向下移动的距离；用起始点、方向点和起始矢量可定义截平面矢量(通常该矢量平行于被测元素)。现以创建四边形面片为例，介绍面片扫描的几种定义方式。

(1) 键入坐标值方式。双击边界点“1”，输入起始点坐标值 X、Y、Z；双击边界方向点“D”，输入扫描方向点坐标值；双击边界点“2”，输入确定第一方向的扫描宽度；双击边界点“3”，输入确定第二方向的扫描宽度；单击“3”，然后按“添加”按钮，对话框给出第四个边界点；双击边界点“4”，输入终止点坐标值；选择扫描所需的步长(各点间的步距)和最大步长(1、2两点间的步长)值后，单击“创建”。

(2) 触测方式。选定“面片扫描”方式，用坐标测量机操作盘所在点作为起始点位置，该点坐标值将显示在“边界点”对话框的“#1”项内；然后触测第二点，该点代表扫描第一方向的终止点，其坐标值将显示在对话框的“D”项内；然后触测第三点，该点代表扫描面片宽度，其坐标值将显示在对话框的“#3”项内；单击“3”，选择“添加”，可在清单上添加第四点；触测终止点，将关闭对话框。最后定义扫描行距和步长两个方向数据；选择扫描触测类型及所需选项后，单击“创建”。

(3) CAD曲面模型方式。该扫描方式只适用于有CAD曲面模型的工件。首先选定“面片扫描”方式，左击CAD工作表面；加亮“边界点”对话框中的“1”，左击曲面上的扫描起始点；然后加亮“D”，单击曲面定义方向点；单击曲面定义扫描宽度(#2)；单击曲面定义扫描上宽度(#3)；单击“3”，选择“添加”，添加附加点“4”，加亮“4”，单击定义扫描终止点，关闭对话框。定义两个方向的步长及选择所需选项后，单击“创建”。

4) 截面扫描(Section Scan)

截面扫描方式仅适用于有CAD曲面模型的工件，它允许对工件的某一截面进行扫描，扫

描截面既可沿 X、Y、Z 轴方向，也可与坐标轴成一定角度。通过定义步长可进行多个截面扫描。可在对话框中设置截面扫描的边界点。按“剖切 CAD”转换按钮，可在 CAD 曲面模型内寻找任何孔，并可采用与开线扫描类似方式定义其边界线，PC DMIS 程序将使扫描路径自动避开 CAD 曲面模型中的孔。按用户定义表面剖切 CAD 的方法为：进入“边界点”选项；进入“CAD 元素选择”框；选择表面；在不清除“CAD 元素选择”框的情况下，选择“剖切 CAD”选项。此时 PC DMIS 程序将切割所选表面寻找孔。若 CAD 曲面模型中无定义孔，就没有必要选“剖切 CAD”选项，此时 PC DMIS 将按定义的起始、终止边界点进行扫描。对于有多个曲面的复杂 CAD 图形，可对不同曲面分组剖切，将剖切限制在局部 CAD 曲面模型上。

5) 边界扫描(Perimeter Scan)

边界扫描方式仅适用于有 CAD 曲面模型的工件。该扫描方式采用 CAD 数学模型计算扫描路径，该路径与边界或外轮廓偏置一定距离(由用户选定)。创建边界扫描时，首先选定“边界扫描”选项；若为内边界扫描，则在对话框中选择“内边界扫描”；选择工作曲面时，起动“选择”复选框，每选一个曲面则加亮一个，选定所有期望曲面后，退出复选框；单击表面确定扫描起始点；在同一表面上单击确定扫描方向点；单击表面确定扫描终止点，若不给出终止点，则起始点即终止点；在“扫描构造”编辑框内输入相应值(包括“增值”“CAD 公差”等)；选择“计算边界”选项，计算扫描边界；确认偏差值正确后，按“产生测点”按钮，PC DMIS 程序将自动计算执行扫描的理论值；单击“创建”。

6.3　加工系统在线测量与监测

检测监控技术在机械制造系统自动化中的应用十分广泛，根据不同的检测监控对象、要达到的不同目的，检测监控系统的体系结构、组成、功能和数据处理方法也不尽相同。本节仅举加工尺寸在线检测、刀具磨损破损的在线检测的几个典型例子，来进一步说明检测监控系统的基本原理、组成和作用。

6.3.1　孔径的自动测量

机械加工工件的孔径精度控制是非常重要的。过去是通过操作者用千分表测量加工完的孔径，测量误差大，难以控制质量。实现自动化孔径测量将会提高测量精度和加工质量。设计一个类似于塞规的测定杆，在测定杆的圆周上沿半径方向放置三只电感式位移传感器。测量原理如图 6-30 所示。

假设由于测定杆轴安装误差、移动轴位置误差以及热位移等误差导致测定杆中心 O' 与镗孔中心 O 存在偏心 e，则可通过镗孔内径上的三个被测点 W_1、W_2、W_3 测出平均圆直径。在测定杆处相隔 τ、ϕ 角装上三个电感式位移传感器，用该检测器可测出间隙量 γ_1、γ_2、γ_3。已知测定杆半径 r，则可求出 $Y_1 = r + y_1$、$Y_2 = r + y_2$、$Y_3 = r + y_3$。根据三点式平均直径测定原理，平均圆直径 D_0 为

$$D_0 = \frac{2\left(Y_1 + aY_2 + bY_3\right)}{1 + a + b} \tag{6-37}$$

式中，a、b 为常数，由传感器配置角度 τ、ϕ 决定，该测定杆最佳配置角度取 $\tau = \phi - 125°$，取 $a = b = 0.8717$。偏心 e 的影响完全被消除，具有以测定杆自身的主计算环为基准值测量孔径的功能，可消除室温变化引起的误差，确保 ±2μm 的测量精度。

该测定杆采用了三点式平均直径测定原理，完全消除了测定杆偏心的影响，同时将在线测量所必需的主计算功能同数据存储功能结合起来以实现镗孔直径的自动测量。其优点是，在测量时不需要使测定杆沿 X、Y 轴程序移动，测量效率高，测量精度与移动精度无关。同时编程亦简单。此外也可对圆柱度、几个孔进行比较测定，进而可根据尺寸公差判定，实现备用刀具的交换。

机械加工中，测定平面内的基准孔，算出其中心坐标，利用自动定心补偿功能使这一作业实现自动化；同时在加工循环过程中测量偏心量进行自动补偿以提高机床定位精。

如图 6-31 所示，设基准孔心 O 与测杆中心 O' 的偏心量在 x 、 y 坐标上的值为 Δx 、 Δy ，则

$$\Delta x = \frac{1}{2\cos\theta}\left(y_2 - y_1\right) \tag{6-38}$$

$$\Delta y = \frac{1}{2(1+\sin\theta)}\left[\left(y_2 + y_3\right) - 2y_1\right] \tag{6-39}$$

由式(6-38)和式(6-39)可根据 y_1、 y_2、 y_3 算出偏心量 ΔX 、 ΔY 与基准孔直径没有关系。补偿精度可达到 $\pm 2\mu m$ 。这一补偿功能对加工同轴孔或从两面镗孔十分有效。

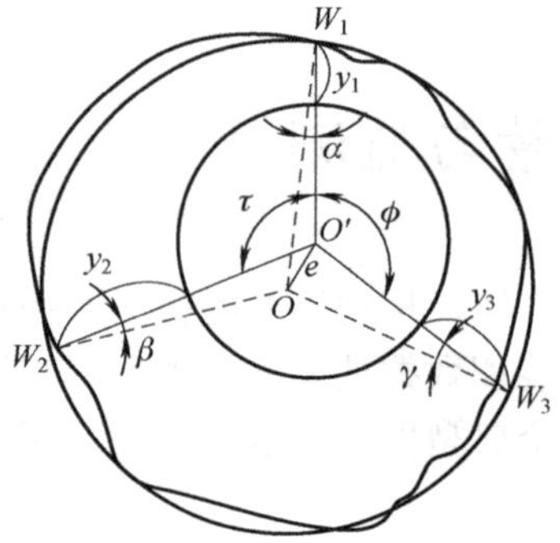

图 6-30　平均孔径测量原理

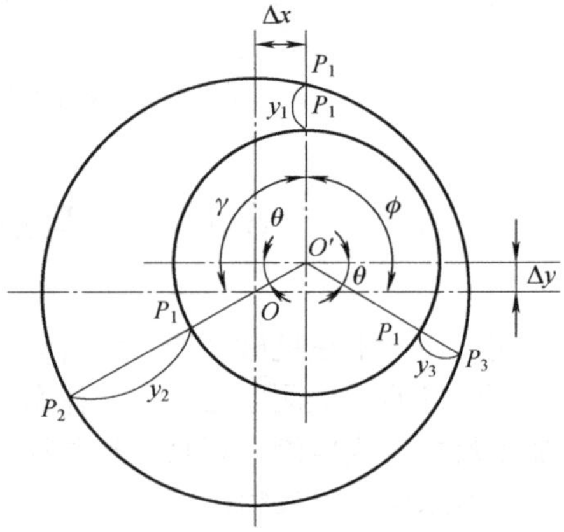

图 6-31　偏心量的测量

6.3.2　探针式红外自动测量系统

目前在加工中心上广泛应用的一种尺寸检测系统是将坐标测量机上用的三维测头直接安置于 CNC 机床上，用测头检测工件的几何精度或标定工件零点和刀具尺寸，检测结果直接进入机床数控系统，修正机床运动参数，保证工件质量。其工作原理如图 6-32 所示。

具有红外线发射装置的测头的外形与加工中心上使用的刀具外形相似，其柄部和刀具的柄部完全相同。在进行切削加工时，它和其他刀具一样存放于刀具库中，当需要测量时，由换刀机械手将测头装于加工中心主轴孔中，在数控系统控制下开始测量，当测头接触工件时，即发出调制红外线信号，由机床上的接收透镜接收红外光线并聚光后，经光电转换器转换为电信号，送给数控系统处理。在测头接触工件的一瞬间，触发信号进入机床控制系统，记录下此时机床各坐标轴的位置。在数控系统上，有两个或三个坐标尺(光栅尺)，可读出工作台坐标系统的位置。当数控系统接到红外调制信号后，即记录下被测量点的坐标值，然后再次移动驱动轴，使测头与另一被测点接触，同样记录下该点坐标值，由两点的坐标值计算两点的距离。此时，用测量法则进行补偿、运算，即得到实际加工尺寸，其结果与数据库的基准

值进行比较，如果差值超过公差范围，便视为异常。测量的误差反馈给数控系统作为误差补偿的根据。

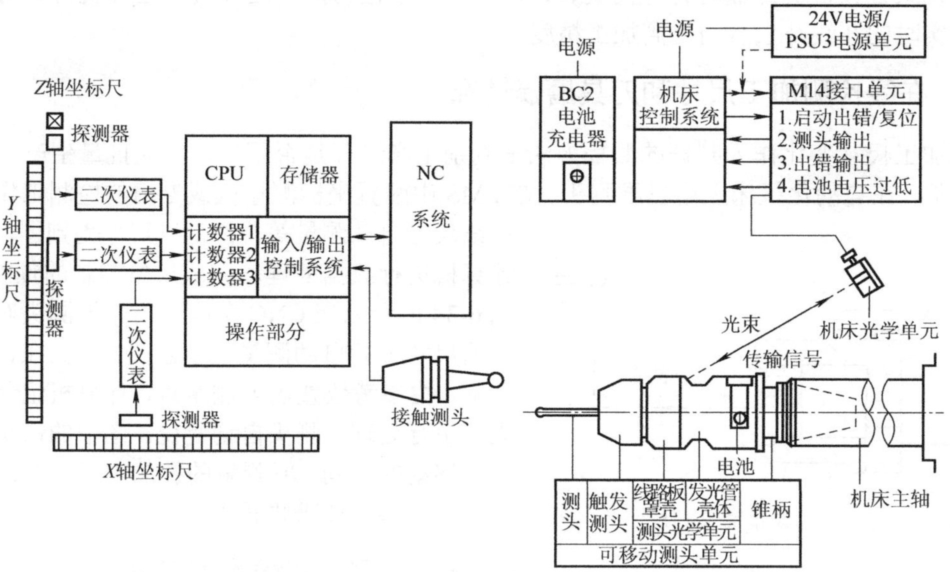

(a) 测量原理　　(b) 测头的工作原理

图 6-32　用的三维测头直接进行质量检测

6.3.3　加工误差在线检测与补偿系统

利用前面介绍的检测系统对工件测试完毕，得到了工件的真正坐标及尺寸、误差等参数，这些参数被传送给加工系统中更高一级的计算机，通过计算机反馈给加工系统，来控制、修正被加工工件的尺寸，这样就使得有可能在加工超差之前及时对加工尺寸的变化加以补偿(尺寸的变化是由刀具磨损及刀具、工件、机床的热变形引起的)。后面的一个被加工零件接通控制循环，测量所得到的数据以数据形式传送并且通过程序与零件文件中的给定值进行比较，给出一个按产生误差的原因排列的误差信息文件，从而帮助操作者分析误差的发展趋势。上级计算机通过零件的文件把误差原因传给机床数控系统，经处理后，产生一个修正量用于误差补偿。

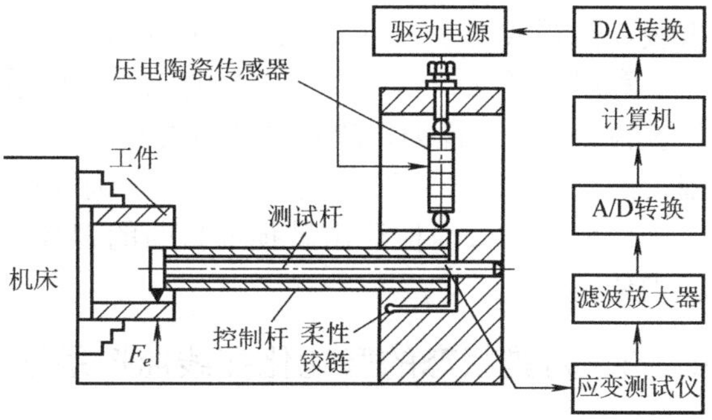

图 6-33　镗削加工误差预报补偿控制系统

图 6-33 所示为某镗削加工误差预报补偿控制系统。在该系统中，误差补偿控制信号驱动一个特制的、压电陶瓷驱动的微量进给镗杆，来实现镗刀与工件相对位置的调整，从而完成误差补偿任务。该系统的工作原理为：在切削力 F_c 的作用下镗刀发生向上的微小偏转时，由贴在测试杆根部的应变片检测出来的偏转信号通过 A/D 转换后输入计算机，经计算机处理后输出控制信号；控制信号通过 D/A 转换后传给压电陶瓷驱动器驱动电源，减小电陶瓷两端的电压而使压电陶瓷缩短，控制杆将由于

弹性恢复而绕柔性铰链支点逆时针方向旋转，从而补偿了镗刀向上的偏转。同样，当镗刀发生向下的微小偏转时，计算机输出的控制信号增加压电陶瓷两端的电压而使电陶瓷伸长，使控制杆绕柔性铰链支点顺时针方向旋转，从而补偿了镗刀向下的偏转。这样就可以对加工误差进行实时的在线补偿从而提高加工精度。

6.3.4　在线检测加工尺寸和刀具磨损情况

用加工尺寸变化作为判据的监控方法来判别生产过程是否正常，在大批量生产中应用最广。通常，在自动化机床上用三维测头、在 FMS 中配置坐标测量机或专门的检测工作站进行在线尺寸自动测量等，都是以尺寸为判据，同时用计算机进行数据处理，完成质量控制的预测工作。图 6-34 所示为在 CNC 车床上用三维测头对工件上孔的尺寸进行自动测量的示意图。测头在计算机控制下，由参考位置进入测量点，计算机记录测量结果并进行处理，测头自动复位。图中的箭头为测头中心移动的方向。所测量的孔的半径误差间接反映了刀具的磨损或破损程度。

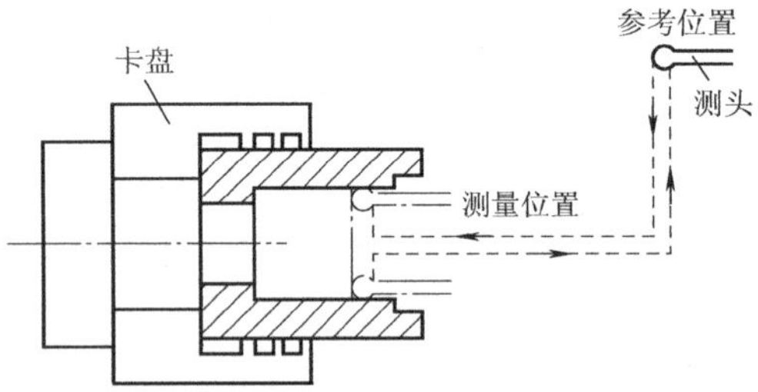

图 6-34　用三维测头在机床上测量工件尺寸

6.3.5　用探针在线检测刀具状态

用探针监测刀尖位置是一种非连续的直接检测刀具破损的方法。在加工间歇内，使用加工中心的尺寸检测系统来检测刀具的长度或切削刃的位置，如图 6-35 所示。当刀具完成一次切削走刀后，将装在工作台某个位置的探针或接触开关移到刀尖附近，当刀具(图中的钻头尖)碰到探针时，利用机床坐标系统记下刀尖的坐标，并计算出刀具长度 L，利用子程序比较与存储于计算机中的刀具标准长度 L_s，如果 $L > L_s - \Delta l$，则说明刀具没有折断或破损，如果 $L < L_s - \Delta l$，则说明刀具已报废，需要换刀，Δl 为刀具的允许磨损量。

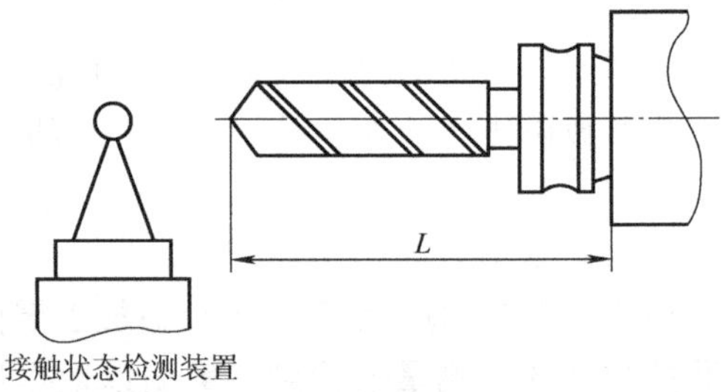

图 6-35　用探针离线检测刀具破损情况

利用三维探针和数控工作台的三维坐标系统，可以检测车刀、镗刀、铣刀等多刃刀具的刀尖及切削刃的位置。这种方法虽然不能对刀具进行实时监控，但可以有效地检测出破损或折断的刀具，避免破损或折断的刀具再次进入切削过程而报废工件。

6.3.6　刀具状态的智能化在线监控系统

图 6-36 所示为用电机功率和声发射信号进行刀具状态监测的基本原理图。在该系统中，采用小波分析提取刀具磨损与破损的特征信号，采用模糊神经网络进行刀具磨损破损状态的识别。

图 6-37 所示为刀具磨损状态分类的隶属函数，将刀具磨损破损状态分为初期磨损 A、正常磨损早期 B、正常磨损中期 C、正常磨损后期 D、急剧磨损 E 和刀具破损 F。建立的刀具磨损破损检测的神经网络模型如图 6-38 所示。由传感器检测的声发射信号和电机功率信号经小波分析处理后，得到与刀具磨损密切相关的特征参数 x_1、x_2、x_3、x_4，将其输入图 6-38 中左下角的模糊神经网络进行处理，得到刀具磨损破损状态 μ_{A1}、μ_{B1}、…、μ_{V1}；同时，将切削

参数、切削时间和刀具材料等参数输入刀具磨损预测模型(刀具寿命公式)进行分析计算，并对计算结果进行模糊分类，得到第二组刀具磨损破损状态 μ_{A2}、μ_{B2}、…、μ_{V2}，两个模型进行判别的刀具状态结论输入图 6-38 中上面的模糊神经网络模型进行最后决策处理，即得到刀具磨损破损状态识别的最后结果。

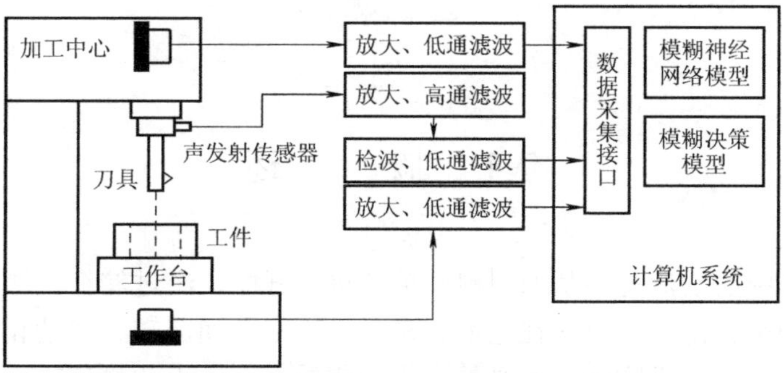

图 6-36　用电机功率和声发射信号进行刀具状态监测

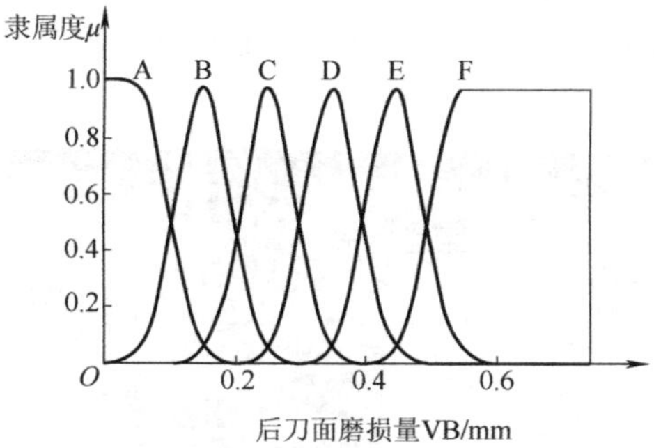

图 6-37　刀具磨损状态分类的隶属函数

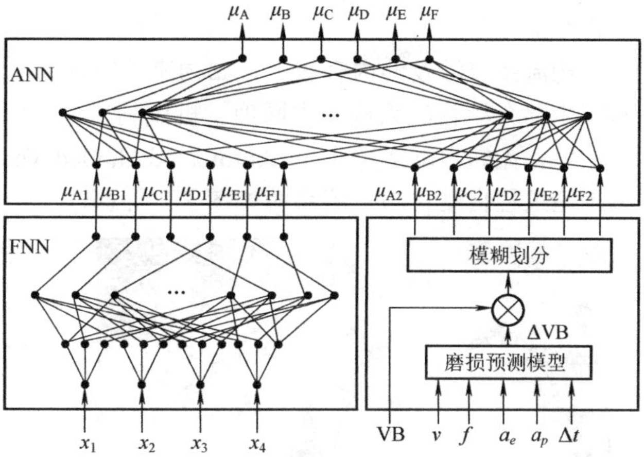

图 6-38　基于模糊人工神经网络的刀具磨损状态模型

习题与思考

6-1　检测装置有哪些类型，各有什么特点？

6-2　差动式位移传感器检测精度可以达到多高精度？

6-3　简述直线透射光栅的检测原理。如何提高它的分辨率？

6-4　简述旋转变压器两种工作方式的工作原理。

6-5　编码器的结构有何特点？怎样进行方向判别？

6-6　光电测长仪在机械加工中有哪些应用？

6-7　三坐标测量机由哪几部分构成，简述其工作原理？

6-8　简述电容式位移传感器工作原理。

6-9　增量式码盘和绝对式码盘工作原理是什么，它们之间有什么区别？

6-10　试述激光干涉仪工作原理。激光干涉仪如何进行形貌测量？

6-11　刀具磨损和破损的在线监测可分为哪两大类？试比较二者的适用范围和优点。

6-12　用什么样的传感器可以测量车削过程，以及工件对车刀的径向作用力？

第 7 章　机械制造物流系统设计

7.1　概　　述

机械制造系统中的物流是指从原材料和毛坯进厂开始，经过储存、加工、装配、检验、包装，直至成品和废料出厂，物料在仓库、车间、工序之间流转、移动和储存的全过程，是生产的基本活动之一。由于物流过程必然占用一定的资金，因此物流就是资金的流动，库存是资金的积压。合理优化物流系统配置将有助于减少生产成本，加快资金周转，提高企业的综合经济效益。

物流系统涉及的内容很多，如物流系统规划、设备、控制和管理等内容。由于篇幅所限，本节主要介绍物流系统基本原理、机械制造过程物流系统送料、卸料所涉及的上下料装置、机械手、无轨自动运输小车(Automated Guided Vehicle，AGV)、自动化立体仓库等内容。机械制造过程自动化与物流系统如图 7-1 所示。

(a)

(b)

图 7-1　机械制造过程自动化与物流系统

本章知识要点

(1) 了解物流系统机械制造作用、地位和发展趋势，机械制造物流系统的基本构成及功能。

(2) 掌握机械制造物流系统总体布置设计方法，上下料装置、上下料机器人(机械手)、输送机、AGV 等物流输送装置，以及自动化立体仓库等装备的基本原理、结构，并能进行物流系统总体布置设计和装备选型。

兴趣实践

(1)到学校附近有机械制造物流系统的企业去参观访问。

(2)用学到的基本知识，对你熟悉的机电类产品(如电风扇)进行机械制造物流设计。

探索思考

机械制造物流系统与电子产品制造物流系统有什么不同，其主要区别是什么？

预习准备

(1)翻阅物流技术相关书籍，阅读了解物流技术主要涉及哪些内容。

(2)重点阅读机械制造物流系统，如上下料装置、上下料机器人(机械手)、输送机、AGV 等物流输送装置，以及自动化立体仓库等装备有关知识。

1. 物流系统设计的意义

制造业中的单件小批生产企业约占 75%，而在众多的中小型企业的生产过程中，从原材料入厂，经过冷热加工、装配、检验、油漆、包装等各个生产环节，到成品出厂，按国内的统计，机床作业仅占 5%左右，95%左右的时间处于储存、装卸、等待或出运状态。德国波鸿鲁尔大学的马斯贝尔格教授在对斯图曼和库茨的企业的生产周期进行调研分析后得出了如下结论：“在生产周期中，工件有 85%的时间处于等待状态，另外 5%的时间用于运输和检测，只有 10%的时间用于加工和调整；在一般情况下，通过改进加工过程最多再缩短生产周期的 3%～5%”。

由此可见，提高机床的自动化程度和加工效率，对缩短生产周期是很有限的，更为显著的是向非机床作业(占 95%)或者称工件处于等待的时间(占 85%)去要效益。据统计，在总经营费用中，20%～50%是物料搬运费用，合理的物流设计可使这项费用至少减少 10%～30%，有人把物流比作企业利润的第三源泉，即在降低生产成本和销售成本的同时，也要着眼于降低企业的物流成本。

科学合理的物流系统是企业技术先进程度的标志之一，目前我国企业物流不合理的现象普遍存在，如搬运路线迂回、往返、搬运机具落后、毛坯和在制品库存量大、资金周转率低等。合理进行物流系统的设计，可以在不增加或少增加投资的条件下，取得明显的技术经济效益。

2. 现代物流系统的特点、构成及功能

1)现代物流系统的特点

物流系统担负运输、储存、装卸物料等任务。物流系统与生产制造的关系，如同人体中血液循环系统与内脏器官的关系一样，物流不仅是各生产环节形成有机整体的纽带，也是生产过程维持延续的基础。落后的物流系统制约生产的高速发展。现代物流系统的主要特点如下。

(1) 采用现代化的物流装备。如采用自动化立体仓库、自动导引小车、自动上下料装置、中转运输装备等快速、高效的自动化物流装备。现代物流系统以半自动化或自动化操作为主。

(2) 计算机管理。由于现代化制造系统结构复杂、物流路线复杂、信息量大、实时性要求高等特点，采用计算机对物流系统进行动态管理和优化，可以使物流系统与生产、销售等系统有机地联系，以提高物流系统的整体运行效益。

(3) 系统化与集成化。现代物流系统为一个有机整体，要从系统化和集成化的角度进行设计、分析、研究和改进，力求系统的优化和高效。

2) 现代物流系统的基本构成

现代物流系统一般由管理层、控制层和执行层三大部分组成。

(1) 管理层。它是一个计算机物流管理系统，是物流系统的中枢，主要进行作业调度、库存管理、统计分析等信息处理和决策性操作。

> **小思考 7-1**
>
> （1）现代物流系统与传统物流系统的主要区别是什么？
>
> （2）机械制造物流系统的主要特点是什么？
>
> （3）生产物流系统的布置方式有按工艺原则、按成组原则、按产品原则三种布置方式，各有什么优缺点，这三种方式如何选择？

(2) 控制层。主要接受管理层的指令，控制物流装备完成指令所规定的任务，并将物流系统运行信息反馈给管理层，为物流系统的决策提供依据。

(3) 执行层。由自动化的物流装备组成，包括立体仓库、运输装备、机床上下料装置、缓冲站等。

根据管理层、控制层和执行层的不同分工，物流对各个层次的要求也是不同的。对管理层的要求是具有较高的智能，对控制层的要求是具有较好的实时性，对执行层的要求是具有较高的可靠性。

3) 现代物流系统的功能

(1) 实现原材料、毛坯、外购件、在制品、产品、工艺装备的储存及搬运，做到存放有序，存入、取出容易。

(2) 采用合理的自动化上下料机构，以缩短机床的辅助时间，提高劳动生产率。

(3) 实现工序间中间工位和缓冲工作站的在制品储存，保证生产的连续进行。

(4) 采用自动化物流装备，以减少工件在工序间的无效等待时间。

(5) 通过各类物流装备的调度及控制，实现物料运输方式和路径的优化。

(6) 实现物流系统的检测和监控。

3. 物流系统设计应满足的要求

物流系统的合理化设计是企业向生产组织和管理要效益的重要措施，因此物流系统设计应满足以下方面。

(1) 物流系统运行应安全、可靠、快速。要求合理设计物流运输通道和合理配置物流装备，同时还应配置良好的管理系统。

(2) 物流系统要有一定的柔性，即灵活性、可变性及可重组性。这样可以保证物流系统适应多品种、小批量生产，不会因产品更新而报废原来的物流系统，稍作调整或部分补充即可迅速地重组成新的物流系统；也不会因某些装备故障停机时使生产中断，物料流动路线可灵活地进行变动使生产继续下去。

(3) 流动路线尽可能短，保证物流的高效，也节省物流系统建设的投资。减少物流的迂回、交叉、往返等无效搬运。

(4) 合理规划物流系统的流动速度，尽可能减少在制品积压，缩短物料的停滞等待时间，加强库存管理和生产计划管理，尽量实现“零库存生产”。

(5) 毛坯、在制品、产品的储存量，应能保证三班制时无人或少人运行时的需要，或能保证易损坏装备在快速排除故障时间内生产还能继续进行。

7.2　制造业物流系统总体设计

7.2.1　生产物流系统的布置方式

制造业企业总体布置和各种生产设施、辅助设施的合理配置是企业物流合理化的前提，根据不同的生产要求，生产制造系统的物流布置采用不同的布置方式。常用的布置方式：按工艺原则布置、按成组原则布置、按产品原则布置和按项目布置。

1. 按工艺原则布置

按工艺原则布置将具有相同或类似工艺能力的机床集中在一起，例如，将所有的车床放在一起组成车工车间或车工班组，将所有的铣床放在一起组成铣工车间或铣工班组等，这类布局方式中，机床大多采用通用型，以适应不同零件的要求。一个零件的加工按照工艺要求进入不同的功能车间或功能班组，物流线路根据零部件不同变化较大，物流装备只能选用一些通用的工具，如叉车、手推车等，物流运行的效率较低，导致零件在整个生产系统中停留较长的时间和需要大的仓库。

2. 按成组原则布置

依据成组技术原理，机床按照成组工艺分组，每一组设备可以用来生产一个零件族的零件，对于一个采用成组布局的生产系统，工艺路径通常限制在一个组内，使工艺规划和生产调度可以针对特定成组布局子系统独立考虑，从而简化管理工作，一个零件的加工过程物流在组内进行。与功能布置相比，成组布置物流路线较短，生产率高。

3. 按产品原则布置

这类方式中，机床按照工艺要求的顺序排列，一个零件的生产过程被分解成若干个工序安排到每台机床上，工件在机床之间的移动通常依靠运输系统，也可通过手工搬运，主要是看生产批量的大小和投资规模，一般适用于大批大量方式。按照流水线的柔性来分，可以将其分为三种类型，它们的物流路线比成组布置还要短，效率更高。

(1) 单一产品线：在线上只能生产一种产品或零件，适用于单一产品的企业。

(2) 成批产品线：一次只能生产一种产品，当一种产品的任务完成后，可通过调整生产线(若需要)，生产其他种类的产品，对于中等批量的产品，从经济性考虑，人们不希望建立多条生产线，而是用一条生产线生产多种产品。

(3) 混合产品线：同时在一条生产线上生产多种产品，不同产品混合在一起流出生产线，而不是一批一批地按不同产品流出。不需要调整生产线就可以生产不同种类的产品，只是所用工具有差别，该生产线柔性好，但生产组织与规划较复杂。

4. 按项目布置

这类布局中，产品位置是固定不动的，所有的装备、材料、人员等都围绕产品进行布局，如飞机生产是采用这种布局，原因是产品太大或太重。这类布置的物料移动少、人员和设备的移动增加。

上述四种布置方式的特点比较如表 7-1 所示，每种布置方式均有适宜的应用条件。

表 7-1　不同布置类型特点比较

布置类型	按工艺原则布置	按成组原则布置	按产品原则布置	按项目布置
物流时间	长	短	短	中
在制品库存量	高	低	低	中
产品柔性	高	中—高	低	高
机器利用率	中—低	中—高	高	中
加工对象路径	不固定	固定	固定	无路径
单位产品成本	高	较低	低	高
设备投资规模	小	中	大	一

7.2.2　精益生产方式物流系统布置

精益生产模式一般采用联合大厂房，厂房之间平行布置、紧密排列且距离很近，节省生产占地，缩短物流距离且使物流顺畅。丰田公司的工厂布置采用不设在制品中间库的策略，因而无法存放超量生产的在制品，有效地控制了库存。少量的在制品置于生产现场的固定位置并用货架摆放，严格限定其占地范围，既便于目视管理，又有效地防止了超量生产和生产不足等问题的产生。

无论采用工艺原则布置、成组原则布置、产品原则布置，还是按项目布置，都要考虑物料、信息、人员流动的模式。选择物流形式的重要因素是入口(接受地点)和出口(发送地点)的位置，同时还要考虑外部运输条件、建筑物的轮廓尺寸、生产流程的特点和生产线的长度、通道的设置等因素。图 7-2 所示为五种基本的车间物流形式。

图 7-2(a)所示为直线形，是最简单的物流形式，适用于入口和出口在不同的位置，且车间较长，或生产过程比较简单，或只有少量零部件和少量生产装备的情况。

图 7-2(b)所示为 L 形，适用于现有设施或建筑物不允许直线流动的情况。

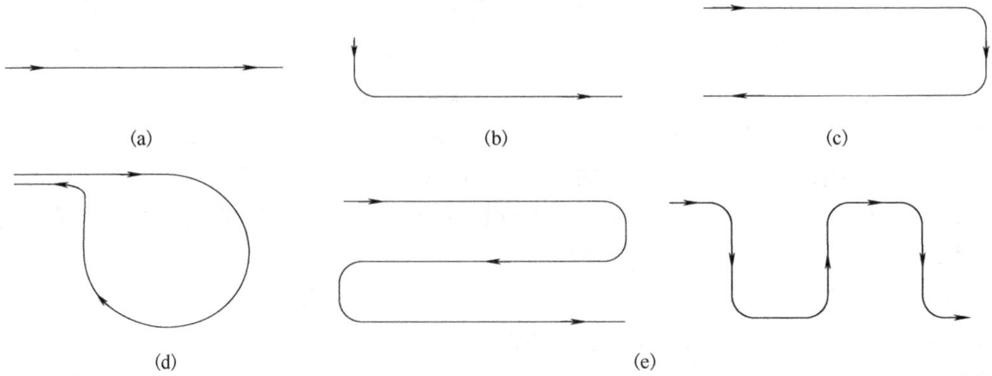

图 7-2　车间物流布置形式

图 7-2(c)所示为U形，适用于入口与出口在车间的同一侧，或生产线比实际可安排的距离长的情况。

图 7-2(d)所示为环形，适用于要求物料返回到起点的情况。

图 7-2(e)所示为S形，适用于生产线比实际可安排的距离长，在一个经济的面积内安排较长的生产线的情况。

实际物流规划也可能是上述基本形式的组合。一个有效而合理的物流规划取决于部门内部有效而合理的物流，而部门内部有效而合理的物流取决于各作业单位的有效而合理的物流。因此，物流规划是一个分级规划过程。上述的车间物流形式同样也适用于工厂的总体布局。

7.2.3 物流设备及其选择与设计要求

现代化工厂中的物流系统是一个复杂系统，不仅包括许多信息处理软件和控制软件，而且包括大量的物流设备，如各种装卸设备、输送设备、仓储设备等。装卸搬运设备主要有平台搬运车、牵引车、叉车、托盘堆垛机、托盘搬运车、拣选机等。输送设备主要有辊子输送机、链式输送机、悬挂输送机、有轨小车、自动导引小车等。仓储设备主要有巷道式堆垛机、多层货架、穿梭车、码盘机器人等。交换装置主要有机器人、上下料装置及交换台等。

目前，大部分物流设备可以在市场上直接购买，对于一些有特殊要求的物流设备可通过订货的方式由专业生产厂家提供。物流设备配置的合理与否将直接影响物流系统的运行效率，对企业的正常生产将产生重要影响，因此在进行物流装置的采购和设计时应考虑以下几点。

(1)物流设备与搬运距离要相匹配。搬运距离较短的物料，其主要工作量在于装卸，应选用输送设备，其装卸费用较低；搬运距离较长的物料，其主要工作量在于运输，应选用运输设备，其装卸费用允许高些，但单位里程运输费用应较低。

(2)物流设备与物流量相匹配。物流量低的物料应选用简单的搬运设备以降低搬运的成本；物流量高的物料应选用自动化的搬运设备，以提高搬运的效率。例如，对于短距离、低物流量系统，可选择的搬运设备有叉车、电瓶车、步进式输送带、输送辊道等。对于短距离、高物流量系统，可选择的搬运设备有上下料机械手或机器人、料斗式和料仓式自动上料装置、连续输送机等。

(3)物流设备可靠性要好。尽量采用标准化的物流装置，以方便维护，保证生产线和整个物流系统的正常运行。

(4)选择物流设备时，要考虑物流系统的可扩展性。

一般在厂区和车间物流系统总体规划完成以后，就要合理配置相应的物流设备。正确选择物流设备是提高企业物流运行效率、降低物流运行成本的关键。下面主要介绍机械制造物流系统中常用的物流设备的工作原理、结构、功能及选用和设计要点。

随着社会进步和科学技术的发展，物流设备种类也越来越多，本章主要介绍机械制造过程所涉及的工件上下料装置、工业机械手和工业机器人、输送装置、自动化仓库等内容。

7.3 上、下料装置设计

机床上、下料装置是将待加工工件送到机床上的加工位置和将已加工工件从加工位置取下的自动或半自动机械装置，又称工件自动装卸装置。大部分机床上、下料装置的下料机构比较简单，或上料机构兼有下料功能，所以机床的上、下料装置也常简称为上料装置。

根据毛坯形式的不同，上、下料装置一般可分为三种类型。

7.3.1 卷状料上料装置

卷状料的形式有两种，一种是线状材料(金属丝等)绕成的料卷；另一种是薄金属带(如薄钢带、铜带、铝带等)绕成的料卷或由薄钢板、铝板等剪裁成的料带。

加工中材料从轴卷上绕下来，逐步进入加工位置，只有当整卷材料加工完毕后，才重新换上新的料卷，在加工过程中料卷无需主动旋转，因而这种形式的毛坯上料机构结构简单。但为了保证顺利上料和均匀地加工余量，上料前必须进行校直。卷状料上料机构常用以下三种形式，如图 7-3 所示。

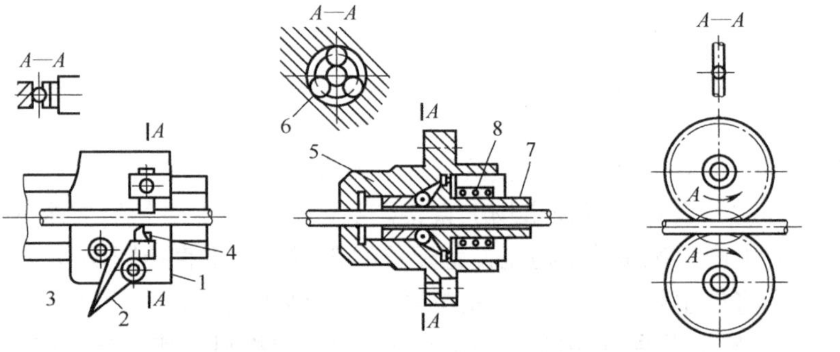

(a)杠杆式上料机构　(b)钢珠式上料机构　(c)滚轮式上料机构

图 7-3　卷状料上料机构

1-滑板；2-杠杆；3-弹簧片；4-下夹紧块；5-外锥套；6-钢珠；7-锥形滑套；8-弹簧

(1)杠杆式上料机构。如图 7-2(a)所示，机构安装在滑板上，夹紧卷料由滑板上部可调整的上夹紧块和杠杆 2 上端的下夹紧块 4 实现。弹簧片 3 所产生的夹紧力顶住杠杆，使下夹紧块向上顶紧。上料行程和退回行程由凸轮或其他机构推动滑板进行。这种机构结构简单，缺点是容易损伤坯料表面，适用于对坯料要求不高的工件。

(2)钢珠式上料机构。如图 7-2(b)所示，机构安装在往复运动的机构上，由弹簧 8 推动锥形滑套 7，滑套顶住钢珠 6，钢珠夹紧坯料实现上料动作。三颗钢珠均匀分布。当外锥套 5 向右移动时，依靠锥套斜面的作用将钢珠压紧在坯料表面上进行上料。当外锥套 5 向左移动时，坯料由夹头夹住不动，钢珠滑过坯料表面，外锥套退回原位。这种机构的优点是结构紧凑、制造方便，适用于线状卷料送进。缺点是会在坯料表面压出痕迹，装料后只能送进，不能后退，调整不方便。

(3)滚轮式上料机构。如图 7-2(c)所示，这种机构是靠一对或两对间歇转动的滚轮，利用滚轮与坯料之间的摩擦作用达到送料的目的。滚轮的间歇运动由其他机构控制(如棘轮—棘爪机构、凸轮—杠杆机构等)。两滚轮间的间隙由可调整的、具有弹性的装置来调节，这样不会损伤坯料表面，结构也较简单，但是转动装置的结构较复杂，体积也较大。

7.3.2 棒状料上料装置

棒状料上料机构主要用于单轴和多轴自动车床，棒状料直径一般较卷状料直径大，装料前常将棒状料校直、整径，并切成长度为一定尺寸的坯料。装料时通常采用人工装料，之后再靠上料装置自动送料。

棒状料上料机构示意图如图 7-4 所示，可分为不用送料夹头和用送料夹头两种。其中 1、2、7 为不用送料夹头的送料机构，其余为用送料夹头的送料机构。

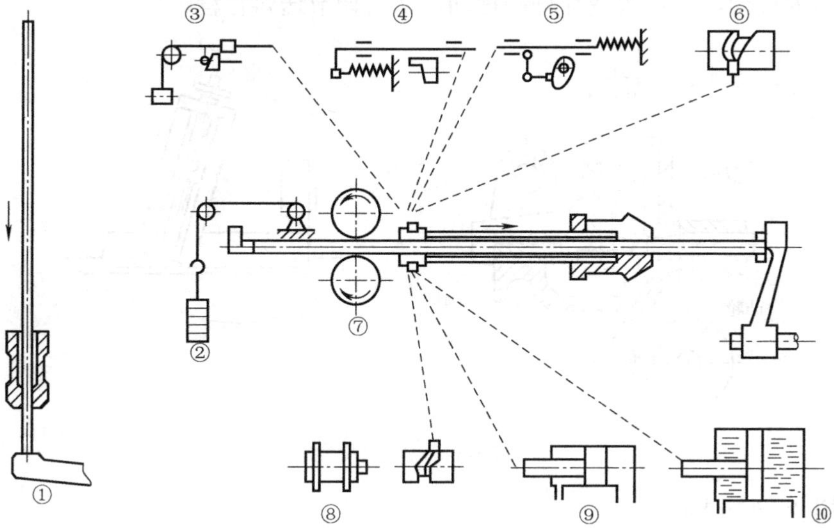

图 7-4　棒状料上料机构

图 7-4 中数字的解释如下。

① 为自重送料方式：利用棒状料自身重量，使之送进夹头，多用于立式机床。

② 为重锤送料方式：利用重锤使棒状料推进夹料夹头，结构简单，可应用于卧式机床。这两种方式的缺点是棒状料容易弯曲，造成振动，噪声增大，使主轴轴承磨损加快。

③ 为重锤凸轮送料方式：由重锤推动送料夹头带料前进，由圆柱凸轮退回送料夹头。凸轮曲线为抛物线或螺旋线。这种送料机构的特点是工作可靠，送料行程不大。

④ 为弹簧凸轮送料方式：利用弹簧代替上述重锤，作用同前，但结构较紧凑。

⑤ 为圆盘凸轮送料方式：利用圆盘凸轮代替凹槽圆柱凸轮送料。

⑥ 为圆柱凸轮送料方式：利用圆柱凸轮中凹槽的作用送料。

⑦ 为摩擦轮送料方式：利用摩擦轮之间摩擦力带动棒状料送料。也属于不用送料夹头的送料机构。这种送料机构结构简单、送进平稳、装料方便、可减少棒状料变形。滚轮可间歇旋转，也可连续旋转。滚轮一般安装在棒状料尾部，所以在加工短料时，剩余长度较长，不宜采用。

⑧ 为单独电动机送料方式：由电机直接带动送料夹头(要求电机间动作协调)。

⑨ 为气缸送料方式：利用压缩空气的压力，使气缸推动送料夹头。

⑩ 为油缸送料方式：利用机械本身已有油压系统的油泵，由压力油推动送料夹头。这种送料机构与气压送料机构的共同特点是送料行程长，结构复杂，机床上必须具有液压或气动设备，因而应用不广泛。

由于有料夹的送料方式送料方便、平稳、准确，适用于较短棒状料，因而在自动机床上得到了广泛的应用。但是，这种送料方式比不用料夹的送料方式结构复杂，由于料夹结构尺寸，使机床所能加工的最大棒状料直径变小。

采用有送料夹头的送料机构时，应使送料夹头的行程可以调整，以适应被加工工件长度的不同，利用摇杆机构或改变凸轮曲线即可调节送料夹头的行程大小。

图 7-5 所示为摇杆机构图。凸轮经过摇杆和滑杆使送料滑板进行送料运动。转动丝杠使滑块在摇杆槽内移动，即可改变摇杆的摆动，从而调节送料行程。

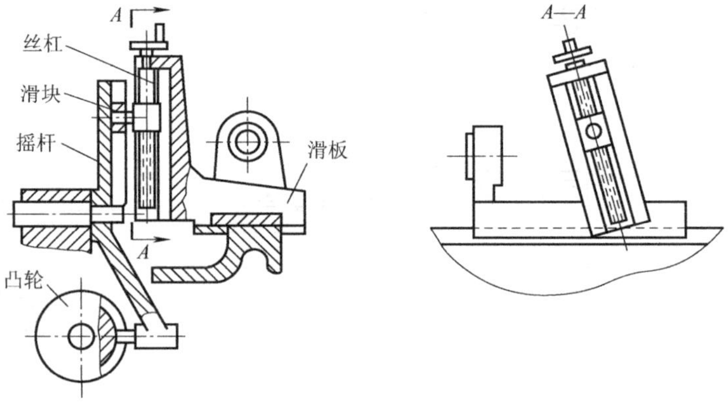

图 7-5　摇杆机构图

7.3.3　件料上料机构

按件料的尺寸、形状、质量和结构等不同，上下料机构和装置也有所不同。一般小型件往往采用料仓或料斗式上料机构，中型件一般采用专用上料机械手或机器人实现自动上下料，大型件则往往采用起重式上料装置和设备，而有些非回转件(如箱体类零件)可采用托盘及托盘交换装置实现自动供料卸料。

料斗或料仓式上料装置，虽然在结构上千差万别，但它们都是由一些基本职能机构所组成的，包括料仓、隔料器、上料机构以及振动式料斗等。

1. 料仓

由于工件的重量和形状尺寸变化较大，因此料仓的结构设计没有固定模式。一般将料仓分成自重式和外力作用式两种结构，如图 7-6 所示。图 7-6(a)、(b)所示为工件自重式料仓，其结构简单，应用广泛。

图 7-6(a)中将料仓设计成螺旋式，可在不加大外形尺寸的条件下多容纳工件；图 7-6(b)中将料仓设计成料斗式，其设计简单，但料仓中的工件容易形成拱形面而堵塞出料口，一般应设计拱形消除机构。图 7-6(c)～(h)所示为外力作用式料仓。图 7-6(c)所示为重锤垂直压送式料仓，适用于易与仓壁黏附的小零件；图 7-6(d)所示为重锤水平压送式料仓；图 7-6(e)所示为扭力弹簧压送工件的料仓；图 7-6(f)所示为利用工件与平带间的摩擦力供料的料仓；图 7-6(g)所示为链条传送工件的料仓，链条可连续或间歇传动；图 7-6(h)所示为利用同步带传送工件的料仓。

拱形消除机构一般采用仓壁振动器。仓壁振动器使仓壁产生局部、高频微振动，可破坏工件间的摩擦力和工件与仓壁间的摩擦力，从而保证工件连续地由料仓中排出。仓壁振动器的振动频率一般为 1000～3000 次/min。当料仓中物料搭拱处的仓壁振幅达到 0.3mm 时，即可达到破拱效果。在料仓中安装搅拌器也可消除拱形堵塞。

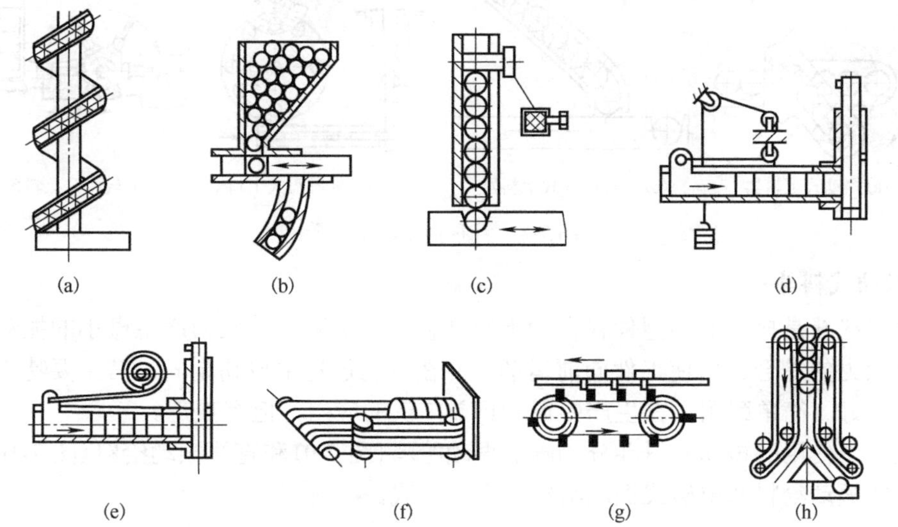

图 7-6　料仓的结构形式

2. 隔料器

隔料器的作用是把待加工的工件从料仓中的许多工件中隔离出来，使其自动地进入上料器。比较简单的上料装置中，由隔料器直接将其送到加工位置，即隔料器兼有上料器的作用。当工件较重或垂直料槽中工件数量较多时，为了避免工件的全部重量都压在送料器上，要设置独立的隔料器。图 7-7 所示的是常用的几种隔料器形式，其中图 7-7(a)、(b)所示为由上料器兼为隔料器，图 7-7(c)、(d)所示为杆式隔料器，图 7-7(e)、(f)所示为鼓轮式隔料器。

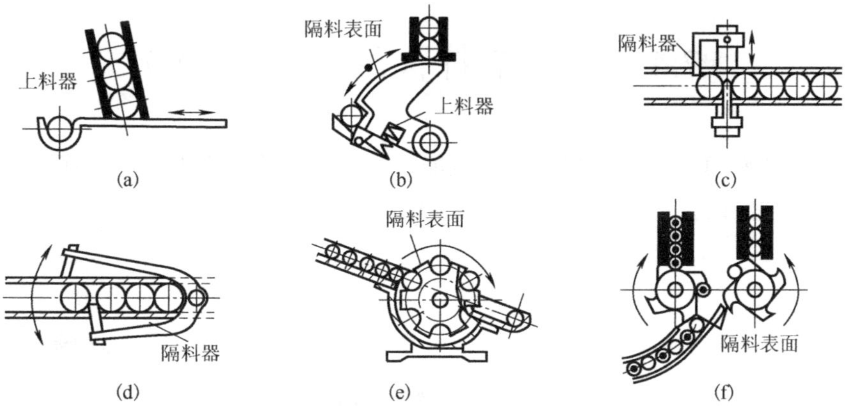

图 7-7　常用的几种隔料器形式

3. 上料机构

上料机构的作用是将料仓或料斗经输料槽将工件送到机床上预定的位置，然后再由上料杆再将工件推入机床主轴夹头或夹具中。上料机构按运动特性可分为摆动式上料、直线往复式上料、回转圆盘式上料和转塔式上料四种形式。图 7-8 所示为几种典型的上料器。

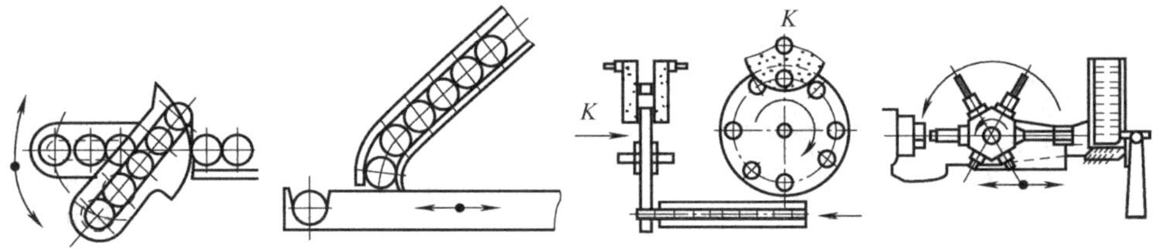

(a)摆动式上料器　(b)直线往复式上料器　(c)回转圆盘式上料器　(d)转塔式上料器

图 7-8　几种典型的上料器

4. **振动式料斗**

振动式料斗是典型的小型件料自动上料装置，它是利用电磁力产生微小的振动，依靠惯性力和摩擦力的综合作用使工件向前运动，并在运动过程中自动定向。其主要特点是上料平稳、通用性好、简单耐用，在生产中得到日益广泛的应用，但有噪声。

在生产中使用的振动式料斗分为圆盘振动给料(图 7-9)和直线振动给料(图 7-10)，其中又分为机械式振动给料和电磁式振动给料等多种形式。

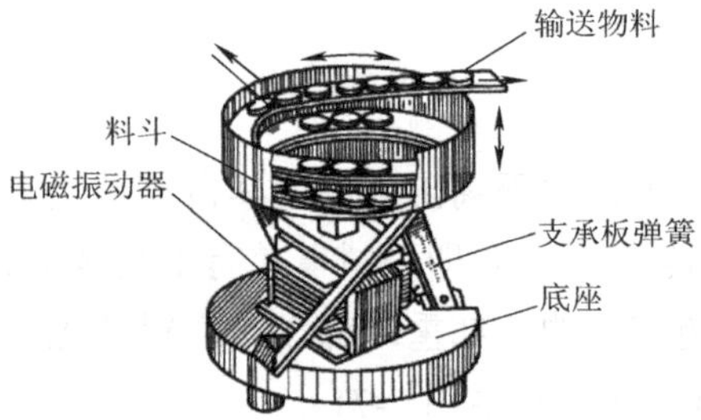

图 7-9　圆盘振动给料

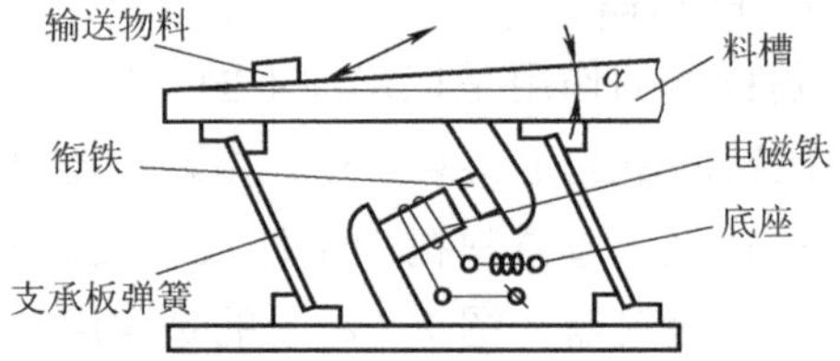

图 7-10　直线振动给料

7.4　上、下料机器人(机械手)

机械手是一种能模仿人手的某些工作机能，按照程序要求实现抓取、搬运物件或操持工具完成某些特定动作的机械自动化装置(图 7-11)，也称为工业机器人，为叙述方便，以下简称为机器人。

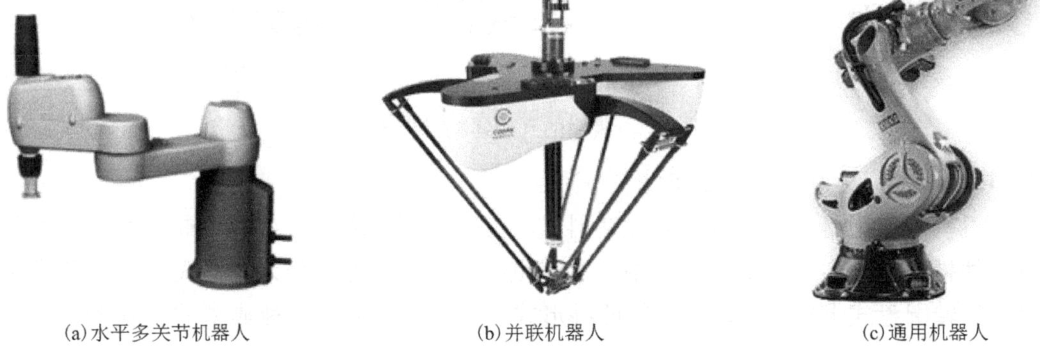

(a)水平多关节机器人　(b)并联机器人　(c)通用机器人

图 7-11　工业机器人

随着社会进步和发展，现在机械制造过程越来越多地采用机器人给机床进行上下料。机器人主要由手部机构和运动机构组成。手部机构随使用场合和操作对象而不同，常见的有夹持、托持和吸附等类型。运动机构一般由液压、气动、电气装置驱动。机器人可独立地实现伸缩、旋转和升降等运动，目前广泛使用的有 2～6 个自由度机器人。

7.4.1　机器人的基本构成

不同类型的机器人其机械、电气和控制结构千差万别，但是作为一个机器人系统，通常由三部分、六个子系统组成，如图 7-12 所示。这三部分是机械部分、传感部分、控制部分；六个子系统是驱动系统、机械系统、感知系统、人机交互系统、机器人—环境交互系统、控制系统等。

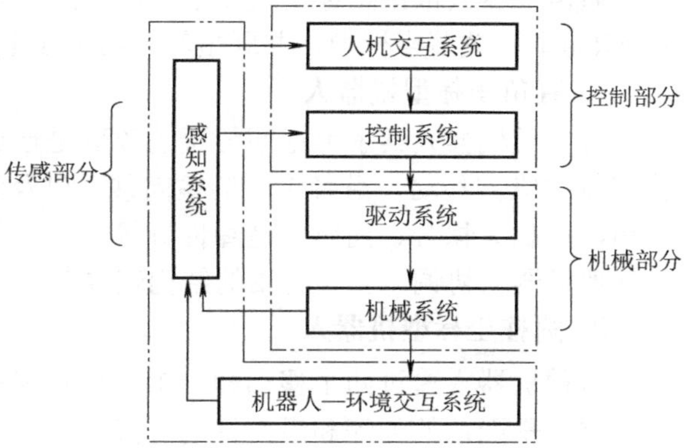

图 7-12　机器人的基本构成

1. 机械部分

机械部分是由关节连在一起的许多机械连杆的集合体，形成开环运动学链系。连杆类似于人类的小臂、大臂等。关节通常又分为转动关节和移动关节，移动关节允许连杆做直线移动，转动关节仅允许连杆之间发生旋转运动。由关节—连杆结构所构成的机械结构一般有三个主要部件，即臂、腕和手，它们可在规定的范围内运动。

2. 驱动系统

驱动系统是使各种机械部件产生运动的装置。常规的驱动系统有气动传动、液压传动或电动传动，它们可以直接地与臂、腕或手上的机械连杆或关节连接在一起，也可以使用齿轮、带、链条等机械传动机构间接驱动。

3. 感知系统

感知系统由一个或多个传感器组成，用来获取内部和外部环境中的有用信息，通过这些信息确定机械部件各部分的运行轨迹、速度、位置和外部环境状态，使机械部件的各部分按预定程序或者工作需要进行动作。传感器的使用提高了机器人的机动性、适应性和智能化水平。

4. 控制系统

控制系统的任务是根据机器人的作业指令程序，以及从传感器反馈回来的信号支配机器人的执行机构去完成规定的运动和功能。若机器人不具备信息反馈特征，则为开环控制系统；若机器人具备信息反馈特征，则为闭环控制系统。根据控制原理，控制系统又可分为程序控制系统、适应性控制系统和人工智能控制系统。根据控制运动的形式，控制系统还可分为点位控制和轨迹控制等。

5. 机器人—环境交互系统

工业机器人—环境交互系统是实现工业机器人与外部环境中的设备相互联系和协调的系统。工业机器人可与外部设备集成为一个功能单元，如加工制造单元、焊接单元、装配单元等，当然，也可以是多台机器人、多台机床或设备及多个零件存储装置等集成为一个执行复杂任务的功能单元。

6. **人机交互系统**

人机交互系统是使操作人员参与机器人控制并与机器人进行联系的装置，例如，计算机的标准终端、指令控制台、信息显示板及危险信号报警器等。归纳起来，人机交互系统可分为两大类：指令给定装置和信息显示装置。

7.4.2 机器人的结构形式和运动形态分类

通常机器人依据坐标形式和运动形态的不同可分为直角坐标型、圆柱坐标型、球坐标型、SCARA 型、关节坐标型、并联型等。常见工业机器人的结构形式和运动形态如表 7-2 所示。

1. **直角坐标型机器人**

这一类机器人其手部空间位置的改变是通过沿三个互相垂直轴线的移动来实现的，即沿着 X 轴的纵向移动，沿着 Y 轴的横向移动以及沿着 Z 轴的升降。该形式的机器人具有位置精度高，控制无耦合、简单，避障性好等特点，但是结构较庞大，动作范围小，灵活性差，难与其他机器人协调，且移动轴的结构较复杂，占地面积较大。

2. **圆柱坐标型机器人**

这种机器人通过两个移动和一个转动实现手部空间位置的改变，机器人手臂的运动系由垂直立柱平面内的伸缩和沿立柱的升降两个直线运动及手臂绕立柱的转动复合而成。圆柱坐标型机器人的位置精度仅次于直角坐标型，其控制简单，避障性好，但是结构也较庞大，难与其他机器人协调工作，两个移动轴的设计较为复杂。

3. **球坐标型机器人**

这类机器人手臂的运动由一个直线运动和两个转动所组成，即手臂沿 X 方向伸缩、绕 Y 轴的俯仰和绕 Z 轴的回转。这类机器人具有占地面积小、结构紧凑、重量较轻、位置精度尚可等特点，能与其他机器人协调工作，但是避障性差，存在着平衡问题，位置误差与臂长有关。

4. **SCARA 型机器人**

SCARA 型机器人手臂的前端结构采用在二维空间内能任意移动的自由度，所以，它具有垂直方向的刚性高、水平面内刚性低(柔顺性)的特征。但是在实际操作中主要不是由于它所具有这种特殊的柔顺性质，而是因为它更能简单地实现二维平面上的动作，因而在装配作业中普遍采用。

5. **关节坐标型机器人**

关节坐标型机器人主要由立柱、前臂和后臂组成。机器人的运动由前、后臂的俯仰及立柱的回转构成，其结构最紧凑，灵活性大，占地面积最小，工作空间最大，能与其他机器人协调工作，避障性好，但是位置精度较低，存在着平衡以及控制耦合问题，故比较复杂，这种机器人是目前应用最多的机器人之一。

6. **并联型机器人**

并联型机器人是一种新型结构的机器人，它通过各连杆的复合运动，给出末端的运动轨迹，以完成不同类型的作业。该结构的机器人特点在于刚性好，它可完成复杂曲面的加工，是数控机床一种新的结构形式，也是机器人功能的一种拓展，因此，也称为并联机床。其不足之处是控制复杂、工作范围比较小、精度也比数控机床低一些。

表 7-2　常见工业机器人结构形式及运动形态

机　器　人	关　节　轴	
原　理　机	运动机构	工作空间
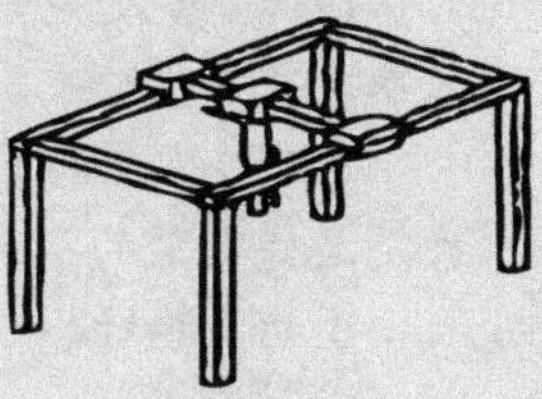 直角坐标型机器人	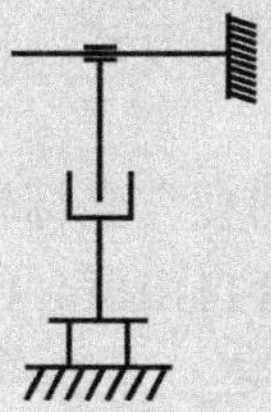	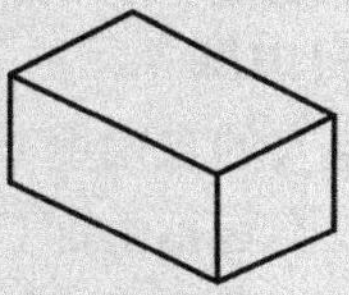
 圆柱坐标型机器人	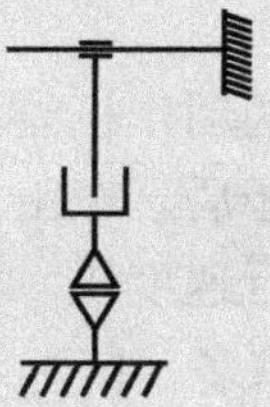	
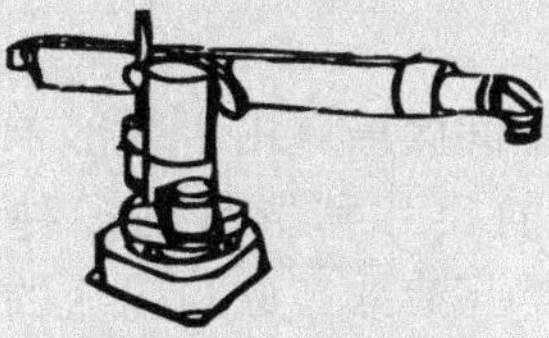 球坐标型机器人	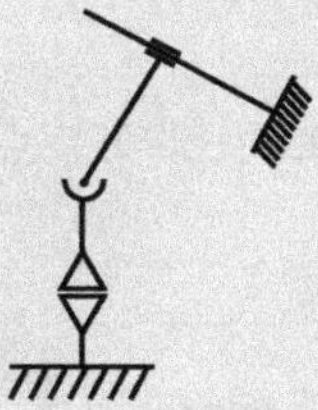	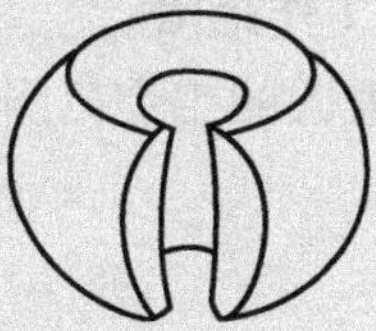
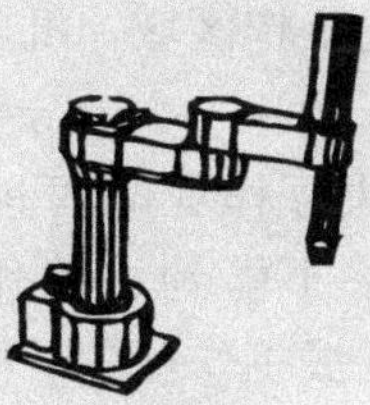 SCARA型机器人	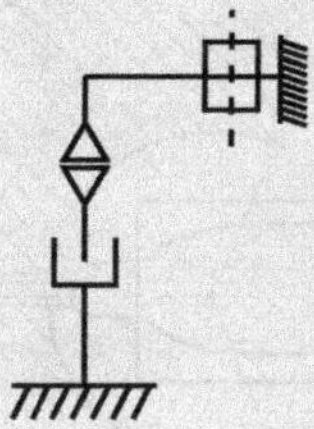	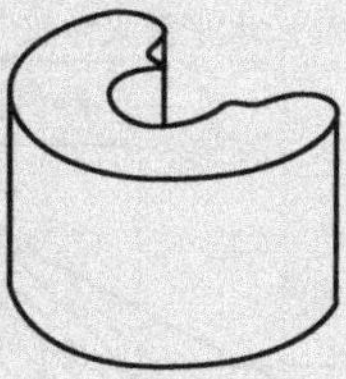
 关节坐标型机器人	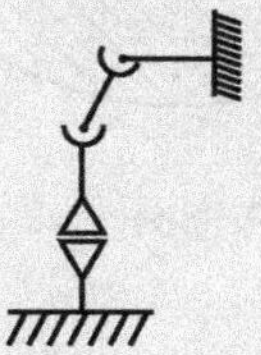	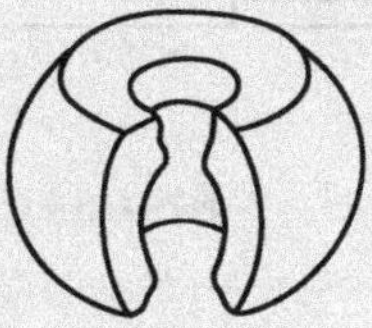
 并联型机器人	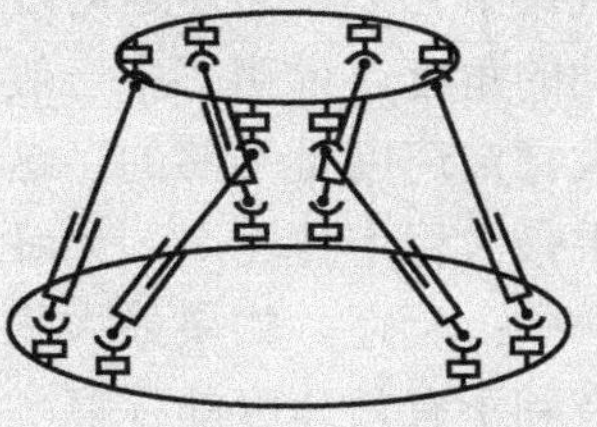	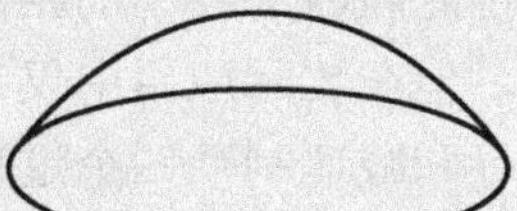

7.4.3 机器人主要技术参数

> **小思考 7-2**
>
> (1) 通常机器人有哪几部分组成?
>
> (2) 机器人主要技术参数有哪些?
>
> (3) 机器人的自由度是怎样定义的? 是否自由度越多越好?

由于机器人的结构、用途和用户要求的不同，机器人的技术参数也不同。一般来说，机器人的技术参数主要包括自由度、工作范围、工作速度、承载能力、定位精度、驱动方式、控制方式等。

1. **自由度**

机器人的自由度是指机器人所具有的独立坐标轴运动的数目，但是一般不包括手部(末端操作器)的开合自由度。自由度表示了机器人动作灵活的尺度，在三维空间中描述一个物体的位置和姿态(简称位姿)需要六个自由度。通常机器人的自由度是根据其用途而设计的，可能小于六个自由度，也可能大于六个自由度。

机器人的自由度越多，越接近人手的动作机能，通用性就越好；但是自由度越多，结构也就越复杂，这是机器人设计中的一个矛盾。在工业机器人中，自由度的选择与生产要求有关，若批量大，操作可靠性要求高，运行速度快，机器人的自由度数可少一些；如果要便于产品更换，增加柔性，机器人的自由度要多一些。工业机器人一般多为4～6个自由度，7个以上的自由度是冗余自由度，是用来避障碍物的。

2. **工作范围**

机器人的工作范围是指机器人手臂或手部安装点所能达到的空间区域。由于手部末端操作器的尺寸和形状是多种多样的，为了真实反映机器人的特征参数，所以这里指不安装末端操作器时的工作区域。机器人工作范围的形状和大小十分重要，机器人在执行作业时可能会因为存在手部不能到达的作业死区而无法完成工作任务。机器人所具有的自由度数目及其组合决定其运动图形；而自由度的变化量（即直线运动的距离和回转角度的大小)则决定着运动图形的大小。图7-13显示了三菱装配机器人的工作范围。

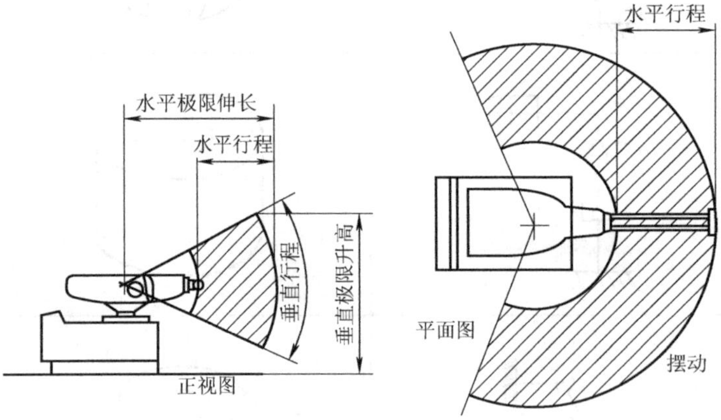

图 7-13 三菱装配机器人的工作范围

3. **工作速度**

工作速度是指机器人在工作载荷条件下、匀速运动过程中，机械接口中心或工具中心点在单位时间内所移动的距离或转动的角度。说明书中一般提供了主要运动自由度的最大稳定速度，但在实际应用中仅考虑最大稳定速度是不够的。这是因为运动循环包括加速起动、等速运行和减速制动三个过程。如果最大稳定速度高、允许的极限加速度小，则加减速的时间就会长一些，即有效速度就要低一些；反之，如果最大稳定速度低，允许的极限加速度大，则加减速的时间就会短一些，这有利于有效速度的提高。但是如果加速或减速过快，有可能引起定位时超调或振荡加剧，使得到达目标位置后需要等待振荡衰减的时间增加，则可能使有效速度反而降低。而且过大的加减速度会导致惯性力加大，影响动作的平稳和精度。所以，在考虑机器人运动特性时，除了要注意最大稳定速度外，还应注意其最大允许的加减速度。

4. 承载能力

承载能力是指机器人在工作范围内的任何位姿上所能承受的最大负载。通常可以用质量、力矩、惯性矩来表示。承载能力不仅取决于负载的质量，还与机器人运行的速度和加速度的大小和方向有关。一般低速运行时，承载能力大，为安全考虑，规定在高速运行时所能抓取的工件重量作为承载能力指标。

5. 定位精度、重复精度和分辨率

定位精度是指机器人手部实际到达位置与目标位置之间的差异。如果机器人重复执行某位置给定指令，它每次走过的距离并不相同，而是在一平均值附近变化，变化的幅度代表重复精度。分辨率是指机器人每根轴能够实现的最小移动距离或最小转动角度。

定位精度、重复精度和分辨率不一定相关，它们是根据机器人使用要求设计确定的，取决于机器人的机械精度与电气精度。

6. 驱动方式

驱动方式是指机器人的动力源形式，主要有液压驱动、气压驱动和电力驱动等方式。

7. 控制方式

控制方式是指机器人用于控制轴的方式，目前主要分为伺服控制和非伺服控制等。

7.4.4　机器人主要部件

1. 手部

手部是机械手直接抓取和握紧(或吸附)物件或夹持专用工具执行作业任务的部件，因此手部的结构和尺寸应依据作业任务要求来设计，从而形成了多种多样的结构形式。手部安装在手臂的前端，可以模仿人手动作。设计手部时除了要满足抓取要求外，还应满足以下几点。

(1) 手指握力的大小要适宜，以保证工件不致产生松动或脱落，但握力太大又会造成浪费并可能损坏工件。

(2) 开合式手指应具有足够大的张开角度来适应较大的直径范围，保证有足够的夹紧距离以方便地抓取和松开工件，移动式钳爪要有足够大的移动范围。

(3) 因受到被夹持工件的反作用力和运动过程中的惯性力、振动等的影响，要求机械手具有足够的强度和刚度以防折断或弯曲变形，但结构要简单紧凑、自重轻、并使手部的重心在手腕的回转轴线上，使手腕的扭转力矩最小。

(4) 动作迅速、灵活、准确。

除此之外，通用机械手还要求更换手部方便。

1) 夹钳式手部

夹钳式手部与人手相似，是工业机器人常用的一种手部形式。它一般由手指(手爪)、驱动装置、传动机构和承接支架组成。

(1) 手指。

手指是直接与物件接触的构件。手指的张开和闭合实现松开和夹紧物件。通常机器人的手部只有两个手指，也有三个或多个手指。其结构形式常取决于被夹持工件的形状和特性。

把持机能良好的机械手，除手指具有适当的开闭范围、足够的握力与相应的精度外，其手指的形状应顺应被抓取对象物的形状。例如，对象物若为圆柱形，则采用 V 形手指，如图 7-14(a)所示；若对象物为方形，则大多采用平面形手指，如图 7-14(b)所示。用于夹持小型或柔性工件的尖指，如图 7-14(c)所示；适用于形状不规则工件的专用特形指，如图 7-14(d)所示。

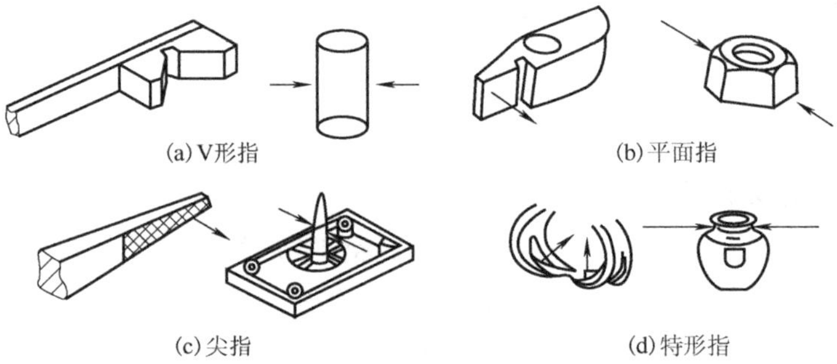

图 7-14　夹钳式手的指端

根据工件形状、大小及其被夹持部位材质软硬、表面性质等的不同，主要有光滑指面、齿型指面和柔性指面三种形式。

① 光滑指面：其指面平整光滑，用来夹持已加工表面，避免已加工的光滑表面受损伤。

② 齿型指面：其指面刻有齿纹，可增加与被夹持工件间的摩擦力，以确保夹紧可靠，多用来夹持表面粗糙的毛坯或半成品。

③ 柔性指面：其镶衬了橡胶、泡沫、石棉等物，有增加摩擦力保护工件表面、隔热等作用。它一般用来夹持已加工表面、炽热件，也适于夹持薄壁件和脆性工件。

(2) 传动机构。

传动机构是向手指传递运动和动力，以实现夹紧和松开动作的机构。根据手指开合的动作特点可分为回转型和平移行两类。

① 回转型传动机构。夹钳式手部中运用较多的是回转型手部，其手指就是一对(或几对)杠杆，再同斜楔、滑槽、连杆、齿轮、蜗轮蜗杆或螺杆等机构组成复合式杠杆传动机构，以改变传力比、传动比及运动方向等。

图 7-15 所示为单作用斜楔式回转型手部的结构简图。斜楔向下运动，克服弹簧拉力，使杠杆手指装着滚子的一端向外撑开，从而夹紧工件。斜楔向上移动，则在弹簧拉力作用下，使手指松开。手指与斜楔通过滚子接触可以减少摩擦力，提高机械效率。有时为了简化结构，也可让手指与斜楔直接接触。

图 7-16 所示为滑槽式杠杆双支点回转型手部的简图。杠杆形手指的一端装有 V 形指，另一端则开有长滑槽。驱动杆上的圆柱销套在滑槽内，当驱动连杆同圆柱销一起做往复运动时，即可拨动两个手指各绕其支点(铰销)做相对回转运动，从而实现手指对工件的夹紧与松开。

图 7-17 所示为双支点连杆杠杆式回转型手部的简图。驱动杆末端与连杆由铰销铰接，当驱动杆做直线往复运动时，则通过连杆推动两杆手指各绕支点做回转运动，从而使手指松开或闭合。该机构的活动环节较多，故定心精度一般比斜楔传动差。

图 7-18 所示为齿条齿轮杠杆式回转型手部的简图。驱动杆末端制成双面齿条，与串形齿轮相啮合，而扇齿轮与手指固连在一起，可绕支点回转。驱动力推动齿条做上下往复运动，即可带动扇形齿轮回转，从而使手指闭合或松开。

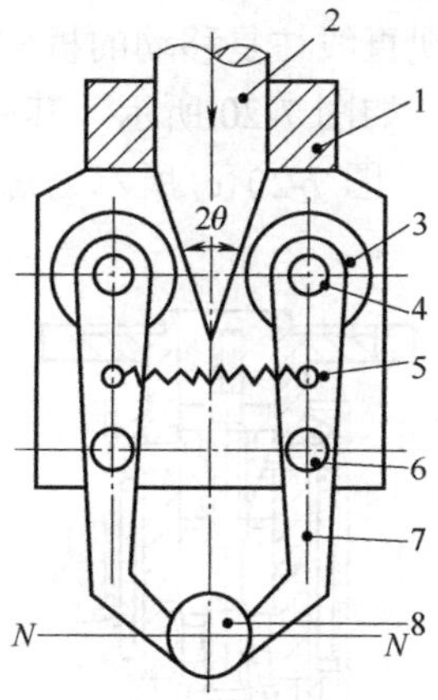

图 7-15　斜楔式回转型手部

1-壳体；2-斜楔驱动杆；3-滚子；4-圆柱销；
5-拉簧；6-铰销；7-手指；8-工件

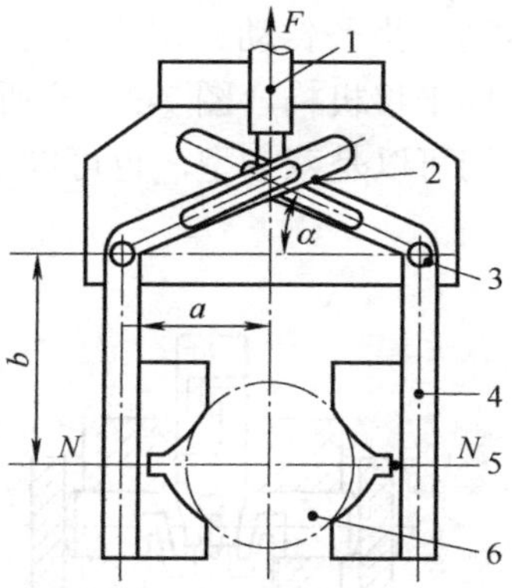

图 7-16　滑槽式杠杆回转型手部

1-驱动杆；2-圆柱销；3-铰销；4-手指；
5-V 形指；6-工件

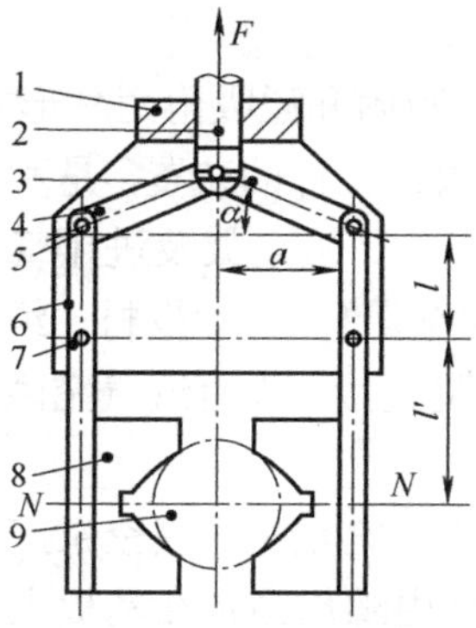

图 7-17　双支点连杆杠杆式回转型手部

1-壳体；2-驱动杆；3-铰销；4-连杆；
5、7-圆柱销；6-手指；8-V 形指；9-工件

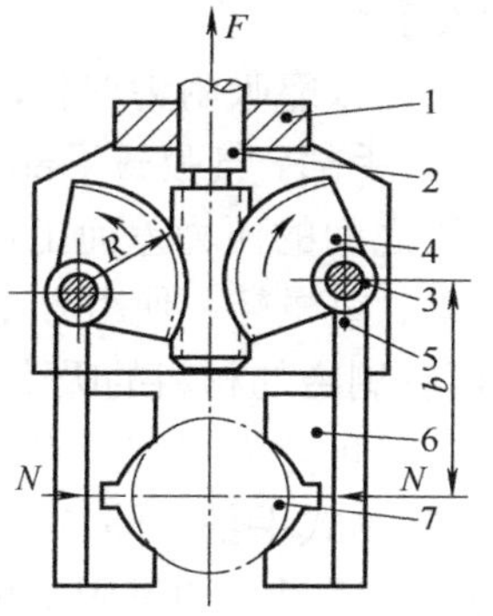

图 7-18　齿条齿轮杠杆式回转型手部

1-壳体；2-驱动杆；3-小轴；4-扇齿轮；
5-手指；6-V 形指；7-工件

② 平移型传动机构。平移型夹钳式手部是通过手指的指面做直线往复运动或平面移动来实现张开或闭合动作的，常用于夹持具有平行平面的工件。图 7-19 所示为几种平面平行移动机构手部的简图。它们通过驱动器和驱动元件带动平行四边形铰链机构以实现手指平移。如图 7-19 所示，其中图 7-19(a)、(b)均为齿轮齿条传动手部，图 7-19(c)为连杆斜滑槽传动手部。

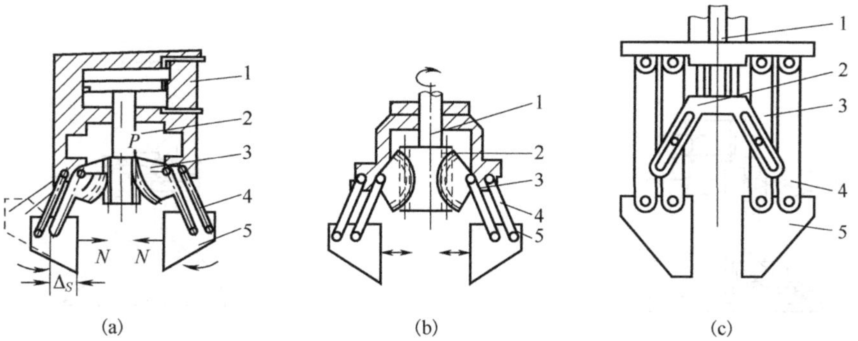

图 7-19　平行移动机构手部

1-驱动器；2-驱动元件；3-驱动摇杆；4-从动摇杆；5-手指

图 7-20 所示为几种直线往复移动机构手部的简图。实现直线往复移动的机构很多，常用的斜楔传动、齿条传动、螺旋传动等均可应用于手部结构。如图 7-20 所示，其中图 7-20(a)所示为斜楔平移机构，图 7-20(b)所示为连杆杠杆平移结构，图 7-20(c)所示为螺旋斜楔平移结构。它们可以是双指型，也可以是三指(或多指)型。

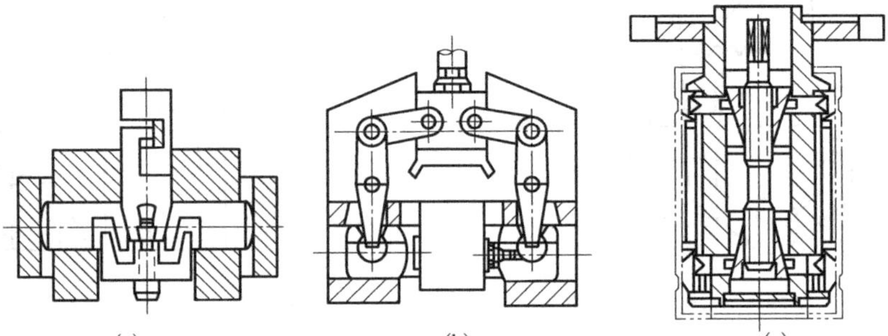

图 7-20　直线平移型手部

2)吸附式手部

吸附式手部依靠吸附力取料，根据吸附力的不同分为气吸附和磁吸附两种形式。

(1)气吸式手部。气吸式手部是工业机器人常用的一种吸持工件的装置，是利用吸盘内的压力和大气压之间的压力差而工作的。它由吸盘(一个或几个)、吸盘架及进排气系统组成，具有结构简单、重量轻、使用方便可靠等优点。广泛用于非金属材料(如板材、纸张、玻璃等物体)或不可有剩磁的材料的吸附。但是要求物体表面较平整光滑，没有透气空隙。按形成压力差的方法，又可分为真空吸附、气流负压气吸等几种。

① 真空吸附式手部。图 7-21 所示为真空吸附手部结构。它是利用真空泵产生真空的。主要零件为蝶形吸盘，通过固定环安装在支承杆上，支承杆由螺母固定在基板上。取料时，橡胶吸盘与物体表面接触，橡胶吸盘的边缘起密封和缓冲作用，然后真空抽气，吸盘内腔形成真空，实施吸附取料。放料时，管路接通大气，失去真空，物体放下。真空吸附手部的优点是取料工作可靠，吸引力大，但是所需的真空系统成本较高。

② 气流负压气吸式手部。图 7-22 所示为气流负压气吸式手部结构。利用流体力学的原理，当需要取物时，压缩空气高速流经喷嘴时，其出口处的气压低于吸盘腔内的气压，于是腔内的气体被高速气流带走而形成负压，完成取物动作。而后切断压缩空气即可释放物件。气流负压吸附手部需要的压缩空气，在工厂内容易取得，故成本较低。

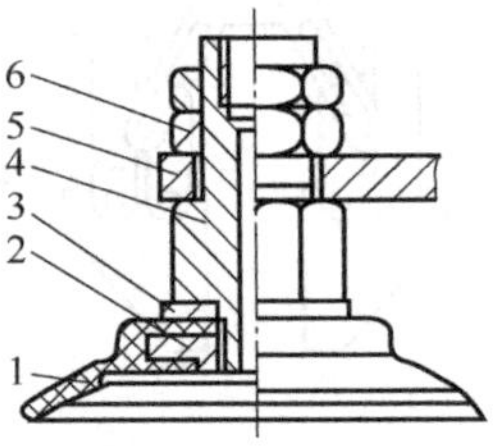

图 7-21　真空吸附手部结构

1-橡胶吸盘；2-固定环；3-垫片；4-支承杆；5-基板；6-螺母

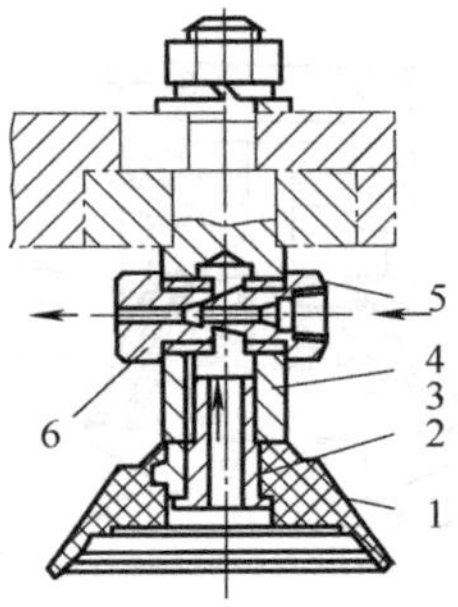

图 7-22　气流负压气吸式手部结构

1-橡胶吸盘；2-心套；3-通气螺钉；4-支承杆；5-喷嘴；6-喷嘴套

(2) 磁吸式手部。图 7-23 所示为盘状磁吸附取料手结构图。铁心 1 和磁盘 3 之间用黄铜焊料焊接并构成隔磁环 2，既焊为一体又将铁心 1 和磁盘 3 分隔，这样使铁心 1 成为内磁极，磁盘 3 成为外磁极。其磁路由壳体 6 的外圈，经磁盘 3、工件和铁心 1，再到壳体内圈形成闭合回路，以此吸附工件。铁心 1、磁盘 3 和壳体 6 均采用 8～10 号低碳钢制成，可减少剩磁，并在断电时不吸或少吸铁屑。盖 5 为用黄铜或铝板制成的隔磁材料，用以压住线圈 11，防止工作过程中线圈的活动。

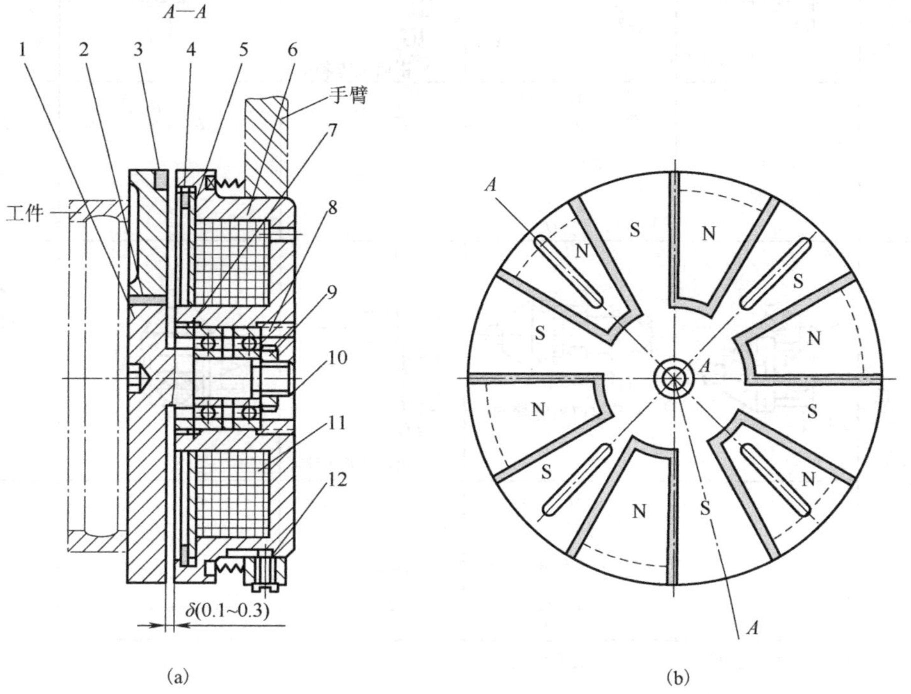

图 7-23　盘状磁吸附取料手的结构

1-铁心；2-隔磁环；3-磁盘；4-卡环；5-盖；6-壳体；7、8-挡圈；9-螺母；10-轴承；11-线圈；12-螺钉

3) 手指夹紧力的计算

机械手工作时，为保证手指能够可靠地把工件夹牢，所必需的夹紧力 F_N 可按式(7-1)计算：

$$F_N \geqslant K_1 K_2 K_3 G \tag{7-1}$$

式中，K_1 为安全系数，通常取 1.2～2；K_2 为工件情况系数，主要考虑惯性力的影响，可按 K_2=1.1～2.5，或 $K_2=1+\dfrac{\alpha}{g}$ 估算，其中 α 为机械手在搬运工件过程的加速度(m/s²)，g 为重力加速度(m/s²)；K_3 为方位系数，它为考虑到手指处于不同位置夹取工件，而工件处于不同放置位置时对夹紧力影响的系数，其值可按表 7-3 选取；G 为被抓取工件的重量(N)；F_N 为夹紧力(N)。

手指夹持工件所需的驱动力划在同一夹紧力条件下，随所采用的传动机构的不同而不同。但其计算方法都是按照具体的传动机构进行力的分析，根据力系平衡原理来进行的。

表 7-3　夹紧力的方位系数

手爪与工件位置		手爪水平放置夹水平放置工件	手爪水平放置夹水平悬臂放置工件	手爪水平放置夹垂直放置工件	手爪垂直放置夹水平放置工件	手爪垂直放置夹垂直放置工件
手指与工件形状	平直指端夹方形件	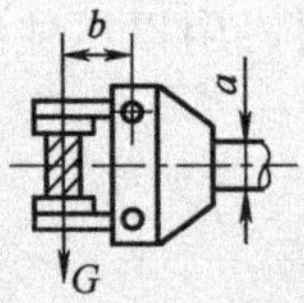	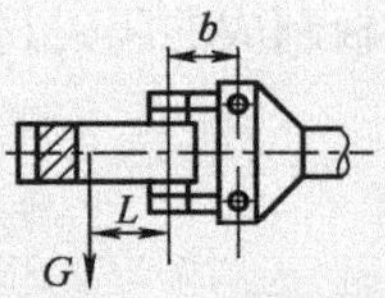	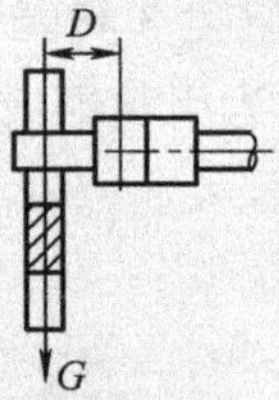 平钳口夹方料		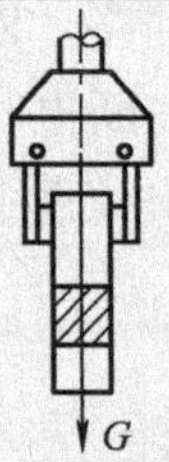
		$K_3=0.5$	$K_3=\left(\frac{3L}{H}+\frac{H}{12b}\right)$ 粗略计算 $K_3\approx\frac{3L}{H}$	$K_3=\frac{0.5}{f}$ 粗略计算 $K_3\approx5$	$K_3=\frac{0.5}{f}$ 粗略计算 $K_3\approx5$	$K_3=\frac{0.5}{f}$ 粗略计算 $K_3\approx5$
手指与工件形状	V形指端夹圆棒形件	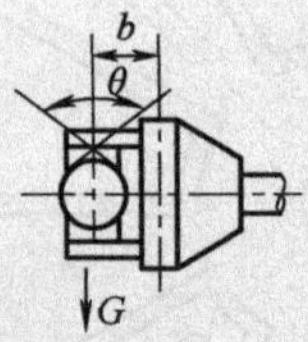	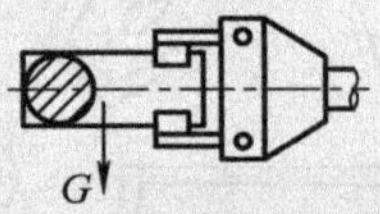 V形钳口夹圆棒料	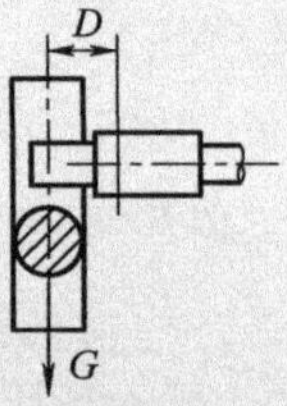 V形钳口夹圆棒料	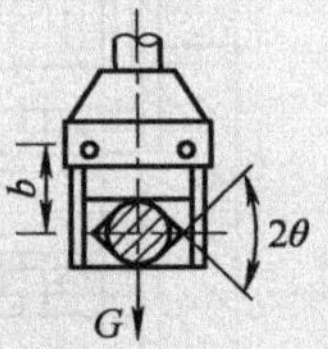	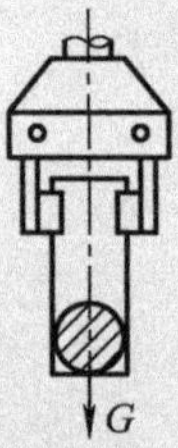
		$K_3=0.5$	$K_3=\left(\frac{3L}{H}+\frac{H}{12b}\right)$ 粗略计算 $K_3\approx\frac{3L}{H}$	$K_3=\frac{0.5\sin\theta}{f}$ 粗略计算 $K_3\approx4$	$K_3=0.5\times\frac{\tan\theta}{(1+f\tan\theta)}$ 粗略计算 $K_3\approx0.9\sim1.1$	$K_3=\frac{0.5\sin\theta}{f}$ 粗略计算 $K_3\approx4$

注：① 计算 K_1 时，假定手部各手指对称且夹紧力大小相等，方向垂直于手部的对称中心线；

② 对于三指式手指，不按本表计算；

③ 表中 f 为手指与工件表面之间的摩擦因数

(1) 回转型（即两手指绕支承点回转）。

① 连杆传动式。手部受力分析如图 7-24 所示，设作用在活塞杆 1 上的驱动力为 F_p，连杆 2、手指 3 作用于工件上的夹紧力为 F_N。

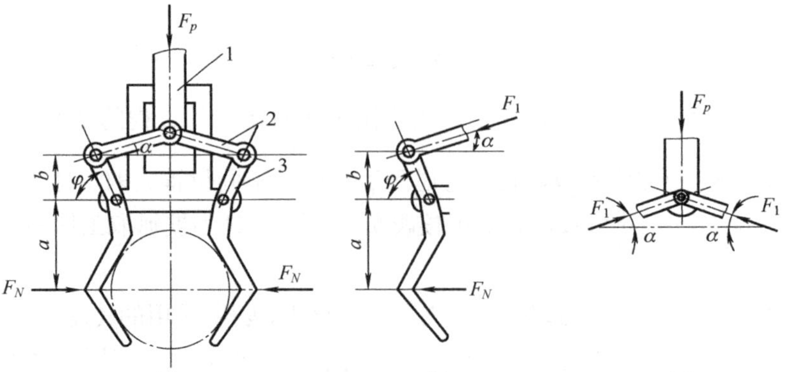

(a)　(b)　(c)

图 7-24　手部受力分析

根据手指 3 受力平衡条件(图 7-24(b))可得

$$F_1 = -\frac{F_N \cdot a}{b}\frac{\sin\varphi}{b\sin(a+\varphi)} \tag{7-2}$$

根据活塞杆受力的平衡条件(图 7-24(c))可得驱动力为

$$F_p = 2F_1\sin\alpha = 2F_N\frac{a\sin\alpha\sin\varphi}{b\sin(\alpha+\varphi)} \tag{7-3}$$

式中，a、b 为构件尺寸：α、φ 为构件之间的夹角。

机构的传力比(或称增力比、传力倍数)是指传动机构的输出力与输入力之比。传力比的大小反映了机构是增力还减力。当传力比 $F_N / F_p > 1$ 时，机构是增力的；当传力比 $F_N / F_p < 1$ 时，机构是减力的。机构的传力比越大越好。

上述手部受力、分析可得出传力比为

$$\frac{F_N}{F_p} = \frac{b\sin(\alpha+\varphi)}{2a\sin\alpha\sin\varphi} \tag{7-4}$$

当 $b/2a$ 为定值时，α 角越小，增力就越大。也就是说采用此种传动机构时，设计合理的 a、b 值，可使夹紧时的 α 值很小，则在一定的驱动力 F_p 下，可产生较大的夹紧力。

② 滑槽杠杆式。图 7-25 所示为常见的滑槽杠杆式回转型手部结构。拉杆上下运动时，圆柱销在两杠杆的滑槽中移动，带动与支架相铰接的两手指实现对工件的夹持和松开。图中，驱动力 F_p 和夹紧力 F_N 之间的关系为

$$F_N = \frac{F_p a}{2b}\left(\frac{1}{\cos\alpha}\right) \tag{7-5}$$

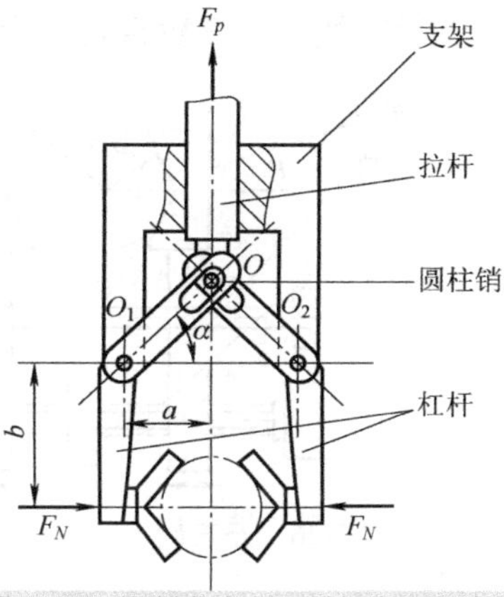

图 7-25　滑槽杠杆式回转型手部结构

式中，a 为手指的回转支点到对称中心线的距离；α 为件被夹紧时滑槽方向与两回转支点连线间的夹角；b 为手指中心线到回转支点的距离。

由式(7-5)可知，当驱动力 F_p 一定时，α 角增大则夹紧力 F_N 也随之增加，但 α 角过大将导致拉杆的行程过大，以及杠杆的滑槽尺寸长度增大，使之结构加大，一般取 $\alpha = 30°\sim40°$。这种手部具有结构简单、动作灵活等特点。

(2) 移动型(即两手指做往复移动)。

① 齿轮齿条式。如图 7-25 所示，其夹紧力 F_N 为驱动力 F_p 的一半，即

$$F_N = 0.5F_p \tag{7-6}$$

② 左右旋丝杠平移式。如图 7-26 所示，电动机驱动一根两端旋向相反的丝杠，提供了准确的平移夹紧运动。丝杠双向旋转带动钳爪杆双向移动，由导轨保证夹紧爪平移运动的准确性。

提供给丝杠的驱动力矩 M 与手部的夹紧力 F_N 的计算公式可根据螺旋传动机构受力原理推导得出，即

$$M = F_N \frac{d_2}{2} \tan(\lambda + \varphi) \tag{7-7}$$

式中，d_2 为丝杠螺纹的中径(mm)；λ 为丝杠螺纹的升角(°)；φ 为螺纹副的摩擦角(°)；F_N 为手部的夹紧力(N)；M 为丝杠的驱动力矩(N·mm)。

2. 手腕

手腕是连接手部和手臂的部件，它的作用是调整或改变手部的方位。一般手腕设有回转运动或再增加一个上下摆动即可满足工作要求，若有特殊要求可增加手腕左右摆动或横向移动。机械手的手腕结构相对比较复杂，因此设计时要注意下面几个问题。

(1)可以由手臂完成的动作，尽量不设置手腕。

(2)手腕结构尽可能简化，对不需要三维自由度的手腕，可采用两个或一个回转运动。

(3)手腕处的结构要紧凑、重量轻，手腕的驱动装置多采用分离式。

1)手腕结构

为了使手部能处于空间任意方向，需要腕部能实现如图 7-27 所示的对空间三个坐标轴 x、y、z 的转动，即具有翻转、俯仰和偏转三个自由度。

手腕按自由度数目可分为单自由度手腕、二自由度手腕和三自由度手腕。

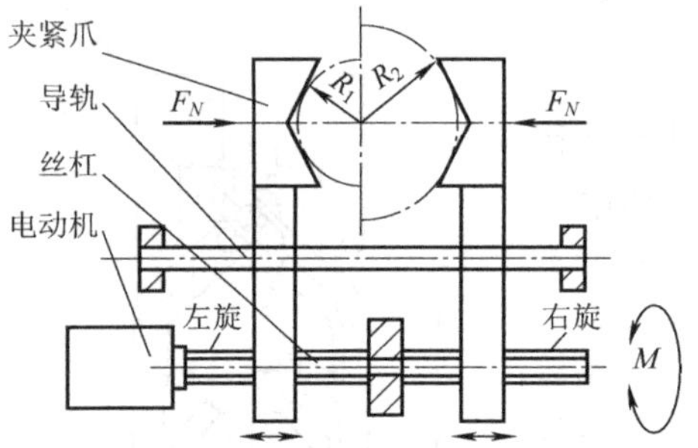

图 7-26　左右旋丝杠平移式手部结构

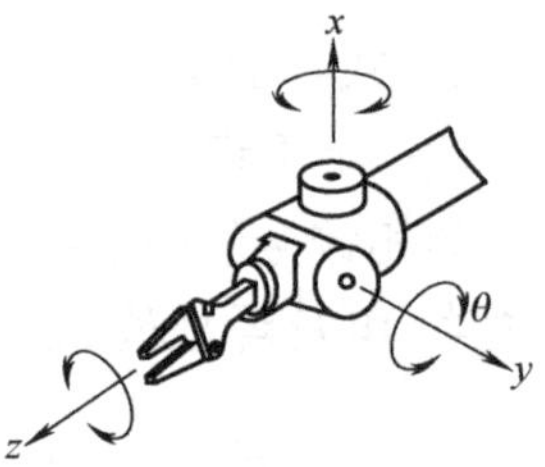

图 7-27　手弯的自由度

(1)单自由度手腕。图 7-28 所示为采用回转油缸的手腕结构。定片 1 与后盖 3，回转缸体 6 和前盖 7 均用螺钉和销子进行连接和定位，动片 2 与手部的夹紧油缸缸体(或转轴)4 用键连接。夹紧油缸缸体 4 与指座 8 固连成一体。当回转油缸的两腔分别通入压力油时，驱动动片连同夹紧油缸缸体 4 和指座 8 一同转动，即手腕的回转运动。此手腕具有结构简单和紧凑等优点。

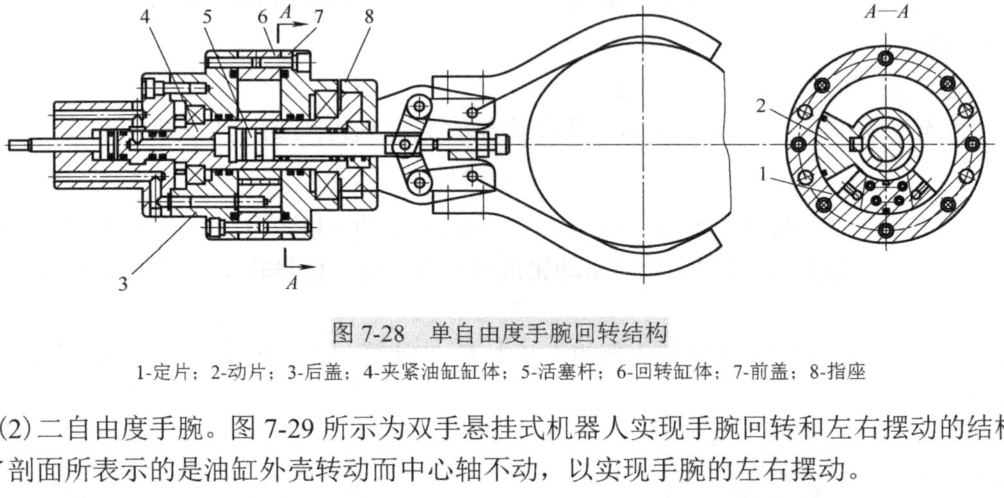

图 7-28　单自由度手腕回转结构

1-定片；2-动片；3-后盖；4-夹紧油缸缸体；5-活塞杆；6-回转缸体；7-前盖；8-指座

(2)二自由度手腕。图 7-29 所示为双手悬挂式机器人实现手腕回转和左右摆动的结构图。V—V 剖面所表示的是油缸外壳转动而中心轴不动，以实现手腕的左右摆动。

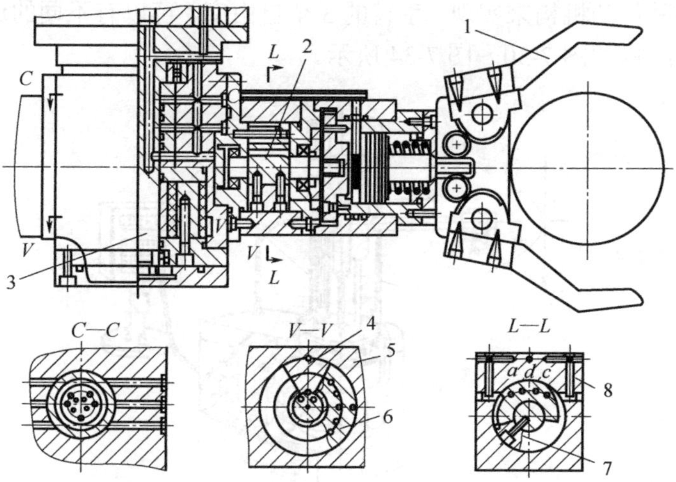

图 7-29　具有回转与摆动的二自由度手腕结构

1-手腕；2-中心轴；3-固定中心轴；4-定片；5-摆动回转油缸；6-动片；7-回转轴；8-回转油缸

2) 手腕回转驱动力矩的计算

手腕的回转、上下和左右摆动均为回转运动。驱动手腕回转时的驱动力矩必须克服驱动手腕机构时的阻力矩，即手腕起动时所产生的惯性力矩、摩擦阻力矩以及由于转动件的重心与转动轴线不重合所产生的偏置力矩等。手腕转动所需的驱动力矩为

$$M \geqslant (1.1\sim1.2)\left(M_{摩}+M_{偏}+M_{惯}\right) \tag{7-8}$$

式中，M 为驱动手腕转动的驱动力矩(N·m)；$M_{摩}$ 为手腕转动轴与支承孔处，手腕回转缸的回转叶片与固定叶片、缸径、端盖等处密封装置的总摩擦阻力矩(N·m)；$M_{偏}$ 为转动零部件重量(工件、手部、手腕回转缸的回转叶片)不通过手腕转动轴线时所产生的力矩，即偏置力矩(N·m)；$M_{惯}$ 为惯性力矩(N·m)。

3. 手臂

手臂是机械手执行机构中的重要部件，它的作用是把物料运送到工作范围内的给定位置上。手臂一般能够完成伸缩运动、左右回转、升降或上下摆动(即俯仰)，其运动形式有直线运动、回转运动以及二者的复合运动。

手臂是支持手部和手腕的部件，它需要承受物料的重量和手部、手腕、手臂自身的重量，其结构、工作范围、灵活性以及抓重大小、定位精度等对机械手性能影响很大，因此在设计手臂的结构形式时，除了要考虑上述因素以外，还应注意以下几点。

(1) 应使手臂刚度大、重量轻，保证手臂准确工作并具有一定的定位精度。

(2) 应使手臂运动速度快、惯性小、动作灵活。

(3) 应使手臂传动准确、导向性好。

(4) 输油(气)管道的布置应合理，不妨碍机械手的运动且使手臂外形整齐，结构紧凑。

(5) 其他要求，如高温作业时，应考虑热辐射的影响；粉尘场合应设有防尘装置等。

1) 手臂结构形式

一般机器人手臂有 3 个自由度，即手臂的伸缩、左右回转和升降(或俯仰)运动。手臂回转和升降运动是通过机座的立柱实现的，立柱的横向移动即手臂的横移。手臂的各种运动通

常由驱动机构和各种传动机构来实现。手臂的 3 个自由度，可以有不同的运动(自由度)组合。机器人的手臂相关结构如图 7-30～图 7-34 所示。

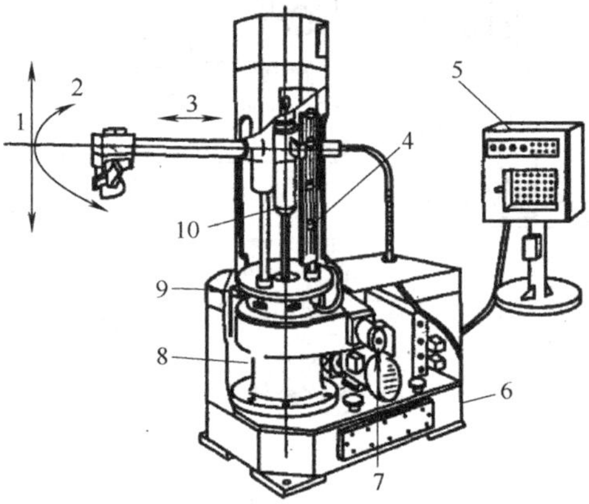

图 7-30　圆柱坐标型机器人的臂部结构

1-升降；2-回转；3-伸缩；4-升降位置检测器；5-控制器；
6-液压源；7-回转机构；8-机身；9-回转位置检测器；10-升降缸

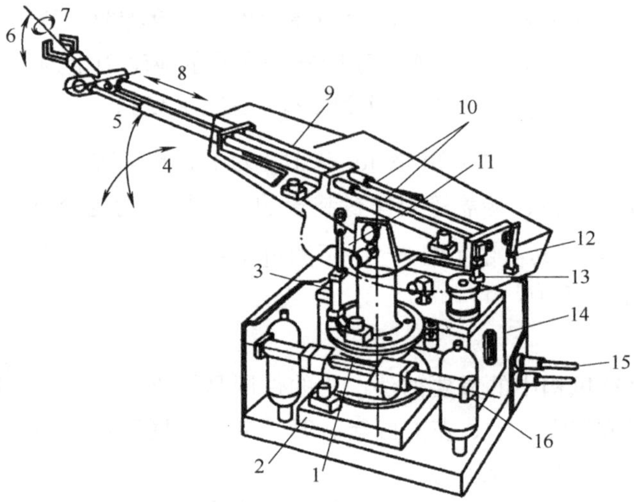

图 7-31　极坐标型机器人的臂部结构

1-回转用齿轮齿条副；2-机座；3-俯仰缸；4-臂回转；5-俯仰；6-上下弯曲；7-回转；8-伸缩；
9-伸缩缸；10-花键；11-俯仰回转轴；12-手腕回转用油缸；13-手腕弯曲油缸；
14-液压源；15-接控制柜电缆；16-回转齿条缸

2)手臂运动的驱动力计算

(1)手臂水平伸缩运动时的驱动力计算。

驱动力应克服手臂在前伸(或缩回)起动时的惯性力、手臂运动件表面之间和密封装置处的摩擦力，即

$$F_{驱}=F_{摩}+F_{惯} \tag{7-9}$$

式中，$F_{摩}$ 为总摩擦阻力(各支承处和密封装置处)(N)；$F_{惯}$ 为手臂在起动过程中的惯性力(N)。

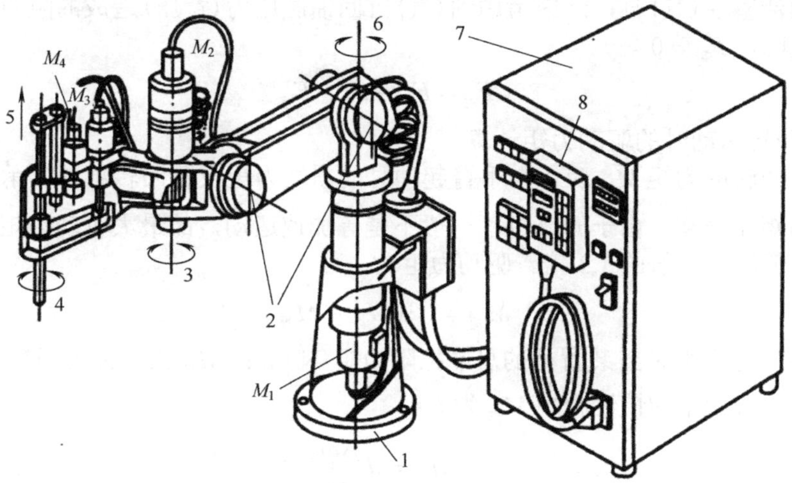

图 7-32　平面关节型机器人的臂部结构

1-机座；2-回转轴；3-水平回转 M_2；4-弯回转 M_3；5-腕上下运动 M_4；6-水平回转 M_1；7-控制柜；8-示教盒

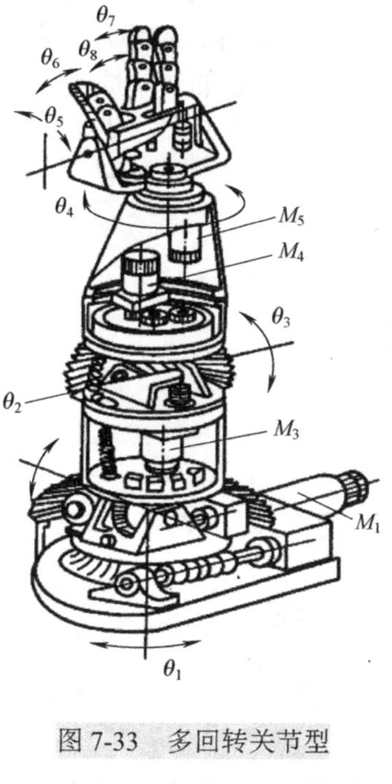

图 7-33　多回转关节型

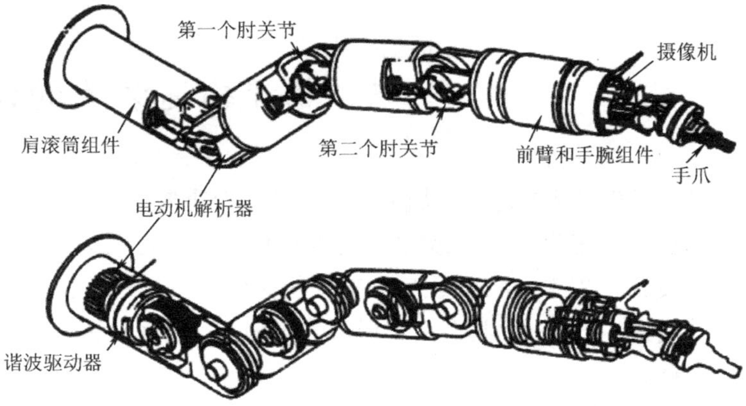

图 7-34　柔性臂部结构

式(7-9)中的 $F_{惯}$ 可按式(7-10)估算：

$$F_{惯} = Ma \tag{7-10}$$

式中，M 为手臂伸缩部件的总质量(kg)；a 为手臂起动过程中的平均加速度(m/s^2)。

式(7-10)中的 a 可按式(7-11)计算：

$$a = \frac{\Delta v}{\Delta t} \tag{7-11}$$

式中，Δv 为速度增量(m/s)；如果手臂从静止开始加速，则它就是手臂的工作速度；Δt 为升降速过程所用时间(s)。

如果采用活塞油(气)缸，还应考虑油(气)缸回油腔压力(背压)造成的阻力；回油腔与油箱或大气相连时，$F_{背}=0$。

$$F_{驱}=F_{摩}+F_{惯}+F_{背} \tag{7-12}$$

(2)手臂回转运动时的驱动力矩计算。

驱动手臂回转的力矩$M_{驱}$应该与手臂起动时的惯性力矩及各回转部件支承处、密封装置处的摩擦阻力矩相平衡。由于升降过程一般不是等加速运动，故最大驱动力矩要比理论平均值大一些，一般取平均值的1.3倍。驱动力矩$M_{驱}$为

$$M_{驱}=1.3\left(M_{摩}+M_{惯}\right) \tag{7-13}$$

式中，$M_{摩}$为各支承处\密封装置处的总摩擦阻力矩(N·m)；$M_{惯}$为惯性力矩(N·m)。

手臂在起动过程中的惯性力矩$M_{惯}$为

$$M_{惯}=J\frac{\Delta\omega}{\Delta t} \tag{7-14}$$

式中，$\Delta\omega$为回转臂的角速度变化量(rad/s)；Δt为起动过程的时间(s)；J为手臂回转部件(包括工件)对回转轴线的总转动惯量($N\cdot s^2\cdot m$)。

由于参与回转的零件形状、尺寸和重量各不相同，所以计算比较复杂，为了简化计算，可将形状复杂的零件简化成几个简单形体，分别计算，然后将各值相加即可。若手臂的零部件外廓尺寸不大，且重心位置距离回转轴线又较远，则可按“质点”计算它的转动惯量。

在初算$M_{驱}$时，为简化计算可不计密封装置处的摩擦阻力矩而以效率来考虑，即

$$M_{驱}=\frac{M_{惯}}{\eta} \tag{7-15}$$

7.5 物流输送装置的设计

物料输送装置是机械加工生产线的一个重要组成部分，用于实现物料在加工设备之间或加工设备与仓储装备之间的传输。在生产线设计过程中，可根据工件或刀具等被传输物料的特征参数和生产线的生产方式、类型及布局形式等因素，进行输送装置的设计或选择。

图 7-35 输送系统

机械制造过程物流输送装置很多，如图7-35所示，输送机系统中多采用带式输送机、滚道式输送机、链式输送机及悬挂式输送机等。输送机具有能连续输送和单位时间输送量大的优点。但输送机占地面积较大，设置后再改变布置较困难。输送机的布置方式多根据工艺安排而定。

7.5.1 带式输送机

带式输送机是靠输送带的运动来输送物料的。输送带既是承载货物的构件，又是传递牵引力的牵引构件，依靠输送带与滚筒之间的摩擦力平稳地进行驱动。带式输送机输送距离远；

输送能力强、生产率高；结构简单、基建投资少、营运费用低；输送线路可以呈倾斜布置或在水平方向、垂直方向弯曲布置。图 7-36 所示为大倾角带式输送机，图 7-37 所示为平带输送机。

图 7-36　大倾角带式输送机

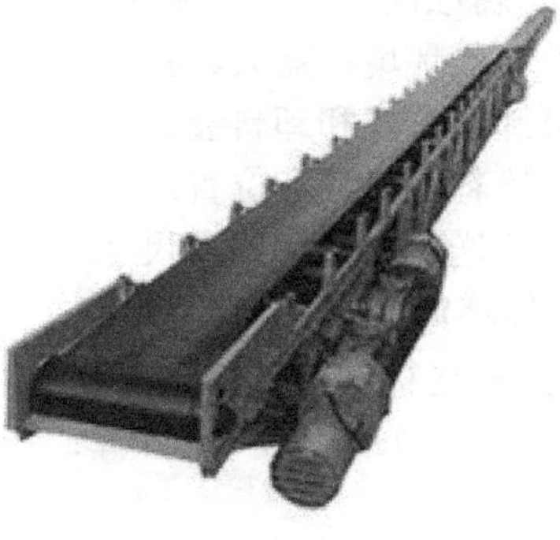

图 7-37　平带输送机

1. 受力分析

平带输送机最适合于水平或接近水平方向输送物料。对于有倾角的输送应采用大倾角带式输送机或其他输送装置。当输送倾角太大时，会引起物料沿输送带下滑，造成生产率降低甚至不能输送货物。

根据物料在输送带斜面上的平衡条件可知(图 7-38)：欲使物料不沿斜面下滑，物料的下滑分力不得大于物料与带面间的摩擦力(此摩擦力是物料下滑的阻力)，即

$$G\sin\beta \leqslant G\cos\beta \cdot \mu \tag{7-16}$$

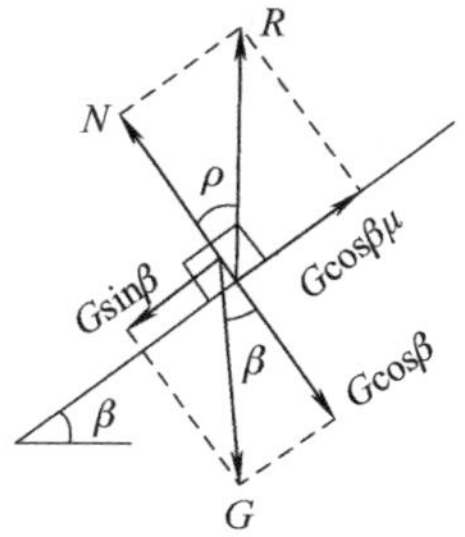

图 7-38　物料在斜面上的受力分析

从而得

$$\tan\beta \leqslant \tan\rho$$

即

$$\beta \leqslant \rho$$

式中，G 为物料的重力；β 为输送带斜面的倾角；μ 为物料对输送带的摩擦系数；ρ 为物料对输送带的摩擦角。

由上述分析可知：避免物料下滑现象的必要条件是带式输送机的倾角不得大于物料对输送带的摩擦角。但实际工作情况较之静止的输送带斜面要复杂得多。首先，输送带在相邻支承点间有一定的垂度，这就使其个别区段的倾角大于输送机倾角 β；其次，输送过程中物料会有跳动现状发生，表面圆滑的块状物容易发生滚动。所有这些因素将促使物料更早地发生下滑。另外，供料情况对物料是否容易下滑也有影响，连续均匀地供料，使运送在前面的物料经常受到后来物料的支托，从而增加物料的下滑阻力；在水平段装料，由于水平段物料有对倾斜段物料的承托作用，因而可取较大的倾角，周期性的装料引起物流的间断，则要取较小的倾角。

考虑到上述种种实际因素，为保证正常输送，避免物料下滑，带式输送机的最大允许倾角应该较物料对输送带的摩擦角小 7°～10°，通常平带输送机的最大允许倾角小于等于 20°。当输送倾角大于等于 20° 时应选用大倾角带式输送机。

2. 原始数据及工作条件

带式输送机的计算，应具有下列原始数据。

(1) 物料名称和输送能力。

(2) 物料的性质：粒度大小，最大粒度和粒度组成情况；松散密度；堆积角；温度、黏度、摩擦性、腐蚀性等。输送成件物品时，成件物品单位重量和物品的外形尺寸。

(3) 工作环境：露天、室内、干燥、潮湿、环境温度和灰尘多少等。

(4) 卸料方式和卸料装置形式。

(5) 给料点数目和位置。

(6) 输送机布置形式及尺寸。

3. 输送能力的计算

带式输送机的最大输送能力是由输送带上物料的最大截面积、带速和设备倾斜系数决定的。按式(7-17)或式(7-18)计算：

$$I_V = Svk(\mathrm{m^3/s}) \tag{7-17}$$

或

$$I_m = Svk\rho(\mathrm{kg/s}) \tag{7-18}$$

式中，S 为输送带上物料的最大横截面积($\mathrm{m^2}$)，如图 7-39 所示，按式(7-19)～式(7-21)计算；v 为带速(m/s)；k 为倾斜系数，按式(7-22)计算，也可以按表 7-4 查取；ρ 为物料松散密度($\mathrm{kg/m^2}$)。

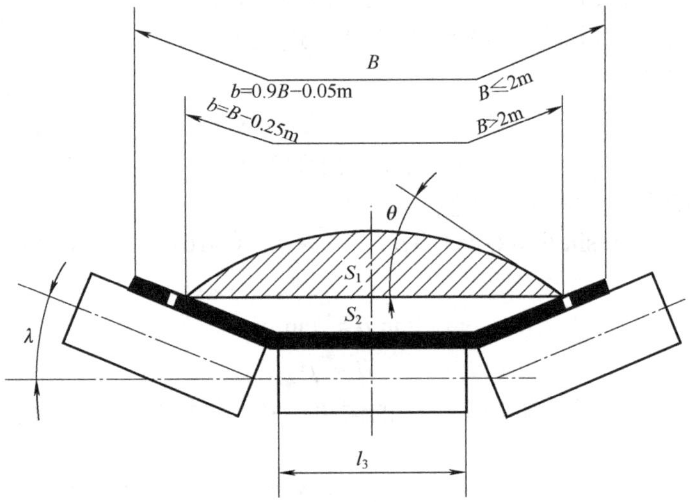

图 7-39 等长三辊槽形截面

$$S_1 = \left[l_3 + (b - l_3)\cos\lambda\right]\frac{\tan\theta}{6} \tag{7-19}$$

$$S_2 = \left(l_3 + \frac{b - l_3}{2}\cos\lambda\right)\left(\frac{b - l_3}{2}\sin\lambda\right) \tag{7-20}$$

$$S = S_1 + S_2 \tag{7-21}$$

式中，b 为有效带宽(m)；θ 为动堆积角，一般为安息角的 50%～75%。

$$k = 1 - \frac{S_1}{S_2}(1 - k_1) \tag{7-22}$$

式中，k_1 为图 7-39 中上部 S_1 断面减小系数。

假如考虑的是一个输送中等粒度物料的理想输送机运行情况，那么 k_1 可以由式(7-23)确定：

$$k_1 = \sqrt{\frac{\cos^2\delta - \cos^2\theta}{1-\cos^2\theta}} \tag{7-23}$$

式中，δ 为带式输送机的倾斜角(°)；θ 为被运物料的动堆积角(°)。

由式(7-23)可以看出，当带式输送机倾斜角 δ 等于被运物料的动堆积角 θ 时，上部断面 S_1 不复存在，即 $S_1 = 0$，因而只有下部断面 S_2 可利用。

表 7-4 倾斜系数 ***k***

倾角/(°)	2	4	6	8	10	12	14	16	18	20
k	1.00	0.99	0.98	0.97	0.95	0.93	0.91	0.89	0.85	0.81

7.5.2 螺旋输送机

1. 螺旋输送机的分类

螺旋输送机是一种没有挠性牵引构件的输送机。它依靠带有螺旋叶片的轴在封闭的料槽中旋转而推动物料运动，或令带有内螺旋叶片的圆筒旋转使物料运动(螺旋管输送机)。

螺旋输送机结构较简单，横向尺寸紧凑，便于维护，可封闭输送，对环境污染小，装卸料点位置可灵活变动，在输送过程中还可进行混合、搅拌等作业。但物料在输送过程中与机件摩擦剧烈且产生翻腾，易被研碎，能耗及机件磨损较严重。因此，它的机长一般在 70m 以内，输送能力一般小于 100 t/h。螺旋输送机可分为普通螺旋输送机、螺旋管输送机、垂直螺旋输送机及可弯曲螺旋输送机四大类。本节仅介绍普通螺旋输送机。

2. 普通螺旋输送机的基本结构

普通螺旋输送机(图 7-40)由一个头节、一个尾节和若干个中间节组成，每节长 2～3m，以便于制造和运输。料槽为 U 形截面，各节间用螺栓连接。螺旋输送机根据需要可设置多个进料口和出料口，多个进料口可同时进料，但不能多个卸料口同时卸料。

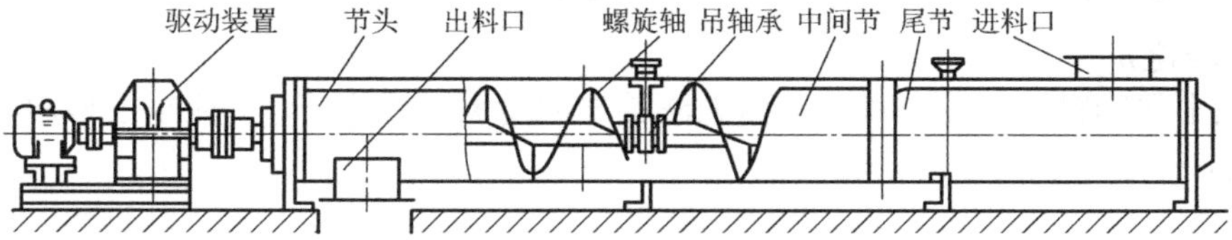

图 7-40 普通螺旋输送机

螺旋轴上的叶片有三种面型(图 7-41)，根据物料特性选用。叶片一般做成右旋螺线，特殊要求时可部分做成左旋，以实现由中间向两端或由两端向中间输送。

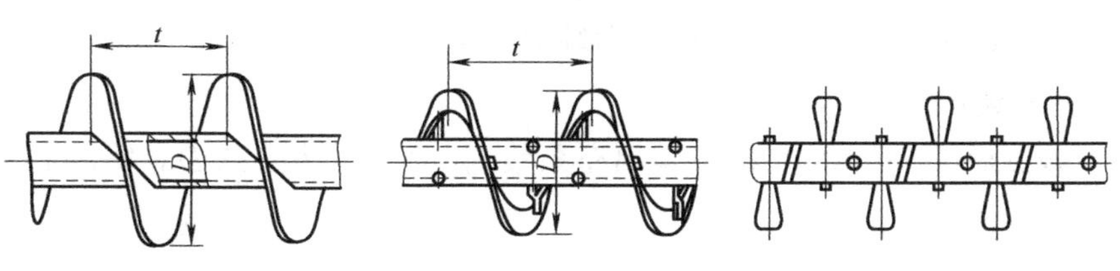

(a)实体面型 (b)带式面型 (c)叶式面型

图 7-41 螺旋叶片面型

3. 普通螺旋输送机主要性能及选用

1) 螺旋面型

输送干燥的、黏度小的粉状(铸造型沙)或粒状物料(小螺钉、垫圈等机械零件等)，宜采用实体面型螺旋；输送块状或黏度中等的物料，宜采用带式面型螺旋；输送黏度较大的物料或需在输送中完成搅拌、混合等工艺时，宜采用叶片面型螺旋。

2) 螺旋直径 D

实体或带式面型螺旋直径为

$$D \geqslant k_x \sqrt[2.5]{\frac{Q}{k_d k_\beta \rho_0}} \tag{7-24}$$

式中，k_x 为物料综合特性系数，对于铸造型沙、小螺钉、垫圈等机械零件等 k_x 按 0.05～0.07 选取；Q 为输送能力(t/h)；k_d 为填充系数，铸造型沙、小螺钉、垫圈等机械零件等 k_d 按 0.2～0.3 选取；k_β 为倾角系数(按表 7-5 选取)；ρ_0 为输送物料的堆积密度(t/m^3)。

表 7-5　倾角系数 k_β

输送倾角/(°)	0	小于 5	小于 10	小于 15	小于 20
k_β	1.00	0.90	0.80	0.70	0.65

按式(7-24)计算得出的 D 值应圆整为下列的标准螺旋直径：150mm、200mm、250mm、300mm、400mm、500mm、600mm、700mm、800mm。

螺旋直径 D 与物料粒度 α 之间还应保证：对于分选物料，$D>4\alpha$；对于未分选物料，$D>8\alpha$。

3) 螺旋节距 p

实体面型螺旋：　$p=0.80D$

带式面型螺旋：　$p=D$

叶片面型螺旋：　$p=1.2D$

4) 螺旋转速 n

为避免出现物料被螺旋叶片抛起而无法输送的现象，螺旋转速 n 应小于极限转速 n_j，极限转速 n_j 为

$$n_j=\frac{k_i}{\sqrt{D}} \tag{7-25}$$

式中，k_i 为物料特性系数，铸造型沙、小螺钉、垫圈等机械零件等 k_i 按 30 选取。

按式(7-25)计算得出 n_j 后，应在标准数值(螺旋转速 n (r/min)：20、30、35、45、60、75、90、120、150、190)中选一小于 n_j 的值作为螺旋转速 n。

5) 校验填充系数 k_d

在选定 D 及 n 后，应按式(7-26)校验填充系数 k_d。通过调整 n 或 D，使 k_d 在给定的 0.2～0.3 范围内。

$$k_d=\frac{Q}{47k_p D^2 n t \rho_0} \tag{7-26}$$

式中，t 为螺距。

6) 驱动功率 P

$$P \geqslant \frac{Q}{367\eta}(\omega L_h + H) \tag{7-27}$$

式中，η 为机械效率；ω 为阻力系数(按表 7-6 选取)；L_h 为输送机水平投影长(m)；H 为出料口与进料口处的高差(m)，向上输送时为正值，向下输送时为负值。

表 7-6　阻力系数 ω

物料特性	典型物料	阻力系数 ω
摩擦性大	小螺钉、垫圈等机械零件	3.5
强摩擦性	铸造型沙等	4.0

7.5.3　辊子输送机

1. 辊子输送机的特点

辊子输送机可以沿水平或较小的倾斜角输送具有平直底部的成件物品，如板、棒、管、型材、托盘、箱类容器以及各种工件。对于非平底物品及柔性物品可借助托盘实现输送。与其他输送成件物品的运输机相比，除了具有结构简单、运转可靠、维护方便、经济、节能等特点以外，最突出的就是它与生产工艺过程能较好地衔接和配套，并有功能的多样性，具体表现在以下几方面。

(1) 布置灵活，容易分段和连接，可以根据需要，由直线、圆弧、水平、倾斜、分支、合流等区段以及辅助装置，组成开式、闭式、平面、立体等各种形式的输送路线。

(2) 功能多样，可以按无动力式、动力式、积放式等多种输送方式输送或积存物品，可在输送过程中升降、移动、翻转物品，可以结合辅助装置，按直角、平行、上下等方式实现物品在辊子输送机之间或辊子输送机与其他输送机之间的转运。

(3) 便于和工艺设备衔接配套，衔接方式简易紧凑，有时可以直接作为工艺设备的物料输入和输出段。辊子间的空隙部位便于布置各种装置和设备。

(4) 物品输送平稳，便于对输送过程中的物品进行加工、装配、试验、分拣、包装储存等各种工艺性操作，便于对输送过程实现自动控制。

(5) 两台辊子输送机的连接尺寸小，可以转运较小尺寸的物品。

(6) 双排或数排辊子输送机可以并排组成大宽度的辊子输送机，以运送大型成件物品。

(7) 允许输送高温物品。

(8) 辊子输送机标准化、系列化、通用化程度高，易于拼装组成不同的生产线，同时需要特殊土建基础。

由于辊子输送机在输送成件物品时具有明显优点，因而在各生产部门和行业的物件输送中，尤其是在各种流水生产线中得到了广泛的应用。常见的辊子输送机如图 7-42 所示。

2. 辊子输送机设计计算

1) 原始依据

(1) 辊子输送机的形式、长度以及布置方式。

(2) 物品输送量(单位时间内输送的物品件数)、输送速度、载荷在辊子输送机上的分布情况。

(3) 单个物件的质量、材质及外形尺寸。

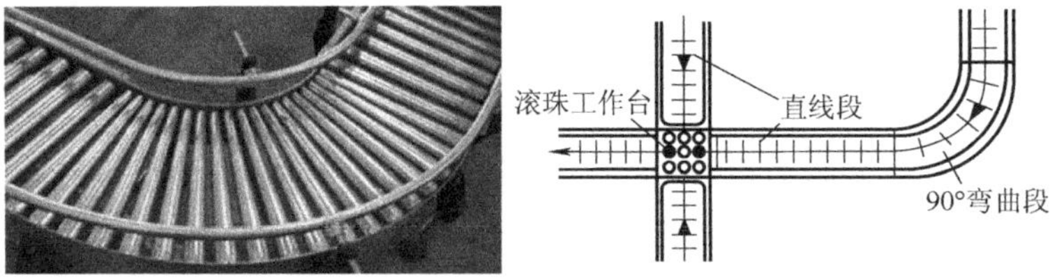

(a) 辊子输送机外形　　(b)辊子输送机输送线路布置

图 7-42　辊子输送机

2) 基本参数计算

(1) 辊子输送机直线段。

圆柱形辊子输送机直线段的辊子长度一般可参照图 7-43，按式(7-28)计算：

$$l = B + \Delta B \tag{7-28}$$

式中，l 为辊子长度(mm)；B 为物件宽度(mm)；ΔB 为宽度裕量(mm)，可取 ΔB =50～150mm。

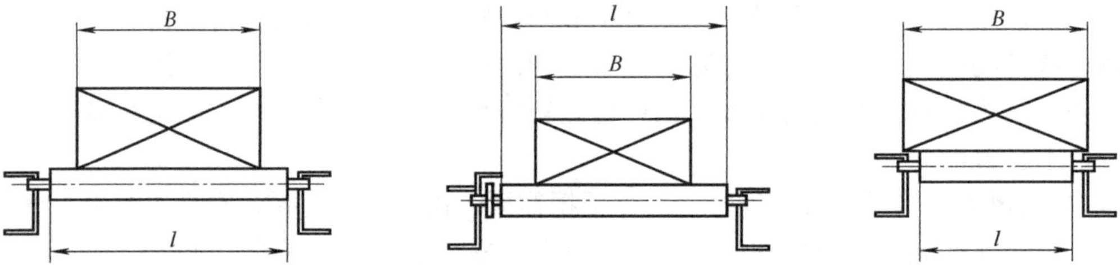

(a)　(b)　(c)

图 7-43　圆柱形辊子输送机断面

对于底部刚度很大的物件，在不影响正常输送和安全的情况下，物件宽度可大于辊子
采用轮形辊子的多辊输送机，其输送宽度一般可参照图 7-44，按式(7-29)计算：

$$W = B + \Delta B \tag{7-29}$$

式中，W 为输送宽度(mm)；B 为物件宽度(mm)；ΔB 为宽度裕量(mm)，可取 ΔB =50mm。

当轮形辊子少于 4 列时，只宜输送刚度大的平底物件，物件宽度应大于输送宽度，可取 $W = (0.7 \sim 0.8)B$ 。

(2) 辊子输送机圆弧段。

辊子输送机圆弧段的圆锥形辊子，其辊子长度可参照图 7-45，按式(7-30)计算：

$$l = \sqrt{(R+B)^2 + (L/2)^2} - R + \Delta B \tag{7-30}$$

式中，l 为圆锥形辊子长度(mm)；R 为圆弧段内侧半径(mm)；B 为物件宽度(mm)；L 为物件长度(mm)；ΔB 为宽度裕量(mm)，可取 ΔB =50～150mm，B 较大时取较大值。

在既有直线段又有圆弧段的辊子输送机线路系统中，输送同一宽度尺寸的物件，圆弧段的辊子长度要大于直线段的辊子长度。一般取圆弧段的辊子长度作为该线路系统统一的辊子的长度。当直线段和圆弧度的辊子长度不便统一而需采用不同的尺寸时，需要在相邻的直线段和圆弧段连接处设置过渡直线段，其辊子长度与圆弧段相同，过渡段的长度不应小于一个物件的长度。

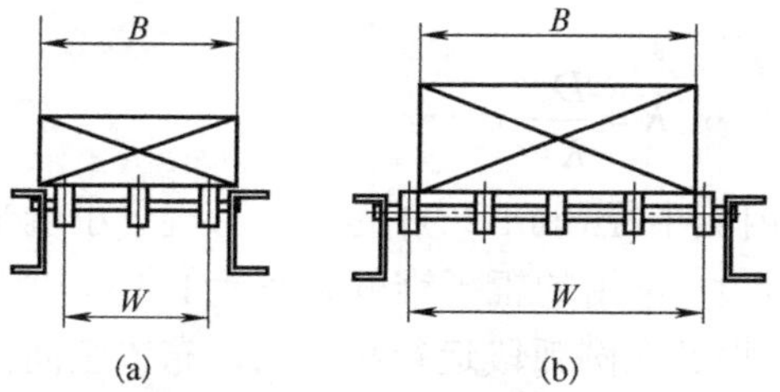

图 7-44 多辊输送机断面图

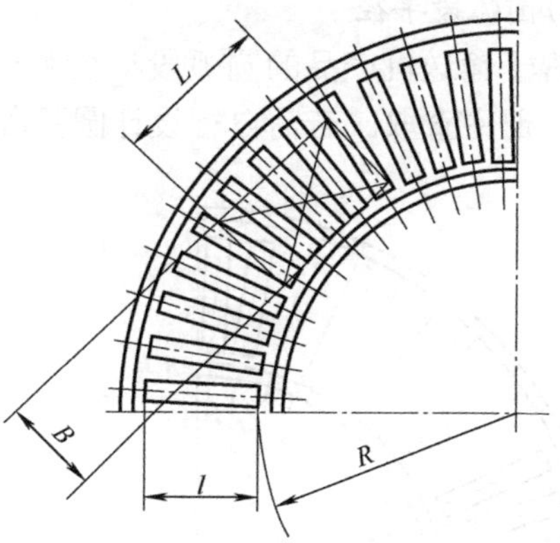

图 7-45 圆弧段的圆锥形辊子

3) 辊子间距

辊子间距 p 应保证一个物件始终支承在 3 个以上的辊子上。一般情况可按式(7-31)选取：

$$p=\frac{1}{3}L \tag{7-31}$$

对要求输送平稳的物品：

$$p=\left(\frac{1}{4}\sim\frac{1}{5}\right)L \tag{7-32}$$

式中，p 为辊子间距(mm)；L 为物件长度(mm)。

对柔性大的细长物品，还需核算物件的挠度，物件在一个辊子间距上的挠度应小于 1/500。否则需适当缩小辊子间距。

辊子输送机的物品装载段若承受冲击载荷，也需缩小辊子间距或增大辊子直径。

对双链传动的辊子输送机，辊子间距应为 1/2 链条节距的整数倍。

辊子输送机以圆弧段中心线上的辊子间距作为计算辊子间距。当圆弧段采用链传动时，相邻两传动辊子的夹角宜小于 5°，以改善传动状况。

4) 辊子直径

辊子直径 D 与辊子承载能力有关，可按式(7-33)选取：

$$F\leqslant[F] \tag{7-33}$$

式中，F 为作用在单个辊子上的载荷(N)；$[F]$ 为单个辊子上的允许载荷(N)。

作用在单个辊子上的载荷 F，与物件质量、支承物件的辊子数以及物件底部特性有关，可按式(7-34)计算：

$$F=mg/(K_1K_2n) \tag{7-34}$$

式中，m 为单个物件的质量(kg)；K_1 为单列辊子有效支承系数，与物件底面特性及辊子平面度有关，一般可取 $K_1=0.7$，对底部刚度很大的物品，可取 $K_1=0.5$；K_2 为多列辊子不均衡承载系数，对单列辊子，取 $K_2=1$，对双列辊子取 $K_2=0.7\sim0.8$；n 为支承单个物件的辊子数；g 为重力加速度，取 $g=9.8\text{m}/\text{s}^2$。

单个辊子的允许载荷 $[F]$，与辊子直径及长度有关，可从产品样本中查取。在确定需要的单个辊子允许载荷及辊子长度以后，即可选择适当的辊子直径 D。

5) 圆弧段半径

辊子输送机产品的圆弧段半径，一般为与辊子直径及长度有关的给定尺寸，可从产品样本或手册中查取。若需自行设计圆弧段，可按下列情况考虑。

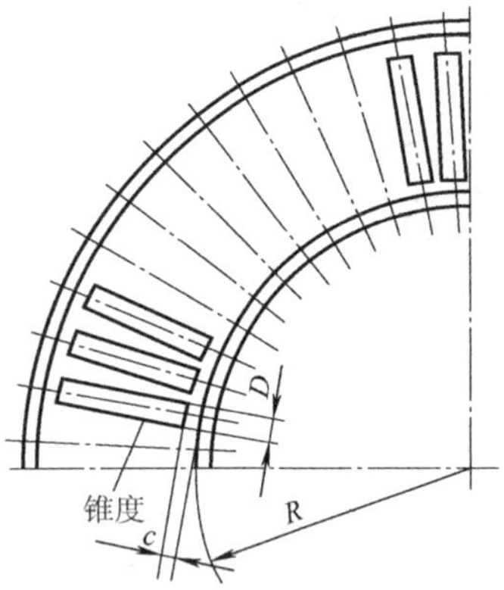

图 7-46　圆锥形辊子输送机圆弧段

(1) 圆锥形辊子输送机圆弧段。可参照图 7-46，按式(7-35)计算：

$$R=\frac{D}{K}-c \tag{7-35}$$

式中，R 为圆弧段内侧半径(mm)；D 为圆锥形辊子小端半径(mm)；K 为辊子锥度，常用的辊子锥度 K 值为 $1/16$、$1/30$、$1/50$，锥度越小，物品在圆弧段运行越平稳，布置空间比较宽裕时，K 可取较大值，否则取较小值；c 为圆锥辊子小端端面与机架内侧的间隙(mm)。

(2) 圆柱形辊子输送机圆弧段。辊子一般采用单列布置，当辊子长度 l 大于 800mm 时，宜双列辊子。圆弧段的内侧半径 R 一般可按表 7-7 选取。

表 7-7　圆柱形辊子输送机圆弧段内侧半径　　（单位：mm）

辊子直径 D	25	40	50	60	76	89	108	133	159
圆弧半径 R	630	630	800	800	800	1000	1000	1250	1250
			900	900	900				
	800	800	1000	1000	1000	1250	1250	1600	1600

6) 输送机高度

辊子输送机高度根据物品输送的工艺要求(如线路系统中工艺设备物料出入口的高度，装配、测试、装卸区段人员操作位置等)确定，一般取 H =500～800mm，也可不设支腿，使机架直接固定在地坪上。

7) 输送速度

辊子输送机的输送速度 v 根据生产工艺要求和输送方式确定。一般情况下，无动力式辊子输送机可取 $v=0.2\sim0.4\text{m/s}$，动力式辊子输送机可取 $v=0.25\sim0.5\text{m/s}$，并尽可能取较大值，以便在同样满足输送量要求的前提下，使物品分布间隔较大，从而改善机架受力情况。当工艺上对输送速度严格限定时，输送速度应按工艺要求选取，但无动力式辊子输送机不宜大于 0.5m/s，动力式辊子输送机不宜大于 1.5m/s，其中链传动辊子输送机不宜大于 0.5m/s。

7.5.4　链板输送机

链板输送机(图 7-47)的结构和工作原理与带式输送机相似：它们的区别在于带式输送机用输送带牵引和承载货物，靠摩擦驱动传递牵引力；而链板输送机则用链条牵引、用固定在链条上的板片承载货物，靠啮合驱动传递牵引力。链板输送机与带式输送机相比，优点是板片上能承放较重的件货，链条挠性好、强度高，可采用较小直径的链轮和传递较大的牵引力。缺点是自重、磨损、消耗功率都较带式输送机大，且链板输送机和其他啮合驱动的输送机或提升机一样，在链条运动中会发生动载荷，使工作速度受到限制。

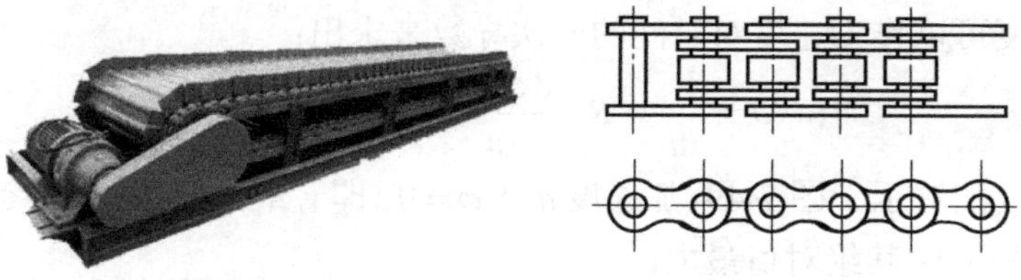

(a) 链板输送机外形　　(b) 输送链

图 7-47 链板输送机

链板输送机的链条在绕到驱动链轮上时，并不沿着等半径的圆周匀速运动，而是沿着多边形链轮的各个边运动，使链条的运动速度和加速度发生周期性的变化，这种变化引起作用在链条上的动力载荷。如图 7-48 所示，以 A、B、C、D 代表链轮的链齿，1、2、3 代表链条的关节。当链条绕入旋转着的链轮上时，链轮上的各个链齿陆续与相应的链关节啮合。若链轮以等角速度旋转，则链齿的圆周线速度 v_0 也保持不变，即

$$v_0 = R\omega \tag{7-36}$$

式中，R 为多边形链轮的外接圆半径；ω 为链轮旋转的角速度。

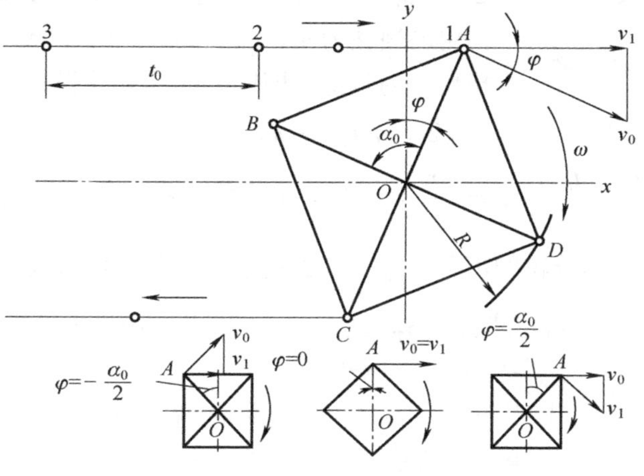

图 7-48 链板输送机受力分析

如果近似地认为链条的运动是平移的，则链条的速度 v_1 为

$$v_1 = v_0\cos\varphi = R\omega\cos\varphi \tag{7-37}$$

式中，φ 为动径 $OA = R$ 和轴 Oy 之间的夹角。

因此，在链轮转动对应于链条的一个节距 t_0 的中心角 α_0 的时间 t 内，链条的速度 v_1 可用余弦曲线的一段来表示，如图 7-48 所示。链条的速度在 $\varphi = 0$ 时具有最大值：

$$v_{1\max} = v_0 = R\omega \tag{7-38}$$

而当 $\varphi = -\alpha_0/2$ 和 $\varphi = \alpha_0/2$ 时具有最小值，即

$$v_{1\min} = R\omega\cos\alpha_0/2$$

图 7-48 给出链轮在转动角度为 α_0 的过程中的三种位置：链条关节 1 进入啮合（$\varphi = -\alpha_0/2$）的瞬间、处于中间位置（$\varphi = 0$）和脱离啮合（$\varphi = \alpha_0/2$）的瞬间位置。

链条的加速度可以作为速度对时间的一次导数来求出：

$$a=\frac{\mathrm{d}v_1}{\mathrm{d}t}=R\omega\frac{\mathrm{d}\cos\varphi}{\mathrm{d}t}=-R\omega^2\sin\varphi$$

链条的加速度图解示于图 7-49，加速度 a 在 $\varphi=0$（即 v_1 最大）时其值为零，在 $\varphi=-\alpha_0/2$ 和 $\varphi=\alpha_0/2$（即 v_1 最小）时其绝对值最大：

$$a_{\max}=\pm R\omega^2\sin(\alpha_0/2) \tag{7-39}$$

从上面看到，链条做脉动运动时，脉动周期等于链轮转动角度为相当于一个齿的中心角所需的时间。最大动力载荷是产生在链轮的齿与链条的每个关节进入啮合的瞬间。

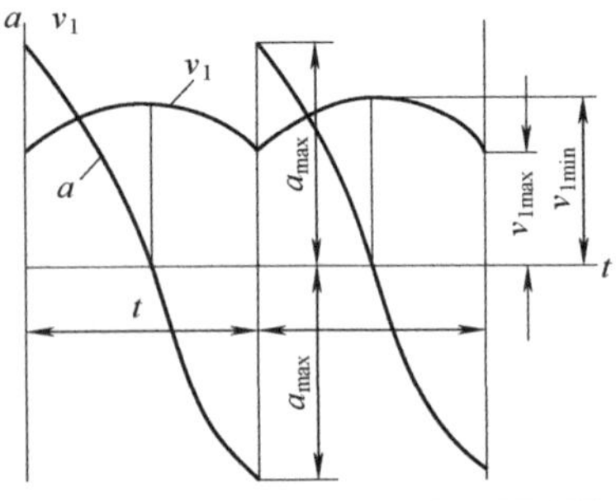

图 7-49　牵引链条的速度和加速度

从图 7-49 的图解可以看出，在每一个周期 t 的终了和在下一个周期的开始瞬间，当轮齿与链条的下一个关节进入啮合时，加速度在瞬时内从 $-a_{\max}$ 增大到 $+a_{\max}$，即增大 $2a_{\max}$，如果以 m 表示链式输送机的各个部分和物品的折算质量，则这瞬间的动力载荷等于 $2ma_{\max}$。由于这一力是在瞬间加上的，它引起的振动产生近似于加倍的应力，故计算动力等于 $2\times 2ma_{\max}$，在这瞬间的动力中，需要加上在周期的终了瞬间作用的惯性力 $ma_{\max}$，此惯性力与进入啮合瞬间的惯性力方向相反，为负值。即链条的计算动张力 $S_{动}$ 为

$$S_{动}=2\times 2ma_{\max}-ma_{\max}=3ma_{\max} \tag{7-40}$$

由于 $\omega=\dfrac{2\pi n}{60}$，$\sin\dfrac{\alpha_0}{2}=\dfrac{t_0}{2R}$，$n=\dfrac{60v}{zt_0}$，其中，$v$ 为链条的平均工作速度(m/s)；n 为链轮每分钟的转数(r/min)；z 为链轮的齿数；t_0 为牵引链条的节距。代入式(7-39)得

$$a_{\max}=2\pi^2\frac{v^2}{z(zt_0)}=2\pi^2\frac{v^2t_0}{(zt_0)^2} \tag{7-41}$$

因此，链条最大加速度以及链条上的最大动载荷值，在链轮齿数与链条节距为一定时，与速度的平方成正比；而在链条速度与链轮直径(周边边长 zt_0)为一定时，则与齿数成反比，而与牵引链条的节距成正比。此外，式(7-40)中的各个运动部分和物品的折算质量 m，对于不同长度的输送机应取不同的数值。因为链条并不是绝对刚性的，它具有弹性，对于冲击和动载荷能起一定的缓冲作用。物品也并非刚性地固接在链条上，加速度的变化不会在瞬间传递给所有的运动部分和物品。链条越长，这些因素的影响也越大，折算质量的数值就应取较小值。如果在链式输送机中，改向链轮的轮齿分布位置，对于驱动链轮适当错开以及输送机装设弹簧式或重块式的张紧装置，都有助于减小动载荷和冲击。

> **小思考 7-3**
>
> (1) 比较带式输送机、螺旋输送机、辊子输送机和链式输送机在机械制造过程中的各自特点，并举例说明其应用范围？
>
> (2) 除了本节介绍的输送技术外，你还知道有哪些输送技术和装备可以在机械制造中应用？

7.5.5　悬挂输送机

悬挂输送机是利用连接在牵引链上的滑架在架空轨道上运行以带动承载件输送成件物品

的输送机(图 7-50)。架空轨道可在车间内根据生产需要灵活布置，构成复杂的输送线路。输送的物品悬挂在空中，可节省生产面积，能耗也小，在输送的同时还可进行多种工艺操作。由于连续运转，物件接踵送到，经必要的工艺操作后再相继离去，可实现有节奏的流水生产，因此悬挂输送机是实现企业物料搬运系统综合机械化和自动化的重要设备。

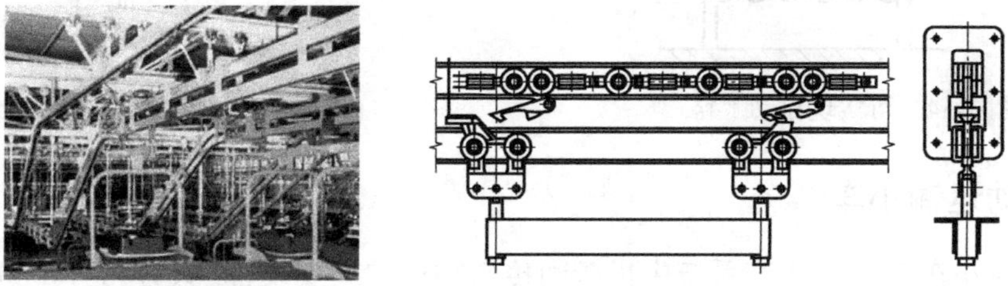

图 7-50　悬挂输送机

普通悬挂输送机是最简单的架空输送机械，它有一条由工字钢一类的型材组成的架空单轨线路。承载滑架(图 7-51)上有一对滚轮，承受货物的重量，沿轨道滚动。吊具挂在滑架上，如果货物太重，可以用平衡梁把货物挂到两个或四个滑架上(图 7-52)，滑架由链条牵引。由于架空线路一般为空间曲线，要求牵引链条在水平和垂直两个方向上都有很好的柔性，一般采用可拆链(图 7-53)。标准可拆链的链环转角为 $2°40'$～$3°12'$，垂直弯曲半径较大。这种可拆链的内环端部制成圆棱状，链环转角增大至 $12°$～$14°$，垂直弯曲半径可减小至 600mm 左右。链条可以由链轮驱动，也可以由履带式驱动装置驱动。转向处可用链轮，也可以用滚柱组转向装置。悬挂输送机的上、下料作业是在运行过程中完成的。通过线路的升降可实现自动上料(图 7-54)。

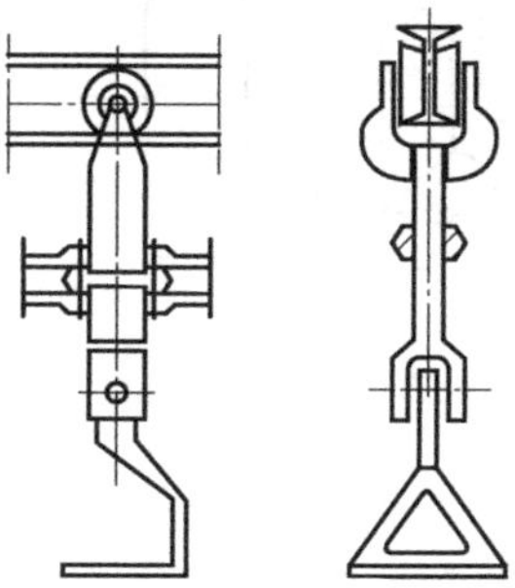

图 7-51　承载滑架

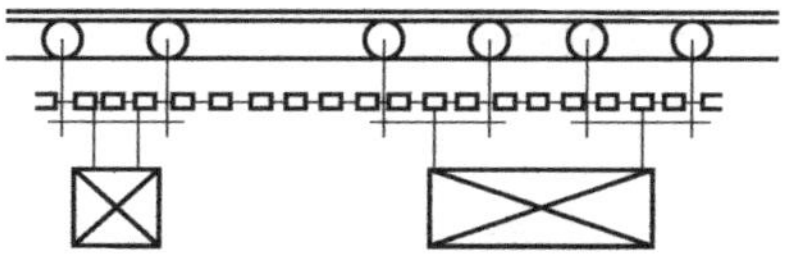

图 7-52　多滑道输送

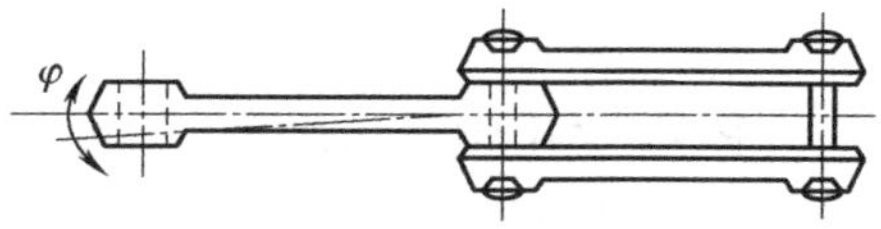

图 7-53　可拆链

推式悬挂输送机可以组成复杂的、自动化程度较高的架空搬运系统。它的特点在于载货小车不固定在牵引链条上，而是由链条上的推头推动载货小车上的推杆实现其运动。推杆伸出时与推头啮合，推杆缩下时与推头脱开，从而可以使载货小车的运动得到控制。典型的载货小车如图 7-55 所示。推杆在前爪重力的作用下始终处于伸出的状态；只要把前爪抬起即可使推杆缩下。如果有一辆载货小车已经停止，后面的小车在继续前进时，其前爪被前一辆小车的后爪抬起，即能自动停止运行。当前一辆小车被释放后，后一辆小车的前爪又使推杆自然伸出，于是后一辆小车跟随前进，因此这种悬挂输送机又称积放式悬挂输送机。

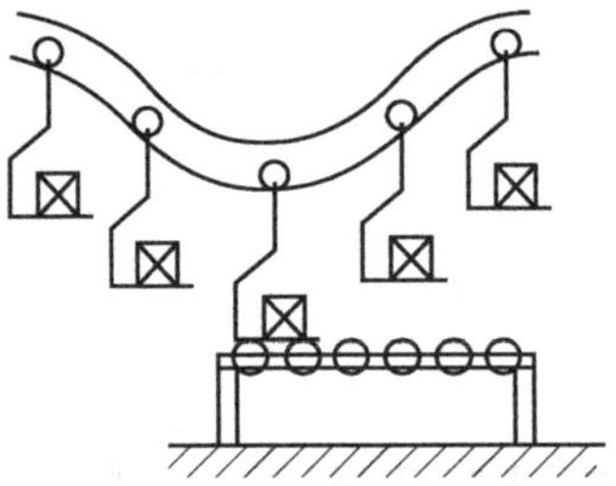

图 7-54　可实现自动上料

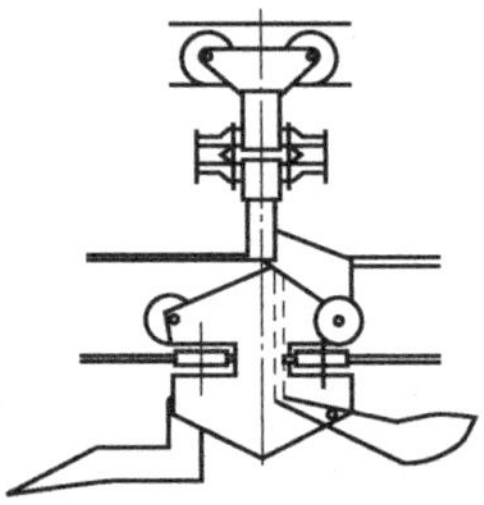

图 7-55　积放式悬挂输送机

7.5.6　自动运输小车

自动运输小车是现代生产系统中机床间传送物料的重要设备，其分为有轨和无轨两大类。

1. 有轨自动运输小车

有轨自动运输小车(Railing Guided Vehicle，RGV)沿直线轨道运动，机床和辅助设备在导轨一侧，安放托盘或随行夹具的台架在导轨的另一侧，如图 7-56 所示。RGV 采用直流或交流伺服电动机驱动，由生产系统的中央计算机控制。当 RGV 接近指定位置时，由光电传感器、接近开关或限位开关等识别减速点和准停点，向控制系统发出减速和停车信号，使小车准确地停靠在指定位置上。小车上的传动装置将托盘台架或机床上的托盘和随行夹具拉上车，或将小车上的托盘或随行夹具送给托盘台架或机床。

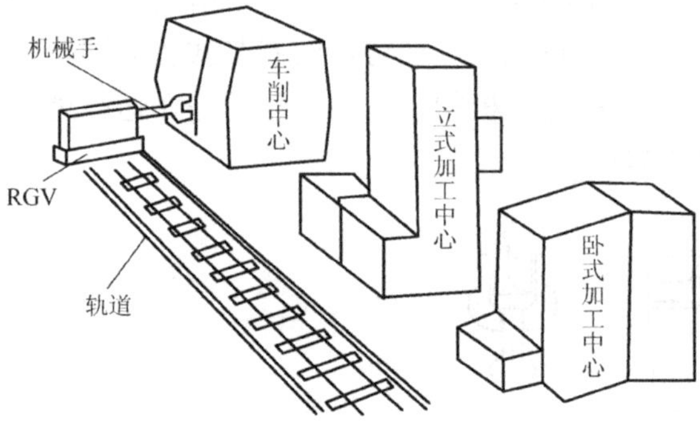

图 7-56　有轨自动运输小车及工作示意图

RGV 适用于运送尺寸和质量均较大的托盘、随行夹具或工件，而且传送速度快、控制系统简单、成本低廉、可靠性高。其缺点是一旦将导轨铺设好，就不便改动；另外，转换的角度不能太大，一般宜采用直线布置。

2. 无轨自动运输小车

无轨自动运输小车(Automated Guided Vehicle，AGV)，又称自动导向小车，是装备有电磁或光学自动导引装置，能够沿规定的导引路径行驶，具有小车编程与停车选择装置、安全保护及各种移载功能的运输小车(图 7-57)。AGV 是现代物流系统的关键装备，它能够沿规定的导向路径行驶在某一位置并自动进行货物的装载，自动行走到另一位置，自动完成货物的卸载，且具有安全保护及各种移载功能的全自动运输装置。

图 7-57　AGV 实物图

AGV 主要由车体、电源和充电装置、驱动装置、转向装置、控制装置、通信装置、安全装置等组成。图 7-58 所示为一种 AGV 的结构示意图。

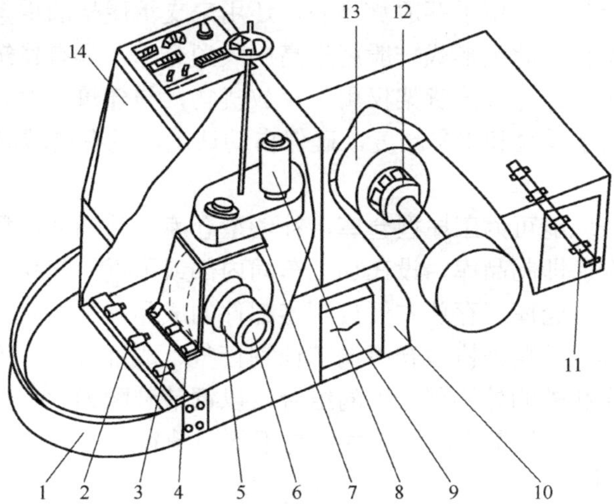

图 7-58　AGV 结构示意图

1-安全挡圈；2-认证线圈；3-失灵控制线圈；4-导向探测线圈；5-驱动轴；6-驱动电机；7-转向机构；8-转向伺服电机；9-蓄电池；10-车架；11-认证线圈；12-制动用电磁离合器；13-后轮；14-操作台

(1) 车体。由车架、减速器、车轮等组成。车架由钢板焊接而成，车体内主要安装有电源、驱动和转向等装置，以降低车体重心。车轮由支承轮和方向轮组成。

(2) 电源和充电装置。通常采用 24V 或 48V 的工业蓄电池作为电源，并配有充电装置。

(3) 驱动装置。由电动机、减速器、制动器、车轮、速度控制器等部分组成。制动器的制动力由弹簧产生，制动力的松开由电磁力实现。

(4) 转向装置。AGV 的转向装置的方式通常有铰轴转向式和差动转向式两种。

(5) 控制装置。可以实现小车的监控，通过通信系统接收指令和报告运况，并可以实现小车编程。

(6) 通信装置。一般有两类通信方式，即连续方式和分散方式。连续方式是通过射频或通信电缆收发信号。分散方式是在预定地点通过感应或光学的方法进行通信。

(7) 安全装置。有接触式和非接触式两类保护装置。

AGV 按照导引方式可以分为电磁导引、光学导引、磁带导引、超声导引、激光导引和视觉导引等方式。

7.6　自动化立体仓库

自动化立体仓库(图 7-59)，是一种设置有高层货架，并配有仓储机械、自动控制和计算机管理系统，实现搬运、存取机械化，管理现代化的新型仓库，具有占地面积小、储存量大、周期短等优点，在现代生产系统中得到了广泛应用。

图 7-59　自动化立体仓库

7.6.1　自动化立体仓库的分类

1. 按货架形式分类

自动化立体仓库按货架形式可分为整体式仓库和分离式

仓库。整体式仓库的货架除了用于存放货物外，还用来支承屋架的重量和侧壁，即货架与仓库建筑构成不可分的整体。此类形式一般用于高层大型仓库，具有建筑费用低、库房占地面积小、施工周期短等优点。分离式货架仅用于存放货物，与建筑构件无连接，其优点是不会因厂房的下沉而影响货架垂直和水平精度，确保自动认址，具有增减灵活性。

2. 按职能分类

自动化立体仓库按职能可为工序型仓库、补偿型仓库、外购外协型仓库、综合型仓库、销售型仓库。工序型仓库即制品库，设在加工车间内部或附近，起相关工序间的缓冲作用。补偿型仓库又称总零件型仓库，存放本厂自制零部件的成品，并按时、按量向装配线供应，调节零部件与装配节奏。外购外协型仓库调节计划订货、成批进货与均衡生产间的矛盾。综合型仓库是补偿型仓库和外购外协型仓库的组合，以调节装配为主，同时也调节其他各加工车间的生产。销售型仓库，调节产品均衡生产与不均衡销售或销售与集中运输之间的矛盾。

3. 按堆垛设备分类

自动化立体仓库按堆垛设备可分为有轨式仓库和无轨式仓库。有轨式仓库采用巷道堆垛机，转移巷道比较困难，但在三维空间容易实现精确定位，有利于自动控制。无轨式仓库采用高架叉车，转移巷道容易，在库存量较大而出入库频率较低时，便于几个巷道共用一台高架叉车，具有机动灵活、设备利用率高、投资少等优点。但无轨式仓储装备只适于低层、自动化程度不高的场合。

4. 按巷道堆垛机的控制方式分类

自动化立体仓库按照巷道堆垛机的控制方式可分为手动和半自动控制仓库、机上自动控制仓库、远距离集中控制仓库等。

5. 按存储库容量分类

自动化立体仓库按存储库容量可分为小型仓库(2000 货位以下)、中型仓库(2000～5000 货位)、大型仓库(5000 货位以上)。

6. 按仓库高度分类

自动化立体仓库按仓库高度可分为低层仓库(6m 以下)、中层仓库(6～12m)和高层仓库(12m 以上)。

7.6.2 自动化立体仓库的构成

尽管建库目的不同，自动化立体仓库的规模、形式和自动化水平各不相同，但自动化立体仓库通常都由多层货架、搬运装备和出入库装卸站等几个基本部分构成。

1. 多层货架

多层货架是立体仓库的主要构筑物，一般用钢材或钢筋混凝土制作。钢制货架的空间利用率高，安装建设周期短，其成本随着高度增加而迅速增加，超过 20m 后，其成本急剧增加。钢筋混凝土货架的防火、抗腐蚀能力强，维护保养简单。货架必须具有一定的强度和稳定性，对自动化立体仓库来讲，还要具有一定的货架精度，即最大载荷作用下货架的弹性变形要在允许值范围内，必要时进行力学计算。

根据存放物品的多少，可以设置若干个多层货架，货架分若干列，每列货架上下分层，纵向分行，行与层之间形成许多货格。每一个货格可以存放货箱或装入托盘。每个货格赋予一个地址，这些地址对应于控制计算机中的一些单元。当货格中的货物发生变化时，单元中的内容也相应变化。巷道内安装轨道，供堆垛机行走，如图 7-60 所示。

2. 搬运装备

搬运装备主要有升降梯、搬运车、巷道式堆垛机(也称堆装机)、无轨叉车、旋转起重机等。其中，巷道式堆垛机的应用最为广泛。图 7-61 所示为自动堆垛机。堆垛机在巷道轨道上行走，其上的装卸托盘可沿框架或立柱导轨上下升降，以便对准每一个仓位，取走或送入货箱。堆垛机采用相对寻址的操作方式寻找仓位。当堆垛机沿巷道轨道或装卸托盘沿框架导轨行走时，每经过仓库的一列或一层，便将仓位地址的当前值加 1 或减 1。当前值与设定值快接近时，控制堆垛机或装卸托盘自动减速；当前值与设定值完全相符时，发出停车指令，装卸托盘便准确地停在设定的仓位前。目前，堆垛机的额定载质量为几十千克到几吨，其中 0.5t 的堆垛机使用最多，它的最大水平行走速度可达 120m/min，装卸托盘的升降速度较低，约为行走速度的 1/4。

图 7-60　多层货架

图 7-61　自动堆垛机

堆垛机由机架、行走机构、升降机构、载货台、取货机构、电气设备、安全保护装置等组成。双柱结构的堆垛机刚性好，其机架由主柱、上横梁、下横梁组成一个框架，适用于起升重量较大或起升高度较高的场合。单柱式结构的堆垛机整机质量小，造价低，但刚性差。

起升机构由电动机、制动器、减速器、卷筒、链轮、柔性件(钢丝绳和起重链)等组成。载货台是货物单元的承载装置，由货台本体和存取货装置组成。

3. 出入库装卸站

在立体仓库的巷道端口处有出入库装卸站，入库的物品先放置在出入库装卸站上，由堆垛机将其送入仓库；出库的物品由堆垛机自仓库取出后，也先放在出入库装卸站上，再由其他运输工具运往别处。

4. 托盘和货箱

托盘和货箱是用于承载货物的器具，也称工位器具。托盘或货箱基本功能是装物料，同时还要便于叉车和堆垛机的叉取和存放。托盘多为钢制、木制或塑料制。常用托盘包括常见托盘和货箱结构，如图 7-62 和图 7-63 所示。

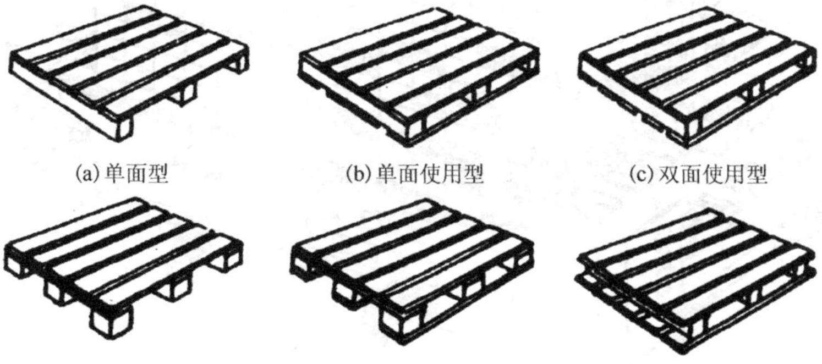

(a) 单面型　(b) 单面使用型　(c) 双面使用型

(d) 单面四向型　(e) 单面使用四向型　(f) 双面使用双翼型

图 7-62　常见托盘结构

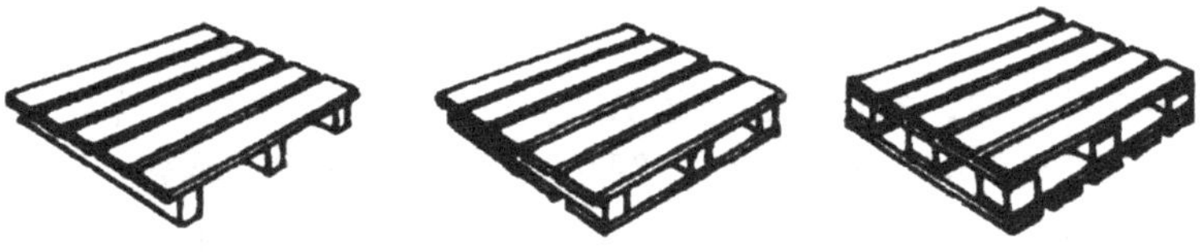

(g) 单面单翼型　　(h) 单面使用单翼型　　(i) 双面使用四向型

图 7-62　常见托盘结构(续)

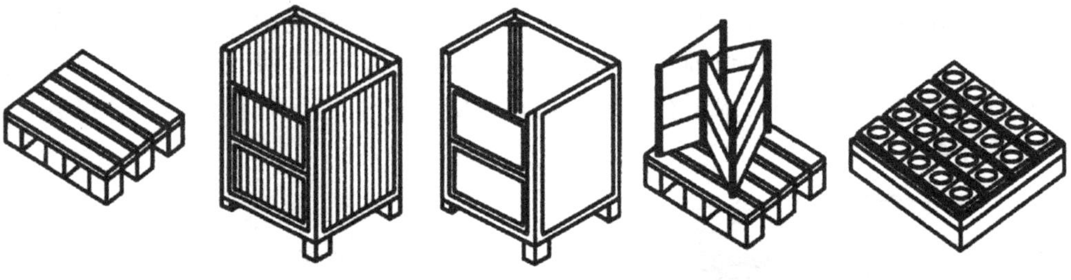

(a) 木质和塑料托盘　　(b) 钢质格栅货箱　　(c) 钢质箱形托盘　　(d) 可折护板托盘　　(e) 工具搬运托盘

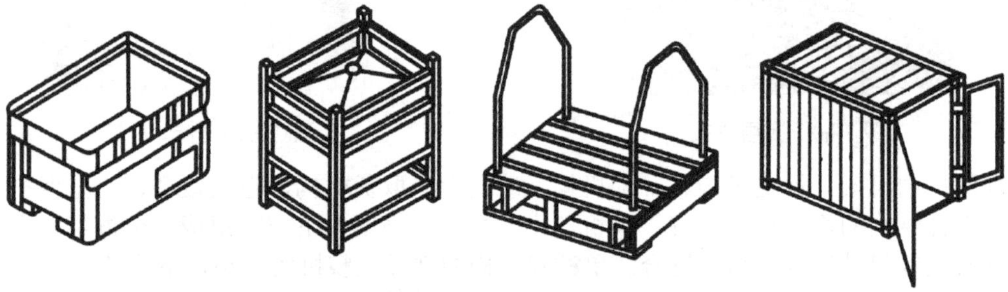

(f) 小型塑料货箱　　(g) 液体容器型托盘　　(h) 套托盘　　(i) ISO货箱柜

图 7-63　常见货箱结构

5. 常见自动化仓库

(1) 单元货格式仓库，如图 7-64 所示，也称巷道式立体仓库。其应用最为广泛，适合小

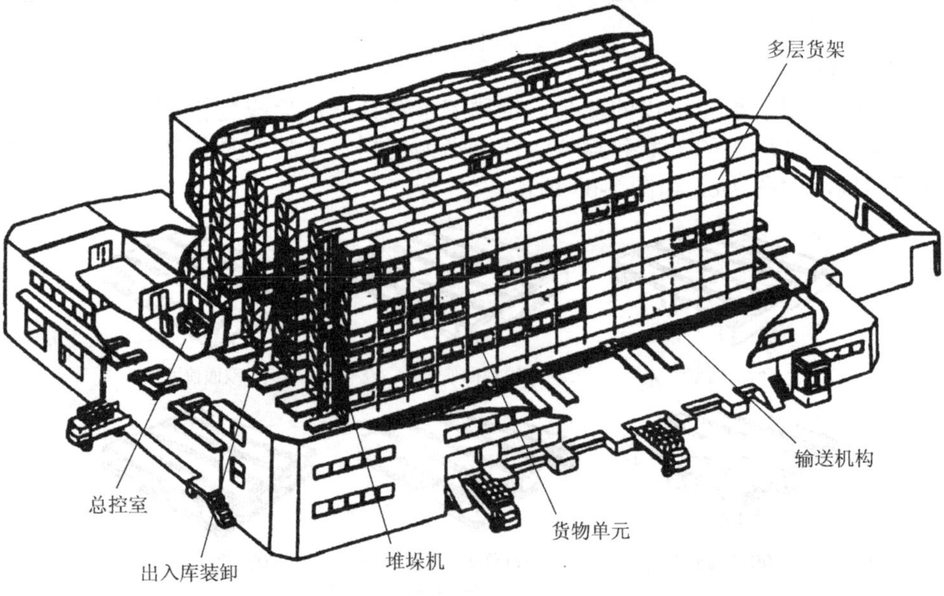

图 7-64　单元货格式仓库

批量货物。巷道两侧是多层货架，堆垛机沿巷道中的轨道移动，堆垛机上的装卸托盘到达多层货架的每一个货格以存取货物，巷道的端部为出入库装卸站。这种仓库的巷道要占去 1/3 左右的面积，为了提高仓库面积的利用率，出现了货架合并而形成的贯通式仓库。

(2) 根据货物在仓库中移动方式的不同，贯通式仓库又分为重力式货架仓库和梭式小车货架仓库。图 7-65 所示为重力式货架仓库，货物单元在其重力作用下，依靠存货通道的坡度从入库端自动向出库端移动，直到碰上已有的货物单元而停止。当出库端的货物单元取走后，后面的货物单元在重力作用下依次向出库端移动。重力式货架适用于存储品种不太多而数量又相对较多的货物。

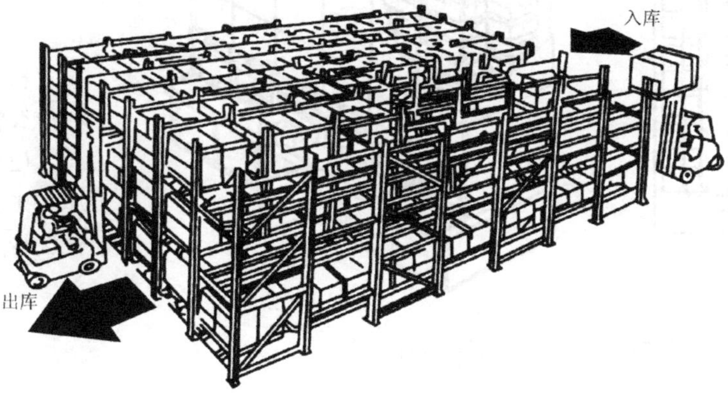

图 7-65　重力式货架仓库

(3) 水平循环货架仓库分为整体水平旋转货架和多层水平旋转货架两种。图 7-66 所示为整体水平旋转货架仓库，每组货架由多个独立的货柜通过链式输送机串联而成，当需要提取货物时，操作人员只需在操作台上给出指令，仓库在输送机的驱动下沿水平面内沿环形路线移动，装有选货物的货柜就可到达拣选口时货架便停止运转，操作人员就可从中拣选货物。

(4) 水平循环货架仓库对于小件物品的拣选作业十分合适，这种仓库灵活、简便、实用，能够充分利用建筑空间，对土建没有特殊要求，很适用于作业频率要求不高的场合。对于存储量大、作业频率较高的场合，可采用多层水平循环货架(图 7-67)。

图 7-66　整体水平旋转货架仓库

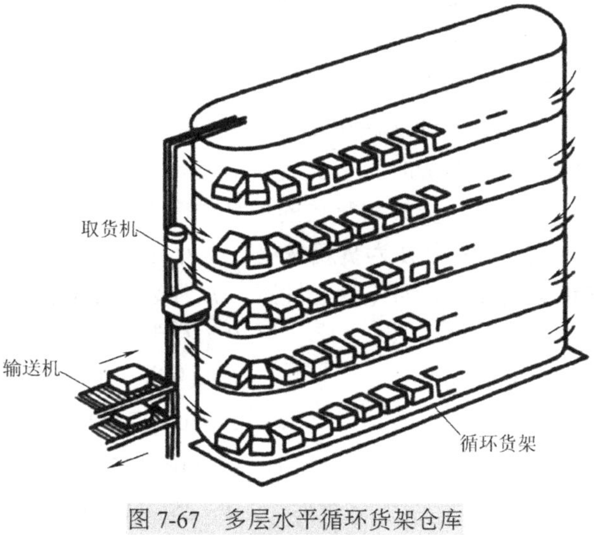

图 7-67　多层水平循环货架仓库

图 7-68 所示为垂直循环货架仓库，它与水平循环货架仓库相似，只是把水平面内的环形循环运动改为垂直面内的旋转。这种仓库的货架本身就是一台提升机，可以正转或反转，使所要选择的货物降到最下面的取货位置。垂直循环货架特别适用于存放长的卷状货物。

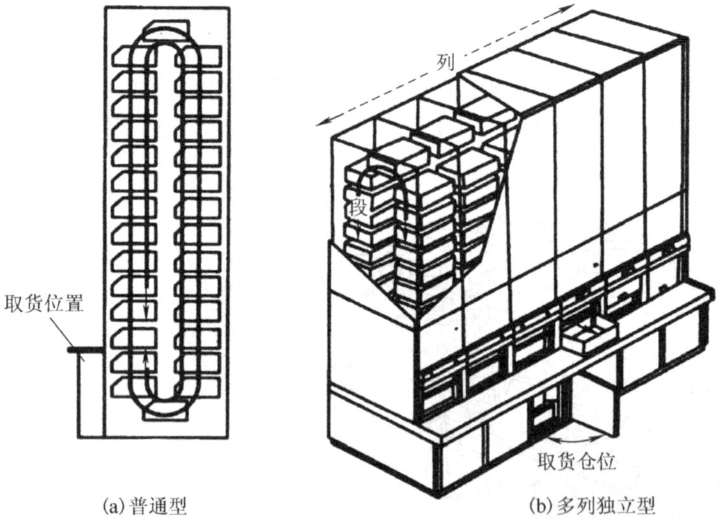

(a) 普通型　　(b) 多列独立型

图 7-68　垂直循环货架仓库

> **小思考 7-4**
>
> (1) 常见托盘结构和货箱结构有哪些？各有什么特点？
>
> (2) 常见自动化仓库有哪几种形式？各有什么特点？

7.6.3　自动化立体仓库总体设计

立体仓库是集机电、控制、信息和管理于一体的复杂系统，其设计需要不同专业人员之间的合作。下面从仓储技术与装备设计的角度出发，介绍立体仓库的总体设计的基本步骤。

1. 确定货物单元的形式、尺寸和重量

货物单元的形式、尺寸和重量不仅影响仓库的投资，而且直接影响仓库物流设备和设施配置，因此首先必须对入库货物的品种进行调查分析，为后续设计提供依据。

2. 确定仓库形式和作业方式

一般情况下采用单元格式仓库；当货物的品种单一、批量较大时，可采用重力式、梭式小车货架仓库；对于长料储存，可采用垂直循环货架仓库；对于小件存储，可采用水平循环货架仓库。

3. 确定货格尺寸

货箱或托盘支托在支承梁上。取货时堆垛机货叉从支承梁由下往上升，托起货箱后收叉取走货箱。存货时，货叉支托着货箱从支承梁上方向下降，当其低于支承梁高度时货物就落在支承梁上。货架与货箱的关系如图 7-69 所示。

图 7-69 中 A 为货箱宽度，b 为货叉宽度，d 为支承梁间距，c 为货叉一支承梁距，e 为支承梁宽度，a 为托盘立柱距，h 为支承梁货箱高度差。上述参数的关系为

$$b = 0.74$$

$$d = (0.85\sim0.9)A$$

$$c = (0.075\sim0.1)A\text{(大货箱取大值)}$$

$$e = 60\sim125\text{mm(大货箱取大值)}$$

$$a = 25\sim60\text{mm(大货箱取大值)}$$

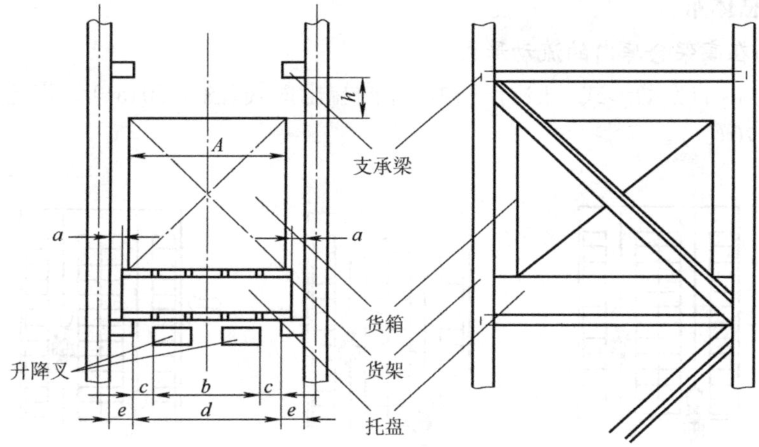

图 7-69　货架与货箱的关系

4. 确定货架总体尺寸

在货格尺寸确定之后，如果知道仓库内的巷道数、货架的层数和列数，就可以确定货架的总体尺寸。在上述三个参数中，巷道数是最重要的。因为巷道的多少直接关系到仓库的出入库能力，同时也关系到单位面积的库容量，直接影响仓库的成本，所以最重要的是确定仓库的巷道数。

为了充分提高仓库的库容量，通常的做法是首先确定货架的最大高度。若货架的层高为 h_3，货架的宽度为 b_2，仓库的高度为 H_w，仓储的货物单元数为 W，则货架的层数为

$$C = \frac{H_w - \varDelta_h}{h_3} \tag{7-42}$$

式中，$\varDelta_h$ 为货架顶面到仓库屋顶下弦的垂直距离，对于横梁式货架，可取 $\varDelta_h = h_1 + h_4 + 200\ \text{mm}$。

当巷道数为 G_n，仓储的货物单元数为 W 时，货架的列数为

$$L_n = \frac{W}{2G_n C} \tag{7-43}$$

货架的总长为

$$L = a_0 L_n$$

对于横梁式货架，货架的宽度为

$$B = 2b_2 + 2b_3 + b_4 \tag{7-44}$$

另外，货架的总体尺寸还受用地面条件、空间制约、投资、堆垛机起升和行走速度的影响，总体尺寸在设计过程中需要进行不断的修改和完善。

5. 确定仓储设备的主要参数

根据仓库的运行规模、货物品种和出入库频率等确定仓储设备的主要参数，如依据货架的总体尺寸、出入库频率和作业方式来确定堆垛机的工作速度；根据货物单元的重量选定堆码设备的额定起重量；对于输送机，要根据货物单元的尺寸确定其宽度，通过输送机速度来协调整个仓储系统运行的节拍。

6. 仓库的总体布置

1) 确定货物在高架仓库内的流动形式

在高架仓库内的流动形式一般有三种，即同端出入式(图 7-70(a))、贯通式(图 7-70(b))和旁流式(图 7-70(c))。

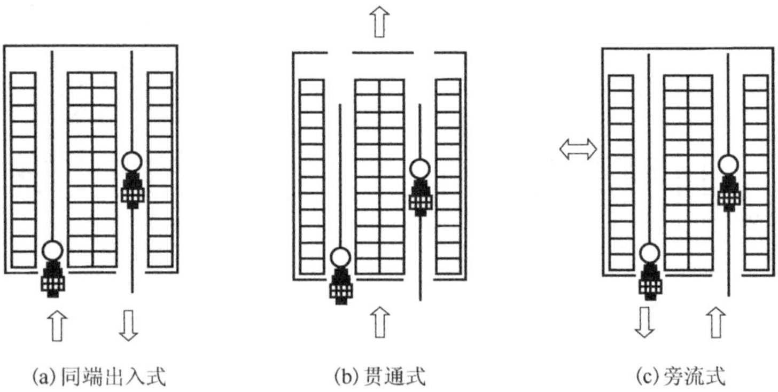

图 7-70 货物在高架仓库内的流动形式

(1) 同端出入式是货物的出、入库都布置在巷道的同一端。这种布置采用就近入库和出库原则，可以缩短出、入库时间。当仓库存货不满、储位随机安排时，其优点尤为明显。由于出、入库作业在同一区域，便于集中管理。因此，若无特殊要求，一般应采用同端出入方式。

(2) 贯通式是货物从巷道的一端入库，另一端出库。这种方式总体布置简单，便于操作和维修保养。但是，对于每一个货物单元，要完成它的入库和出库的全过程，堆垛机需要穿过整条巷道，而且要不同程度地将库内物流分开。

(3) 旁流式是高架仓库的货物从仓库的一端(或侧面)入库，从侧面(或一端)出库。这种物流方式要求货架中间分开，设立通道，同侧门相通，这样就减少了货格，但可同时组织两条路线进行作业，方便不同方向的出入库。

根据高架仓库的物流形式，可在物流路径的终点设置相应的出入库台，即同端出入库台、两端出入库台和中间出入库台。一般来说，出入库台多在同平面，但由于仓库作业的需要，也有将出入库台安排在不同平面的情况(图 7-71)。

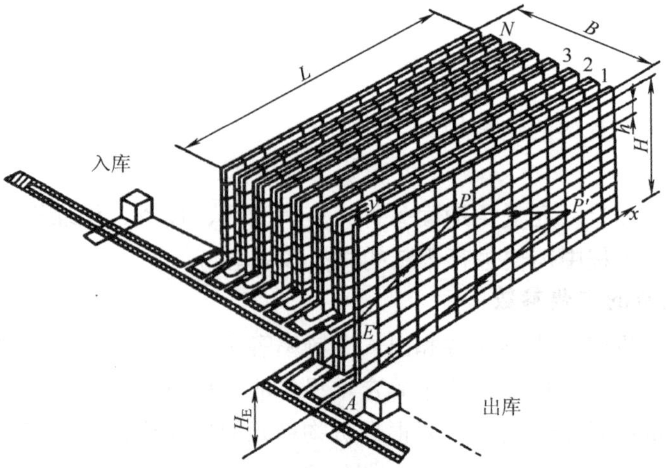

图 7-71 出入库台安排在不同平面的情况

2) 解决立体仓库的作业区(出、入库区)与货架区的衔接问题

一般来说，它们的衔接可采用堆垛机与叉车、堆垛机与 AGV 或与输送机及其他搬运机械的配套来解决。具体的衔接方式有以下几种。

(1) 叉车——出入库台方式。这是在货架的端部设立入库台和出库台。入库时，叉车将货物单元从入库作业区运到入库台，再由货架区内的堆垛机取走送进货位。出库时，由堆垛机从货位取出货物单元，放到出库台，再由叉车取走，送到出库作业区。

(2) 自动导引小车——出入库台方式。与前一种相似，只是用自动导引小车代替了叉车。

(3) 自动导引小车——积放输送机方式。这是用自动导引车将货物单元送到输送机，再由输送机将货物送到货架端部的入库台，然后由堆垛机将货物单元从输送机上取走送进货位。出库时反向运行(图 7-72)。

这种方式的优点在于货架区作业的堆垛机是一种间歇式作业机械，同样往输送机上放置货物的自动导引小车也是间歇式作业机械，这就要求解决好两者间在工作节拍上的衔接问题，而这一协调任务可通过积放输送机来解决。

(4) 叉车——积放输送机方式。与前一种方式相似，只是用叉车代替了自动导引小车，是一些大型自动化仓库和流水线仓库最常采用的方式。

3) 确定堆垛机轨道铺设形式

堆垛机是立体仓库货架巷道的主要作业机。堆垛机数量可根据出入库频率和堆垛机作业周期来确定，一般要求在每个货架巷道中的地面和顶棚下铺设轨道，安装一台堆垛机。实际上，由于堆垛机的走行速度一般为 80～160m/min，载货台的升降速度一般为 20～60m/min，每个巷道的作业量一般都小于堆垛机的理论工作量，所以有必要在货架间安排一些弯道，方便堆垛机在不同巷道间的调动(图 7-73)。

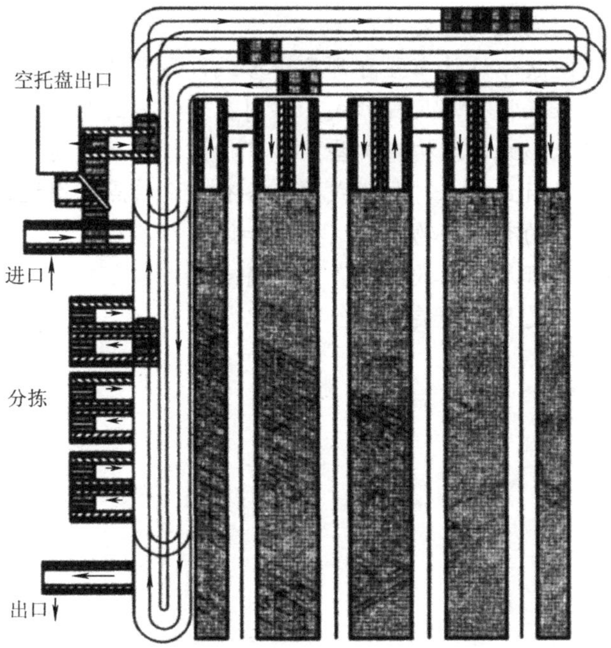

图 7-72　长巷道立体仓库出入库系统布置

采用弯道布置形式，需要在地面和顶棚下安装轨道。由于堆垛机更换作业巷道时需要时间，从而影响了堆垛机的作业效率，所以可采用另一种方案，即转轨小车和堆垛机联合作业方案(图 7-74)。该方案应用一台转轨小车解决堆垛机工作巷道的调整问题，为了提高系统的作业效率，在没有转移堆垛机任务时，转轨小车可直接到取货台取货，再将货物送到堆垛机前，由堆垛机叉取或将堆垛机拣取的货物送到出库台。

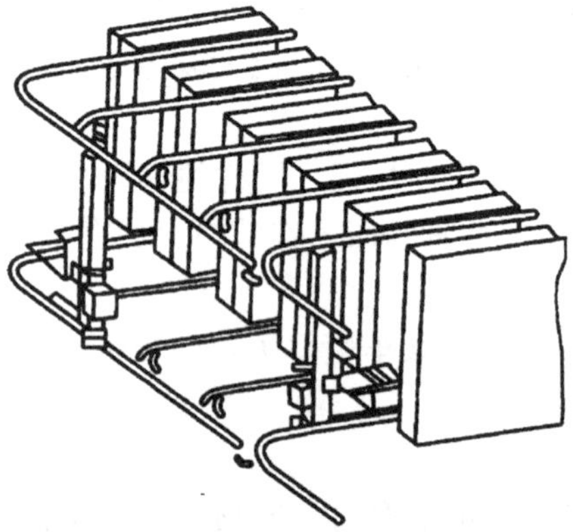

图 7-73　堆垛机弯道方案

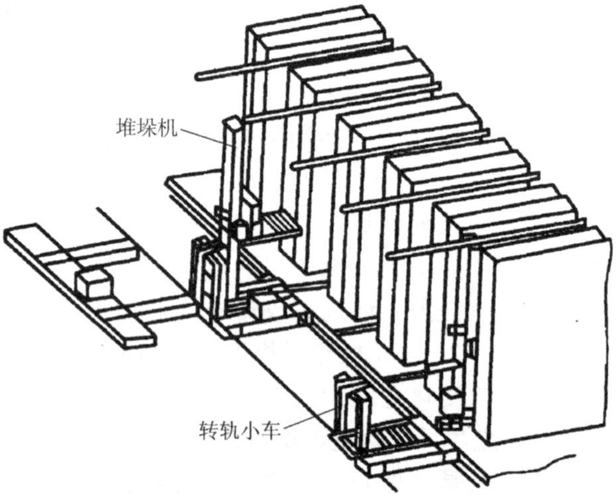

图 7-74　轨道小车—堆垛机联合作业方案

习题与思考

7-1　物流系统设计应满足哪些要求？

7-2　制造业物流系统总体设计布置有哪几种形式？各有什么特点？

7-3　机床的上下料装置常有哪几种形式？各用在哪些方面？

7-4　常见工业机器人形式与结构有哪些？各有什么特点及用途？

7-5　机械式手爪、吸附式手爪、电磁式手爪各有什么特点及用途？

7-6　制造过程中常用的有哪些物流输送技术和设备？各有什么特点及使用场合？

7-7　自动运输小车有哪几种形式？各有什么特点？

7-8　自动化立体仓库是如何分类的，各有什么特点？

第 8 章　智能制造系统与装备

8.1　概　　述

> **小知识 8-1**
>
> 2013 年 4 月的汉诺威工业博览会上，德国工程院、西门子公司等正式推出“工业 4.0”。2015 年 5 月 8 日，国务院正式印发《中国制造 2025》，拉开了中国智能制造序幕。

智能制造系统是一种由智能机器和人类专家共同组成的人机一体化智能系统，它在制造过程中借助计算机模拟人类专家的智能活动进行分析、推理、判断、构思和决策等，从而取代或者延伸制造环境中人的部分脑力劳动。智能制造系统结构框架如图 8-1 所示。

智能制造技术是在现代传感技术、网络技术、自动化技术、拟人化智能技术等先进技术的基础上，通过智能化的感知、人机交互、决策和执行技术，实现设计过程、制造过程和制造装备智能化，是信息技术、智能技术与装备制造技术的深度融合与集成。

智能制造应当包含智能制造技术、智能制造装备和智能制造系统，智能制造系统不仅能够在实践中不断地充实知识库，具有自学习功能，还有搜集与理解环境信息和自身的信息，并进行分析判断和规划自身行为的能力。

图 8-1　智能制造系统结构框架

本章知识要点

(1) 了解智能制造系统与装备生产模式的演变过程、作用、地位和发展趋势，智能制造系统与装备所涉及的内容及发展方向。

(2) 掌握智能制造系统与装备的基本结构框架和设计方法。

兴趣实践

(1) 到附近有关智能制造的企业去参观访问。

(2) 用学到的智能制造系统与装备知识，策划一个智能制造方案或智能制造装备。

探索思考

数字化制造、自动化制造和智能制造三者有什么不同？主要区别是什么？

预习准备

(1) 翻阅机械制造生产模式的演变过程。

(2) 重点阅读智能制造系统与装备相关知识，特别是人工智能相关知识等。

1. 起源背景、国内外发展现状

智能制造渊于人工智能的研究，人工智能就是用人工方法在计算机上实现的智能。产品性能的完善化及其结构的复杂化、精细化，以及功能的多样化，促使产品所包含的设计信息和工艺信息量猛增，随之生产线和生产设备内部的信息流量增加，制造过程和管理工作的信息量也必然剧增，因而促使制造技术发展的热点与前沿，转向了提高制造系统对于爆炸性增长的制造信息处理的能力、效率及规模上。先进的制造设备离开了信息的输入就无法运转，柔性制造系统一旦被切断信息来源就会立刻停止工作。专家认为，制造系统正在由原先的能量驱动型转变为信息驱动型，这就要求制造系统不但要具备柔性，而且要表现出智能，否则是难以处理如此大量而复杂的信息工作量的。另外，瞬息万变的市场需求和激烈竞争的复杂环境，也要求制造系统表现出更高的灵活、敏捷和智能。因此，智能制造越来越受到高度的重视。发动机智能制造生产系统如图 8-2 所示。

图 8-2 发动机智能制造生产系统

1992 年美国执行新技术政策，大力支持被总统称为的关键重大技术(Critical Technology)，包括信息技术和新的制造工艺，智能制造技术自在其中，美国政府希望借助此举改造传统工业并起动新产业。

加拿大制定的 1994～1998 年发展战略计划，认为未来知识密集型产业是驱动全球经济和加拿大经济发展的基础，认为发展和应用智能系统至关重要，并将具体研究项目选择为智能计算机、人机界面、机械传感器、机器人控制、新装置、动态环境下系统集成。

1989 年日本提出智能制造系统，且于 1994 年起动了先进制造国际合作研究项目，包括公司集成和全球制造、制造知识体系、分布智能系统控制、快速产品实现的分布智能系统技术等。

欧洲联盟的信息技术相关研究有 ESPRIT 项目，该项目大力资助有市场潜力的信息技术。1994 年又起动了新的 R&D 项目，选择了 39 项核心技术，其中 3 项(信息技术、分子生物学和先进制造技术)中均突出了智能制造的位置。

我国在 20 世纪 80 年代末也将“智能模拟”列入国家科技发展规划的主要课题，在专家系统、模式识别、机器人、汉语机器理解方面取得了一定成果。国家科技部正式提出了“工业智能工程”，作为技术创新计划中创新能力建设的重要组成部分，智能制造将是该项工程中的重要内容。

2015 年 3 月 9 日，工业和信息化部(简称工信部)印发了《关于开展 2015 年智能制造试点示范专项行动的通知》，并下发了《2015 年智能制造试点示范专项行动实施方案》(下称《实施方案》)，决定自 2015 年起动实施智能制造试点示范专项行动，以促进工业转型升级，加快制造强国建设进程。

2016 年 1 月 10 日，工信部副部长冯飞表示，智能制造是中国制造 2025 最重要的方面，我们称为突破口、主战场。

2. 智能制造基本原理

智能制造从智能制造系统的本质特征出发，在分布式制造网络环境中，根据分布式集成的基本思想，应用分布式人工智能中多 Agent 系统的理论与方法，实现制造单元的柔性智能化与基于网络的制造系统柔性智能化集成。根据分布系统的同构特征，在智能制造系统的一种局域实现形式基础上，实际也反映了基于 Internet 的全球制造网络环境下智能制造系统的实现模式。

> **小思考 8-1**
>
> 智能制造与传统制造主要区别是什么？机械制造装备用计算机控制进行生产是否是智能制造？

智能制造系统的本质特征是个体制造单元的“自主性”与系统整体的“自组织能力”，其基本格局是分布式多自主体智能系统。基于这一思想，同时考虑基于 Internet 的全球制造网络环境，可以提出适用于中小企业单位的分布式网络化 IMS 的基本构架。一方面，通过 Agent 赋予各制造单元以自主权，使其自治独立、功能完善；另一方面，通过 Agent 之间的协同与合作，赋予系统自组织能力。

基于以上构架，结合数控加工系统，开发分布式网络化原型系统，相应的可由系统经理、任务规划、设计和生产者等四个结点组成。

(1) 系统经理结点包括数据库服务器和系统 Agent 两个数据库服务器，负责管理整个全局数据库，可供原型系统中获得权限的结点进行数据的查询、读取、存储和检索等操作，并为各结点进行数据交换与共享提供一个公共场所，系统 Agent 则负责该系统在网络与外部的交互，通过 Web 服务器在 Internet 上发布该系统的主页，网上用户可以通过访问主页获得系统的有关信息，并根据自己的需求，以决定是否由该系统来满足这些需求，系统 Agent 还负责监视该原型系统上各个结点间的交互活动，如记录和实时显示结点间发送和接受消息的情况、任务的执行情况等。

(2) 任务规划结点由任务经理和它的代理(任务经理 Agent)组成，其主要功能是对从网上获取的任务进行规划，分解成若干子任务，然后通过招标—投标的方式将这些任务分配给各个结点。

(3) 设计结点由 CAD 工具和它的代理(设计 Agent)组成，它提供一个良好的人机界面以使设计人员能有效地和计算机进行交互，共同完成设计任务。CAD 工具用于帮助设计人员根据用户要求进行产品设计；而设计 Agent 则负责网络注册、取消注册、数据库管理、与其他结点的交互、决定是否接受设计任务和向任务发送者提交任务等事务。

(4) 生产者结点实际是该项目研究开发的一个智能制造系统(智能制造单元)，包括加工中心和它的网络代理(机床 Agent)。该加工中心配置了智能自适应。该数控系统通过智能控制器控制加工过程，以充分发挥自动化加工设备的加工潜力，提高加工效率；具有一定的自诊断和自修复能力，以提高加工设备运行的可靠性和安全性；具有和外部环境交互的能力；具有开放式的体系结构以支持系统集成和扩展。

8.2 智能制造系统模式

智能制造系统(Intelligent Manufacturing System，IMS)是一种由智能机器和人类专家共同组成的人机一体化系统，它突出了在制造诸环节中，以一种高度柔性与集成的方式，借助计算机模拟的人类专家的智能活动，进行分析、判断、推理、构思和决策，取代或延伸制造环境中人的部分脑力劳动，同时收集、存储、完善、共享、继承和发展人类专家的制造智能。由于这种制造模式突出了知识在制造活动中的价值地位，而知识经济又是继工业经济后的主体经济形式，所以智能制造就成为影响未来经济发展过程的制造业的重要生产模式。智能制造系统是智能技术集成应用的环境，也是智能制造模式展现的载体。制造系统在概念上认为是一个复杂的相互关联的子系统的整体集成，从制造系统的功能角度，可将智能制造系统细分为理论基础、技术层次、业务应用和应用领域四个子系统。在理论基础子系统中，智能制定突出采用先进制造技术、信息技术和自动化智能技术对智能制造系统进行设计；技术层次是通过感知控制、集成共享和分析决策对智能制造系统开展工作；业务应用涉及智能设计、智能生产、智能服务、智能物流和绿色智能等内容；应用领域主要涉及社会活动、制造网络和企业经营等。

由此可见，IMS 理念一个完整的智能制造系统是建立在全生命周期的基础上从理论到应用的制造系统；智能制造的生产系统将是自治或半自治系统。在监测生产过程、生产状态获取和故障诊断、检验装配中，将广泛应用智能技术；从系统活动角度，神经网络技术在系统控制中已开始应用，同时应用分布技术和多元代理技术、全能技术，并采用开放式系统结构，使系统活动并行，解决系统集成。目的是通过设备柔性和计算机人工智能控制，自动地完成设计、加工、控制管理过程，旨在解决适应高度变化环境的制造的有效性。智能制造系统模式如图 8-3 所示。

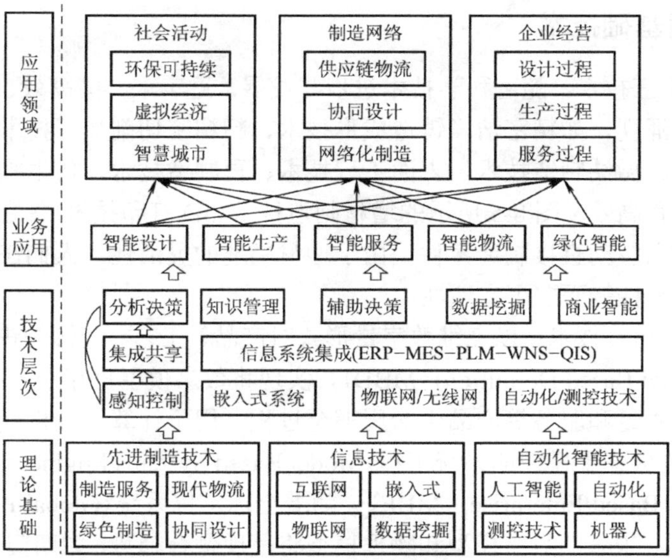

图 8-3　智能制造系统模式

8.3　智能制造关键技术

智能制造系统的关键体现在智能工厂上，而产品制造从诞生开始，经历了自动化、数字化过程，在此基础上，借助物联网技术可实现设备的互联互通，实现工厂架构的纵向集成，并借助跨层级的数据传输能力建立自下而上的数据通道，为绿色、节能且环保的生态型智能工厂的建立提供组件基础。基于此，智能已经初步具有自律、自组织能力，可采集底层数据并对其进行详细分析，还可针对特定条件下的生产情形进行判断以及逻辑推理。同时，通过三维建模等可视化技术，现实物理世界可与虚拟世界进行无缝融合，将仿真融入产品的设计与制造过程中。并且，各个子系统之间能够相互协调、动态重组，整体上具备了自我诊断、自我维护能力，更好地为制造产业提供实现手段。智能制造的核心是工业技术和信息技术的高度融合，是从根本上实现企业制造模式的改变。

智能制造涉及的关键技术较多(图 8-4)，如感知、分析、决策、通信、控制、执行等，为智能制造的实现提供支撑的共性技术。这些技术非常多，下面仅对其中一些关键技术进行简要介绍。

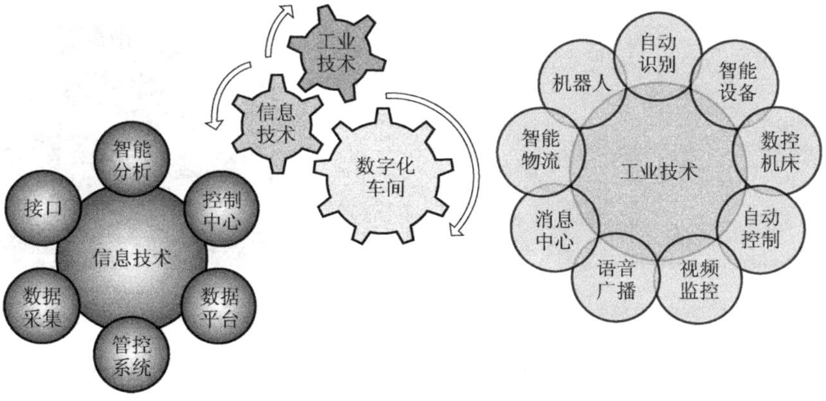

图 8-4　智能制造关键技术

8.3.1 先进制造基础技术

(1)先进制造工艺技术。随着科学技术进步与发展，近年来一些高效、清洁、节能的先进制造工艺技术不断涌现，如精密洁净铸造成形技术、超精密切削加工技术、高速切削加工技术、增材制造技术、微纳制造技术、表面工程技术、再制造技术、仿生制造技术等，它使得制造过程更加灵活和高效。图 8-5 所示的增材制造技术(3D 打印技术)，它基于离散—堆积原理，由零件三维数据驱动直接制造零件。由于增材制造的灵活性，人们在设计产品时可以更多地关注产品的物理性能而非可实现性。

(2)数字建模与仿真技术。以三维数字量形式对产品、工艺、资源等进行建模，并通过基于模型的定义(Model Based Definition，MBD)，实现将数字模型贯穿于产品设计、工程分析、工艺设计、制造、质量和服务等产品生命周期全过程，用于计算、分析、仿真与可视化。由 MBD 技术进而演进成基于模型的系统工程(Model Based Systems Engineering，MBSE)和基于模型的企业(Model Based Enterprise，MBE)。随着全球定位系统(Global Positioning System，GPS)等技术的发展，未来的数字模型和物理模型将呈现融合趋势，如西门子和 PTC 等公司正在倡导的“Digital Twin”。

如图 8-6 所示，计算机辅助设计中的尺寸驱动法是利用参数化、变量化技术修改设计有力的工具。利用广义相似理论，通过对功能单元、结构单元的重组，可获得不同结构形式的系列化产品。

图 8-5 3D 打印技术

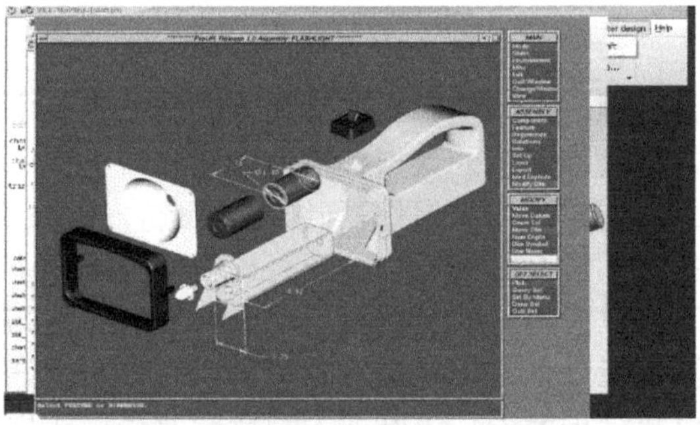

图 8-6 参数化、变量化和模块化建模

图 8-7 所示为三叶轮有限元静态仿真；图 8-8 所示为汽车有限元动态仿真；图 8-9 所示为冲压件有限元制造仿真。

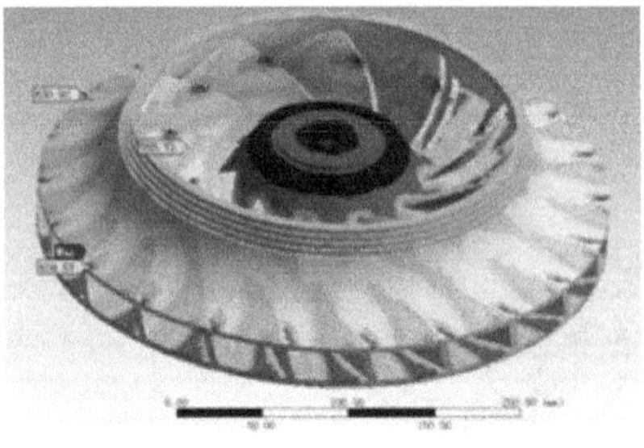

图 8-7 三叶轮有限元静态仿真

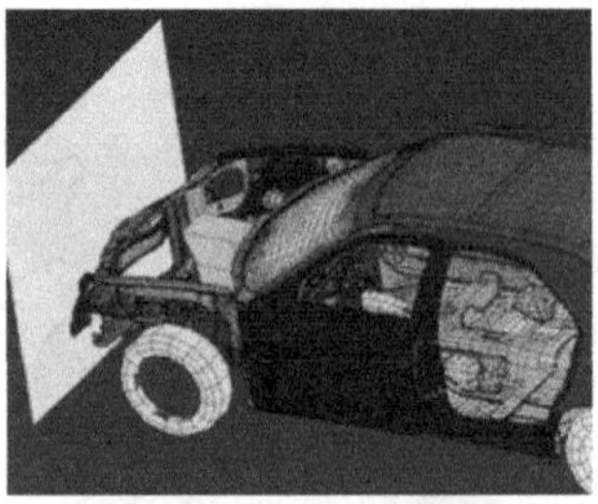

图 8-8 汽车有限元动态仿真

(3)现代工业工程技术。如图 8-10 所示，现代工业工程直接面向企业的生产运作过程；它与数学、人因学、经济管理、各种工程技术有着密切的关系，以系统工程为哲理，以运筹学等数学方法为理论基础，以现代信息技术为工具，用工程量化的分析方法对包括制造业、服务业在内的由人、物料、设备、能源、信息等多种因素所组成的各种复杂的企业或组织系统中的实际工程与管理问题进行定量、系统的分析、设计与优化，从而实现系统的最大效率和效益。

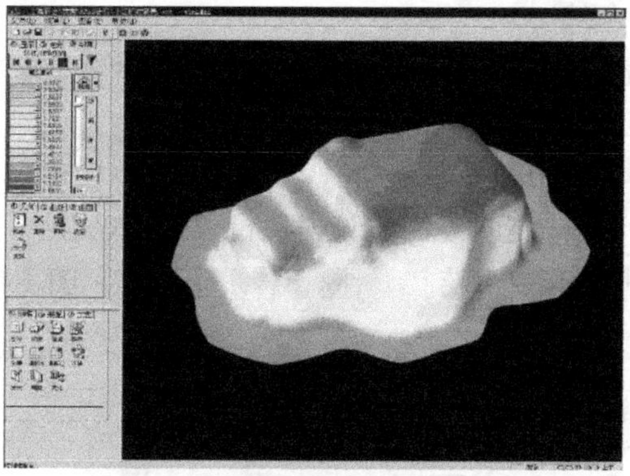

图 8-9　冲压件有限元制造仿真

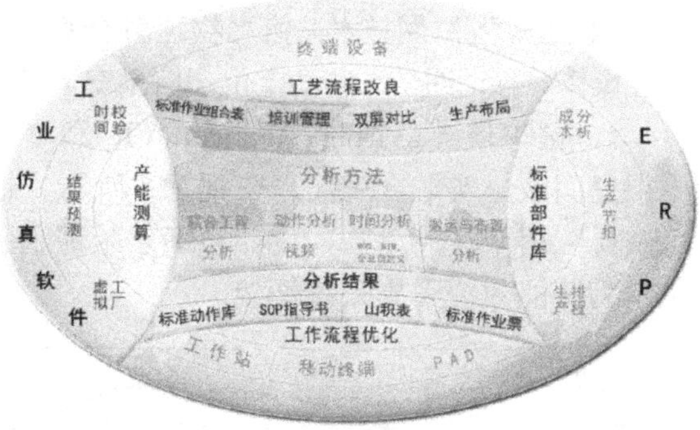

图 8-10　现代工业工程技术

(4) 先进制造理念、方法与系统。例如，并行工程、协同设计、云制造、可持续制造、精益生产、敏捷制造、虚拟制造、计算机集成制造、产品全生命周期管理、制造执行系统、企业资源规划等。图 8-11 所示为计算机集成制造。

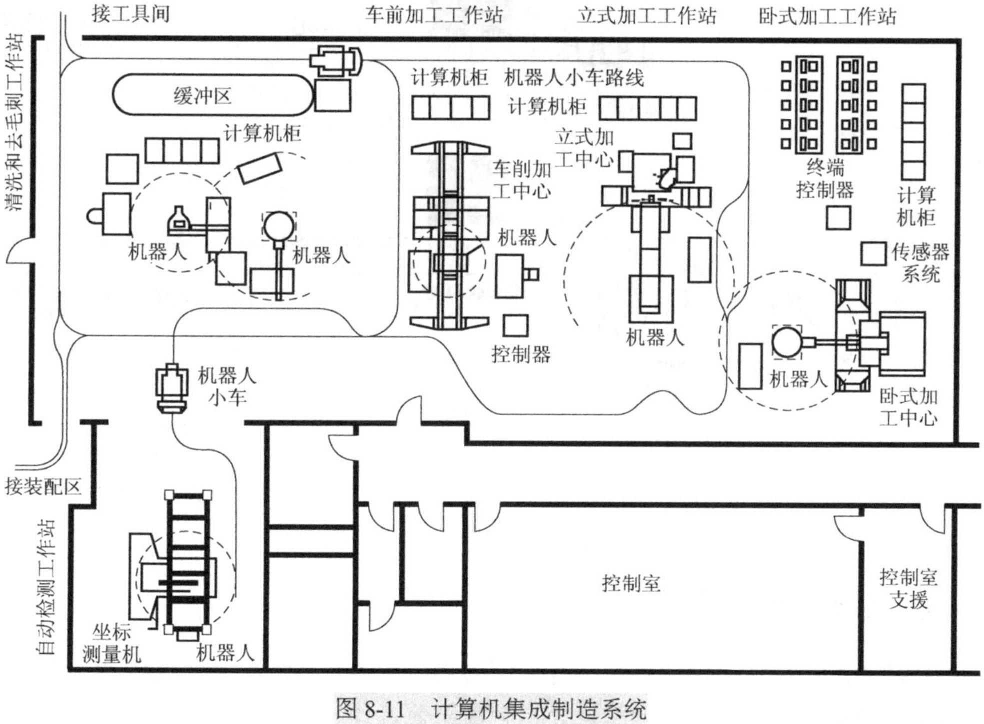

图 8-11　计算机集成制造系统

8.3.2　新一代信息技术

新一代信息技术分为六个方面，分别是下一代通信网络、物联网、三网融合、新型平板显示、高性能集成电路和以云计算为代表的高端软件。

新一代信息技术正成为制造业创新的重要源动力，通过信息获取、处理、传输、融合等各方面的先进技术手段，为人、机、物的互联互通提供基础，这些技术通常包括以下几种。

(1) 智能感知技术：传感器网络、射频识别、图像识别等。

(2) 物联网技术：泛在感知、网络通信、物联网应用等。

(3) 云计算技术：分布式存储、虚拟化、云平台等。

(4) 工业互联网技术：信息物理融合系统(Cyber-Physical Systems，CPS)、服务网架构、语义互操作、移动通信、移动定位、信息安全等。

(5) 虚拟现实(Virtual Reality，VR)和增强现实(Augmented Reality，AR)技术：构建三维模拟空间或虚实融合空间，在视觉、听觉、触觉等感官上让人们体验虚拟世界，VR/AR 技术可广泛应用于产品体验、设计与工艺验证、工厂规划、生产监控、维修服务等环节。图 8-12 所示为智能数据采集系统框架。

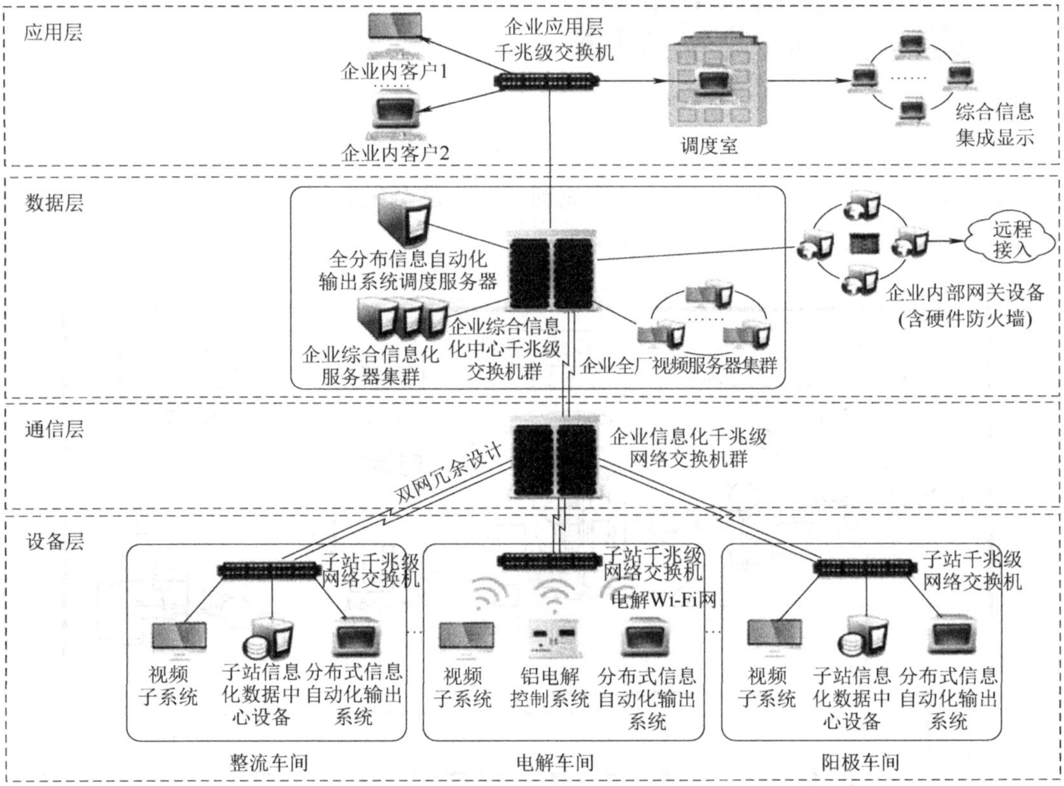

图 8-12 智能数据采集系统框架

8.3.3 人工智能技术

其研究目的是让机器或软件系统具有如同人类一般的智能，在制造过程的各个环节，这种智能是非常有价值的，如智能产品设计、智能工艺设计、机器人加工过程智能控制、智能排产、智能故障诊断等，同时它也是一些智能优化算法的基础。人工智能的实现离不开感知学习、推理、决策等基本环节；其中知识的获取、表达和利用是关键，分布式人工智能(Distributed Artificial Intelligence，DAI)是人工智能的重要研究领域，多智能体系统(Multi Agent System，MAS)是 DAI 的一种实现手段，在十年前就已被广泛的研究。“工业 4.0”强调以 CPS 为核心，CPS 可视为依附于物理对象(小到设备、产品，大到车间、企业)并具备感知、计算、控制和通信能力的一套系统，它可以感知环境变化并自主运行，物理实体与虚拟映像共存同变。同时，远程对象也能通过它来监控并操控这个物理对象。在未来分散制造的大趋势下，CPS 是分布式制造智能的一种体现。图 8-13 所示为基于智慧云的分布式智能制造框图。

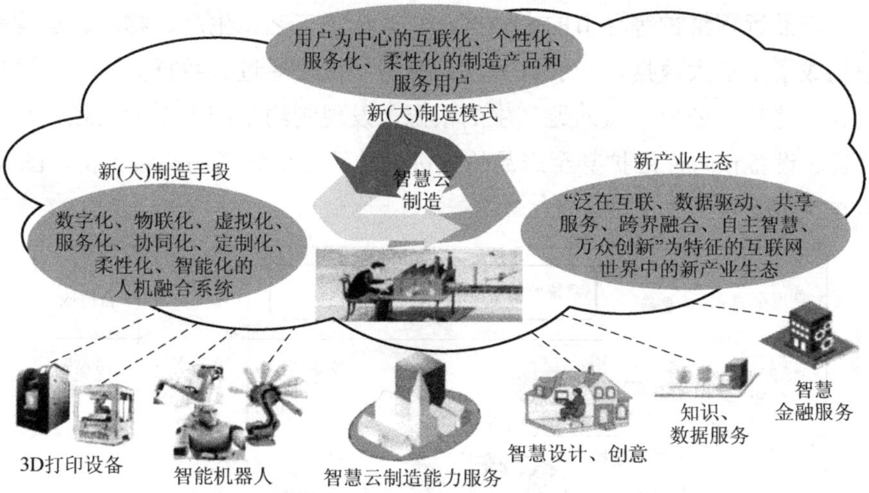

图 8-13　基于智慧云的分布式智能制造框图

8.3.4　制造优化技术

制造系统中许多优化决策问题极其复杂、解决十分困难，其中大部分已被证明是不可能找到精确求得最优解的多项式算法。近年来，通过模拟自然界中生物、物理过程和人类行为，提出了许多具有约束处理机制、自组织自学习机制、动态机制、并行机制、免疫机制、协同机制等智能优化算法。例如，遗传算法、禁忌搜索算法、模拟退火算法、粒子群优化算法、蚁群优化算法、蜂群算法、候鸟算法等为解决优化问题提供了新的思路和手段。这些基于生命行方特征的智能算法广泛应用于智能制造系统的方方面面，包括智能工艺过程编制、生产过程的智能调度、智能监测诊断及补偿、设备智能维护、加工过程的智能控制、智能质量控制、生产与经营的智能决策等。图 8-14 所示为遗传算法框图。

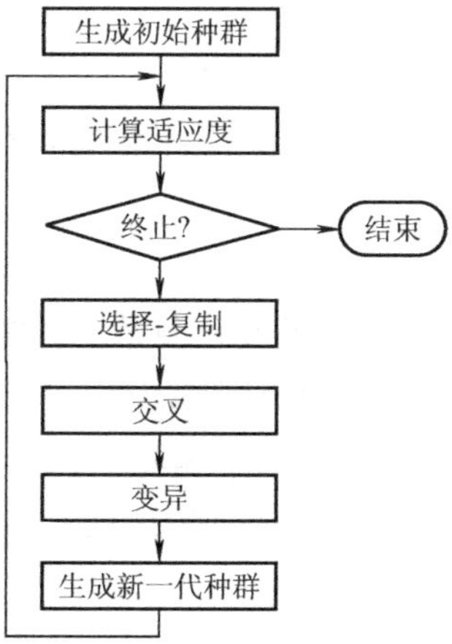

图 8-14　遗传算法框图

小思考 8-2

(1) 智能制造关键技术有哪些？各有什么特点？

(2) 人工智能技术在智能制造中主要作用是什么？

8.3.5 大数据分析与决策支持技术

数据挖掘、知识发现、决策支持等技术早已在制造过程中得到应用，近年来，大数据概念的发展进一步拓展了这方面的研究与应用。来源于设备实时监控、RFID 数据采集、产品质量在线检测、产品远程维护等环节的大数据，和设计、工艺、生产、物流、运营等常规数据一起，共同构成了工业大数据。一般认为，在制造领域，通过大数据分析，可以提前发现生产过程中的异常趋势，分析质量问题产生的根源，发现制约生产效率的瓶颈，从而为工艺优化、质量改善、设备预防性维护甚至产品的改进设计等提供科学的决策支持。图 8-15 所示为大数据分析与决策支持技术系统。

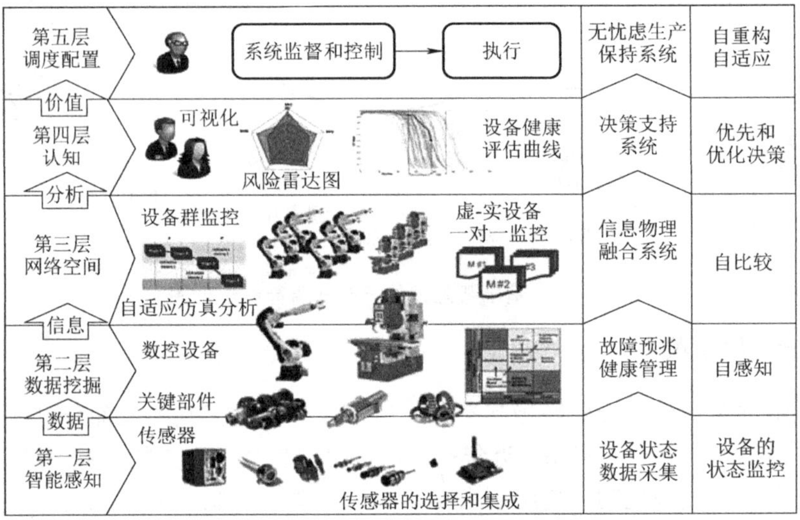

图 8-15 大数据分析与决策支持技术系统

8.4 智能制造装备

智能制造装备是智能制造的基础。发展智能制造装备产业，对于加快制造业转型升级，提升生产效率、技术水平和产品质量，降低能源消耗，实现制造过程的智能化和绿色化都具有重要意义。

智能制造装备是具有感知、分析、推理、决策、控制等功能的制造装备，它能够自行感知、分析运行环境，自行规划、控制作业，自行诊断和修复故障，主动分析自身性能优劣、进行自我维护，并能够参与网络集成和网络协调。智能制造装备的定义如图 8-16 所示。

智能制造装备涉及一系列智能基础共性技术(如智能传感器、零部件等)、测控装置和部件(如智能仪表、高档自控系统、数控系统等)以及智能制造成套装备等。由此可见，智能制造装备与生产制造的各个环节息息相关的。

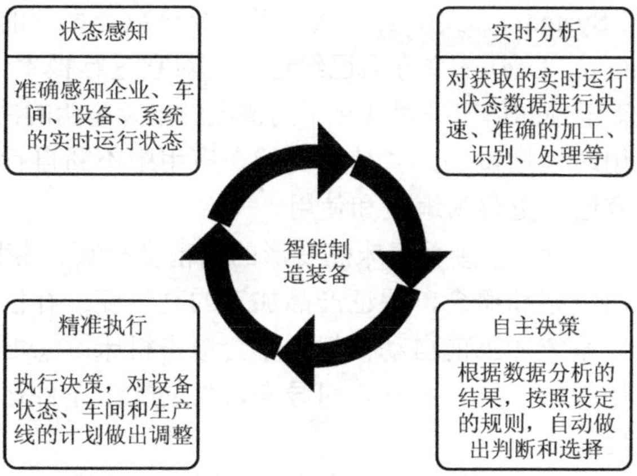

图 8-16　智能制造装备

8.4.1　智能制造装备国内外发展现状

1. 智能制造装备的特色

智能制造装备的发展是近十年的事，智能制造装备具有以下六大特色：

(1) 有自动抑制振动的功能；

(2) 能自动测量和自动补偿，减少高速主轴、立柱、床身热变形的影响；

(3) 有自动防止刀具和工件碰撞的功能；

(4) 有自动补充润滑油和抑制噪声的功能；

(5) 数控系统具有特殊的人机对话功能，在编程时能在监测画面上显示出刀具轨迹等，进一步提高了切削效率；

(6) 机床故障能进行远距离诊断。

2. 数控机床的智能化

2006 年，在美国举办的第 26 届芝加哥国际机床制造技术展览会(IMTS 2006)上，日本 Mazak 公司以“智能机床”(Intelligent Machine)的名称，展出了声称具有四大智能的数控机床(图 8-17 所示的智能车铣复合加工中心)。这四大智能分别如下。

(1) 主动振动控制(Active Vibration Control)——将振动减至最小。切削加工时，各坐标轴运动的加/减速度产生的振动，影响加工精度、表面粗糙度、刀具磨损和加工效率。具有此项智能的机床可使振动减至最小。例如，在进给量为 3000mm/min、加速度为 0.43g 时，最大振幅由 4μm 减至 1μm。

(2) 智能热屏障(Intelligent Thermal Shield)——热位移控制。由于机床部件的运动或动作产生的热量及室内温度的变化会产生定位误差，此项智能可对这些误差进行自动补偿，使其值为最小。

(3) 智能安全屏障(Intelligent Safety Shield)——防止部件碰撞。当操作工人为了调整、测量、更换刀具而手动操作机床时，一旦“将”发生碰撞(即在发生碰撞前的一瞬间)，运动机床立即自行停止。

(4) 马扎克语音提示(Mazak Voice Adviser)——语音信息系统。当操作工人手动操作和调整时，用语音进行提示，以减少由于操作工人失误而造成的问题。

同样是在 IMTS 2006 会上，日本大隈公司开发了一套名为“thinc”的智能数控系统(Intel

Ligent Numerical Control System)。大隈公司认为当时经典数控系统的设计(结构)、执行和使用(Design、Implementation、Use)三个方面已经过时，对它进行根本性变革的时机已经到来。thinc 不仅可以在不受人工干预的情况下对变化了的情况做出“聪明的决策”(Smart Decision)，还可以使机床在工厂使用时以增量的方式使其功能在应用中不断自行增长，并会更加自适应新的情况和需求，更加容错，更容易编程和使用。

大隈智能化技术主要包含：①接受机床热变形的高精度控制、热变形抑制构造+温度传感器、控制热变形。②提出热亲和概念，保证产品加工的高精度；补偿次数和输入误差减少。③研发防撞击系统，数控系统加工前自动模拟，不会撞击机床。④增加了智能导航系统，机床安装的智能传感器，控制加工过程振动，引导向最佳的加工条件运行，提高加工生产率，延长刀具寿命，减少不良品。

日本大隈公司“thinc”的智能数控加工中心，如图 8-18 所示。

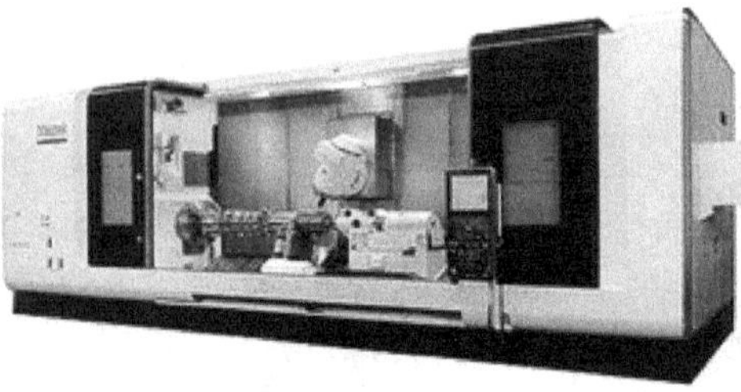

图 8-17　Mazak 智能车铣复合加工中心

图 8-18　大隈公司 thinc 智能数控加工中心

GE Fanuc 公司研发的一套具有智能监控和分析系统的智能机床，这套技术在 2006 年 9 月的汉诺威国际机床展览会上得以展示。一种名为效率机床 4.0、基于互联网的方案应运而生，它是通过收集机床和其他设备复杂的基本数据而提供的富有洞察力的、可指出原因的分析方法。它还提供一套远程诊断工具，从而使不出现故障的平均时间最长，而用于修理的时间最短；能用于计算机维护管理系统中监控不同的现场。图 8-19 所示为 GE Fanuc 公司生产的激光切割效率机床 4.0。

米克朗 HSM 系列高速铣削加工中心可配置“聪明”加工系统，其功能之一就是加工过程监控，以便用户观察铣削过程是否正常。其原理是在电主轴壳体中前端轴承附近安装了加速度传感器，使铣削过程中产生的振动能够以加速度“g 载荷”值的形式显示，如图 8-20 所示。振动大小在 0～10g 分为 10 级，其中，0～3g 表示加工过程、刀具和刀柄都处于良好状态；3～7g 表示加工过程需要调整，否则将导致主轴和刀具寿命降低；7～10g 表示危险状态，如果继续工作，将造成主轴、机床、刀具和工件的损坏。而且，控制系统还可预测在该振动级主轴部件可以工作多长时间，即主轴寿命还有多长。在过程监控系统中也可由用户设定一个 g 极限值，当振动超过此值时，系统报警并自动停机。系统也可以将某一时段的振动记录下来以便进一步分析，记录的数据包括日期、时间、g 值、g 极限、主轴转速、刀具号、进给率、数控程序块号和程序名。可记录程序块的容量达 18000 个，如果取时间间隔为 2.5s，可记录过程状态达 12.5h 之久。

2008 年年底我国起动的“高档数控机床与基础制造装备”科技重大专项，对高档数控机床与基础制造装备主机、数控系统、功能部件、共性技术等进行了总体布局和任务分解，专项实施几年来，在高档数控机床方面取得了很好的成果，部分技术指标达到国际先进水平。

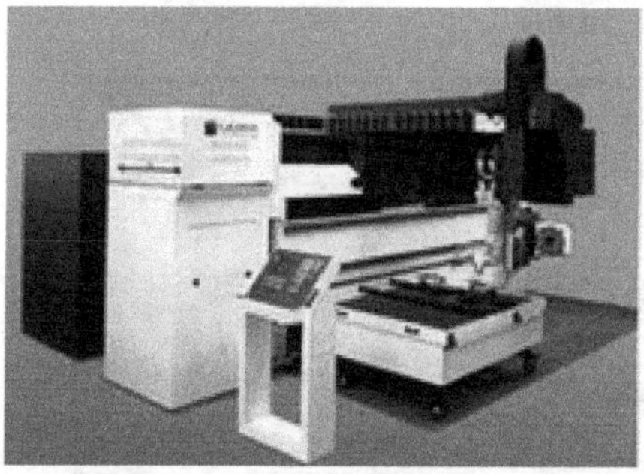

图 8-19　GE Fanuc 公司生产的激光切割效率机床 4.0

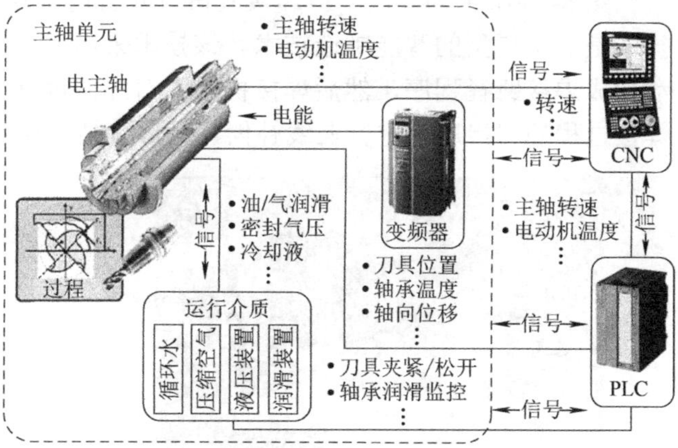

图 8-20　米克朗 HSM 系列高速铣削智能电主轴

例如，世界最大、龙门宽度 10m 的数控桥式龙门五轴联动车铣复合加工机床，世界最大的回转直径 5m 且承重 500 吨的超重型卧式镗车床(图 8-21)，世界最大的 8 万吨模锻压力机(图 8-22)，世界最大的 3.6 万吨黑色金属垂直挤压机(图 8-23)，64000kN 大型快速高效数控全自动冲压生产线，高速、精密、大型数控圆锥齿轮磨齿机(图 8-24)等。此外，在总线、高速高精运动控制和插补、多轴联动等关键技术的研发中也取得突破，并在行业内重点企业的高档数控机床上进行配套应用。目前研究人员已将精力投放到由数控向智能过渡的研发阶段。

图 8-21　承重 500 吨的超重型卧式镗车床

图 8-22　8 万吨模锻压力机

图 8-23　3.6 万吨黑色金属垂直挤压机

图 8-24　高速、精密、大型数控圆锥齿轮磨齿机

图 8-25 所示为昆山华恒焊接股份有限公司研发的焊缝激光扫描，焊接过程自动跟踪补偿技术是一个典型的智能制造技术。该技术采用激光扫描技术，通过对需要焊接工件的扫描自动形成焊接路径程序，然后焊接机器人对焊件进行自动焊接；同时，再通过光学跟踪技术对焊接过程的焊接质量进行在线补偿，其焊接精度误差≤1.5mm。

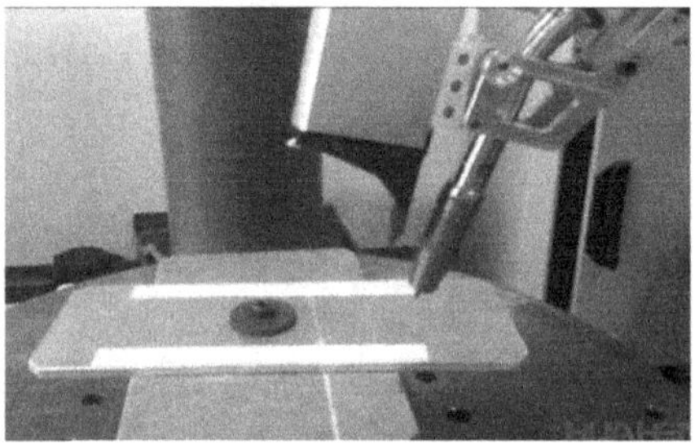

(a)　　(b)

图 8-25　焊缝激光扫描

此外，国家发展和改革委员会(简称发改委)在 2012 年组织实施了智能制造装备的发展专项，着重提高以传感器、智能仪器仪表、自动控制系统、工业机器人、精密传动装置、伺服控制机构为代表的体现感知、决策(控制)、执行三大功能的基础零部件自主创新能力和产业化能力，促进重大智能制造成套装备与关键智能测控部件的协同发展。在课题实施过程中，由于缺乏传感器、检测系统等基础部件及智能控制软件等核心技术，大部分课题的主要技术仍局限于数字化和自动化生产系统，所应用的测控系统大多依靠进口，与智能制造装备的实质性推进仍有相当大的距离。

8.4.2　智能制造装备关键技术

智能制造装备技术，即让制造装备能进行诸如分析、推理、判断、构思和决策等多种智能活动，并可与其他智能装备进行信息共享的技术。智能制造装备技术是先进制造技术、信息技术和智能技术的集成和深度融合。

从功能上讲，智能制造装备关键技术主要包括：装备运行与环境感知、识别技术；性能预测和智能维护技术；智能工艺规划和编程技术；智能数控技术等。

1. 装备运行与环境感知、识别技术

传感器是智能制造装备中的基础部件，可以感知或者说采集环境中的图形、声音、光线以及生产节点上的流量、位置、温度、压力等数据。传感器是测量仪器走向模块化的结果，虽然技术含量很高，但一般售价较低，需要和其他部件配套使用。

智能制造装备在作业时，离不开由相应传感器组成的或者由多种传感器结合而成的感知系统。感知系统主要由环境感知模块、分析模块、控制模块等部分组成，它将先进的通信技术、信息传感技术、计算机控制技术结合来分析处理数据。环境感知模块可以是机器视觉识别系统、雷达系统、超声波传感器或红外线传感器等，也可以是这几者的组合。随着新材料的运用和制造成本的降低，传感器在电气、机械和物理方面的性能越发突出，灵敏性也变得更好。随着制造工艺的提高，传感器会朝着小型化、集成化、网络化和智能化方向发展。

智能制造装备运用传感器技术识别周边环境(如加工精度、温度、切削力、热变形、应力应变、图像信息)的功能，能够大幅改善其对周围环境的适应能力，降低能源消耗，提高作业效率，是智能制造装备的主要发展方向。

2. 运行状态预测和智能维护技术

对设备运行的预测分析以及对故障时间的估算，如对设备实际健康状况的评估、对设备的表现或衰退轨迹的描述、对设备或任何组件何时失效及怎样失效的预测等，能够减少不确定性的影响并为用户提供预先的缓和措施及解决对策，减少生产运营中产能与效率的损失。而具备可进行上述预测建模工作的智能软件的制造系统，称为预测制造系统。

智能维护是一种全新的理念，由美国威斯康星大学李杰(Jaw Lee)教授最先提出来。2001年，美国威斯康星大学和密歇根大学在国家自然科学基金的资助下，联合工业界共同成立了“智能维护系统(IMS)中心”，并规划了图 8-26 所示的智能维护系统(IMS)构架。

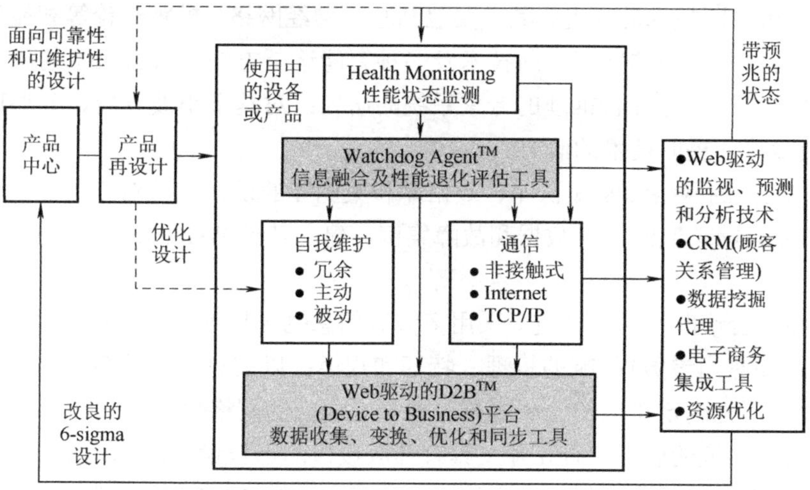

图 8-26　智能维护系统(IMS)构架

智能维护系统是采用性能衰退分析和预测方法，结合现代电子信息技术，使设备达到近乎零故障性能的一种新型维护技术。智能维护技术是设备状态监测与诊断维护技术、计算机网络技术、信息处理技术、嵌入式计算机技术、数据库技术和人工智能技术的有机结合，其主要研究领域包括以下几个方面。

(1) 远程维护系统机构和网络技术研究。利用网络技术，实现信息(包括数据、语音和图像)的多向畅通传输，根据远程诊断数据，保证网络各节点(诊断维护中心、用户、制造厂和诊断专家)正常传输信息，综合考虑网络设备的价格和保障信息传输的带宽等因素，从硬件、软件和集成等方面研究系统的实现及应用方案，这是实现远程维护的基础。

(2) 网络诊断维护标准、规范的研究。网络诊断维护的核心是技术资源的共享，要实现这一目的，必须研究制定通用的标准和规范，并与国际标准和规范接轨，包括监测方案、监测输出参数的定义、有关参数的限值、测试数据存储格式、数据表达形式、传输协议、诊断维护分析方法等。

(3) 多通道同步高速信号采集技术与高可靠性监测技术的研究。其主要包括如何针对设备不同的工作状态和不同的监测信号，采用 DSP(数字信号处理)实现多种方式的多通道同步高速信号采集、处理与故障特征提取的研究；基于 VXI 总线(一种 VXIbus 器件之间的开放通信标准）的数据采集监测系统的研究，以提高可靠性、实时性和多功能为目标，提高现有系统的性能和技术水平。

(4) 嵌入式网络接入技术的研究。以高性能嵌入式微处理器和嵌入式操作系统（EOS）为核心，对 10M/100M 内置以太网接口、可监测设备状态、嵌入式数据网络化传输终端进行开发研究，以此为基础，建设嵌入式 Web Server（网页服务器）并实现其基于网络的系统维护功能，让用户可通过 Web（网页）形式查看设备状态数据。

(5) 基于图形化编程语言的远程监测软件研究。研究开发能够支持网络化数据通信接口、快速描述监测系统环境、定义数据传输及处理过程的图形化编程软件工具，以便根据不同监测对象快速构建监测诊断软件平台。

(6) 智能分析诊断技术的研究。其主要包括基于神经网络、模糊理论等智能信息处理方法和基因算法，对设备故障的智能诊断技术及多种智能诊断方法相融合技术的研究；对基于模糊的和确定性的知识进行综合推理的专家系统的研究；对基于小波分析、分形理论等方法的信号分析、故障特征提取技术的研究。

(7) 基于 Web 的网络诊断知识库、数据库和案例库的研究。针对不同应用对象，研究制定故障诊断规则，筛选监测诊断数据和故障案例，建立基于 Web 的网络诊断知识库、数据库和案例库。

(8) 多参数综合诊断技术的研究。采用多参数信息融合技术，研究故障对设备有关状态参数（振动、油液和热力参数）影响的机理、特征和规律；以信息融合的多参数设备故障综合诊断技术为基础，研究制定相应的诊断规则，并开发相应的网络化运行软件。

(9) 专家会诊环境的研究。研究开发具有开放接口的远程设备故障诊断分析工具包，提供频谱、细化谱、倒谱等常规分析以及小波、经验模态分解（EMD）等先进分析工具；研究电子白板、BBS（网络论坛）、Netmeeting（网络会议）等技术与应用方案，采用设备状态数据 Web 发布技术与诊断专家网络群件系统技术，实现专家会诊环境，支持集成数据、语音和视频的信息交流。

3. 智能工艺规划和编程技术

智能工艺是将产品设计数据转换为产品制造数据的一种技术，也是对零件从毛坯到成品的制造方法进行规划的技术。智能工艺以计算机软硬件技术为环境支撑，借助计算机的数值计算、逻辑判断和推理功能，确定零件机械加工的工艺过程。智能工艺是连接设计与制造之间的桥梁，它的质量和效率直接影响企业制造资源的配置与优化、产品质量与成本、生产组织效率等，因而对实现智能生产起着重要的作用。

1) 智能工艺概念

智能工艺就是计算机辅助工艺设计（Computer Aided Process Planning，CAPP），通常是指机械产品制造工艺过程的计算机辅助设计与文档编制。CAPP 系统的主要任务是通过计算机辅助工艺过程设计完成产品设计信息向制造信息的传递，它不仅是连接 CAD 与 CAM 的桥梁，还是 CIMS 系统中的重要组成部分；另外它对产品质量和制造成本具有极为重要的影响。应用 CAPP 技术，可以使工艺人员从烦琐重复的事务中解放出来，迅速编制出完整而详尽的工艺文件，缩短生产准备周期，提高产品制造质量，进而缩短整个产品的生命周期。智能工艺计算机程序界面（人机界面）如图 8-27 所示。

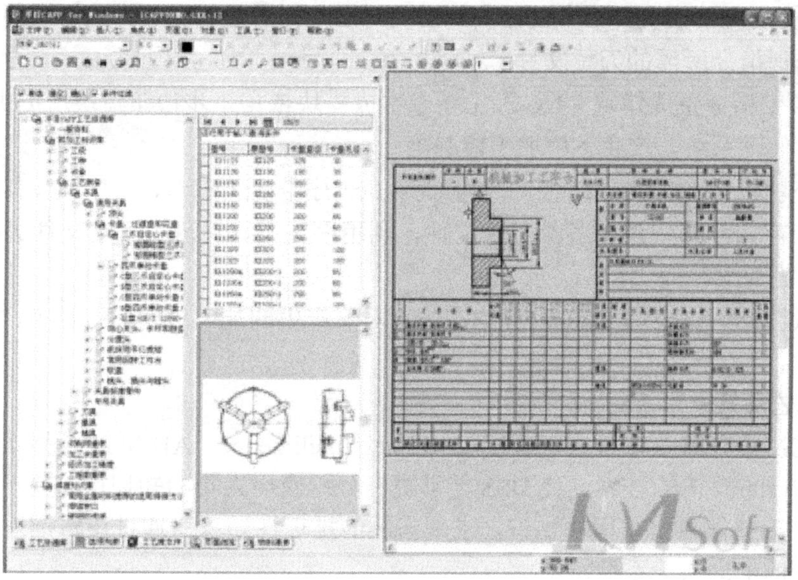

图 8-27　智能工艺计算机程序界面(人机界面)

2) 智能工艺组成

智能工艺系统由加工过程动态仿真、工艺过程设计模块、零件信息输入模块、控制模块、输出模块、工序决策模块、工步设计决策模块和 NC 加工指令生成模块构成，如图 8-28 所示。

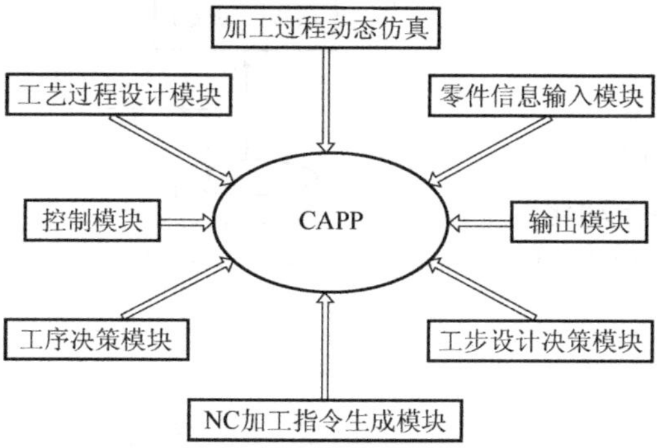

图 8-28　智能工艺组成

小思考 8-3

(1) 智能工艺规划和编程技术在智能装备中扮演什么角色？

(2) 智能数控加工技术与智能工艺规划和编程的关系？

智能工艺组成视 CAPP 系统的工作原理、产品对象、规模大小不同而有较大的差异。CAPP 系统基本的构成包括以下方面。

(1) 控制模块。控制模块的主要任务是协调各模块的运行，是人机交互的窗口，实现人机之间的信息交流，控制零件信息的获取方式。

(2) 零件信息输入模块。当零件信息不能从 CAPP 系统直接获取时，用此模块实现零件信息的输入。

(3) 工艺过程设计模块。工艺过程设计模块进行加工工艺流程的决策，产生工艺过程卡，供加工及生产管理部门使用。

(4) 工序决策模块。工序决策模块的主要任务是生成工序卡，对工序间尺寸进行计算，生成工序图。

(5) 工步设计决策模块。工步设计决策模块对工步内容进行设计，确定切削用量，提供形成 NC 加工控制指令所需的刀位文件。

(6) NC 加工指令生成模块。NC 加工指令生成模块依据工步决策模块所提供的刀位文件，调用 NC 指令代码系统，产生 NC 加工控制指令。

(7) 输出模块。输出模块可输出工艺流程卡、工序卡、工步卡、工序图及其他文档，输出亦可从现有工艺文件库中调出各类工艺文件，利用编辑工具对现有工艺文件进行修改得到所需的工艺文件。

(8) 加工过程动态仿真。加工过程动态仿真对所产生的加工过程进行模拟，检查工艺的正确性。

3) 智能工艺决策专家系统

智能工艺决策专家系统是人工智能(Artificial Intelligence，AI)和 DSS 相结合，应用专家系统(Expert System，ES)技术，使 DSS 能够更充分地应用人类的知识，如关于决策问题的描述性知识，决策过程中的过程性知识，求解问题的推理性知识，通过逻辑推理来帮助解决复杂的决策问题的辅助决策系统。

智能工艺决策专家系统由人机接口、解释机构、知识库、动态数据库、推理机和知识获取机构六部分共同组成，如图 8-29 所示。其中，知识库用来存储各领域的知识，是专家系统的核心；推理机控制并执行对问题的求解，它根据已知事实，利用知识库中的知识按一定推理方法和搜索策略进行推理，得到问题的答案或证实某一结论。

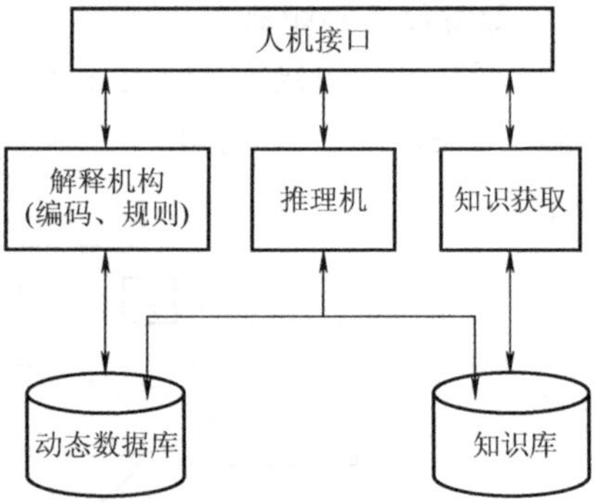

图 8-29　智能工艺决策专家系统组成

智能工艺决策专家系统具有以下特点。

(1) 以“逻辑推理+知识”为核心，致力于实现工艺知识的表达和处理机制，以及决策过程的自动化。

(2) 采用人工智能原理与技术，能够解决复杂而专门的问题，突出知识的价值。

(3) 具有良好的适应性和开放性。

(4) 系统决策取决于逻辑合理性，以及系统所拥有的知识的数量和质量。

(5) 系统决策的效率取决于系统是否拥有合适的启发式信息。

数控技术即数字化控制技术，是一种采用计算机对机械加工过程中的各种控制信息进行数字化运算和处理，并通过高性能的驱动单元，实现机械执行构件自动化控制的技术。而智能数控技术，是指数控系统或部件能够通过对自身功能结构的自整定(设备不断修正某些预先设定的值，以在短时间内达到最佳工作状态的功能)改变运行状态，从而自主适应外界环境参数变化的技术。

4. 智能数控技术

数字控制(Numerical Control，NC)技术是近代发展起来的一种自动控制技术。国家标准 GB 8129—1987 将其定义为“用数字化信号对机床运动及其加工过程进行控制的方法”。数控机床是用数字信息进行控制的机床，借助输入控制器中的数字信号控制机床部件的运动，自动地将零件加工出来。现代数控系统普遍采用微机技术实现，称为计算机数控(Computer

Numerical Control，CNC）。机床数字控制器经历了 60 多年的发展，大致经历了以下 5 个发展阶段，如表 8-1 所示。

表 8-1　机床数控技术发展的不同阶段

特点	第 1 阶段研究开发期（1952～1970 年）	第 2 阶段推广应用期（1970～1980 年）	第 3 阶段系统化（1980～1990 年）	第 4 阶段集成化（1990～2000 年）	第 5 阶段网络化（2000～2015 年）
典型应用	数控车床、数控铣床、数控钻床	加工中心、电加工机床和成形机床	柔性制造单元、柔性制造系统	复合加工机床五轴联动机床	智能、可重组制造系统
系统组成	电子管、晶体管小规模集成电路	专用 CPU 芯片	多 CPU 处理器	模块化多处理器	开放体系结构工业微机
工艺方法	简单加工工艺	多种工艺方法	完整的加工过程	复合多任务加工	高速、高效加工微纳米加工
数控功能	NC 数字逻辑控制 2～3 轴控制	全数字控制刀具自动交换	多轴联动控制人机界面友好	多过程、多任务、复合化、集成化	开放式数控系统网络化和智能化
驱动特点	步进电动机伺服液压马达	直流伺服电动机	交流伺服电动机	数字智能化直线电动机驱动	高速、高精度、全数字、网络化

随着计算机技术的高速发展，传统的制造业开始了根本性变革，各工业发达国家投入巨资，对现代制造技术进行研究开发，提出了全新的制造模式。在现代制造系统中，数控技术是关键技术，它集微电子、计算机、信息处理、自动检测、自动控制等高新技术于一体，具有高精度、高效率、柔性自动化等特点，对制造业实现柔性自动化、集成化、智能化起着举足轻重的作用。目前，数控技术正在发生根本性变革，由专用型封闭式开环控制模式向通用型开放式实时动态全闭环控制模式发展。在集成化基础上，数控系统实现了超薄型、超小型化；在智能化基础上，综合了计算机、多媒体、模糊控制、神经网络等多学科技术，数控系统实现了高速、高精、高效控制，加工过程中可以自动修正、调节与补偿各项参数，实现了在线诊断和智能化故障处理；在网络化基础上，CAD/CAM 与数控系统集成为一体，机床联网，实现了中央集中控制的群控加工。

长期以来，我国的数控系统为传统的封闭式体系结构，CNC 只能作为非智能的机床运动控制器。加工过程变量根据经验以固定参数形式事先设定，加工程序在实际加工前用手工方式或通过 CAD/CAM 及自动编程系统进行编制。CAD/CAM 和 CNC 之间没有反馈控制环节，整个制造过程中 CNC 只是一个封闭式的开环执行机构。在复杂环境以及多变条件下，加工过程中的刀具组合、工件材料、主轴转速、进给速率、刀具轨迹、切削深度、步长、加工余量等加工参数，无法在现场环境下根据外部干扰和随机因素实时动态调整，更无法通过反馈控制环节随机修正 CAD/CAM 中的设定量，因而影响 CNC 的工作效率和产品加工质量。由此可见，传统 CNC 系统的这种固定程序控制模式和封闭式体系结构，限制了 CNC 向多变量智能化控制发展，已不适应日益复杂的制造过程，因此，对数控技术实行变革势在必行。

1）数控技术性能发展趋势

（1）高速高精高效化。速度、精度和效率是机械制造技术的关键性能指标。由于采用了高速 CPU 芯片、RISC 芯片、多 CPU 控制系统以及带高分辨率绝对式检测元件的交流数字伺服系统和改善机床动态、静态特性等有效措施，机床的高速高精高效化已大大提高。

（2）柔性化。包含两方面：一方面是数控系统本身的柔性，数控系统采用模块化设计，功能覆盖面大，可裁剪性强，便于满足不同用户的需求；另一方面是群控系统的柔性，同一群控系统能依据不同生产流程的要求，使物料流和信息流自动进行动态调整，最大限度地发挥群控系统的效能。

(3) 工艺复合性和多轴化。以减少工序、辅助时间为主要目的的复合加工，正朝着多轴、多系列控制功能方向发展。数控机床的工艺复合化是指工件在一台机床上一次装夹后，通过自动换刀、旋转主轴头或转台等各种措施，完成多工序、多表面的复合加工，如日本马扎克七轴五联动车铣复合加工中心；西门子 880 系统控制轴数可达 24 轴。

(4) 实时智能化。人工智能可以用计算模型实现人类的各种智能行为。实时系统和人工智能相互结合，人工智能正向着具有实时响应的、更现实的领域发展，而实时系统也朝着具有智能行为的、更加复杂的应用发展，由此产生了实时智能控制这一新的领域。同时实时智能控制的研究和应用正沿着几个主要分支发展：自适应控制、模糊控制、神经网络控制、专家控制、学习控制、前馈控制等。例如，在数控系统中配备编程专家系统、故障诊断专家系统、参数自动设定和刀具自动管理及补偿等自适应调节系统，在高速加工时的综合运动控制中引入提前预测和预算功能、动态前馈功能，在压力、温度、位置、速度控制等方面采用模糊控制，使数控系统的控制性能大大提高，从而达到最佳控制的目的。

2) 数控技术功能发展趋势

(1) 用户界面图形化。用户界面是数控系统与使用者之间的对话接口。由于不同用户对界面的要求不同，因而开发用户界面的工作量极大，用户界面成为计算机软件研制中最困难的部分之一。当前 Internet、虚拟现实、科学计算可视化及多媒体等技术也对用户界面提出了更高要求。图形用户界面极大地方便了非专业用户的使用，人们可以通过窗口和菜单进行操作，便于蓝图编程和快速编程、三维彩色立体动态图形显示、图形模拟、图形动态跟踪和仿真、不同方向的视图和局部显示比例缩放功能的实现。

(2) 计算可视化。科学计算可视化可用于高效处理数据和解释数据，使信息交流不再局限于用文字和语言表达，而可以直接使用图形、图像、动画等可视信息。可视化技术与虚拟环境技术相结合，进一步拓宽了应用领域，如无图纸设计、虚拟样机技术等，这对缩短产品设计周期、提高产品质量、降低产品成本具有重要意义。在数控技术领域，可视化技术可用于 CAD/CAM，如自动编程设计、参数自动设定、刀具补偿和刀具管理数据的动态处理和显示以及加工过程的可视化仿真演示等。

(3) 插补和补偿方式多样化。多种插补方式如直线插补、圆弧插补、圆柱插补、空间椭圆曲面插补、螺纹插补、极坐标插补、2D+2 螺旋插补、NANO 插补、NURBS 插补(非均匀有理 B 样条插补)、样条插补(A、B、C 样条)、多项式插补等。多种补偿功能如间隙补偿、垂直度补偿、象限误差补偿、螺距和测量系统误差补偿、与速度相关的前馈补偿、温度补偿、带平滑接近和退出以及相反点计算的刀具半径补偿等。

(4) 内装高性能 PLC。数控系统内装高性能 PLC 控制模块，可直接用梯形图或高级语言编程，具有直观的在线调试和在线帮助功能。编程工具中包含用于车床、铣床的标准 PLC 用户程序实例，用户可在标准 PLC 用户程序基础上进行编辑修改，从而方便地建立自己的应用程序。

(5) 多媒体技术应用。多媒体技术集计算机、声像和通信技术于一体，使计算机具有综合处理声音、文字、图像和视频信息的能力。在数控技术领域，应用多媒体技术可以做到信息处理综合化、智能化，在实时监控系统和生产现场设备的故障诊断、生产过程参数监测等方面有着重大的应用价值。

3) 数控技术体系结构的发展趋势

(1) 集成化。采用高度集成化 CPU、RISC 芯片和大规模可编程集成电路 FPGA、EPLD、CPLD 以及专用集成电路 ASIC 芯片，可提高数控系统的集成度和软硬件运行速度。应用 FPD 平板显示技术，可提高显示器性能。平板显示器具有科技含量高、重量轻、体积小、功耗低、便于携带等优点，可实现超大尺寸显示。应用先进封装和互连技术，将半导体和表面安装技术融为一体。通过提高集成电路密度、减少互连长度和数量来降低产品价格，改进性能，减小组件尺寸，提高系统的可靠性。

(2) 模块化。硬件模块化易于实现数控系统的集成化和标准化。根据不同的功能需求，将基本模块如 CPU、存储器、位置伺服、PLC、输入输出接口、通信等模块，做成标准的系列化产品，通过积木方式进行功能裁剪和模块数量的增减，构成不同档次的数控系统。

(3) 网络化。机床联网可进行远程控制和无人化操作。通过机床联网，可在任何一台机床上对其他机床进行编程、设定、操作、运行，不同机床的画面可同时显示在每一台机床的屏幕上。

(4) 通用型开放式闭环控制模式。采用通用计算机组成总线式、模块化、开放式、嵌入式体系结构，便于裁剪、扩展和升级，可组成不同档次、不同类型、不同集成程度的数控系统。闭环控制模式是针对传统的数控系统仅有的专用型单机封闭式开环控制模式提出的。由于制造过程是一个具有多变量控制和加工工艺综合作用的复杂过程，包含诸如加工尺寸、形状、振动、噪声、温度和热变形等各种变化因素，因此，要实现加工过程的多目标优化，必须采用多变量的闭环控制，在实时加工过程中动态调整加工过程变量。加工过程中采用开放式通用型实时动态全闭环控制模式，易于将计算机实时智能技术、网络技术、多媒体技术、CAD/CAM、伺服控制、自适应控制、动态数据管理及动态刀具补偿、动态仿真等高新技术融于一体，构成严密的制造过程闭环控制体系，从而实现集成化、智能化、网络化。

4) 智能化新一代 PCNC 数控系统

当前开发研究适应于复杂制造过程的、具有闭环控制体系结构的、智能化新一代 PCNC 数控系统已成为可能。

智能化新一代 PCNC 数控系统将计算机智能技术、网络技术、CAD/CAM、伺服控制、自适应控制、动态数据管理及动态刀具补偿、动态仿真等高新技术融于一体，形成严密的制造过程闭环控制体系。

5) 智能数控技术的组成

智能数控技术是智能数控机床、智能数控加工技术以及智能数控系统的统称。

(1) 智能数控机床。

智能数控机床是最具代表性的智能数控装备。智能数控机床技术包括智能主轴、智能传感器、智能进给驱动以及智能机床结构等技术。

① 智能主轴单元。智能主轴单元包含多种传感器，如温度传感器、振动传感器、加速度传感器、非接触式电涡流传感器、测力传感器、轴向位移测量传感器、径向力测量应变计、对内外全温度测量仪等，使得加工主轴具有精准的应力、应变数据。如图 8-30 所示的智能电主轴单元，包含了比较常见的几种传感器。

② 智能进给驱动单元。智能进给驱动单元确定了直线电机和旋转丝杠驱动的合适范围以及主轴的运动轨迹。为了便于测量移动的位移，可将测量系统与导轨系统集成。瑞士施耐博(Schneeberger)公司推出的具有磁尺的滚柱直线导轨的外观和原理，如图 8-31 所示。

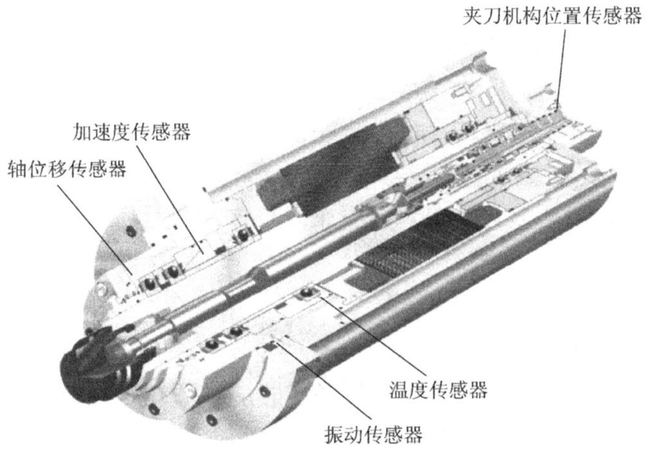

图 8-30 智能电主轴单元

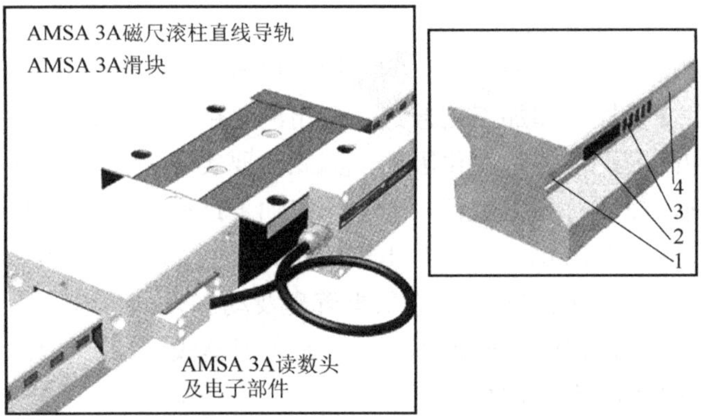

图 8-31 具有磁尺的滚柱直线导轨

1-经磨削的槽；2-磁性材料；3-刻度磁化后；4-保护层

从图 8-31 中可见，在导轨体上有一条经磨削的槽，其上黏合一条磁性带，经过磁化后成为磁尺，并覆盖透磁的保护层。磁尺上有两条磁轨：一条是间隔 200μm、N 和 S 极交替的精密增量磁轨；另一条是绝对相对位置的参考磁轨。当磁尺与传感器有相对位移时，磁阻材中的磁场强度发生正弦变化，并转化成为电信号，经倍频细分后可以输出 5μm、1μm 或 0.2μm 分辨精度的信号。导轨体上附加磁尺后，并在沿导轨移动的一个滑块上安装传感器(读数头)，即可构成同时具有导向和测量功能的导轨系统。

2013 年，在北京中国国际机床展览会上，南京工艺装备制造公司和广东凯特精密机械公司也展出了带磁栅尺测量系统的智能滚动直线导轨，标志着我国滚动功能部件向智能化迈出了一大步。

另外，还有具有主动阻尼的智能导轨系统。主动阻尼的原理是在工作台上增加类似线性导轨滑块的制动装置。通过控制系统指令，借助压电陶瓷在加速或减速时向导轨增加摩擦力，从而形成可控的反作用力，改变系统的阻尼特性以提高系统的动态特性，如图 8-32 所示。从图中可见，由于一阶固有频率段的振幅大为降低，系统的抗干扰性明显得到改善，提高了高速运行时的可靠性，k_y 值也提高了 100%。

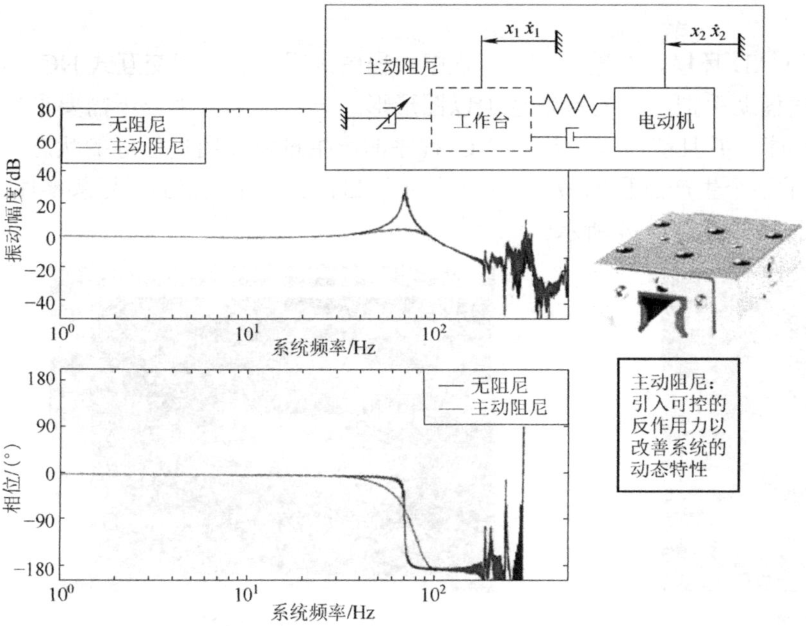

图 8-32　提高系统动态特性的主动阻尼导轨

小总结 8-1

智能制造装备关键技术较多，主要有：装备运行与环境感知、识别技术；运行状态预测和智能维护技术；智能工艺规划和编程技术；智能数控技术等。

(2) 智能数控加工技术。

智能数控加工技术包括自动化编程软件与技术、数控加工工艺分析技术以及加工过程及参数化优化技术。

以色列 Cimatron 公司作为世界一流的面向制造行业的 CAD/CAM 方案供应商，在 NC 技术上实现了新的突破智能 NC，它结合了当今最先进的加工技术：自动化 NC(ANC) 和基于知识的加工(KBM)。这些技术又与毛坯残留知识达到了时时结合。Cimatron 的智能 NC 代表了当今在 NC 技术领域的一个突破。Cimatron 的 KBM 为用户提供了优化刀迹轨迹和产生更加高效的 NC 代码的能力。

在 Cimatron 实际分析几何模型和决定应采用相似加工方案进行加工时，KBM 可以估算额外的加工工时。

ANC 可以把公司中权威编程人员的加工工艺过程储备起来。每个加工过程可以应用于任何一个技术相似性的零件。当用户拥有了一个加工方案库时，NC 编程就成了一步即成的工作。在每一个加工轨迹生成之后，Cimatron 都会计算毛坯余量，进而利用这一信息来优化随后的加工轨迹。

智能 NC(INC) 在公司中的应用为用户提供了一系列易用而且全面的工具，这些工具的使用将使加工过程自动化，NC 编程时间极大缩小而且刀迹轨迹将更加优化，从而大大缩短产品的生产周期。

Cimatron NC 支持从 2.5 轴到 5 轴高速铣削，毛坯残留知识和灵活的模板有效地减少了用户编程和加工时间。Cimatron NC 提供了完全自动基于特征的 NC 程序以及基于特征和几何形状的 NC 自动编程。

在 E8.0 版本中，五轴铣削加工的功能更为完善，其中包括五轴联动铣削、侧刃铣削和深腔铣削等。先进的科学算法使得加工轨迹更为优化。在该版本中还增加了刀具夹头干涉检查功能。这样，即使在刀具较短、切削速率较高的情况下也能完成加工的任务，并且能够延长刀具的使用寿命。

Cimatron NC 完全集成 CAD 环境，在整个 NC 流程中，程序为用户提供了交互式 NC 向导，并结合程序管理器和编程助手把不同的参数选项以图形形式表示出来。用户不需要重新选取轮廓就能够重新构建程序，并且能够连续显示 NC 程序的产生过程和用户任务的状态。可以说，Cimatron NC 提高了整个生产过程的效率，突破了我们日常加工中的瓶颈。复杂零件、Cimatron NC 编程分别如图 8-33 和图 8-34 所示。

图 8-33　复杂零件

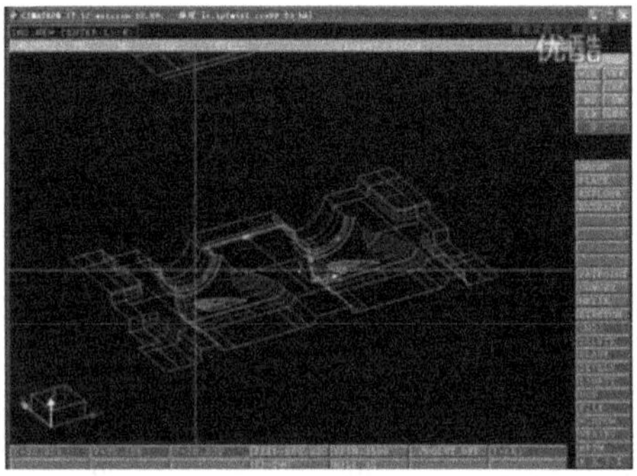

图 8-34　Cimatron NC 编程

(3) 智能数控系统。

智能数控系统是实现智能制造系统的重要基础单元，由各种功能模块构成。智能数控系统包括硬件平台、软件技术和伺服协议等。智能数控系统具有多功能化、集成化、智能化和绿色化等特征。

德国的西门子、海德汉，日本的 Fanuc、三菱是在我国应用的主流数控系统，它们都通过增加智能化的功能不断提升产品的性价比，从而赢得市场。

西门子数控系统采用模块化的结构设计，从低端的 801 到高端的 840D 系列，已发展成为面向不同应用领域，从简单的客户化到复杂的具有较高智能化的产品。

828D 是西门子最新推出的紧凑型数控系统，它集 CNC、PLC、操作界面以及轴控制功能于一体，支持车、铣两种工艺应用，外形简洁紧凑，系统采用 NV-RAM 技术进行数据存储与保护，因而无电池、无硬盘、无风扇，免维护。828D 最多可控制 6 轴，可进行 4 轴联动插补。虽然 828D 可控制的轴数、系统的功能和柔性不如 840D，但其采用了基于 80 位浮点数进行插补计算，纳米计算精度充分保证了系统的控制精确性。可以说 828D 是一个性能卓越的定制化了的 840D 系统。828D 数控系统的智能化体现在以下方面。

① FS30i/31i/32i/35i-MODELB 数控系统是 Fanuc 公司最新的人工智能纳米数控系统，这个系列数控系统灵活地支持加工中心、车床、复合加工机床、五轴机床和各种高速高精度机床。系统支持 FL-net、PROFIBUS-DP、DeviceNet、I/OLink-II 和现场总线，系统可以实现纳米级高精度插补，可提供编程和操作导航，实现系统操作的可视性和操作性。系统提供了刚性攻丝、大型机床控制、双检安全等功能。

② 三菱公司的 M700V 采用最新的精简指令集的 64bit CPU 及高性能的光纤伺服网络，具有纳米级插补技术，超光滑曲面控制 SSS 算法，最优化的机床响应控制，高精密校正功能，便于使用的菜单设计和宜人化的在线帮助功能，实时 3D 图形化监控设计。

③ 西门子公司的最新系统 828D 与 840Dsl，突出紧凑、强壮、简单、完美等特色。工作在 80bit 的浮点计算精度，高级曲面技术，从而获得最高的工件精度，特别适用于模具加工。

智能定位与运动转换，确保加工正确的位置，独特的 ShopMill/ShopTurn 顺序编程功能：便利编程，极大减少编程时间，动态线条图形显示，宽范围的循环、复杂轮廓的几何处理器，高程序质量的 CNC 模拟仿真。

④ 海德汉公司的 iTNC530 友好的界面、面向车间的编程方法，对话式编程和 SmarT.NC 编程，DXF 转换，0.5ms 的程序段处理时间和优异的轮廓加工精度及五轴加工特性，具有 DCM 动态碰撞监控功能，AFC 自适应进给控制功能，对话格式编程，TNCGuide，全局程序参数设置。

8.4.3 精密、超精密和智能机床产品

近年来各种新技术，如微电子技术、计算机技术、自动控制技术、激光技术等在精密加工中得到广泛的应用，使精密、超精密和智能加工技术产生了飞跃的发展，大大地改变了它的技术面貌。精密、智能加工技术的水平已是机械制造业水平的重要标志。当代的精密工程，其中包括精密加工、超精密和智能加工技术，微细加工技术和纳米技术是现代制造业的前沿，也是明天制造技术的基础。

机械产品要求的精度不断提高，促使精密和智能加工技术水平的迅速发展，精密、超精密和智能加工水平在不断提高。在 20 世纪 50 年代精密加工能达到的精度水平是 3～5μm，超精密加工达到的精度是 1μm。到 70 年代后期，精密加工达到的精度水平是 1μm，超精密加工达到的精度是 0.1μm，而现在精密加工达到的精度水平是 0.1μm，超精密加工达到的精度已是 0.01～0.001μm。智能机床在机、电、液、气、光元件和控制系统方面;在加工工艺参数的自动收集、存储、调节、控制、优化方面;在智能化、网络化、集成化后的可靠性、稳定性、耐用性等方面都有很大的发展。

下面介绍国际上部分具有代表性的精密、超精密和智能机床产品。

1. Kern 纳米加工中心

德国科恩(Kern)精密技术公司生产的 Kern Pyramid Nano 是适用于中批和大批量生产的金字塔式纳米加工中心(图 8-35)，3～5 轴联动，定位精度±0.3μm，加工表面粗糙度不大于 0.05μm。

科恩金字塔式纳米加工中心的主体结构是对称的金字塔龙门型结构，采用科恩公司专利的 Armorith 人造花岗石材料铸造。这种复合材料的热传导率很低，可以保证机床的热均衡稳定性和刚性，与智能温度管理系统配合在一起，能抵御各种温度变化对机床加工精度的影响，并同时具有高结构强度与良好的减振阻尼性能。机床的外形和结构配置如图 8-35 所示。

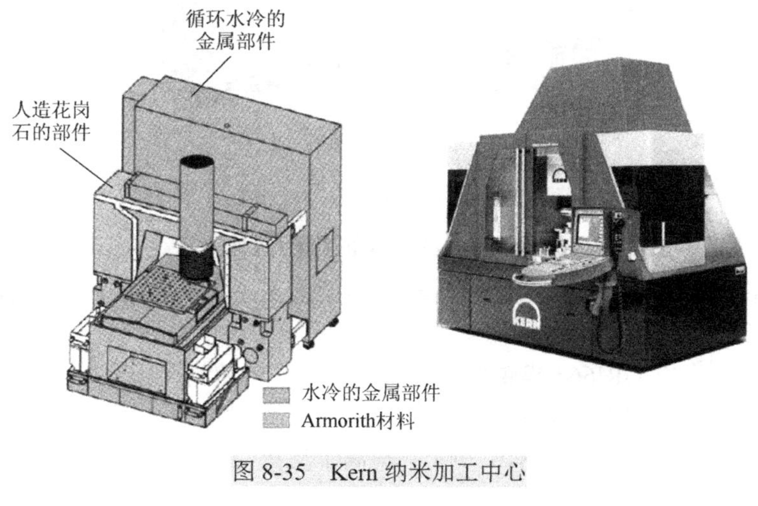

图 8-35　Kern 纳米加工中心

从图中可见，机床床身和龙门框架是人造花岗石铸造的，工作台、主轴部件、电气柜和切屑收集系统则是金属构件。

该机床具有智能化温度管理系统。独立的水冷却系统用于主轴、液压单元、电气控制柜以及冷却装置本身的冷却。循环的液压油在床身、静压导轨和各运动轴的驱动装置中持续流动，进行冷却。温度管理系统使中央冷却箱的温度控制在±0.25℃范围内，从而降低了对环境温度控制的要求。

金字塔式纳米加工中心的3个直线驱动轴皆采用静压导轨和静压丝杠，具有接近零摩擦、无磨损、无噪声、高动态刚性、低能耗和高阻尼等一系列优点；可以实现高加速度和最小为0.1μm 的微量直线移动；保证在很小的进给速度时也没有爬行现象。此外，液压驱动系统的温度对切削力的大小不敏感。

金字塔式纳米加工中心是为大批量生产设计的。在机床的右侧配置有立式多层盘式刀库，在刀库中可以安置带红外线传输的接触式测量头，用于测量工件的尺寸和位置。

在机床左侧配置有自动工件交换装置。机床配备有非接触式激光测量装置，用以在主轴旋转时测量刀具的长度、直径和同心度。测量数据自动传输到海德汉数控系统，必要时可加以补偿或更换备用刀具。

2. Moore 超精密车床

美国摩尔纳米技术系统公司(Moore Nanotechnology System)的450UPL型超精密车床，采用单晶金刚石车削工艺，是最早商品化的超精密加工机床，其外观如图8-36所示。单晶金刚石刀具是采用单晶金刚石制造的尺寸很小的切削刀具。由于其刀尖半径可以小于 0.1μm，工件加工后的表面粗糙度可达纳米级，因此能在硬材料上直接切削出具有极光洁的表面和超高精度的微小三维特征，适用于塑料镜头注塑模模芯、铝合金反射镜以及有机玻璃透镜等复杂形状零件的加工。

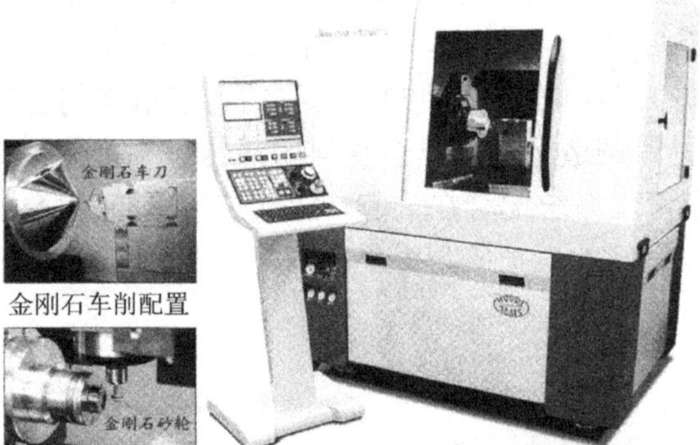

图8-36 Moore450UPL型超精密车床

3. 英国克兰菲尔德大学 ECORl664 系统模辊切削机床

机床总体布局如图8-37所示，该机床与上述设备采用了不同的布局形式，主要体现在导轨和溜板的布局上。

克兰菲尔德大学 ECORl664 模辊切削机床传统的模辊超精密机床的直线轴 X 轴和 Z 轴如图8-38(a)所示，支撑位置较低，机床变形、振动等因素对刀尖与模辊之间距离有显著影响；而采用改进的布局结构，如图8-38(b)所示，提高了支撑位置，偏移量会大大降低，从而减小了切削区域对机床变形、振动的敏感性，降低了机床几何误差，提高了切削稳定性。德国库格勒公司的 DrumLatheTDM 系列机床导轨也采用相类似的斜体式布局。

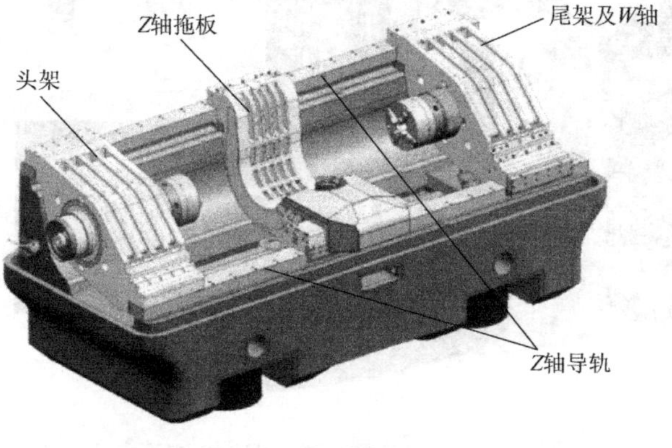

图 8-37　克兰菲尔德大学 ECORl664 系统模辊切削机床

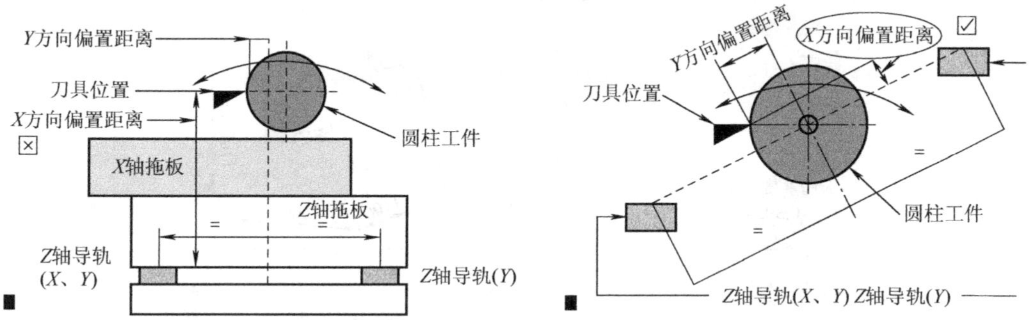

(a) 传统的模辊机床设计方案　　(b) 改进的模辊机床设计方案

图 8-38　模辊超精密机床布局结构改进

4. DIXI 高精度加工中心

1) 机床的结构特点

德马吉森精机 DHP80 加工中心，其中工作台尺寸 800mm×800mm，外观和结构如图 8-39 所示。从图中可见，DIXI 机床采用箱中箱、左右对称的结构。截面较大的立柱和封闭的箱中箱框架、X 轴向大跨度线性导轨以及双电动机重心驱动，保证了机床高刚度、高精度和平稳的运动。结构左右对称性，使热变形造成的刀具中心点与工作台相对偏移减少到最低程度。

2) 机床的精度

由于机床刚性较高，DIXI 机床的工作精度可与三坐标测量机媲美。各移动轴的双向定位精度可达 0.99μm，重复定位精度 0.90μm（皆为未经补偿的实际测量值），且精度稳定性和保持性非常好，使用数十年也能够保持不变。更为重要的是，DIXI 机床具有很高的空间对角线（体积）精度和运动轨迹精度，如图 8-40 所示。从图中可见，在整个工作空间范围内，主轴从最低右前端移动到最高左后端，刀具中心点的未经补偿的空间对角线误差：对 4 轴机床为 15μm，对 5 轴机床为 25μm，只有一般精密机床的 1/3。

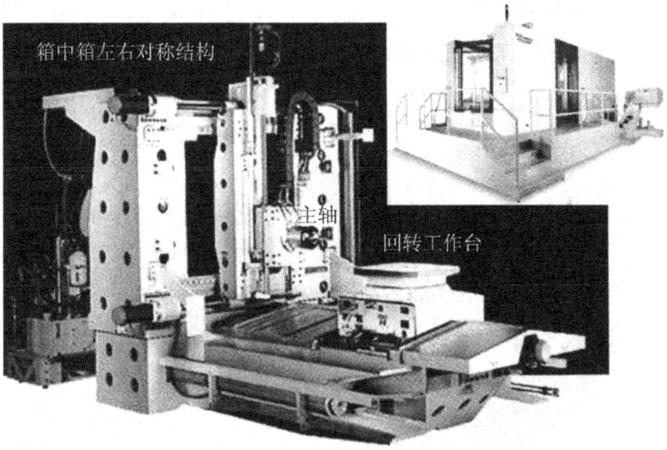

图 8-39　德马吉森精机 DHP80 加工中心

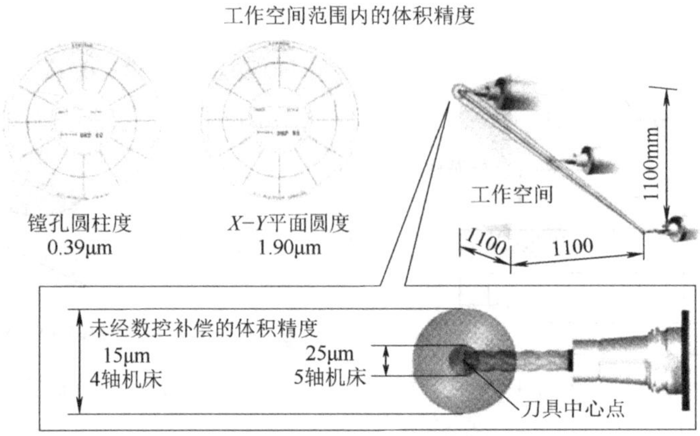

图 8-40　DHP80 加工中心的工作精度

在镗孔加工时，孔的圆柱度可达 0.39μm，机床在 *X-Y* 平面内的运动圆度为 1.90μm(整个工作空间范围内)，没有明显的反向间隙。

3) 机床的热管理

热变形在高精度机床中显得非常重要，占总误差的 50%～70%。为了控制热变形，DIXI 机床在 7 处热源设置了温度控制点进行热管理，如图 8-41 所示。从图中可见，7 个温度控制点分别是：①滚珠螺母；②滚珠丝杠轴承；③主轴电动机和轴承；④B、C 轴采用直接驱动电动机；⑤电气柜；⑥液压系统；⑦冷却循环系统。

与此同时，在各个热源都设计了独立的冷却循环回路，并计算好各处热源的发热量。在机床工作期间，冷却液循环系统根据各个热源的发热量供应比室温低 2℃的冷却液，确保每个循环回路都提供稍大于热源发热量的冷却量，保持机床的热变形在允许范围之内。

4) 主轴部件

主轴部件是机床的心脏。DIXI 机床采用智能化的主轴部件，其结构和传感器分布如图 8-42 所示。

DIXI 机床的主轴部件采用同步电动机驱动，主轴前后轴承皆为角接触滚珠轴承以及压力可调的液压预紧装置。主轴前端配置有位移传感器，可测量由于热变形和机械惯性力引起的主轴轴向位移，然后借助数控系统加以补偿。主轴轴承和电动机定子均配置有冷却水套，温度传感器实时测量主轴的温度，并相应控制冷却水的流量，避免热量转移到主轴箱，防止热扩散，抑制了热变形。当主轴振动超过一定数值时，振动传感器可以通过驱动系统调整主轴转速或发出报警信号。

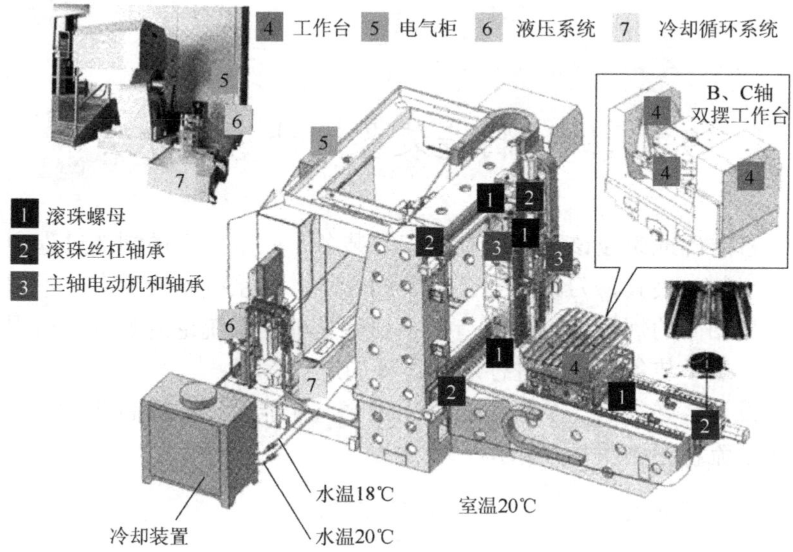

图 8-41　DHP80 加工中心的热管理

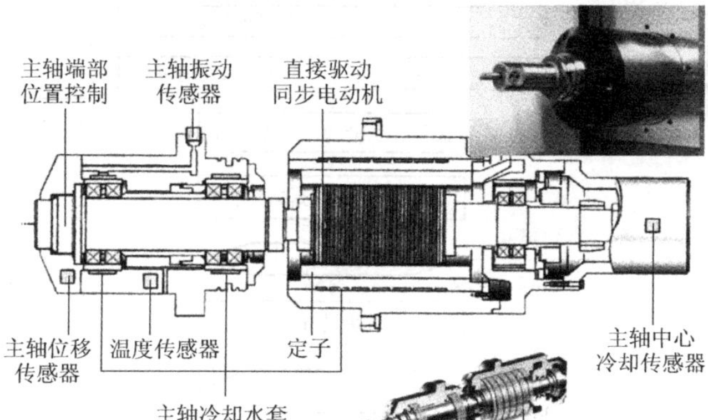

图 8-42　DHP80 加工中心的主轴

习题与思考

8-1　智能制造是怎样定义的？

8-2　智能制造主要关键技术有哪些？

8-3　智能工艺规划和编程技术包括哪些内容？

8-4　机床的智能主轴通常包括哪些传感器？

8-5　高精度机床直线进给测量通常用什么测量方法？回转进给又是如何测量的？

第 9 章　机械制造装备设计范例

9.1　机械制造装备设计基本方法

机械制造装备准确地说应该是机械制造工艺装备，就是指机械制造过程中使用到的各种机床、设备以及工装、夹具、刀具等工艺装备的总称。在系统构成上有着不同的层次，但在系统设计方面有着相同的规律。机械制造装备设计是根据系统论的观点，运用现代设计的方法构造装备结构、赋予装备性能并进行产品设计的过程。

不论哪一类设计，必须有一个科学的设计程序，才能保证和提高装备设计质量。机械制造装备设计的典型流程图如图 9-1 所示。

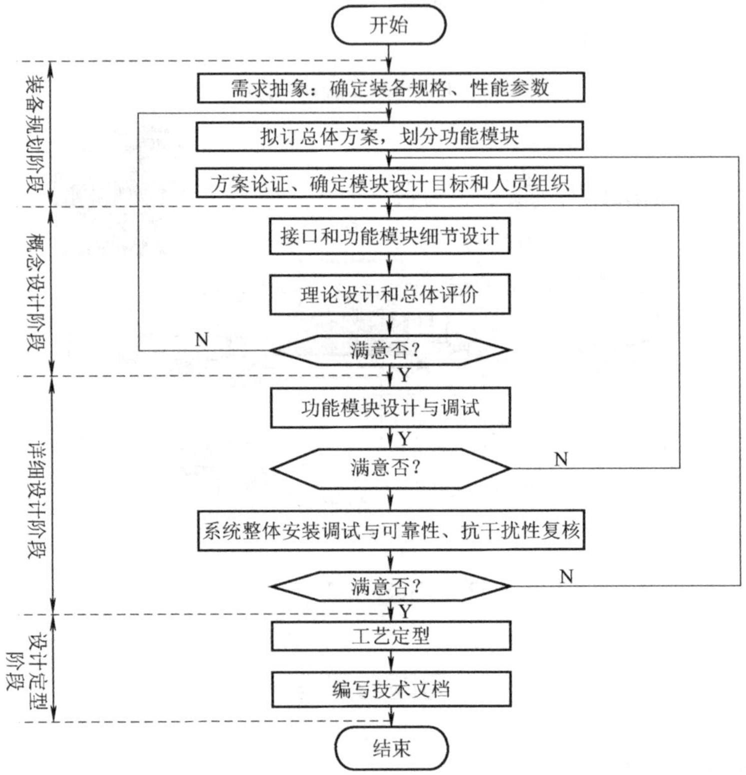

图 9-1　机械制造装备设计流程图

从图 9-1 可以看出，装备开发设计可划分为以下四个阶段。

(1)装备规划阶段。装备规划要求进行需求分析、市场预测、可行性分析，确定设计参数及制约条件，最后给出详细的设计任务书，作为装备设计、评价和决策的依据。在这个阶段中首先对设计对象进行机理分析和理论抽象，确定产品的规格、性能参数；然后根据设计对象的要求，进行技术分析，拟订系统总体设计方案，划分组成系统的各功能要素和功能模块，最后对各种方案进行可行性研究对比，确定最佳总体方案。

(2) 概念设计阶段。需求是以产品功能来体现的，功能与装备设计的关系是因果关系。体现同一功能的装备可以有多种多样的工作原理。因此，这一阶段的最终目标就是在功能分析的基础上，通过构想设计理念、创新构思、搜索探求、优化筛选取得较理想的工作原理方案。对于机械制造装备，在功能分析和工作原理确定的基础上进行工艺动作构思和工艺动作分解，初步拟订各执行构件动作相互协调配合的运动循环图，进行机械运动方案的设计(即机构系统的型综合和数综合)等，这就是产品概念设计过程的主要内容。

在这个阶段中首先根据设计目标、功能要素和功能模块，画出机器工作时序图和机器传动原理简图；对于有过程控制要求的系统应建立各要素的数学模型，确定控制算法；计算各功能模块之间接口的输入输出参数，确定接口设计的任务归属。然后以功能模块为单元，根据接口参数的要求对信号检测及转换、机械传动及工作机构、控制微机、功率驱动及执行元件等进行功能模块的选型、组配、设计；最后对所进行的设计进行整体技术经济评价，挑选出综合性能指标最优的设计。

(3) 详细设计阶段。详细设计是将机械制造装备方案(主要是机械运动方案、控制方案等)具体转化为装备及其零部件的合理构形。也就是要完成装备的总体设计、部件和零件设计以及电气系统设计。

详细设计时要求零件、部件设计满足机械的功能要求；零件结构形状要便于制造加工；常用零件尽可能标准化、系列化、模块化；总体设计还应满足总功能、人机工程、造型美学、包装和运输等方面的要求。

(4) 设计定型阶段。该阶段的主要任务是对调试成功的系统进行工艺定型，整理出设计图纸、软件清单、零部件清单、元器件清单及调试记录等；编写设计说明书，为装备投产时的工艺设计、材料采购和销售提供详细的技术档案资料。

纵观系统的设计流程，设计过程的各阶段均贯穿着围绕装备设计的目标所进行的“基本原理—总体布局—细部结构”三次循环设计，每一阶段均构成一个循环体，即以装备的规划为中心的可行性设计循环；以装备的最佳方案为中心的概念性设计循环；以装备性能和结构优化为中心的技术性设计循环。循环设计使装备设计在可行性规划和论证的基础上求得最佳方案，再在最佳方案的基础上进行技术优化，使系统设计的效率和质量大大提高。

9.2 C6140 卧式车床数控化改造设计(范例 1)

9.2.1 概述

根据需要，要求将一台 C6140 卧式车床改造成经济型数控车床。原 C6140 卧式车床如图 9-2 所示。

1. 设备主要技术参数

(1) 床身上最大加工直径：400mm。

(2) 刀架上最大工件回转直径：210mm。

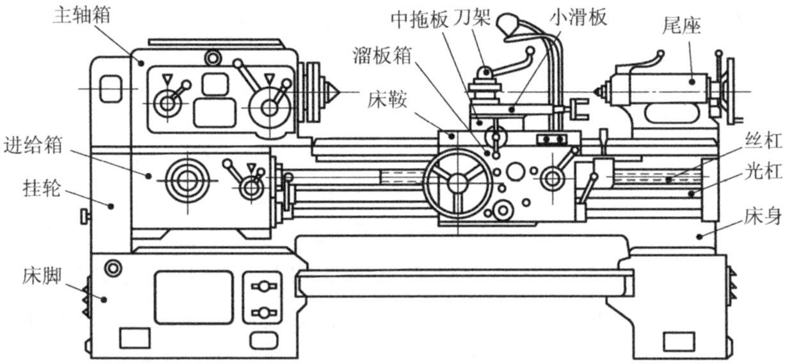

图 9-2　C6140 卧式车床

(3) 最大加工长度：1000mm。

(4) 主轴中心至床身平面导轨距离：205mm。

(5) 正转转速范围：10～1400r/min。

(6) 主轴每转刀架纵向标准进给量：0.08～1.59mm/r。

(7) 主轴每转刀架横向标准进给量：0.04～0.790mm/r。

(8) 刀架纵向快速移动速度：4m/min。

(9) 刀架横向快速移动速度：2m/min。

(10) 主电机功率：7.5kW。

(11) 溜板快速移动电机功率：0.25kW。

(12) 冷却泵电机功率：0.09kW。

2. 改进要求的主要技术指标

(1) X 方向(横向)的脉冲当量 δ_x=0.005mm/脉冲，Z 方向(纵向) δ_z=0.01mm/脉冲。

(2) X 方向最快移动速度 $v_{x\max快}$=3000mm/min，Z 方向为 $v_{z\max}$=6000mm/min。

(3) X 方向最快工进速度 $v_{x\max工}$=400mm/min，Z 方向为 $v_{z\max工}$=800mm/min。

(4) X 方向定位精度±0.011mm，Z 方向±0.02mm。

(5) 可以车削柱面、平面、锥面与球面等。

(6) 安装螺纹编码器，可以车削米/英制的直螺纹与锥螺纹，最大导程为 24mm。

(7) 安装四工位立式电动刀架，系统控制自动选刀。

(8) 自动控制主轴的正转、反转与停止，并可输出主轴有级变速与无级变速信号。

(9) 自动控制冷却泵的起/停。

(10) 安装电动卡盘，系统控制工件的夹紧与松开。

(11) 纵、横向安装限位开关。

(12) 数控系统可与 PC 串行通信。

(13) 显示界面采用 LED 数码管，编程采用 ISO 数控代码。

9.2.2　总体方案的确定

总体方案应考虑车床数控系统的运动方式、进给伺服系统的类型、数控系统 CPU 的选择，以及进给传动方式和执行机构的选择等。

(1) 卧式车床数控化改造后应具有单坐标定位、两坐标直线插补、圆弧插补以及螺纹插补的功能。因此，数控系统应设计成连续控制型。

(2) 卧式车床经数控化改造后属于经济型数控机床，在保证一定加工精度的前提下，应简化结构，降低成本。因此，进给伺服系统常采用步进电动机的开环控制系统。

(3) 根据技术指标中的最大加工尺寸、最高控制速度，以及数控系统的经济性要求，决定选用 MCS-51 系列的 8 位单片机作为数控系统的 CPU。MCS-51 系列 8 位机具有功能多、速度快、抗干扰能力强、性价比高等优点。

(4) 根据系统的功能要求，需要扩展程序存储器、数据存储器、键盘与显示电路、I/O 接口电路、D/A 转换电路、串行接口电路等；还要选择步进电动机的驱动电源以及主轴电动机的交流变频器等。

(5) 为了达到技术指标中的速度和精度要求，纵、横向的进给传动应选用摩擦力小、传动效率高的滚珠丝杠螺母副；为了消除传动间隙、提高传动刚度，滚珠丝杠的螺母应有预紧机构等。

(6) 计算选择步进电动机，为了圆整脉冲当量，需要减速轮副，且应有消除间隙机构。

(7) 选择四工位自动回转刀架与电动卡盘，选择螺纹编码器等。

由于篇幅所限，本节重点介绍机械系统设计和驱动电动机的选型设计。

1. 主传动系统的改造方案

对卧式车床进行数控化改造时，一般可保留原有的主传动机构和变速操纵机构，这样可减少机械改造的工作量。主轴的正转、反转和停止可由数控系统来控制。

若要提高车床的自动化程度，需要在加工中自动变换转速，可用 2～4 速的多速电动机代替原有的单速主电动机；当多速电动机仍不能满足要求时，可用交流变频器来控制主轴电动机，以实现无级变速(工厂使用情况表明，使用变频器时，若工作频率低于 70Hz，原来的电动机可以不更换，但所选变频器的功率应比电动机大)。

系统采用无级变速，变频器型号为上海日普 RP530-B4T7R5GB，适配 7.5kW 电动机。

2. 安装电动卡盘

为了提高加工效率，工件的夹紧与松开采用电动卡盘，选用呼和浩特机床附件总厂生产的 KD11250 型电动三爪自定心卡盘。卡盘的夹紧与松开由数控系统发信控制。

3. 换装自动回转刀架

为了提高加工精度，实现一次装夹完成多道工序，将车床原有的手动刀架换成自动回转刀架，选用常州市宏达机床数控设备有限公司生产的 LD4B-CK6140 型四工位立式电动刀架。实现自动换刀需要配置相应的电路，由数控系统完成。

4. 螺纹编码器的安装方案

螺纹编码器又称主轴脉冲发生器或圆光栅。数控车床加工螺纹时，需要配置主轴脉冲发生器，作为车床主轴位置信号的反馈元件，它与车床主轴同步转动。

改造后的车床能够加工的最大螺纹导程为 24mm，Z 向的进给脉冲当量为 0.01mm/脉冲，所以螺纹编码器每转一转输出的脉冲数应不少于 24mm/(0.01mm·脉冲$^{-1}$)=2400 脉冲。考虑到编码器的输出有相位差为 90° 的 A、B 相信号，可将 A、B 经逻辑异或后获得 2400 个脉冲(一转内)，这样编码器的线数可降到 1200 线 A、B 信号；另外，为了重复车削同一螺旋槽时不乱扣，编码器还需要输出每转一个的零位脉冲 Z。

基于上述要求，本例选择螺纹编码器的型号为 ZLF-1200Z-05VO-15-CT。电源电压+5V，每转输出 1200 个 A/B 脉冲与 1 个 Z 脉冲，信号为电压输出，轴头直径为 15mm。

螺纹编码器通常有两种安装形式：同轴安装和异轴安装。同轴安装是指将编码器直接安装在主轴后端，与主轴同轴，这种方式结构简单，但它堵住了主轴的通孔。异轴安装是指将编码器安装在主轴箱的后端，一般尽量装在与主轴同步旋转的输出轴，如果找不到同步轴，可将编码器通过一对传动比为 1∶1 的同步齿形带与主轴连接起来。需要注意的是，编码器的轴头与安装轴之间必须采用无间隙柔性连接，且车床主轴的最高转速不允许超过编码器的最高许用转速。

5. 进给系统的改造与设计方案

(1) 拆除挂轮架所有齿轮，在此寻找主轴的同步轴，安装螺纹编码器。

(2) 拆除进给箱总成，在此位置安装纵向进给步进电动机与同步带减速器总成。

(3) 拆除溜板箱总成与快走刀的齿轮齿条，在床鞍的下面安装纵向滚珠丝杠的螺母座与螺母座托架。

(4) 拆除四方刀架与小滑板总成，在中滑板上方安装四工位立式电动刀架。

(5) 拆除中滑板下的滑动丝杠螺母副，将滑动丝杠靠刻度盘一段(长 216mm)锯断，拆掉刻度盘上的手柄，保留刻度盘附近的两个推力轴承，换上滚珠丝杠副。将横向进给步进电动机通过法兰座安装到中滑板后部的床鞍上，并与滚珠丝杠的轴头相连。

(6) 拆去三杠(丝杠、光杠与操纵杠)，更换丝杠的右支承。

9.2.3 进给传动部件的计算和选型

纵、横向进给传动部件的计算和选型主要包括：确定脉冲当量、计算切削力、选择滚珠丝杠螺母副、设计减速器、选择步进电动机等。以下详细介绍纵向进给机构，横向进给机构与纵向类似，在此从略。

1. 脉冲当量的确定

根据设计任务的要求，X 方向(横向)的脉冲当量 δ_x=0.005mm/脉冲，Z 方向(纵向)的脉冲当量 δ_z=0.01mm/脉冲。

2. 切削力的计算

切削力的分析和计算详见《机械加工工艺手册》。下面主要介绍纵向车削力的计算过程。

设工件材料为碳素结构钢，$\sigma_b = 650\,\text{MPa}$；选用刀具材料为硬质合金 YTl5。刀具几何参数为：主偏角 $\kappa_r = 60°$，前角 $\gamma_0 = 10°$，刃倾角 $\lambda_s = -5°$。切削用量为：背吃刀量 $a_p = 3\,\text{mm}$，进给量 $f = 0.6\,\text{mm/r}$，切削速度 $v_c = 105\,\text{m/min}$。

查《机械加工工艺手册》得：$C_{F_c} = 2795$，$x_{F_c} = 1.0$，$y_{F_c} = 0.75$，$n_{F_c} = -0.15$。

查《机械加工工艺手册》得：主偏角 κ_r 的修正系数 $k_{\kappa_r F_c} = 0.94$；刃倾角、前角和刀尖圆弧半径的修正系数值均为 1.00。

由经验公式，有

$$\begin{cases} F_c = C_{F_c} a_p^{x_{F_c}} f^{y_{F_c}} v_c^{n_{F_c}} k_{F_c} \\ F_p = C_{F_p} a_p^{x_{F_p}} f^{y_{F_p}} v_p^{n_{F_p}} k_{F_p} \\ F_f = C_{F_f} a_p^{x_{F_f}} f^{y_{F_f}} v_f^{n_{F_f}} k_{F_f} \end{cases} \tag{9-1}$$

算得主切削力 F_c=2673.4N。由经验公式 F_c ∶ F_f ∶ F_p=1∶0.35∶0.4，算得纵向进给切削力

$F_f = 935.69\text{N}$，背向切削力 F_p =1069.36N。

3. 滚珠丝杠螺母副的计算和选型(纵向)

纵向进给传动机构及步进电机连接结构分别如图 9-3 和图 9-4 所示。

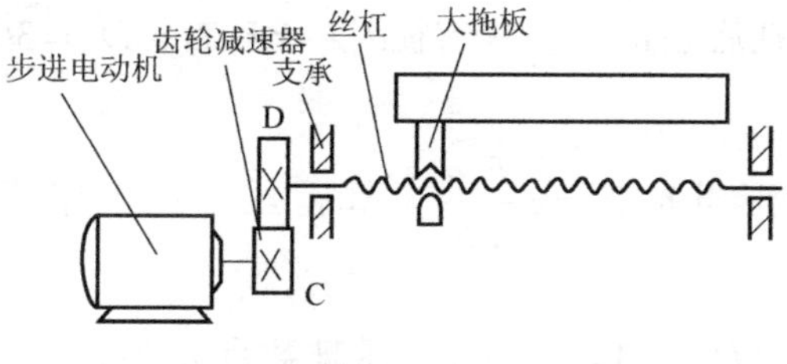

图 9-3　纵向进给传动机构

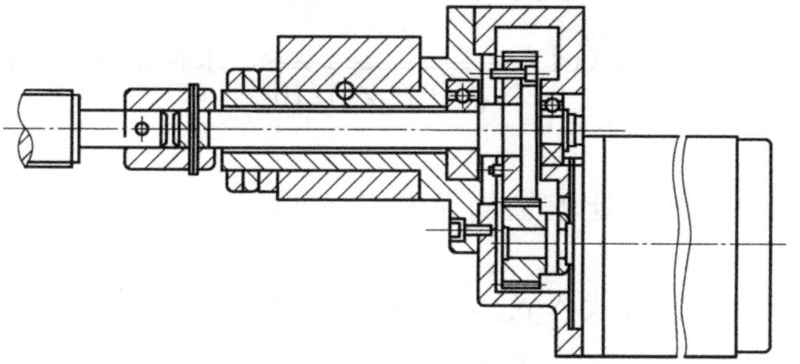

图 9-4　步进电机连接结构

1) 工作载荷 F_m 的计算

已知移动部件总重 $xG = 1300\,\text{N}$；车削力 F_c =2673.4N，F_p =1069.36N，F_f =935.69N；根据 $F_z = F_c$，$F_y = F_p$，$F_x = F_f$ 的对应关系，可得 F_z =2673.4N，F_y =1069.36N，F_x =935.69N。

选用矩形—三角形组合滑动导轨，查《机床设计手册》，取 k =1.15，$\mu = 0.16$，代入 $F_m = kF_x + \mu\left(F_z + G\right)$，得工作载荷 $F_m \approx 1712\text{N}$。

2) 最大动载荷 F_Q 的计算

设本车床 Z 向在承受最大切削力条件下最快的进给速度 $v = 0.8\text{m/min}$，初选丝杠基本导程 $p_h = 6\text{mm}$，则此时丝杠转速 $n = 1000v / p_h \approx 133\text{r} / \text{min}$。

取滚珠丝杠的使用寿命 $T = 15000\text{h}$，代入 $L_0 = 60nT / 10^6$，得丝杠寿命系数 $L_0 = 119.7$（单位为 10^6r）。

查《机床设计手册》，取载荷系数 $f_w = 1.15$，再取硬度系数 $f_H = 1$，代入最大动载荷式 F_Q，求得最大动载荷 $F_Q = \sqrt[3]{L_0 f_w f_H F_m} \approx 9703\,\text{N}$。

3) 初选型号

根据计算出的最大动载荷，查《机床设计手册》，选择南京工艺装备制造有限公司生产的 FFB4006 型滚珠丝杠副，其公称直径为 40mm，基本导程为 6mm，双螺母滚珠总圈数为 3×2 圈=6 圈，精度等级取 4 级，额定动载荷为 13200N，满足要求。

4) 传动效率 η 的计算

将公称直径 $d_0 = 40\text{mm}$，基本导程 $p_h = 6\text{mm}$，代入 $\lambda = \arctan\left[p_h / \left(\pi d_0\right)\right]$，得丝杠螺旋升角 $\lambda = 2°44'$。将摩擦角 $\phi = 10'$，代入 $\eta = \tan\lambda / \tan\left(\lambda + \phi\right)$，得传动效率 $\eta = 94.2\%$。

5) 刚度的验算

(1) 纵向滚珠丝杠副的支承如图 9-3 所示，采取一端轴向固定，另一端简支的方式。固定端采取一对推力角接触球轴承，面对面组配。丝杠加上两端接杆后，左、右支承的中心距离约为 $a = 1497\text{mm}$；钢的弹性模量 $E = 2.1\times10^5\ \text{MPa}$；查《机床设计手册》，得滚珠直径 $D_w = 3.9688\ \text{mm}$，算得丝杠底径 $d_2 = \text{公称直径}d_0 - \text{滚珠直径}D_w = 36.0312\ \text{mm}$，则丝杠截面积 $S = \pi d_2^2 / 4 = 1019.64\text{mm}^2$。

滚珠丝杠副拉/压变形量按 $\delta_1 = \pm\dfrac{F_m a}{ES}$，算得丝杠在工作载荷 F_m 作用下变形量 $\delta_1 \approx 0.01197\text{mm}$。

(2) 根据公式 $Z = (\pi d_0 / D_w) - 3$，求得单圈滚珠数目 Z=29；该型号丝杠为双螺母，滚珠总圈数为 3×2 圈=6 圈，则滚珠总数量 $Z_x = 29\times6 = 174$。滚珠丝杠预紧时，取轴向预紧力 $F_{y1} = F_m / 3 = 571\text{N}$。则由 $\delta_2 = 0.0013\dfrac{F_m}{10\sqrt[3]{(D_w F_{y1} Z_x^2)/10}}$，求得滚珠与螺纹滚道间的触变形量 $\delta_2 = 0.00117\text{mm}$。

由于丝杠加有预紧力，且为轴向负载的 1/3，所以实际变形量可减小一半，取 $\delta_2 = 0.000585\text{mm}$。

(3) 将以上算出的 δ_1 和 δ_2 代入 $\delta_{\text{总}} = \delta_1 + \delta_2$，求得丝杠总变形量（对应跨度 1497mm）$\delta_{\text{总}} = 0.012555\text{mm} = 12.555\mu\text{m}$。

查《机床设计手册》，4 级精度滚珠丝杠任意 300mm 轴向行程内行程的变动允许量为 16μm，而对于跨度为 1497mm 的滚珠丝杠，总的变形量 $\delta_{\text{总}}$ 只有 12.555 μm，可见丝杠刚度足够。

6) 压杆稳定性校核

按失稳时的临界载荷计算 F_k。查《机床设计手册》，取支承系数 $f_k = 2$；由丝杠底径 $d_2 = 36.0312\text{mm}$，求得截面惯性矩 $I = \pi d_2^4 / 64 = 82734.15\text{mm}^4$；压杆稳定安全系数 k 取 3（丝杠卧式水平安装）；滚动螺母至轴向固定处的距离取最大值 1497mm，代入 $F_k = \dfrac{f_k \pi^2 EI}{ka^2} \geqslant F_m$，得临界载荷 $F_k \approx 51012\text{N}$，远大于工作载荷 F_m（1712N），故丝杠不会失稳。

综上所述，初选的滚珠丝杠副满足使用要求。

4. 同步带减速器的设计（纵向）

为了满足脉冲当量的设计要求和增大转矩，同时也为了使传动系统的负载惯量尽可能地减小，传动链中常采用减速传动。本例中，纵向减速器选用同步带传动，同步带与带轮的计算和选型参见《机械设计手册》相关内容。

设计同步带减速器需要的原始数据有：带传递的功率 p；主动轮转速 n 和传动比 i；传动系统的位置和工作条件等。

根据改造经验，C6140 车床纵向步进电动机的最大静转矩通常为 15～25N·m。现初选电动机型号为 130BYG5501，五相混合式，最大静转矩为 20N·m，驱动时步距角为 0.72°。

1) 传动比 i 的确定

已知电动机的步距角 α=0.72°，脉冲当量 δ_z=0.01mm/脉冲，滚珠丝杠导程 $p_h = 6\text{mm}$。根据 $i = \dfrac{\alpha p_k}{360°\delta}$ 算得传动比 $i = 1.2$。

2) 主动轮最高转速 n_1

由纵向床鞍的最快移动速度 $v_{x\max}=6000\text{mm/min}$，可以算出主动轮最高转速 $n_1=(v_{x\max}/\delta_x)\times\alpha/360=1200\text{r/min}$。

3) 确定带的设计功率 p_d

预选的步进电动机在转速为1200r/min时，对应的步进脉冲频率为 $f_{\max}=1200\times360/(60\times\alpha)\text{Hz}=1200\times360/(60\times0.72)\text{Hz}=10000\text{Hz}$。

查得130BYG5501电机，当脉冲频率为10000Hz时，电动机的输出转矩约为3.8N·m，对应的输出功率为 $p_{\text{out}}=nT/9.55\text{W}=1200\times3.8/9.55\text{W}\approx478\text{W}$，现取 $p=0.478\text{kW}$，工作情况系数 $k_A=1.2$，则由 $p_d=k_Ap$，求得带的设计功率 $p_d=1.2\times0.478\text{kW}=0.574\text{kW}$。

4) 选择带型和节距 p_b

根据带的设计功率 $p_d=0.574\text{kW}$ 和主动轮最高转速 $n_1=1200\text{r/min}$，选择同步带，型号为L型节距 $p_b=9.525\text{mm}$。

5) 确定小带轮齿数 z_1 和小带轮节圆直径 d_1

取 $z_1=15$，则小带轮节圆直径 $d_1=p_bz_1/\pi=45.48\text{ mm}$。当 n_1 达到1200r/min时，同步带速度为 $v=\pi d_1n_1/60\times1000=2.86\text{m/s}$，有超过L型带的极限速度35m/s。

6) 确定大带轮齿数 z_2 和大带轮节圆直径 d_2

大带轮齿数 $z_2=iz_1=18$，节圆直径 $d_2=id_1=54.57\text{ mm}$。

7) 初选中心距 a_0、带的节线长度 L_{vp}、带的齿数 z_b

初选中心距 $a_0=1.1(d_1+d_2)=110.06\text{ mm}$，圆整后取 $a_0=110\text{ mm}$。则带的节线长度为 $L_{vp}\approx2a_0+\dfrac{\pi}{2}(d_1+d_2)+\dfrac{(d_2-d_1)^2}{4a_0}=377.33\text{ mm}$。查《机械设计手册》，取标准节线长度 $L_p=381\text{mm}$，相应齿数 $z_b=40$。

8) 计算实际中心距

实际中心距 $a\approx a_0+\dfrac{L_p-L_{vp}}{2}=111.835\text{mm}$。

9) 校验带与小带轮的啮合齿数 z_m

$z_m=\text{ent}\left[\dfrac{z_1}{2}-\dfrac{p_bz_1}{2\pi^2a}(z_2-z_1)\right]=7$，啮合齿数比6大，满足要求。此处ent表示取整。

10) 计算基准额定功率 p_0 (所选型号同步带在基准宽度下所允许传递的额定功率)

$$p_0=\frac{(T_a-mv^2)v}{1000} \tag{9-2}$$

式中，T_a 为带宽为 b_{s0} 时的许用工作拉力，由表查得 T_a=244.46N；m 为带宽是 b_{s0} 时的单位长度的质量，由表查得 $m=0.095\text{kg/m}$；v 为同步带的带速，由上述5)可知 $v=2.86\text{ m/s}$。

算得 $p_0=0.697\text{ kW}$。

11) 确定实际所需同步带宽度 b_s

$$b_s\geqslant b_{s0}\left(\frac{p_d}{k_zp_0}\right)^{1/1.14} \tag{9-3}$$

式中，b_{s0} 为选定型号的基准宽度，由表查得 $b_{s0}=25.4\text{ mm}$；k_z 为小带轮啮合齿数系数，由表

查得 $k_z=1$。

由式(9-3)算得 $b_s \geqslant 21.42$ mm，再查《机械设计手册》选定最接近的带宽 $b_s=25.44$mm。

12)带的工作能力验算

根据式 $P=\left(K_zK_wT_a-\dfrac{b_s}{b_{s0}}mv^2\right)v\times10^{-3}$，计算同步带额定功率 P 的精确值，其中，K_z 为啮合系数(《机械设计手册》查得)；K_w 为啮合系数(《机械设计手册》查得)；T_a 为基准带宽为 b_{s0} 时的许用工作拉力；m 为带宽为 b_{s0} 时单位长度的质量(kg/m)；v 为同步带的线速度(m/s)。

经计算得 $P=0.697$ kW，而 $P_d=0.574$ kW，满足 $P\geqslant P_d$。因此，带的工作能力合格。

5. 步进电动机的计算与选型(纵向)

1)计算加在步进电动机转轴上的总转动惯量 J_{eq}

已知：滚珠丝杠的公称直径 $d_0=40$mm，总长(带接杆)$l=1560$ mm，导程 $P_b=6$ mm，材料密度 $\rho=7.85\times10^{-3}$kg/cm^2；纵向移动部件总重量 $G=1300$N；同步带减速器大带轮宽度 28mm，节径 54.57mm，孔径 30mm，轮毂外径 42mm，宽度 14mm；小带轮宽度 28mm，节径 45.48mm，孔径 19mm，轮毂外径 29mm，宽度 12mm；传动比 $i=1.2$。

参照《机械设计手册》，可以算得各个零部件的转动惯量如下。

(1)滚珠丝杠的转动惯量 $J_s=30.78\text{kg}\cdot\text{cm}^2$。

(2)床鞍折算到丝杠上的转动惯量 $J_w=1.21\text{kg}\cdot\text{cm}^2$。

(3)小带轮的转动惯量 $J_{z1}=0.95\text{kg}\cdot\text{cm}^2$。

(4)大带轮的转动惯量 $J_{z2}=1.99\text{kg}\cdot\text{cm}^2$。

在设计减速器时，初选的纵向步进电动机型号为 130BYG5501，查得该型号电动机转子转动惯量 $J_m=33\text{kg}\cdot\text{cm}^2$。则加在步进电动机转轴上的总转动惯量为

$$J_{eq}=J_m+J_{z1}+\left(J_{z2}+J_w+J_s\right)/i^2=57.55\text{kg}\cdot\text{cm}^2 \tag{9-4}$$

2)计算加在步进电动机转轴上的等效负载转矩 T_{eq}

分快速空载起动和承受最大工作负载两种情况进行计算。

(1)由于快速空载起动时电动机转轴所承受的负载转矩 $T_{eq1}=T_{a\max}+T_1+T_2$，其中，$T_{a\max}$ 为快速空载起动时折算到电动机转轴上的最大加速转矩；T_f 为移动部件运动时折算到电动机转轴上的摩擦转矩；T_0 为滚珠丝杠预紧折算到电动机转轴上的附加摩擦转矩。因为滚珠丝杠副传动效率很高，根据滚珠丝杠预紧后折算到电动机转轴上的附加摩擦转矩 $T_0=\dfrac{F_{YJ}P_h}{2\pi\eta i}\left(1-\eta_0^2\right)$，$T_0$ 相对于 $T_{a\max}$ 和 T_f 很小，可以忽略不计；其中，F_{YJ} 为滚珠丝杠预紧力；P_h 为滚珠丝杠未预紧时的传动效率，一般取 $\eta_0\geqslant0.9$，考虑滚珠丝杠传动效率较高，则有

$$T_{eq1}=T_{a\max}+T_f \tag{9-5}$$

考虑纵向传动链的总效率 η，计算快速空载起动时折算到电动机转轴上的最大加速转矩：

$$T_{a\max}=\frac{2\pi J_{eq}n_m}{60t_a}\times\frac{1}{\eta} \tag{9-6}$$

式中，n_m 为对应纵向空载最快移动速度的步进电动机最高转速(r/min)；t_a 为步进电动机由静止到加速至 n_m 转速所需的时间(s)。其中

$$n_m = \frac{v_{\max}\alpha}{360^\circ\delta} \tag{9-7}$$

式中，$v_{\max}$ 为纵向空载最快移动速度，设计要求规定为 6000mm/min；α 为纵向步进电动机步距角，为 0.72°；δ 为纵向脉冲当量，本例 δ=0.01mm/脉冲。

将以上各值代入式(9-7)，算得 n_m=1200r/min。

设步进电动机由静止到加速至 n_m 转速所需时间 $t_a = 0.4\text{s}$，纵向传动链总效率 $\eta = 0.7$；则可求得

$$T_{a\max} = \frac{2\pi \times 57.55 \times 10^{-4} \times 1200}{60 \times 0.4 \times 0.7} \approx 2.58(\text{N} \cdot \text{m})$$

移动部件运动时，折算到电动机转轴上的摩擦转矩为

$$T_f = \frac{\mu(F_c + G)P_h}{2\pi\eta i} = \frac{0.16 \times (0 + 1300) \times 0.006}{2\pi \times 0.7 \times 1.2} = 0.24(\text{N} \cdot \text{m})$$

式中，μ 为导轨的摩擦因数，滑动导轨取 0.16；F_c 为垂直方向的工作负载，空载时取 0；η 为纵向传动链总效率，取 0.7。

最后求得快速空载起动时电动机转轴所承受的负载转矩为

$$T_{eq1} = T_{a\max} + T_f = 2.82\text{N} \cdot \text{m} \tag{9-8}$$

(2) 最大工作负载状态下电动机转轴所承受的负载转矩 T_{eq2}。T_{eq2} 包括三部分：折算到电动机转轴上的最大工作负载转矩 T_1、移动部件运动时折算到电动机转轴上的摩擦转矩 T_f、滚珠丝杠预紧后折算到电动机转轴上的附加摩擦转矩 T_0。T_0 相对于 T_1 和 T_f 很小，可以忽略不计。则有

$$T_{eq2} = T_1 + T_f \tag{9-9}$$

其中，折算到电动机转轴上的最大工作负载转矩为 $T_1 = \dfrac{F_f P_h}{2\pi\eta i}$。本例中在对滚珠丝杠进行计算时，已知进给方向的最大工作载荷 $F_f = 935.69\text{N}$，则有

$$T_1 = \frac{F_f P_h}{2\pi\eta i} = \frac{935.69 \times 0.006}{2\pi \times 0.7 \times 1.2} = 1.06(\text{N} \cdot \text{m})$$

在承受最大工作负载 $F_c = 2673.4\text{N}$ 情况下，移动部件运动时折算到电动机转轴上的摩擦转矩为

$$T_f = \frac{\mu(F_c + G)P_h}{2\pi\eta i} = \frac{0.16 \times (2673.4 + 1300) \times 0.006}{2\pi \times 0.7 \times 1.2} = 0.72(\text{N} \cdot \text{m})$$

最后求得最大工作负载状态下电动机转轴所承受的负载转矩为

$$T_{eq2} = T_1 + T_f = 1.78(\text{N} \cdot \text{m}) \tag{9-10}$$

经过上述计算后，得到加在步进电动机转轴上的最大等效负载转矩为

$$T_{eq} = \max\left|T_{eq1}, T_{eq2}\right| = 2.82(\text{N} \cdot \text{m}) \tag{9-11}$$

3) 步进电动机最大静转矩的选定

考虑到步进电动机采用的是开环控制，当电网电压降低时，其输出转矩会下降，可能造成丢步，甚至堵转。因此，根据 T_{eq} 来选择步进电动机的最大静转矩时，需要考虑安全系数。

本例中取安全系数$K=4$，则步进电动机的最大静转矩应满足：

$$T_{j\max} \geqslant 4T_{eq} = 4\times 2.82\text{N}\cdot\text{m} = 11.28\text{N}\cdot\text{m}$$

对于前面预选的130BYG5501型步进电动机，查产品样本可知，其最大静转矩$T_{j\max}=20\text{N}\cdot\text{m}$，可见完全满足上式的要求。

4) 步进电动机的性能校核

(1) 最快工进速度时电动机输出转矩校核。设计要求给定纵向最快工进速度$v_{\max f}=800\text{mm/min}$，脉冲当量$\delta=0.01\text{mm/}$脉冲，由$f_{\max f}=\dfrac{v_{\max f}}{60\delta}$，可求出电动机对应的运行频率$f_{\max f}=800/(60\times 0.01)\text{Hz}\approx 1333\text{Hz}$。从130BYG5501的运行矩频特性图看出，在此频率下，电动机的输出转矩$T_{\max f}\approx 17\text{N}\cdot\text{m}$，远远大于最大工作负载转矩$T_{eq2}=1.78\text{N}\cdot\text{m}$，满足要求。

(2) 最快空载移动时电动机输出转矩校核。设计要求给定纵向最快空载移动速度$v_{\max}=6000\text{mm/min}$，仿照$f_{\max f}=\dfrac{v_{\max f}}{60\delta}$求出电动机对应的运行频率$f_{\max}=6000/(60\times 0.01)\text{Hz}=10000\text{Hz}$。从130BYG5501的运行矩频特性图查得，在此频率下，电动机的输出转矩$T_{\max}=3.8\text{N}\cdot\text{m}$，大于快速空载起动时的负载转矩$T_{eq1}=2.82\text{N}\cdot\text{m}$，满足要求。

(3) 最快空载移动时电动机运行频率校核。最快空载移动速度$v_{\max}$=6000mm/min，对应的电动机运行频率$f_{\max}=10000\text{Hz}$。查130BYG5501电机样本，得极限运行频率为20000Hz，可见没有超出上限。

(4) 起动频率的计算。已知电动机转轴上的总转动惯量$J_{eq}=57.55\text{kg}\cdot\text{cm}^2$，电动机转子自身的转动惯量$J_m=33\text{kg}\cdot\text{cm}^2$，查电机样本可知电动机转轴不带任何负载时的最高空载起动频率$f_q=1800\text{Hz}$。可以求出步进电动机克服惯性负载的起动频率为

$$f_L=\frac{f_q}{\sqrt{1+J_{eq}/J_m}}=1087(\text{Hz}) \tag{9-12}$$

式(9-12)说明，要想保证步进电动机起动时不失步，任何时候的起动频率都必须小于1087Hz。实际上，在采用软件升降频时，起动频率选得很低，通常只有100Hz(即100脉冲/s)。

综上所述，本例中纵向进给系统选用130BYG5501步进电动机，可以满足设计要求。

6. 同步带传递功率的校核

同步带传递功率的校核分两种工作情况，分别进行校核。

1) 快速空载起动

电动机从静止到加速至$n_m=1200\text{r/min}$，由$T_{eq1}=T_{a\max}+T_f$可知，同步带传递的负载转矩$T_{eq1}=2.82\text{N}\cdot\text{m}$，传递的功率为$P=n_mT_{eq1}/9.55=1200\times 2.82/9.55\text{W}\approx 354.3\text{W}$。

2) 最大工作负载和最快工进速度

由$T_{eq2}=T_1+T_f$可知，带需要传递的最大工作负载转矩$T_{eq2}=1.78\text{N}\cdot\text{m}$，设计要求给定最快工进速度$v_{\max f}=800\text{mm/min}$，对应电动机转速$n_{\max f}=(v_{\max f}/\delta_z)\alpha/360=160\text{r/min}$。传递的功率为$P=n_mT_{eq1}/9.55=160\times 1.78/9.55\text{W}\approx 29.8\text{W}$。

可见，两种情况下同步带传递的负载功率均小于带的额定功率0.697kW。因此，选择的同步带功率合格。

9.3　激光加工机的设计(范例 2)

9.3.1　概述

激光加工机一般包括激光振荡器及其电源、光学系统(导光和聚焦系统)、机床本体和辅助系统(冷却、吹气装置)四大部分。图 9-5 所示为二氧化碳激光切割机结构示意图。

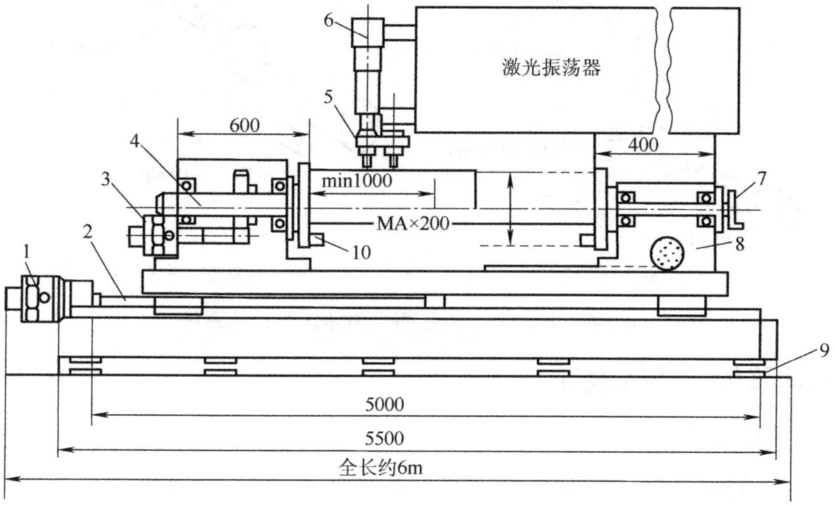

图 9-5　二氧化碳激光切割机结构示意图

1-x 轴用电动机；2-滚珠丝杠；3-θ 轴用电机；4-主轴；5-转动喷嘴；6-导光辊；7-卡盘手柄；8-压紧移动手柄；9-底座；10-平衡块

主要设计技术参数如下。

(1) θ 轴(主轴)的周向加工速度(100～300mm/min 可调)。

(2) x 轴(进给轴)最大速度(6000mm/min)。

(3) θ 轴与 x 轴的加速时间(0.5s)。

(4) x 向最大移动量(2000mm)。

(5) θ 向最大回转角(180°)。

(6) θ 轴周向和 x 轴的最小设定单位(脉冲当量 0.01mm/p)。

(7) 定位精度(±0.1mm 以内)。

(8) 传感器(旋转编码器)(1000p/r)。

图 9-6 所示为 θ 轴和 x 轴系的半闭环伺服传动系统。

θ 轴系由 AC 伺服电动机通过三级齿轮传动减速，使工件仅在 180° 范围内回转，如图 9-6(a)所示，电动机轴上装有编码器进行角位移检测和反馈。

为了说明直流伺服电动机的选用和计算方法，不妨假设 x 轴系不是用 AC 伺服电动机，而是用 DC 伺服电动机直接驱动滚珠丝杠，带动装有整个 θ 轴系的工作台往复运动，如图 9-6(b)所示，编码器通过齿轮传动增速与电动机轴相连，以获得所需的脉冲当量。

YA6 固体激光器由高压电源激励，产生的激光束经导光与聚焦系统、由激光头输出的光斑照射工件表面进行切割。为了防止三合板燃烧，用转动喷嘴进行吹氮气保护。

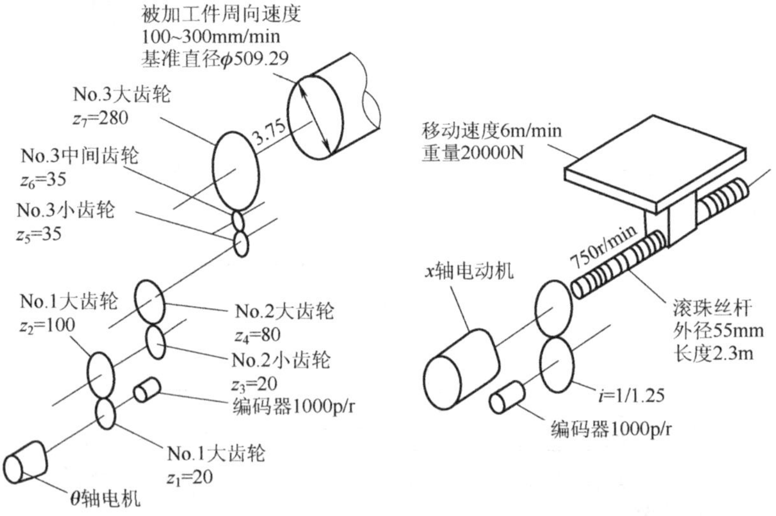

(a) θ 轴系传动系统　　(b) x 轴系传动系统

图 9-6　θ 轴和 x 轴系的半闭环伺服传动系统

9.3.2　轴的伺服传动系统设计

1. 总传动速比及其分配

(1) 根据脉冲当量确定总传动速比。如图 9-6 (a) 所示，已知：工件直径 D 上的周向脉当量 $\delta = 0.01\,\text{mm/p}$，编码器的分辨率 s=1000p/r，工件基准直径 $D = 509.29\,\text{mm}$。根据周向冲当量的定义，可知总传动速比 i 为

$$i = \frac{2\pi}{\delta s} \times \frac{D}{2} = \frac{2\pi}{0.01 \times 1000} \times \frac{506.29}{2} \approx 160$$

(2) 传动速比的分配。由于整个 θ 轴系统在 x 轴系的工作台上，且有周向定位精度，因此，各级传动速比应按重量最轻和输出轴转角误差最小的原则来分配，故三级传动速比分别为

$$i_1 = \frac{z_2}{z_1} = \frac{100}{20} = 5, \quad i_2 = \frac{z_4}{z_3} = \frac{80}{20} = 4, \quad i_3 = \frac{z_7}{z_6} \times \frac{z_6}{z_5} = \frac{280}{35} \times \frac{35}{35} = 8$$

2. 转速计算

已知：工件直径 D 的圆周速度 $v_1 = 100\sim300\text{mm/min}$，则工件转速 n_1 为

$$n_1 = \frac{60 v_1}{\pi D} = \frac{60 \times (100\sim300)}{\pi \times 509.29} = 3.75\sim11.25(\text{r/min})$$

电动机所需的转速 $n_m = n_1 \times i = 600\sim1800\text{r/min}$。

3. 等效负载转矩计算

已知：回转体(含工件及其夹具、主轴及 No.3 大齿轮等)的重力 $W = 2000\text{N}$。

(1) 主轴承的摩擦因数：$\mu = 0.02$。

(2) 主轴承的摩擦力：$F = \mu W = 40\text{N}$。

(3) 主轴承直径：$D = 100\text{mm}$。

(4) 主轴承上产生的摩擦负载转矩：$M_f = \frac{1}{2}D \times F = 2\text{N}\cdot\text{m}$。

(5) 工件不平衡重力：W=100N。

(6) 工件重心偏置距离：$l = 200\,\text{mm}$。

(7) 不平衡负载转矩：$M_L = Wl = 2000\,\text{N}\cdot\text{cm}=20\text{N}\cdot\text{m}$。

(8) 传动速比 $i = 160$ 或传动比：$\mu = \frac{1}{i} = \frac{1}{160}$。

(9) 换算到电动机轴上的等效负载转矩 M_{eL}（含齿轮传动链的损失 20%）为

$$M_{eL} = \left(M_f + M_L\right) \times 1.2 \times \mu = 0.165\,\text{N}\cdot\text{m}$$

4．等效转动惯量计算

(1) 传动系统 J_1。齿轮、轴类和工件的详细尺寸省略，各元件的 J 值如表 9-1 所示，从该表可知，换算到电动机轴上的 $J_1 = 8.88\,\text{kg}\cdot\text{cm}^2$。

(2) 工件 J_2。外径 $D_1 = 519$ mm、内径 $d = 483$ mm、长度 $l = 2000$ mm 的半圆筒形三合板，其重力 $W = 450$ N，换算到电动机轴的工件 $J_2 = 1.36\,\text{kg}\cdot\text{cm}^2$。

(3) 等效转动惯量 J_e。$J_e = J_1 + J_2 = 10.16\,\text{kg}\cdot\text{cm}^2$=$0.1016 \times 10^{-2}\,\text{kg}\cdot\text{cm}^2$。

表 9-1　θ 轴传动系统的 J 值

传动件名称	No.1 小齿轮	No.1 大齿轮	No.2 小齿轮	No.2 大齿轮	No.3 小齿轮	No.3 中间齿轮(2 个)	No.3 大齿轮(3 个)	工件
节圆直径 D/mm	40	200	40	160	70	70	460	519(内径 483)
宽度或长度 B/mm	30	20	30	25	40	40	30	2000
材料	钢材	钢材	钢材	钢材	钢材	钢材	钢材	三合板
轴与轴承等的 J 值/(kg·cm²)	1.02	132.77		495.68			31704.13	34582.06
转速 n/(r/min)	600	120		30			3.75	3.75
减速比 N	1/1	1/5		1/20			1/160	1/160
换算到电动机轴上的 J 值/(kg·cm²)	8.8							
换算到电动机上的 J 值合计/(kg·cm²)	10.16							

5．初选伺服电动机

由于该伺服电动机长期连续工作在变负载之下，故先按均方根负载初选电动机，其工作循环如图 9-6 所示（已知 $t_1 = t_2 = 0.5\text{s}$），则

$$M_{Lr} = \sqrt{\frac{M_{eL}^2 t_1 + \left(-M_{eL}\right)^2 t_2}{t_1 t_2}} = \sqrt{\frac{0.165^2 \times 0.5 + 0.165^2 \times 0.5}{0.5 + 0.5}} = 0.165\ (\text{N}\cdot\text{m})$$

计算所需伺服电动机功率（已知传动系统 $\eta = 0.95$，$n_{Lr} = n_m = 1800\,\text{r/min}$），有

$$P_m \approx (1.5\sim2.5)\frac{0.165 \times n_{Lr}}{159 \times 0.95} = (1.5\sim2.5)\frac{0.165 \times 1800}{159 \times 0.95 \times 60} = 0.049\sim0.082\ (\text{kW})$$

查有关手册初选 IFT50～2 型交流伺服电动机，其额定转矩 $M_N = 0.75\,\text{N·m}$，额定转速 $n_N = 2000\,\text{r/min}$，转子惯量 $J_m = 1.2\times10^{-4}\,\text{kg·m}^2$，显然 $J_2 / J_m > 3$，影响伺服电动机的灵敏度和响应时间。决定改选北京凯奇拖动控制系统有限公司生产的中惯量交流伺服电动机 SM02，其功率为 0.3kW，额定转矩 $M_N = 2\,\text{N·m}$，最高转速 $n_{\max} = 2000\,\text{r/min}$， $J_m = 4.2\times10^{-4}\,\text{kg·m}^2$，$J_e / J_m = 2.4 < 3$ 。

6. 计算电动机需要的转矩 M_m

已知：加速时间 $t_1 = 0.5\text{s}$ ，电动机转速 $n_m = 600\,\text{r/min}$，根据动力学公式，电动机所需的转矩 M_m 为

$$M_m = M_a + M_{eL} = \frac{2\pi}{60}(J_m + J_e)\frac{n_m}{t_1\eta} + M_{eL}$$

$$= \frac{\pi}{30}(4.2\times10^{-4} + 0.1016\times10^{-2})\times\frac{600}{0.5\times0.95} + 0.165 = 0.355(\text{N}\cdot\text{m})$$

7. 伺服电动机发热校核

已知： $M_1 = -M_2 = M_M$ ，如图 9-7 所示，其均方根转矩 M_{Lr} 为

$$M_{Lr} = \sqrt{\frac{M_1^2 t_1 + (-M_2)^2 t_2}{t_1 + t_2}} = M_m = 0.355\sim0.735(\text{N}\cdot\text{m})$$

故有

$$\frac{M_N}{M_{Lr}} = \frac{2}{0.355}\sim\frac{2}{0.735} = 5.6\sim2.7 \geqslant 1.26$$

这表明该电动机的转矩能满足要求。

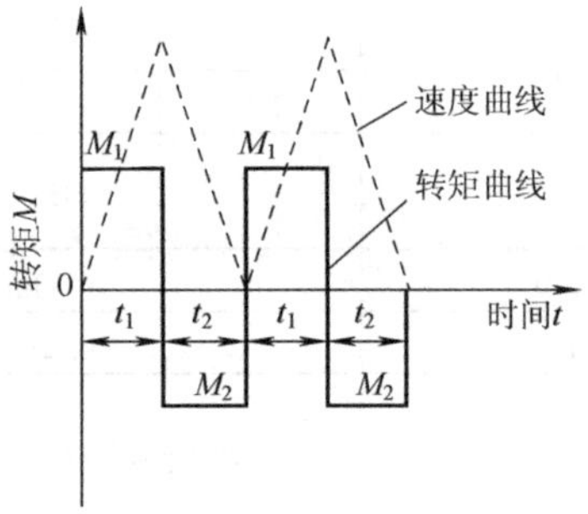

图 9-7 激光加工机工作循环图

8. 定位精度分析

θ 轴伺服系统虽然是半闭环控制，但除了电动机以外，仍是开环系统。因此，其定位精度主要取决于 θ 轴的齿轮传动系统，与电动机本身的制造精度关系不大。

根据误差速比原理，仅要求末级齿轮的传动精度较高。当要求周向定位精度 $\varDelta = \pm0.1\,\text{mm}$ 时，则相当于主轴上的转角误差 $\Delta\theta$ 为

$$\Delta\theta = \frac{\varDelta}{D/2}\times\frac{180}{\pi} = \frac{0.1\times2}{509.92}\times\frac{180^\circ}{\pi} = 135(')$$

由此可选择齿轮的传动精度。

9.3.3　x 轴的伺服传动系统设计

1. 根据脉冲当量确定丝杠导程 t_{sP} 或中间齿轮传动速比 i

如图 9-6(b)所示，已知：线位移脉冲当量 $\delta = 0.01\,\text{mm/p}$，编码器的分辨率 s=1000p/r，相当于该轴上的每个脉冲步距角 $\theta_b = \dfrac{360^\circ}{1000} = 0.36(^\circ/\text{p})$，换算到电动机轴上 $\theta_m = \theta_b \times 1.25 = 0.45(^\circ/\text{p})$，电动机接驱动丝杠时，其中间齿轮传动速比 $i = 1$。根据线位移脉冲当量的定义，可得

$$t_{sP} = \delta i \times \frac{360^\circ}{\theta_m} = 0.01 \times 1 \times \frac{360^\circ}{0.45^\circ} = 8\ (\text{mm})$$

2. 所需的电动机转速计算

已知：线速度 $v_2 = 6000\,\text{mm/min}$，所需的电动机转速 n_m 为

$$n_m = \frac{v_2}{v_1} = \frac{6000}{8} = 750\ (\text{r/min})$$

因此，编码器轴上的转速 $n = \dfrac{n_m}{1.25} = 600\,\text{r/min}$。

3. 等效负载转矩计算

已知：移动体(含工件、整个 θ 轴系和工作台)的重力 $W = 20000\,\text{N}$，贴塑导轨的摩擦因数 $\mu = 0.065$，移动时的摩擦力 $F_1 = \mu W = 1300\,\text{N}$，滚珠丝杠传动副的效率 $\eta = 0.9$，根据机械效率公式，换算到电动机轴上所需的转矩 M_1 为

$$M_1 = \frac{\mu W t_{sP}}{2\pi\eta} = \frac{0.065 \times 20000 \times 0.8}{2\pi \times 0.9} = 1.839\ (\text{N·m})$$

由于移动体的重量很大，滚珠丝杠传动副必须事先预紧，其预紧力为最大轴向载荷的 1/3 时，其刚度增加 2 倍，变形量减小 1/2。

预紧力 $F_2 = \dfrac{1}{3}F_1 = 433.33\,\text{N}$，螺母内部的摩擦因数 $\mu_m = 0.3$，因此，滚珠丝杠预紧后的摩擦转矩 M_2 为

$$M_2 = \mu_m \frac{F_2 t_{sP}}{2\pi} = 0.3 \times \frac{433.33 \times 0.8}{2\pi} = 0.1656\ (\text{N·m})$$

在电动机轴上的等效负载转矩 M_{eL} 为

$$M_{eL} = M_1 + M_2 = 2.0056\ (\text{N·m})$$

4. 等效转动惯量计算

(1)换算到电动机轴上的移动体 J_1。根据运动惯量换算的动能相等原则，J_1 为

$$J_1 = \frac{W}{g}\left(\frac{t_{sP}}{2\pi}\right)^2 = \frac{20000}{9.81} \times \left(\frac{0.8}{2\pi}\right)^2 = 0.3308 \times 10^{-2}\ (\text{kg·m}^2)$$

(2)换算到电动机轴上的传动系统 J_2。该传动系统(含滚珠丝杠、齿轮及编码器等)的 J_2，其计算结果为

$$J_2 = 2.12\,\text{kg·m}^2$$

因此，换算到电动机轴上的等效转动惯量 J_e 为

$$J_e = J_1 + J_2 = (0.3305 + 2.12) \times 10^{-2} = 2.45 \times 10^{-2}\ (\text{kg·m}^2)$$

5. 初选 DC 伺服电动机的型号

由于 $M_{eL}=2.0056\,\text{N·m}$ 和 $J_e=2.45\times10^{-2}\,\text{kg·m}^2$，查表 9-2，初选电动机型号为 CN-800-10，$M_N=8.30\ \text{N·m}$，$J_m=0.91\times10^{-2}\ \text{kg·m}^2$，则有 $J_e/J_m=\dfrac{2.45}{0.91}=2.69<3$，$n_N=1000\ \text{r/min}$，$n_{\max}=1500\,\text{r/min}$。

表 9-2 日本三洋直流伺服电动机规格参数

参数	C-100-20	C-200-20	CN-400-10	CN-800-10
额定输出功率 P_R/kw	0.12	0.23	0.45	0.85
额定电枢电压 E_R/V	70	60	105	100
额定转矩 M_N/(N·cm)	117	225	440	830
额定电枢电流 I_N/A	3.1	5.8	5.6	11
额定转速 n_N/(r/min)	1000	1000	1000	1000
连续失速转矩 M_s/(N·cm)	145	290	550	1050
瞬时最大转矩 M_{PS}/(N·cm)	1300	2600	4000	8000
最大转速 $n_{\max}$/(r/min)	2000	2000	1500	1500
比功率 Q/(kW/s)	1.32	2.92	3.22	7.4
转矩常数 K_T/(N·cm/A)	46	46	92	92
感应电压常数 K_E/(V·kr/min)	47.5	47.5	95	95
转子惯量 J_m/(kg·m²)	0.10×10^{-2}	0.17×10^{-2}	0.59×10^{-2}	0.91×10^{-2}
电枢阻抗 R_a/Ω	4.7	1.65	2.2	0.78
电枢电感 L_a/mH	11	4.5	8	3.7
机械时间常数 t_m/ms	23	15	16	10
电气时间常数 t_e/ms	2.4	2.7	3.8	4.7
热稳定常数 h_{th}/min	45	50	60	70
热阻抗 R_{th}/(℃/W)	1.5	1.0	0.75	0.6
电枢线圈温度上限/℃	130	130	130	130
绝缘等级	F 级			
励磁方式	永久磁铁			
冷却方式	全封闭制冷			

6. 计算电动机需要的转矩 M_m

已知：加速时间 $t_1=0.5\text{s}$，电动机转速 $n_m=750\,\text{r/min}$，滚珠丝杠传动效率 $\eta=0.9$，根据电动机所需的转矩 M_m 为

$$M_m=M_a+M_{eL}=\frac{2\pi}{60}(J_m+J_e)\frac{n_m}{t_1\eta}+M_{eL}$$

$$=\frac{2\pi}{60}(0.91\times10^{-2}+2.45\times10^{-2})\frac{750}{0.5\times0.9}+2.0045\approx7.87(\text{N}\cdot\text{m})$$

7. 伺服电动机的确定

(1)伺服电动机的安全系数检查。与 θ 轴系相同，$M_{Lr}=M_m=7.87\,\text{N·m}$，故有

$$M_N/M_{Lr}=\frac{8.30}{7.78}=1.055>1.26$$

由于该电动机的安全系数很小，所以必须检查电动机的温升。

(2) 热时间常数检查。已知：$t_P = 1\text{s}$，$t_{th} = 70\,\text{min}$，故 $t_P << \frac{1}{4}t_{th}$。

(3) 电机的 ω_n 和 ς 检查。已知：$t_m = 10\,\text{ms}$，$t_e = 4.7\,\text{ms}$，则有

$$\omega_n = \sqrt{\frac{1}{t_m t_e}} = \sqrt{\frac{1}{10\times10^{-3}\times4.7\times10^{-3}}} \approx 145.9(\text{rad/s}) > 80(\text{rad/s})$$

$$\varsigma = \frac{1}{2}\sqrt{\frac{t_m}{t_e}} = \frac{1}{2}\sqrt{\frac{10\times10^{-3}}{4.7\times10^{-3}}} \approx 0.729$$

该 ς 值比较接近最佳阻尼比 $\varsigma = 0.707$。

8. 电动机温升检查

在连续工作循环条件下，检查电动机的温升。

1) 加速时的电枢电流 I_e

$$I_e = \frac{M_m}{K_T}$$

式中，K_T 为电动机转矩常数，查表 9-2，$K_T = 92\,\text{N·cm/A}$，所以有

$$I_e = \frac{M_m}{K_T} = \frac{787}{92} = 8.55\ (\text{A})$$

2) 温升的第一次估算

当温度为 t_1 ℃时，对应的电枢电阻 R_{at} 为

$$R_{at} = R_{20}\left[1 + 3.93\times10^{-3}(t_1 - 20)\right]$$

式中，R_{20} 为 20℃时的电枢电阻。

由表 9-2 查得 $R_{20} = 0.78\Omega$。

设 $t_1 = 60$ ℃，则有

$$R_{at} = 0.78\left[1 + 3.93\times10^{-3}(60 - 20)\right] = 0.9(\ \Omega\ )$$

在该温度下的电功率损耗 P_e 为

$$P_e = I_a^2 R_{at} = (8.55)^2 \times 0.9 = 65.79\ (\text{W})$$

由表 9-2 查得热阻抗 $R_{th} = 0.6$℃/W，因此，电枢的温升 $\Delta t_1 = P_e R_{th} = 65.79\times0.6 = 39.47$℃。若环境温度为 25℃，则电枢温度为 64.47℃，以此温度作为第二次估算的基础。

3) 温升的第二次估算

设 $t_1 = 65$℃，则有

$$R_{at} = 0.78\left[1 + 3.93\times10^{-3}(65 - 20)\right] = 0.917\ (\Omega)$$

电功率损耗为

$$P_e = I_a^2 R_{at} = 67.1\,\text{W}$$

电枢温升 $\Delta t_2 = P_e R_{th} = 40$℃。若环境温度为 25℃，则电枢温度为 65℃，与假设温度一致。

4) 温升的第三次估算

设 $t_1 = 83$℃（热带地区），则有

$$R_{at} = 0.78\left[1 + 3.93\times10^{-3}(83 - 20)\right] = 0.973\ (\Omega)$$

电功率损耗为

$$P_e = I_a^2 R_{at} = 71.16\,\text{W}$$

电枢温升 $\Delta t_3 = P_e R_{th} \approx 43℃$。若环境温度为 40℃，则电枢温度为 83℃，与假设温度基本一致。

查相关手册可知，对于电枢绕组绝缘等级为 F 级的电动机，当环境温度为 40℃时，电动机的温升限值可达 100℃。因此，该电动机的安全系数虽然较小，但在设计参数范围内，仍正常使用。

9. **电动机起动特性检查**

1) 直线运动中的加速度计算

在等加速的直线运动过程中，其加速度 a 为

$$a = \frac{v - v_0}{60t_n} \ (\mathrm{m/s^2})$$

式中，v 为加速过程的终点速度(m/min)；v_0 为初始速度(m/min)。

已知：$v = 6\,\mathrm{m/min}$，$v_0 = 0$，$t_a = 0.5\mathrm{s}$，则有

$$a = \frac{v}{60t_a} = \frac{6}{60 \times 0.5} = 0.2 \ (\mathrm{m/s^2})$$

2) 加速距离计算

在等加速运动中，其移动距离 S 为

$$S = v_0 t_a + \frac{1}{2} a t_a^2 \ (\mathrm{m})$$

已知：$v_0 = 0$，$a = 0.2\,\mathrm{m/s^2}$，$t_a = 0.5\mathrm{s}$，则有

$$S = \frac{1}{2} a t_a^2 = \frac{1}{2} \times 0.2 \times (0.5)^2 = 0.025\ \mathrm{m} = 25\mathrm{mm}$$

3) 等加速运动的调节特性

若 $a = 0.2\,\mathrm{m/s^2}$ 保持不变，则对电动机所需的转矩毫无影响。对于不同的线速度要求，其加速时间与距离是不同的，即具有调节特性。例如：

(1) $v = 100\,\mathrm{mm/min}$，则有 $t_a = 8.33 \times 10^{-3}\mathrm{s}$，$S = 6.94 \times 10^{-3}\,\mathrm{mm}$。

(2) $v = 600\,\mathrm{mm/min}$，则有 $t_a = 0.05\mathrm{s}$，$S = 0.25\,\mathrm{mm}$。

10. **定位精度分析**

与 θ 轴系精度分析相同，x 轴系的定位精度主要取决于滚珠丝杠传动的精度和刚度，它与电动机制造精度的关系不大。

已知定位精度 $\varDelta = 0.1\mathrm{mm}$，一般按 $\varDelta_S = (1/3\sim1/2)\varDelta = 0.033\sim0.05\,\mathrm{mm}$ 选择丝杠的累积误差。其次，计算丝杠的刚度所产生的位移误差。

激光加工机的工艺力是非常小的，但要重视滚珠丝杠的精度和刚度，以免产生过大的变形误差，这常是激光加工机设计失败的重要原因。

9.4 机械手自动控制(范例 3)

9.4.1 设计任务与控制要求

制订简易型机械手设计自动控制方案，要求采用可编程控制器控制。

控制要求：机械手自动操作完成将工件由 A 点移向 B 点的动作，其示意图如图 9-8 所示。机械手每个工作臂上都有上、下限位和左、右限位开关，而其夹持装置不带限位开关。一旦夹持开始，定时器起动，定时结束，夹持动作随即完成。机械手到达 B 点后，将工件松开的时间也是由定时器控制的，定时结束时，表示工件已松开。

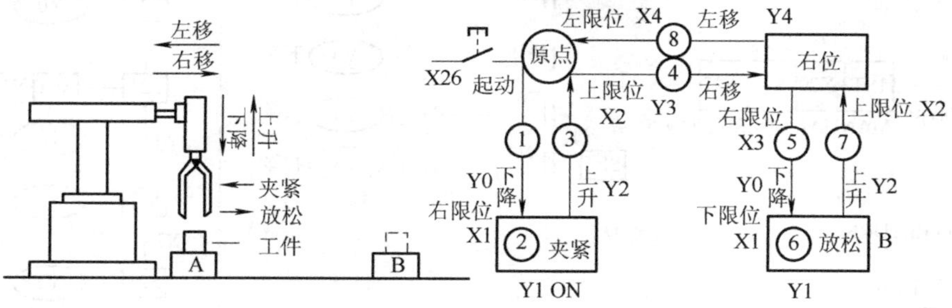

图 9-8　机械手的动作要求示意图

9.4.2　控制方案

本例采用 FX2 型 PLC 控制，有关输入、输出点在 PLC 内的分配，如图 9-9 所示。机械手的动作过程如下。

当按下起动按钮时，机械手从原点开始下降，下降到底时碰到下限位开关(X1 接通)，下降停止，同时接通定时器，机械手开始夹紧工件，定时结束夹紧完成。机械手上升，上升到顶时，碰到上限位开关(X2 接通)，上升停止。机械手右移，至碰到右限位开关(X3 接通)时，右移停止。机械手下降，下降到底时，碰到下限位开关(X1 接通)，下降停止。同时接通定时器，机械手放松工件，定时结束，工件已松开。机械手上升，上升到顶碰到上限位开关(X2 接通)时，上升停止。机械手左移，到原点碰到左限位开关(X4 接通)时，左移停止，于是机械手动作的一个周期结束。机械手自动操作流程图如图 9-10 所示。状态转移图如图 9-11 所示。

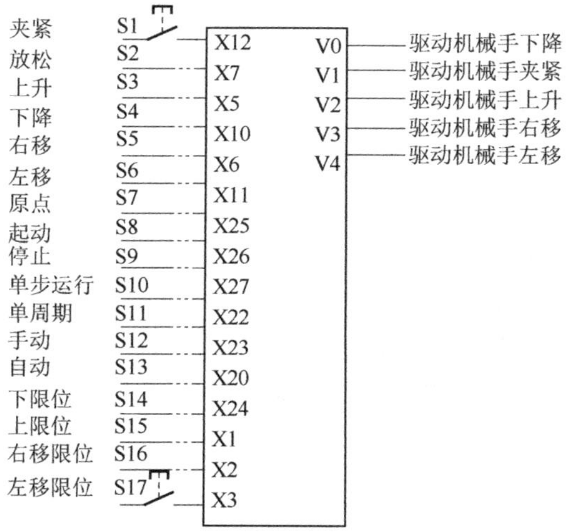

图 9-9　机械手控制 I/O 分配图

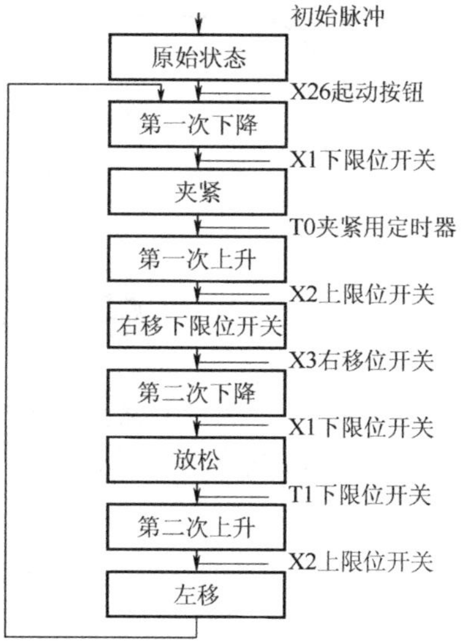

图 9-10　自动控制流程图

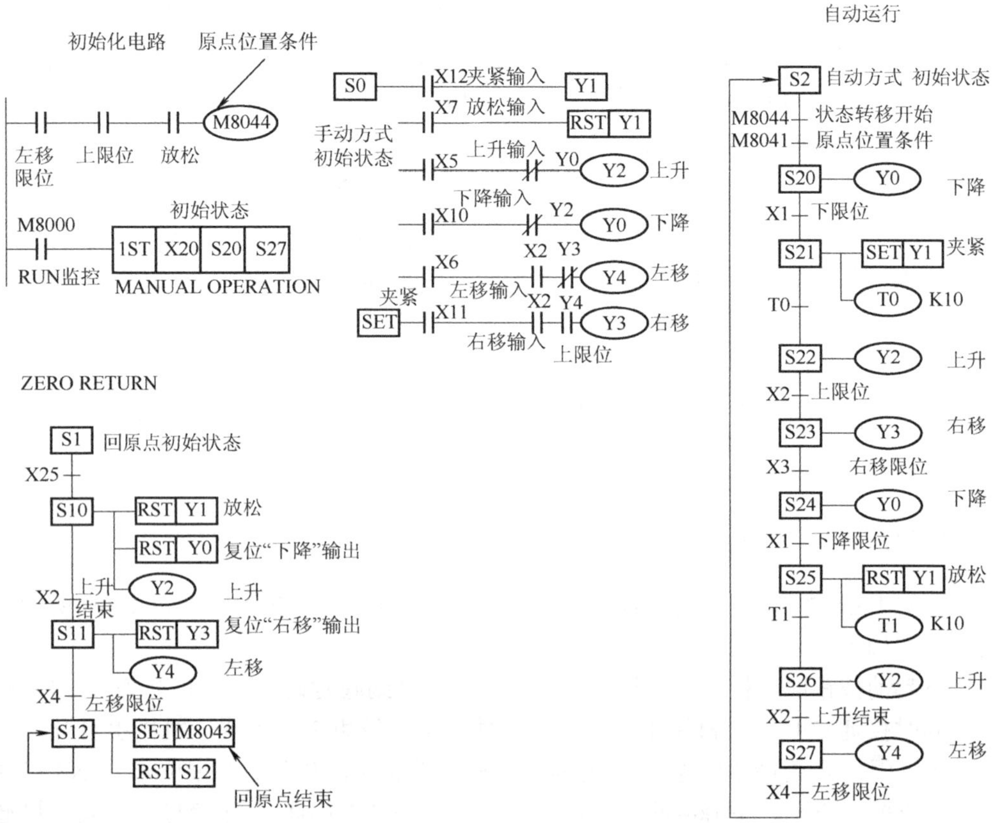

图 9-11　状态转移图

图 9-12 所示为机械手控制的操作面板示例。由图可见，此机械手可分为三种控制方式：手动控制方式、自动控制方式、半自动运行方式。根据控制面板所设，可将状态转移图分成四块：自动方式状态、手动方式状态、回原点初始状态、初始化状态。

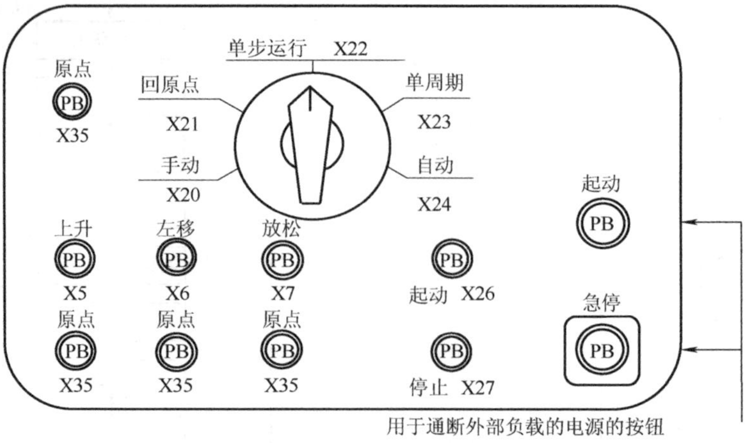

图 9-12　机械手控制的操作面板

对状态转移图中几处特殊辅助继电器及特殊功能说明如下。

(1)M8044(原点位置条件)：此元件在检测到原点时动作。它由原点的各传感器驱动，ON 状态作为自动方式时的允许状态转移的条件。

(2)M8041(状态转移开始)：它是一个状态转移标志元件。当它为 ON 状态时，表示自动方式时从初始状态开始转移。

(3)M8043(回原点完成)：这是一个标志元件。当它为 ON 时，表示原点状态结束，回原点初始状态的状态元件 S10～S19 都将进行回零操作。

(4)M8000(RUN 监控)：只要 RUN 按钮动，它就一直 ON，用此信号来监控 PLC 的工作。

(5)初始状态指令：此指令的功能号为 FNC60。这条指令的内容较复杂。其中的 S0 表示手动初始状态，S2 表示自动方式的起始状态，S27 表示自动方式的最终状态。此条指令的动作结果直接影响了 M8040、M8041、M8042、M8047 的状态。这条指令等效于图 9-13 所示的电路。

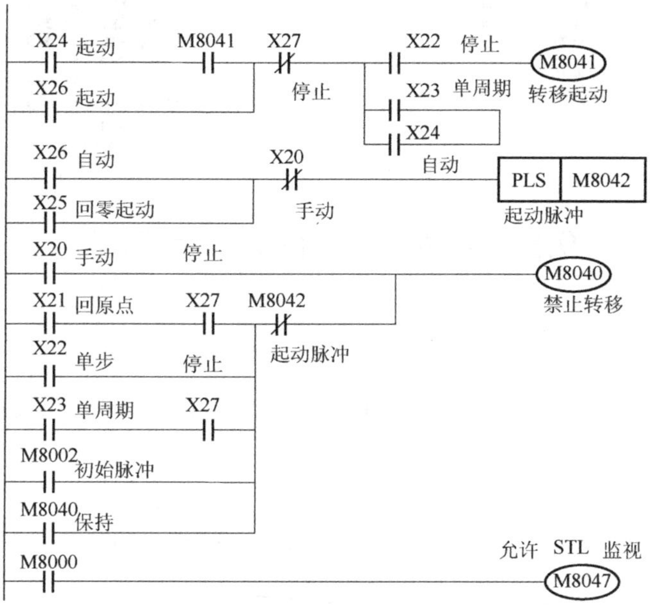

图 9-13　初始状态指令等效电路

其中 M8042 为输入起动时的起动脉冲。M8040 为禁止转移辅助继电器。此辅助继电器接通后就禁止所有的状态转移，所以它 ON 状态总是出现在手动状态中。M8047 为状态元件监控有效标志辅助继电器。当 M8047 为 ON 时，状态 S0～S899 中正在动作的状态号从最低号开始顺序存入特殊数据寄存器 D8040～D8047，最多可存 8 个状态号。机械手状态转移图对应程序如下：

```
0   LD   X  4
1   AND  X  2
2   ANI  Y  1
3   OUT  M8044

5   LD   M8000
6   FNC  60
         X  20
         S  20
         S  27
13  STL  S  0
14  LD   X  12
15  SET  Y  1
16  LD   X  7
17  RST  Y  1
18  LD   X  5
19  ANT  Y  0
20  OUT  Y  2
21  LD   X  10
22  ANT  Y  2
23  OUT  Y  0
24  LD   X  6
25  AND  X  2
26  ANT  Y  3
27  OUT  Y  4
28  LD   X  11
29  AND  X  2
30  ANT  Y  4
31  OUT  Y  3
    (RET)

32  LD   S  4
33  AND  X  2
34  SET  S  10

36  STL  S  10
37  RST  Y  1
38  RST  Y  0
39  OUT  Y  2
40  LD   X  2
41  SET  S  11

43  STL  S  11
44  RST  Y  3
45  OUT  Y  4
46  LD   X  4
47  SET  S  12

49  STL  S  2
50  RST  M8041
52  RST  S  12

54  STL  S  2
55  LD   M8041
56  AND  M8041
57  SET  S  20

59  STL  S  20
60  OUT  Y  0
61  LD   X  1
62  SET  S  21

64  STL  S  21
65  SET  Y  1
66  OUT  T  0
         K  10
69  LD   T  0
70  SET  S  22

72  STL  S  22
73  OUT  Y  2
74  LD   X  2
75  SET  S  23

77  STL  S  23
78  OUT  Y  3
79  LD   X  3
80  SET  S  24

82  STL  S  24
83  OUT  Y  0
84  LD   X  1
85  SET  S  25

87  STL  S  25
89  RST  Y  1
89  OUT  T  1
         K  10
92  LD   T  1
93  SET  S  26

95  STL  S  26
96  OUT  Y  2
97  LD   X  2
98  SET  S  20
100 STL  S  27
101 OUT  Y  4
102 LD   X  4
→103 OUT S  2
105 RET
106 END
```

9.5 钻床夹具设计(范例 4)

9.5.1 设计任务

图 9-14 所示为一拨叉类零件，材料为铸铁，产量为中批生产，需要在摇臂钻床上加工两个 ϕ12G7 和 ϕ25G7 孔，其具体技术要求详见图 9-14，试设计夹具。

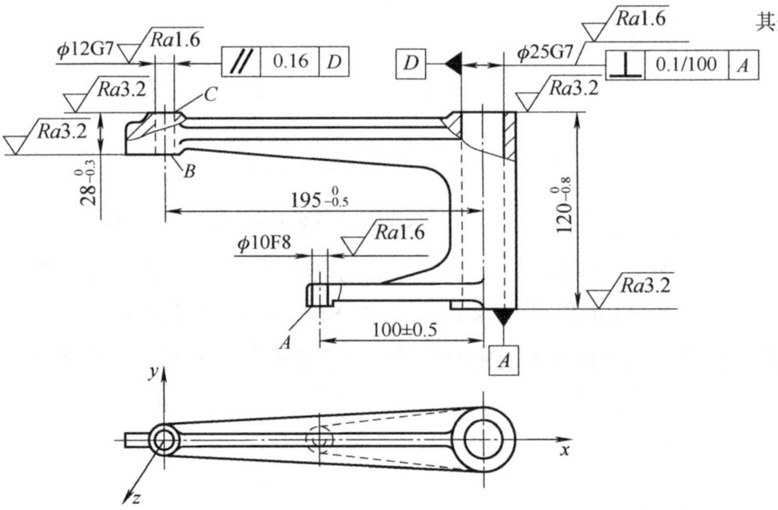

图 9-14 拨叉

9.5.2　加工工艺分析与设计

由图 9-14 可以看出，拨叉除了要求保证孔本身的尺寸精度和表面粗糙度要求外，还需要保证以下精度。

(1)两孔轴线的平行度误差不得大于 0.16mm。

(2)孔与端面的垂直度误差不得大于(0.1/100)mm。

(3)两孔中心距精度$195_{-0.5}^{\ 0}$mm。

(4)孔ϕ25G7 与已加工表面ϕ10F8 孔相距为(100±0.5)mm；孔壁应均匀相等。

(5)该工件的刚性较差，ϕ25G7 为深孔，且两孔的加工精度要求较高，故本工序分三个工步即钻、扩、铰进行加工。在进入本工序前，工件上的平面A、B、C和ϕ10F8 孔均已经过加工，为定位基准的选择提供了有利条件。

1．定位方案和定位元件的设计

工件的定位必须解决以下两个问题。

(1)根据加工技术要求限制工件的自由度，使定位误差控制在允许的范围内。现拨叉工件的两个孔，在三个坐标方向都有要求，为保证加工质量，应按完全定位的方式来设计夹具。

(2)定位基准的选择应注意基准重合原则，尽量以精基准定位和考虑孔壁均匀等特殊要求，以便将定位误差控制在允许的范围内。

根据以上原则，工件的定位有下列三个可能方案。

第一方案：以平面C、ϕ25G7 外廓的半圆周、ϕ12G7 外廓的一侧为定位基准，以限制工件的六个自由度，而从A、B面钻孔。优点是工件安装稳定，但违背基准重合原则，孔心距尺寸(100±0.5)mm 不易保证。且钻模板不在一个平面上，夹具结构复杂。

第二方案：以平面A、B，以及工件外廓的一侧和销孔ϕ10F8 为基准实现定位。优点是工件安装稳定，定位基准与设计基准重合。但突出的问题是：平面B和A形成“台阶”式的定位基准。由于尺寸 120mm 和 28mm 的公差影响平面B和A之间的尺寸，将造成工件倾斜，可能使孔与端面的垂直度超差。另外，以外廓一侧定位、限制工件的回转自由度，不易保证孔壁的均匀性。

第三方案：以平面A、销孔ϕ10F8 和ϕ25G7 外廓的半圆周进行定位，满足完全定位的要求，做到基准重合。例如，采用自动定心夹紧机构来实现ϕ25G7 外廓的定位夹紧，还可保证孔壁均匀。但工件的安装稳定性较差，需要使用辅助支承来承受钻削ϕ12G7 孔时的轴向钻削力，夹具结构较第二方案复杂。

从保证加工要求(包括孔壁均匀性)和夹具结构的复杂性两方面来分析比较，第一方案可不予考虑，第二方案夹具结构可能较简单，但定位误差大，难以保证加工要求。对于中批生产，增加辅助支承所引起的成本增加，分摊到每个工件是很少的。因此，应按第三方案来设计定位装置。

为实现第三种定位方案，所使用的定位元件又有下面两种方案，如图 9-15 所示。

① 用夹具平面、短削边销、固定 V 形块给工件定位(图 9-15(a))。此方案在纵长方向上的定位误差较大，不易保证尺寸(100±0.5)mm 的要求，另外，安装工件较不方便。

② 用夹具平面、短圆柱销、活动 V 形块给工件定位(图 9-15(b))。这样的定位方式，在纵长方向上的定位误差取决于圆柱销和销孔的配合性质。使用活动 V 形块具有较好的对中性，可保证孔壁均匀，且装卸工件较方便，故应按此方案设计夹具。

如图 9-15(c)所示，定位元件选用带肩平面的短圆柱销和带肩平面的短套，两定位件的肩平面应在同一水平面上，并和两钻套的轴线保持垂直。在工件的平面 B 上，采用了辅助支承，以增加工件的安装刚度，防止工件受力后发生倾斜和变形。

2．确定夹紧方式和设计夹紧装置

由于工件结构刚性较差，应注意使夹紧力朝向主要定位基准，并使其作用点落在刚性较好的部位。如图 9-15(c)所示，夹紧力应作用在靠近 ϕ25G7 的加强筋之上。在 ϕ12G7 孔附近由于使用辅助支承来承受钻孔的轴向力，且孔径较小，因此不需施加夹紧力。对于钻削时所产生的扭转力矩，一方面依靠夹紧力所产生的摩擦阻力矩来平衡，另一方面则由活动 V 形块承受。为使能产生较大的夹紧力，故采用螺旋压板机构对工件进行夹紧。

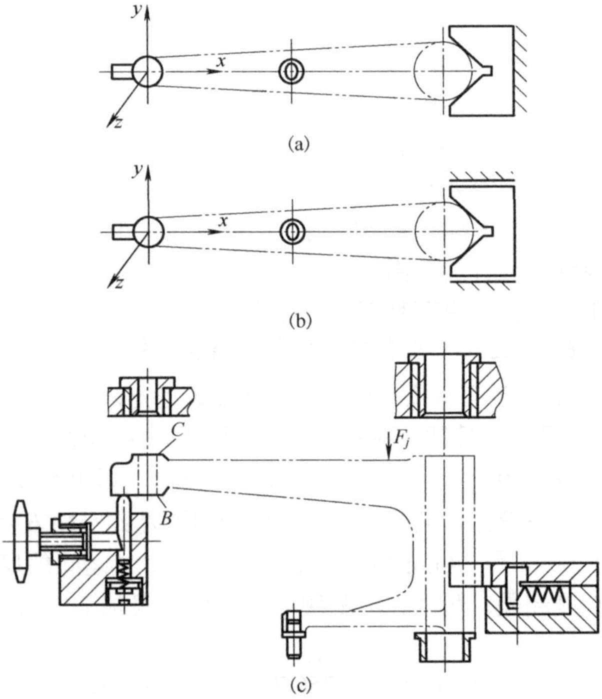

图 9-15　拨叉定位方案和定位元件的设计

3．钻套、钻模板、夹具体及整体结构设计

由于两加工孔需依次进行钻、扩、铰加工，故钻套选用快换式，其孔径尺寸公差可按机械加工工艺所介绍的方法确定。其结构尺寸可查阅有关手册。

两孔中心相距较远，故钻模板以用固定式为宜，模板上预先加工有孔，其中心距严格按工件的公差缩小。钻模板通过销钉和螺钉固定在夹具体上，装配时要注意保证钻套轴线与定位元件的尺寸关系和相互位置要求。

上述各种夹具元件的结构和布置，基本上决定了夹具体及夹具整体的结构形式。如图 9-16 所示，夹具为框式结构，装卸工件较方便、刚性也较好。

4．确定夹具总图的技术要求

主要是规定定位元件的精度，限制夹具装配和在机床上的安装误差。对于上述双孔钻床夹具主要是确定以下方面。

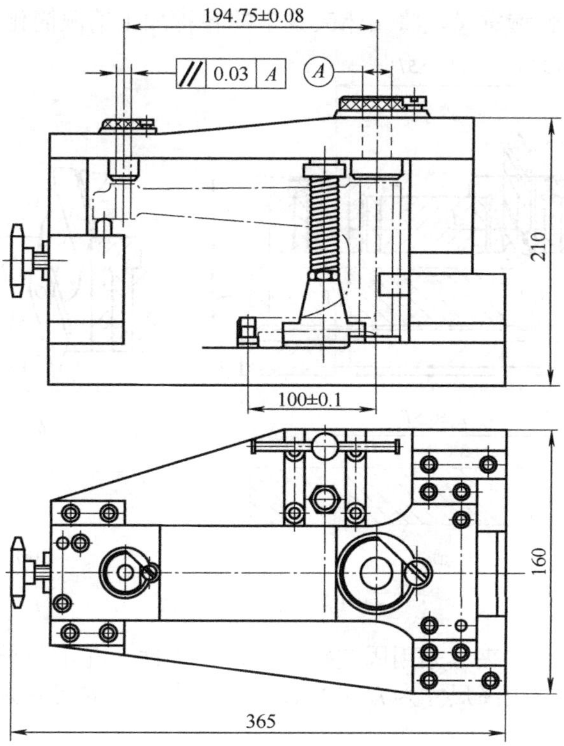

图 9-16　拨叉钻孔夹具

(1)钻套孔径与刀具、钻套外径与衬套孔的配合种类和精度等级。

(2)钻套与钻套之间、钻套与定位元件之间的尺寸关系和相互位置要求。

(3)钻套与夹具安装基面之间的位置精度(平行度或垂直度)。

(4)定位元件与工件定位基准的配合种类和精度等级。

(5)夹具总图上需标注夹具外形的最大轮廓尺寸要配合表面的配合性质等。有时还标注定位元件与夹具体的配合或其他主要配合表面的配合性质等。

(6)在确定上述夹具的装配、检验尺寸的允差值时，可根据经验选取工件相应尺寸公差的1/5～1/2(表 9-3)，必要时可用误差计算不等式加以验算。

表 9-3　双孔钻床夹具技术要求

序号	工件加工要求/mm	选取比例	夹具上相应技术要求/mm
1	孔间距 $195_{-0.5}^{0}$	1/3	两钻套距离 194.75±0.08
2	孔间距 100±0.5	1/5	定位套和定位销相距 100±0.1
3	两孔轴线平行度 0.16/全长	1/5	两钻套轴线平行度 0.03/全长
4	孔和端面垂直度 0.1/100	(0.01～0.05)/100	钻套与定位平面的垂直度，定位面和夹具底面的平行度 0.02/100

5. 钻孔精度分析

用钻床夹具加工时，其位置精度除了受定位误差的影响外，夹具的制造误差和装配误差，如钻套的配合间隙和位置误差，以及加工过程中刀具可能产生的偏斜误差等，也直接影响孔的位置精度。因此，当被加工孔的位置精度要求较高时，应进行精度分析核算，确保所设计的夹具分析能保证工件的加工要求。

为使精度分析具有普遍意义，将钻床夹具中的各种加工情况简化，如图 9-17 所示。

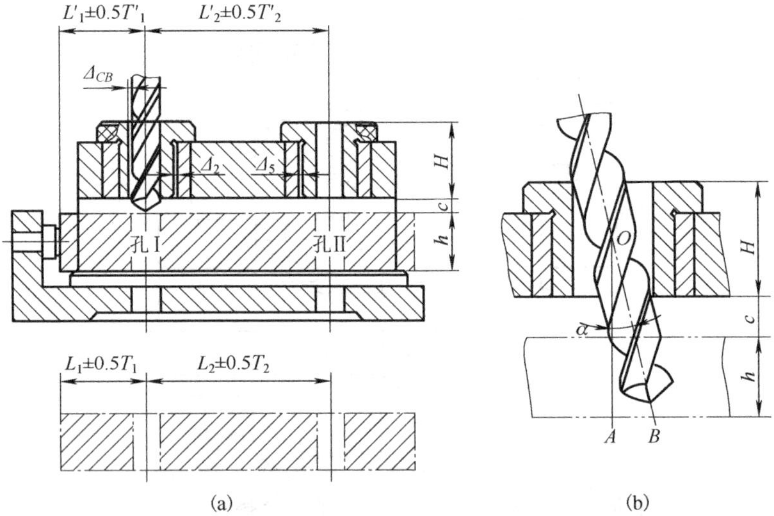

图 9-17　钻孔精度分析

工件以设计基准定位，夹具采用固定钻模板，设工件上孔Ⅰ与导向孔定位基准的尺寸为$L_1' \pm 0.5T_1$；孔Ⅱ与孔Ⅰ的距离尺寸为$L_2' \pm 0.5T_2$；夹具上相应的尺寸为$L_2' \pm 0.5T_2'$。

1) 在加工孔Ⅰ时

由图 9-17 可以看出，孔Ⅰ至导向基准的尺寸精度，受下列误差因素的影响。

(1) 第一个固定衬套的位置误差Δ_1，其值等于夹具上相应的尺寸L_1'的公差T_1'。

(2) 第一个可换钻套与衬套的配合间隙所引起的误差Δ_2，其值等于衬套的最大孔径与可换钻套的最小外径之差。

(3) 第一个可换钻套内外圆表面的同轴度所引起的误差Δ_3，其值等于两倍偏中心距 ($2e$)。

(4) 在加工过程中，刀具可能产生的偏斜误差，由下面两种误差所组成。

① 刀具与钻套的配合间隙所引起的刀具偏斜误差Δ_p。

② 刀具在加工过程中弯曲变形。后一原因的误差很复杂，很难估算，为简化起见，暂把这项误差略去不计，故刀具偏斜误差可由图 9-17 (b) 求出。

由 ΔAOB 得

$$\Delta_p - 2AB = 2\tan\alpha\left(\frac{H}{2} + c + h\right)$$

而

$$\tan\alpha = \frac{\Delta_{CB}}{H}$$

式中，Δ_{CB}为钻头与钻套间的最大间隙。

当孔深小于直径，或采用前后双导向时，忽略不计。

上述各项误差综合起来，应小于尺寸L_1的公差T_1，但图 9-17 中钻模板为固定的，工件侧面和支承钉也无间隙，如果在左侧采用铰链式钻模板，工件又是安装在定位销上，则铰链连接的间隙，工件基准孔与定位销之间的间隙对加工尺寸L_1的影响，应予计算在内，前者设为Δ_4，后者即为Δ_D，故得

$$\Delta_D + \Delta_1 + \Delta_2 + \Delta_3 + \Delta_4 + \Delta_p \leqslant T_1$$

以上各项误差因素都按最大值计算，作为粗略估算，多用此法。实际上各项误差不可能同时出现最大值，各项误差方向也很可能不一致，因此，其综合误差可按概率法求得

$$\sqrt{\Delta_D^2 + \Delta_1^2 + \Delta_2^2 + \Delta_3^2 + \Delta_4^2 + \Delta_p^2} \leqslant T_1$$

2) 在加工孔Ⅱ时

尺寸 L_2 的精度除受上述误差因素的影响外，还需考虑下列各项误差因素的影响。

(1) 夹具上两固定衬套的轴线距离 L_2' 的公差 T_2'。

(2) 第二个可换钻套与衬套的最大配合间隙。

(3) 第二个可换钻套内外圆的同轴度误差所引起的误差。

(4) 刀具在第二个导套内的偏斜误差 Δ_p' 等。

由以上分析可知，要想提高钻床夹具的工作精度，必须设法减小这些误差因素的影响，以使这些误差综合起来，不超过加工尺寸的公差范围。

9.6　成形车刀的计算与设计(范例 5)

9.6.1　设计任务

零件轴头如图 9-18 所示，工件材料为易切削钢 Y15，圆棒料 ϕ32 mm，大批量生产，要求用成形车刀加工出全部外圆表面并切出预切槽，使用 C1336 单轴转塔自动车床。

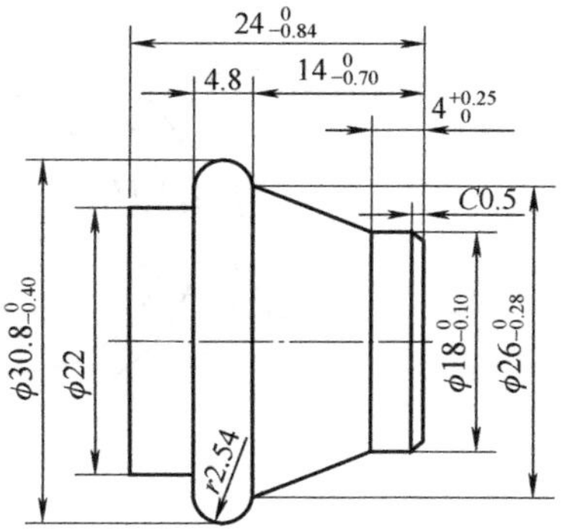

图 9-18　轴头

9.6.2　圆体成形车刀设计

设计步骤如下。

1) 刀具材料的选择

成形刀具选用普通高速钢 W18Cr4V 制造。

2) 前角 γ_f 及后角 α_f

由表 9-4 得：$\gamma_f = 15°$，$\alpha_f = 10°$。

3) 画出如图 9-19 所示的刀具廓形(包括附加刃)计算图

取 $k_r = 20°$，$a = 3\text{mm}$，$b = 1.5\text{mm}$，$c = 6\text{mm}$，$d = 0.5\text{mm}$，其中 a、b、c、d 的含义如图 9-19 所示。标出工件廓形各组成点 1～12。为便于对刀以 0—0 线(通过 9—10 段切削刃)为基准。计算出 1～12 各点处的计算半径 r_{jx} (为避免尺寸偏差值对计算准确性的影响，故常采用计算尺寸——计算半径、计算长度和计算角度来计算)。

表 9-4　成形车刀的前角和后角

被加工材料	材料的力学性质		前角 γ_f	成形车刀类型	后角 α_f
钢	σ_b/GPa	<0.5	20°	圆体形	10°～15°
		≥0.5～0.6	15°		
		≥0.6～0.8	10°		
		>0.8	5°		

续表

被加工材料		材料的力学性质		前角 γ_f	成形车刀类型	后角 α_f
铸铁		HPS	160～180	10°	棱体形	12°～17°
			180～220	5°		
			＞220	0°		
青铜				0°		
黄铜	H62			0°～5°		
	H68			10°～15°	平体形	25°～30°
	H80～H90			15°～20°		
铝、纯铜				25°～30°		
铅黄铜 HPB59-1				0°～5°		
铝黄铜 HAI59-3-2						

注：① 本表仅适于高速钢成形车刀。若为硬质合金成形车刀加工钢，可取表中数值减去 5°；

② 若工件为正方形、六角形棒料，γ_f 应减小 2°～5°

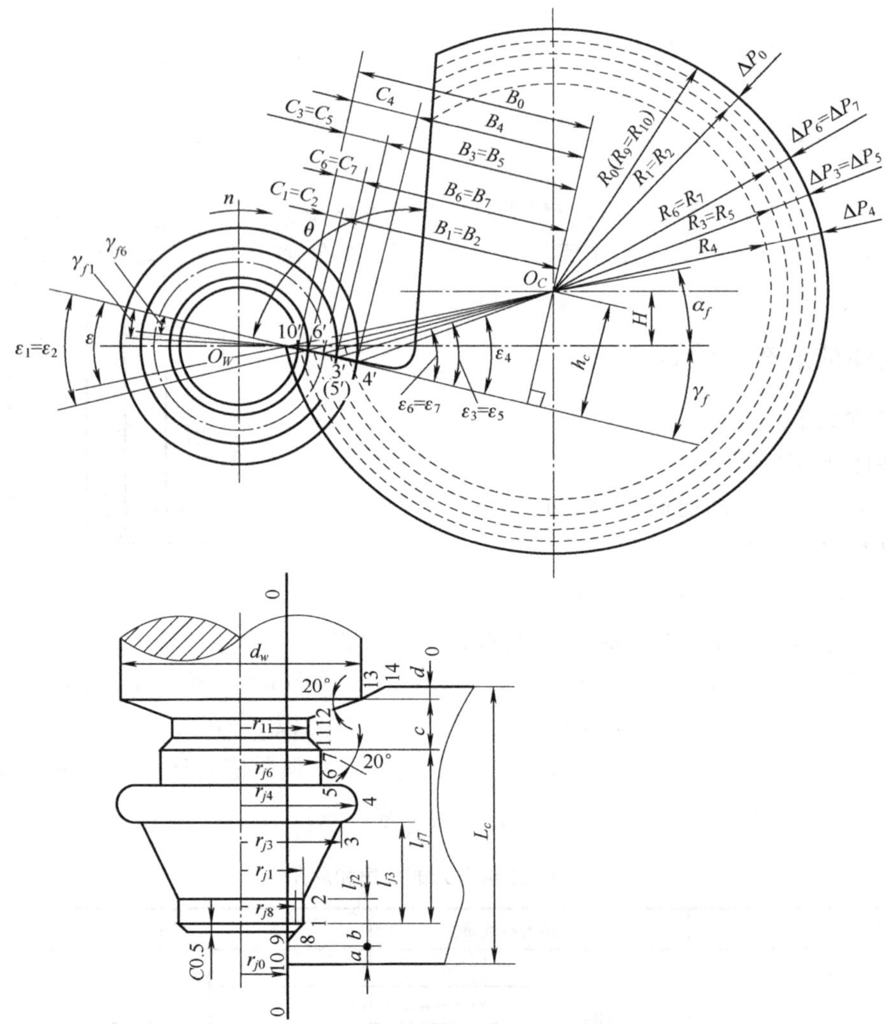

图 9-19　轴头刀具廓形计算图

$$r_{jx}=\text{基本半径}\pm\frac{\text{半径公差}}{2}$$

$$r_{j1}=\left[\frac{18}{2}-\frac{0.1/2}{2}\right]\text{mm}=\left(9-\frac{0.1}{4}\right)\text{mm}=8.975\text{mm}=r_{j2}$$

$$r_{j3}=\left[\frac{26}{2}-\frac{0.28}{4}\right]\text{mm}=12.93\text{mm}$$

$$r_{j4}=r_{j5}=\left[\frac{30.8}{2}-\frac{0.4}{4}\right]\text{mm}=15.3\text{mm}$$

$$r_{j6}=r_{j7}=11\text{mm}$$

$$r_{j8}=r_{j1}-0.5=8.475\text{mm}$$

$$r_{j9}=r_{j10}=r_{j0}=r_{j11}-(0.5+1)\text{mm}=7.475\text{mm}$$

$$r_{j11}=r_{j12}=r_{j6}-\frac{0.5}{\tan 20}\text{mm}=9.262\text{mm}$$

再以 1 点为基准点，计算出长度l_{jx}为

$$l_{jx}=\text{基本长度}\pm\frac{\text{公差}}{2}$$

$$l_{j2}=\left[(4-0.5)+\frac{0.25}{2}\right]\text{mm}=3.63\text{mm}$$

$$l_{j3}=l_{j4}=\left[(14-0.5)+\frac{0.7}{2}\right]\text{mm}=13.15\text{mm}$$

$$l_{j5}=l_{j6}=4.8\text{mm}$$

$$l_{j7}=\left[(24-0.5)+\frac{0.84}{2}\right]\text{mm}=23.08\text{mm}$$

4) 计算切削刃总宽度L_c，并校验$L_c/d_{\min}$值

$$L_c=l_{j7}+a+b+c+d=(23.08+3+1.5+6+0.5)\text{mm}=34.08\text{mm}$$

取 $L_c=34\text{mm}$， $d_{\min}=2r_{j8}=2\times 8.475\text{mm}=16.95\text{mm}$

则 $\dfrac{L_c}{d_{\min}}=\dfrac{34}{16.95}=2.0<2.5$，允许。

5) 确定结构尺寸

如图 9-20 所示，应使$D_0=2R_0\geqslant 2(A_{\max}+e+m)+d$。

由表 9-5 查得，C1336 单轴转塔自动车床所用圆体成形车刀：$d_0=68\text{mm}$，$d=16\text{mm}$，又已知毛坯半径为 16mm，

将$A_{\max}=16-r_{j8}=(16-8.475)\text{mm}=7.525\text{mm}\approx 7.5\text{mm}$代入$D_0=2R_0\geqslant 2(A_{\max}+e+m)+d$，可得

$$(e+m)\leqslant R_0-A_{\max}-(d/2)=(34-7.5-8)\text{mm}=18.5\text{mm}$$

可选取$e=10\text{mm}$，$m=8\text{mm}$，并选用带销孔的结构形式。

6) 用计算法求圆体成形车刀廓形上各点所在圆的半径R_x（计算过程见表 9-6）

标注刀具截形径向尺寸时，应选加工要求最高的 12 段廓形作为尺寸标注基准，其他各组成点用截形深度ΔR_x表示其径向尺寸。各组成点截形深度ΔR_x的公差见表 9-6。

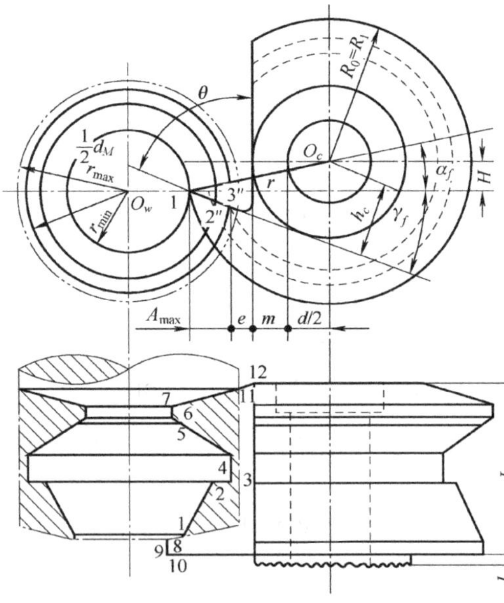

图 9-20　圆形成形车刀的结构尺寸

表 9-5　带销孔圆体成形车刀结构尺寸　　（单位：mm）

结构图

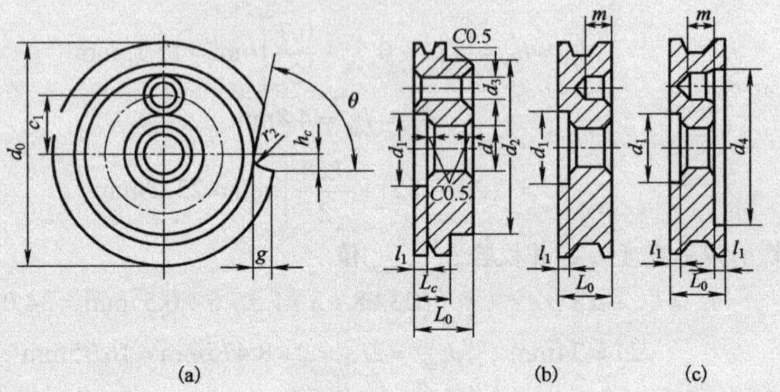

机床型号	刀具结构形式	刀具尺寸									销孔尺寸			适用的 A_{max}
		L_0	d_0	d	d_1	d_2	L_1	g	L_c	d_4	d_3	m	c_1	
	A	＜6	45	10	15	—	2～5	9	6	—	4.1	—	9	＜6
	B	＞6												
C1312 C1318	A	≤10	52	12	20	32	2～5	11	10		6.2		11	＜8
	B	12～22										8		
	C	＞22								30				
C1318	A	≤10	60	16	25	32	2～5	10	10		5.2		12.5	＜7
	B	12～22										8		
	C	＞22								35				
C1325 C1336	A	≤10	68	16	25	32	2～5	14	10		8.2		14	＜11
	B	12～22										8		
	C	＞22								38				

注：① h_c 为刀具中心到前刀面的距离，由 $h_c=R_0\sin(\gamma_f+\alpha_f)$ 计算而得；

② 当 γ_f＜15° 时，θ 取 80°，γ_f＞15° 时，θ 取 70°；

③ 多用于单轴自动车床

表 9-6 圆体成形车刀廓形计算表

$h_c = R_0 \sin(\gamma_f + \alpha_f) = 34\sin(15^\circ + 10^\circ) = 14.36902$, $B_0 = R_0 \cos(\gamma_f + \alpha_f) = 34\cos(15^\circ + 10^\circ) = 30.81446$

廓形组成点	r_{jx}	$\gamma_{fx} = \arcsin\left(\frac{r_{j0}}{r_{jx}} \sin\gamma_f\right)$	$C_x = f_{jx}\cos\gamma_{fx} - r_{j0}\cos\gamma_f$	$B_x = B_0 - C_x$	$\varepsilon_x = \arctan\left(\frac{h_c}{B_x}\right)$	$R_x = \frac{h_c}{\sin\varepsilon_x}$（取值精度 0.001）	$\Delta R = (R_1 - R_x) \pm \delta$（取值精度 0.001）
9,10（作为 0 点）	7.475	15°	0	30.81446	25°	17	$\Delta R = 32.607 - 34 = -1.393 \pm 0.1$
1, 2	8.975	$\gamma_{f1} = \arcsin\left(\frac{7.475}{8.975} \times \sin 15^\circ\right) = 12.44852^\circ$	$C_1 = 8.975\cos 12.44852 - 7.475\cos 15^\circ = 1.54370$	$B_1 = 30.81446 - 1.54370 = 29.27076$	$\varepsilon_1 = \arctan\left(\frac{14.36902}{29.27076}\right) = 26.14643^\circ$	$R_1 = \frac{14.36902}{\sin 26.14643^\circ} = 32.607$	0
3, 5	12.930	8.60529°	5.56414	25.25032	29.64260°	29.052	$\Delta R_3 = 3.56 \pm 0.02$
4	15.300	7.26445°	7.95689	22.85757	32.15482°	27.000	$\Delta R_4 = 5.61 \pm 0.03$
6, 7	11.000	10.12983°	3.60823	27.20623	27.84086°	30.768	$\Delta R_6 = 1.84 \pm 0.1$
8	8.475	13.19582°	1.03092	29.78354	25.75491°	33.069	$\Delta R_8 = -0.46 \pm 0.1$
11, 12	9.626	11.59451°	2.20928	28.60518	26.67140°	32.011	$\Delta R_{11} = 0.60 \pm 0.1$

注：① 表中只以 1 点（同 2 点）为例，说明圆体成形车刀半径 R_1 的详细计算过程，其中各点计算过程从略，只给出各步骤的计算结果。ΔR 则以 9、10 点为例计算；

② ΔR 的公差是根据表 9-7 确定的

表 9-7 成形车刀的廓形公差

工件直径或宽度公差/mm	刀具廓形深度公差/mm	刀具廓形宽度公差/mm
0.12	0.020	0.040
0.20	0.030	0.060
0.30	0.040	0.080
0.50	0.060	0.100
>0.50	0.080	0.200

7) 校验最小后角

7—11 段切削刃与进给方向(即工件径向)的夹角最小，因而这段切削刃上后角最小，其值为

$$\alpha_0 = \arctan\left[\tan\left(\varepsilon_{11} - \gamma_{f11}\right)\sin 20^\circ\right] = \arctan\left[\tan\left(26.67 - 11.59\right)\sin 20^\circ\right] = 5.27^\circ$$

一般要求最小后角不小于 2°～3°，因此校验合格。

8) 车刀廓形宽度

l_x 即为相应工件廓形的计算长度 l_{jx}，其数值及公差如下(公差值是按表 9-6 确定的，表中未列出者可酌情取为±0.2mm)：

$$l_2 = l_{j2} = \left(3.63 \pm 0.04\right)\text{mm}$$

$$l_3 = l_4 = l_{j3} = l_{j4} = \left(13.15 \pm 0.10\right)\text{mm}$$

$$l_5 = l_6 = l_{j5} = l_{j6} = 5\text{mm}$$

$$l_7 = l_{j6} = \left(23.08 \pm 0.1\right)\text{mm}$$

$$l_8 = l_{j8} = \left(0.5 \pm 0.2\right)\text{mm}$$

9) 画出刀具图和样板工作图

圆形成形车刀图和样板图分别如图 9-21 和图 9-22 所示。

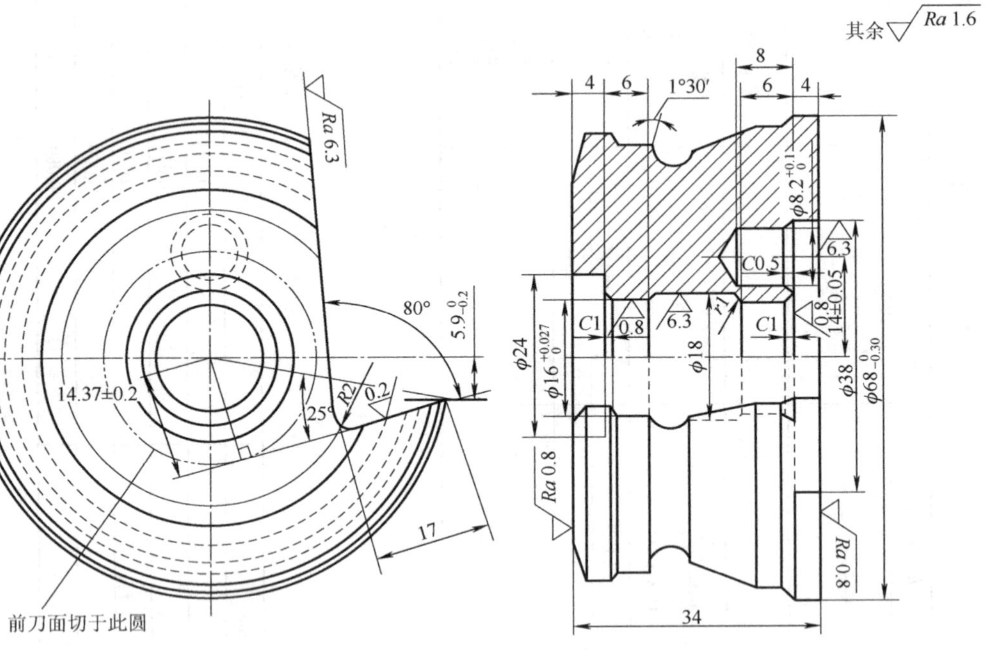

技术要求

1.刀具材料W18Cr4V，热处理硬度63~66HRC

2.廓形按板样制造，表面粗糙度不大于Ra0.2μm

图 9-21　圆形成形车刀图

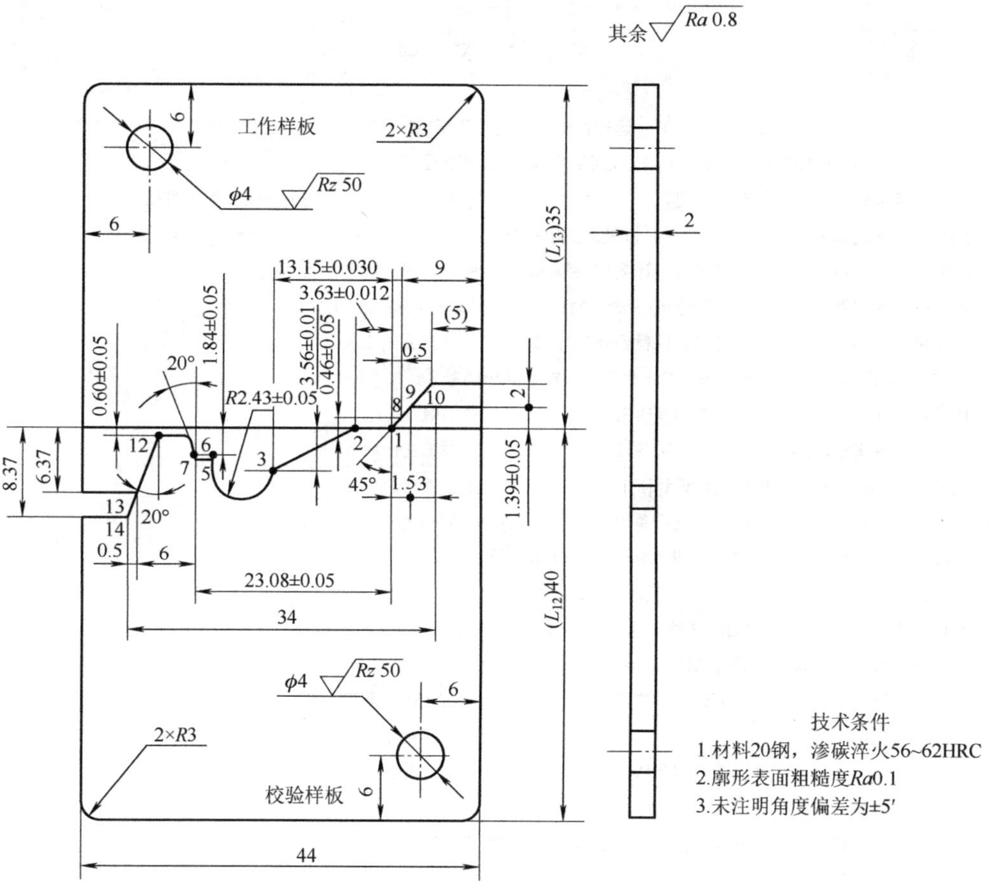

图 9-22　圆形成形车刀样板图

习题与思考

9-1　机电一体化系统设计通常有哪些步骤，设计要注意哪些问题？

9-2　试用前面所学的可编程控制器 PLC 知识，设计实例 1：激光加工机的 PLC 控制系统？

9-3　本应用设计实例 2：机械手自动控制系统设计是用 PLC 控制的，能否用单片机控制？如果能，请设计用单片机控制。

参 考 文 献

《运输机械设计选用手册》编写委员会，2008．运输机械设计选用手册[M]．北京：化学工业出版社．

陈立德，赵海霞，2010．机械制造装备设计[M]．北京：国防工业出版社．

德州学院，青岛英谷教育科技股份有限公司，2016．智能制造导论[M]．西安：西安电子科技大学出版社．

冯辛安，2006．机械制造装备设计[M]．北京：机械工业出版社．

高安邦，俞宁，等，2015．机电一体化系统设计实例精解[M]．北京：机械工业出版社．

关慧贞，黄美玉，徐文骥，2015．机械制造装备设计[M]．4 版．北京：机械工业出版社．

关慧贞，徐文骥，2013．机械制造装备设计课程设计指导书[M]．北京：机械工业出版社．

关云卿，2015．机械制造装备设计与实践[M]．北京：机械工业出版社．

韩步愈，杜月丽，2015．金属切削原理与刀具[M]．北京：机械工业出版社．

黄美玉，王润孝，梅雪松，2010．机械制造装备设计[M]．北京：机械工业出版社．

姜培刚，盖玉先，2011．机电一体化系统设计[M]．北京：机械工业出版社．

孔令中，于复生，郭世永，2015．现代物流设备设计与选用[M]．北京：化学工业出版社．

乐兑谦，2011．金属切削刀具[M]．2 版．北京：机械工业出版社．

李昌年，2012．机床夹具设计与制造[M]．2 版．北京：机械工业出版社．

李庆余，2013．机械制造装备设计[M]．3 版．北京：机械工业出版社．

林述温，范扬波，2002．机电装备设计[M]．北京：机械工业出版社．

卢秉恒，林忠钦，张俊，2015．智能制造装备产业培育与发展研究报告[M]．北京：科学出版社．

卢泽生，路勇，王广林，等，2010．制造系统自动化技术[M]．哈尔滨：哈尔滨工业大学出版社．

陆剑中，孙家宁，2011．金属切削原理与刀具[M]．5 版．北京：机械工业出版社．

马宏伟，2011．机械制造装备设计[M]．北京：电子工业出版社．

任小中，于华，2016．机械制造装备设计[M]．武汉：华中科技大学出版社．

芮延年，2014．机电一体化系统技术[M]．北京：机械工业出版社．

芮延年，2015．机器人技术及其应用[M]．北京：化学工业出版社．

宋井玲，2011．自动机械设计[M]．北京：国防工业出版社．

宋士刚，黄华，2014．机械制造装备设计[M]．北京：北京大学出版社．

隋秀凛，夏晓峰，2008．现代制造技术[M]．2 版．北京：高等教育出版社．

孙红，2006．物流设备与技术[M]．南京：东南大学出版社．

王成林，2013．物流设备选型与集成[M]．北京：中国财富出版社．

王喜文，2015．中国制造 2025 解读：从工业大国到工业强国[M]．北京：机械工业出版社．

乌尔里希·森德勒，2014．工业 4.0：即将来袭的第四次工业革命[M]．邓敏，李现民，译．北京：机械工业出版社．

吴拓，2015．现代机床夹具设计及实例[M]．北京：化学工业出版社．

薛源顺，2011．机床夹具设计[M]．3 版．北京：机械工业出版社．

阎青松，翟小兵，朱中仕，2014．机械制造工艺装备设计[M]．北京：化学工业出版社．

杨辉，2016．精密超精密加工技术新进展[M]．南京：航空工业出版社．

尹志强，等，2007．机电一体化系统设计课程设计指导书[M]．北京：机械工业出版社．

张福，王晓方，2014．机械制造装备设计[M]．武汉：华中科技大学出版社．

张芙丽，张国强，2011．机械制造装备及其设计[M]．北京：国防工业出版社．

张进生，房晓东，2003．机械工程专业课程设计指导[M]．北京：机械工业出版社．

张曙，2014．机床产品创新与设计[M]．南京：东南大学出版社．

周骥平，林岗，2015．机械制造自动化技术[M]．北京：机械工业出版社．